视频讲解版

HTML5+CSS3 +jQuery

Mobile 移动网站与 App 开发实战

李晓斌 主编

U0276614

人民邮电出版社

北京

图书在版编目（CIP）数据

HTML5+CSS3+jQuery Mobile移动网站与App开发实战：视频讲解版 / 李晓斌主编. -- 北京：人民邮电出版社，2018.6（2024.1重印）
ISBN 978-7-115-47953-2

Ⅰ. ①H… Ⅱ. ①李… Ⅲ. ①超文本标记语言－程序设计②网页制作工具③JAVA语言－程序设计 Ⅳ. ①TP312.8②TP393.092.2

中国版本图书馆CIP数据核字(2018)第035115号

内 容 提 要

本书全面、系统地讲解了运用 HTML5、CSS3 和 jQuery Mobile 从 Web 界面设计到移动应用开发的各种技术和知识点。本书难度适中，学习梯度科学，知识架构严谨，内容由浅入深，讲解通俗易懂，并注重读者兴趣的培养，在知识点介绍过程中配合大量案例进行讲解，以帮助读者提高实战技能。

本书共 17 章，分为三篇。第一篇为第 1 章～第 7 章，介绍了 HTML5 各方面的知识点，重点介绍绘图、音频和视频、新型表单等内容；第二篇为第 8 章～第 12 章，主要介绍 CSS 样式各属性的设置和使用方法，重点介绍 CSS3.0 中新增的相关属性及 CSS 动画的制作方法；第三篇为第 13 章～第 17 章，主要介绍 jQuery Mobile 的相关知识，重点介绍 jQuery Mobile 的页面、组件、主题和事件等内容，并通过实用案例讲解综合运用 HTML5、CSS3 和 jQuery Mobile 开发移动应用的方法和技巧。

本书适合 Web 设计与开发的初学者和爱好者自学，也适合有一定 Web 前端开发基础的网页开发人员阅读，同时也是计算机技术培训班和各院校相关专业理想的教学参考用书。

本书提供了所有实例的源文件和素材以及相关的视频教程，读者可到人邮教育社区（www.ryjiaoyu.com）下载。

◆ 主　编　李晓斌
责任编辑　刘　博
责任印制　沈　蓉　彭志环

◆ 人民邮电出版社出版发行　　北京市丰台区成寿寺路 11 号
邮编　100164　　电子邮件　315@ptpress.com.cn
网址　http://www.ptpress.com.cn
北京天宇星印刷厂印刷

◆ 开本：787×1092　1/16
印张：25.5　　　　　　　　2018 年 6 月第 1 版
字数：764 千字　　　　　　2024 年 1 月北京第 7 次印刷

定价：69.80 元

读者服务热线：(010)81055256　印装质量热线：(010)81055316
反盗版热线：(010)81055315

继计算机、互联网之后，移动互联网正掀起第三次信息技术革命的浪潮，新技术、新应用不断涌现，其中 HTML5 和 CSS3 代表了 Web 技术发展的新方向。特别是在移动互联网领域，HTML5 和 CSS3 不可替代，并且移动设备对 HTML5 和 CSS3 都提供良好的支持。而 jQuery Mobile 则是针对移动端设备的浏览器开发的移动端 Web 脚本框架，为用户提供统一的系统接口，能够流畅运行于各种流行的移动平台。

本书全面系统地向读者介绍了 HTML5、CSS3 和 jQuery Mobile 中的相关知识点，每个重要的知识点都结合实战练习进行讲解，以实现理论与实践相结合，使读者能够更加轻松地掌握和应用，大大提高学习效率。

本书内容安排

本书内容主要围绕移动应用开发的核心技术展开，全面介绍了 HTML5、CSS3 和 jQuery Mobile 的核心知识点，通过实用案例与知识点相结合的方式，使读者能够更容易理解并轻松应用，同时，对于较难理解的知识点增加提示以便掌握。全书共分为 17 章，每章的主要内容如下。

第 1 章：HTML 和 HTML5 基础。本章全面介绍了 HTML 与 HTML5 的相关基础知识，包括 HTML5 的语法、新增标签、废弃的标签，通过学习本章内容，读者能够对 HTML5 有全面的了解。

第 2 章：HTML 中的主体标签。本章主要介绍 HTML 页面中的主体结构标签，以及主体结构标签中相关属性的作用及设置方法。

第 3 章：HTML 中基础标签的应用。本章向读者介绍了文字、段落、列表、图片和超链接这些网页中常见元素的相关标签和其设置使用方法。

第 4 章：HTML 中表单标签的应用。本章详细介绍了传统表单元素和 HTML5 中新增的表单元素，使用 HTML5 表单元素可以在移动应用中创建更加友好的表单应用。

第 5 章：HTML 中的多媒体标签应用。多媒体的应用也是 HTML5 的一大亮点，本章详细介绍了 HTML5 中 Video 与 Audio 元素的使用方法和属性设置技巧。

第 6 章：HTML5 中的<canvas>标签应用。canvas 元素是 HTML5 的亮点之一，使用 canvas 元素可以在网页中绘制出各种几何图形。本章详细介绍了使用 HTML5 中的 canvas 元素在网页中绘制图形、文字、渐变的方法。

第 7 章：HTML5 中的文档结构标签应用。本章介绍 HTML5 中新增的文档结构标签和语义模块标签，并通过案例的制作，使读者能够理解并掌握 HTML5 结构标签的作用和使用方法。

第 8 章：CSS 样式基础。本章介绍有关 CSS 样式的基础知识，包括 CSS 样式的语法、CSS 选择器以及应用 CSS 样式的方法。

第 9 章：CSS 布局。本章主要介绍有关 CSS 盒模型的相关知识以及 HTML 页面中的元素定位属性，以便掌握使用 CSS 样式进行网页布局制作的方法。

第 10 章：CSS 样式属性详解。本章主要介绍通过 CSS 样式对网页中各种元素进行设置的方法，包括文字、段落、背景、列表、边框、超链接伪类等，通过本章内容的学习，读者可以使用 CSS 样式对网页中各种元素的外观进行控制。

第 11 章：CSS3.0 新增属性详解。本章分类介绍了 CSS3.0 新增的属性及各种属性的使用和设置方法，利用这些属性能够实现很多特殊的效果。

第 12 章：使用 CSS3.0 实现动画效果。动画效果是 CSS3.0 最突出的亮点，通过对相关 CSS 属性的设置，即可轻松在网页中实现各种动画效果。本章详细介绍 CSS3.0 各种动画效果的制作方法和技巧。

第 13 章：初识 jQuery Mobile。本章介绍 jQuery 和 jQuery Mobile 的相关基础知识，使读者能够更好地理解两者之间的联系，本章还介绍了创建和设置 jQuery Mobile 页面的方法。

第 14 章：jQuery Mobile 页面详解。本章介绍了 jQuery Mobile 页面及各部分结构的创建和设置方法，同时还介绍了使用结构化 jQuery Mobile 页面内容的方法。

第 15 章：使用 jQuery Mobile 页面组件和主题。本章介绍 jQuery Mobile 中各种页面组件和主题的使用和设置方法。

第 16 章：使用 jQuery Mobile 页面事件。本章介绍 jQuery Mobile 中常用事件的设置和使用方法，通过使用 jQuery Mobile 事件可以轻松地实现各种交互效果。

第 17 章：移动端应用开发实战。本章通过对 3 个实用的移动应用案例进行制作讲解，介绍了综合应用 HTML5、CSS3 和 jQuery Mobile 开发移动应用的方法。

本书特点

本书从实际应用的角度出发，系统介绍了 HTML5、CSS3 和 jQuery Mobile 的核心知识，采用实用案例与知识点相结合的方式，避免枯燥无味的基础知识讲解，使读者能够学以致用，掌握最新的移动应用开发技术。

内容全面

本书内容全面，基本包括了 HTML5、CSS3 和 jQuery Mobile 各个方面的知识。

以实例为中心

脱离单纯的知识点讲解，通过实例与知识点相结合的方式进行讲解，生动、贴切地诠释知识点在实际工作中的应用。

语言简洁流畅

本书语言流畅、图文并茂。书中以大量的实例讲解在实际移动应用开发中的制作方法和技巧，避免枯燥无味的说教。

视频辅助教学

将实例的制作与教学视频相结合，使得枯燥的内容更加容易理解。本书提供了书中所有实例源文件和素材，以及书中所有实例的视频教程，方便读者学习和参考，读者可到人邮教育社（www.ryjiaoyu.com）下载本书配套资源。

关于本书作者

本书由李晓斌编写，另外张晓景、解晓丽、孙慧、程雪翩、刘明秀、陈燕、胡丹丹、杨越、鞠丽、张玲玲、王状、赵建新、胡振翔、张农海、聂亚静、曹梦珂、林学远、项辉、张陈等也为此书编写提供了大力帮助。在此深表谢意。

编者

目　录

第一篇

HTML5 基础

第 1 章

HTML 和 HTML5 基础

网页中所包括的图像、动画、表单和多媒体等复杂的元素，其基础本质都是 HTML。随着互联网的飞速发展，网页设计语言也在不断变化和发展，从 HTML 到 HTML5，每一次发展变革都是为了适应互联网的需求。在本章中将向读者介绍有关 HTML 和 HTML5 的相关基础知识，使读者对 HTML 的发展有所了解，并且理解 HTML5 与 HTML 之间的共同点及改进之处。

本章知识点：

- 了解 HTML
- 认识 HTML 的编辑环境和代码工具
- 了解 HTML5 的优势
- 理解并掌握 HTML5 的文档结构和语法规则
- 认识 HTML5 中新增的标签

1.1 HTML 基础

HTML 主要运用标签使页面文件显示出预期的效果，也就是在文本文件的基础上，加上一系列的网页元素展示效果，最后形成后缀名为.htm 或.html 的文件。通过浏览器阅读 HTML 文件时，浏览器负责解释插入到 HTML 文件中的各种标签，并以此为依据显示内容，将 HTML 语言编写的文件称为 HTML 文本，HTML 语言即网页的描述语言。

1.1.1 什么是 HTML

在介绍 HTML 语言之前，不得不介绍 World Wide Web（万维网）。万维网是一种建立在因特网上的、全球性的、交互的、多平台的和分布式的信息资源网络。它采用 HTML 语法描述超文本（Hypertext）文件。Hypertext 一词有两个含义：一个是链接相关联的文件；另一个是内含多媒体对象的文件。

HTML 语言是英文 Hyper Text Markup Language 的缩写，它是一种文本类、解释执行的标记语言，是在标准一般化的标记语言（SGML）基础上建立的。SGML 仅描述了定义一套标记语言的方法，而没有定义一套实际的标记语言。而 HTML 就是根据 SGML 制定的特殊应用。

HTML 语言是一种简易的文件交换标准，有别于物理的文件结构，它旨在定义文件内对象的描述文件的逻辑结构，而并不是定义文件的显示。由于 HTML 所描述的文件具有极高的适应性，所以特别适合于万维网的环境。

HTML 于 1990 年被万维网所采用，至今经历了众多版本，主要由万维网国际协会（W3C）主导其发展。由于很多编写浏览器的软件公司也根据自己的需要定义 HTML 标签或属性，所以导致现在的 HTML 标准较为混乱。

由于 HTML 语言编写的文件是标准的 ASCII 文本文件，所以可以使用任何的文本编辑器打开 HTML 文件。

　HTML 文件可以直接由浏览器解释执行，而无需编译。当用浏览器打开网页时，浏览器读取网页中的 HTML 代码，分析其语法结构，然后根据解释的结果显示为网页内容，正因为如此，网页显示的速度同网页代码的质量有很大的关系，保持精简和高效的 HTML 源代码是十分重要的。

1.1.2　HTML 的主要功能

HTML 语言作为一种网页编辑语言，易学易懂，能制作出精美的网页效果，其主要功能如下。

（1）利用 HTML 语言格式化文本。例如，设置标题、字体、字号、颜色；设置文本的段落、对齐方式等。

（2）利用 HTML 语言可以在页面中插入图像。使网页图文并茂，还可以设置图像的各种属性。例如，大小、边框、布局等。

（3）HTML 语言可以创建列表，把信息用一种易读的方式表现出来。

（4）利用 HTML 语言可以建立表格。表格为浏览者提供了快速找到需要信息的显示方式。

（5）利用 HTML 语言可以在页面中加入多媒体。可以在网页中加入音频、视频、动画，还能设定播放的时间和次数。

（6）HTML 语言可以建立超链接。通过超链接检索在线的信息，只需用鼠标单击，就可以链接到任何一处。

（7）利用 HTML 语言还可以实现交互式表单等效果。

1.1.3　HTML 的编辑环境

网页文件即扩展名为 htm 或 html 的文件，本质上是文本类型的文件，网页中的图片、动画等资源是通过网页文件的 HTML 代码链接的，与网页文件分开存储。

由于 HTML 语言编写的文件是标准的 ASCII 文本文件，因此可以使用任意一种文本编辑器来打开或编辑 HTML 文件，例如，Windows 操作系统中自带的记事本或者专业的网页制作软件 Dreamweaver。

➤　记事本

HTML 是一种以文字为基础的语言，并不需要什么特殊的开发环境，可以直接在 Windows 操作系统自带的记事本中进行编辑，其优点是方便快捷，缺点是无任何语法提示、无行号提示，以及格式混乱等，初学者使用困难。

➤　Dreamweaver

著名的网页设计制作软件，其优点是有所见即所得的设计视图，能够通过鼠标拖放直接创建并编辑网页文件，自动生成相应的 HTML 代码。Dreamweaver 的代码视图有非常完善的语法自动提示、自动完成和关键词高亮等功能。可以说，Dreamweaver 是一个非常全面的网页制作工具，在本书内容的讲解和制作过程中就是使用 Dreamweaver 软件。

➤　EditPlus

一款非常优秀的代码编辑器，可以很方便地创建和编辑网页文件。其优点也是方便快捷、语法高亮、行号提示和 HTML 代码快捷插入等。缺点是无语法自动提示、无所见即所得的网页设计视图。专业的代码编辑器比较适合代码熟练的用户，并不适合初学者。

1.1.4　认识 Dreamweaver 中的代码工具

在 Dreamweaver 的代码视图中会以不同的颜色显示 HTML 代码，帮助用户区分各种标签，同时用户也可以自行指定标签或代码的显示颜色。总体看来，代码视图更像是一个常规的文本编辑器，只要单击代码的任意位置，就可以开始添加或修改代码了，如图 1-1 所示。

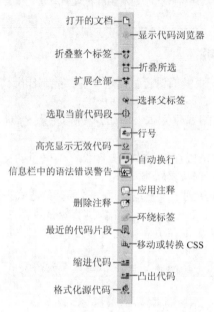

图 1-1　Dreamweaver 代码编辑工具

> ➤ "打开文档" 按钮

单击该按钮，在其弹出菜单中列出了当前在 Dreamweaver 中打开的文档，选中其中一个文档，即可在当前的文档窗口中显示所选择的文档代码。

> ➤ "显示代码浏览器" 按钮

单击该按钮，即可显示光标所在位置的代码浏览器，在代码浏览器中显示光标所在标签中所应用的 CSS 样式设置。

> ➤ "折叠整个标签" 按钮

折叠一组开始和结束标签之间的内容。将光标定位在需要折叠的标签中即可，例如，将光标置于<body>标签内，然后单击该按钮，即可将其首尾对应的标签区域进行折叠。

如果在按住 Alt 键的同时，单击 "折叠整个标签" 按钮，则将折叠外部的标签。"折叠整个标签" 按钮的功能只能对规则的标签区域起作用，如果标签不够规则，则不能实现折叠效果。

> ➤ "折叠所选" 按钮

将所选中的代码折叠。可以直接选择多行代码，单击该按钮，代码折叠后，当将鼠标光标移到标签上时，可以看到标签内被折叠的相关代码。

> ➤ "扩展全部" 按钮

单击该按钮，可以还原页面中所有折叠的代码。如果只希望展开某一部分的折叠代码，只要单击该部分折叠代码左侧的展开按钮田即可。

> ➤ "选择父标签" 按钮

选择插入点的那一行的内容及其两侧的开始和结束标签。如果反复单击此按钮且标签是

对称的，则最终将选择最外面的<html>和</html>标签。例如，将光标置于<title>标签内，
单击"选择父标签"按钮，将会选择<title>标签的父标签<head>标签。

➤ "选取当前代码段"按钮

选择插入点那一行的内容及其两侧的圆括号、大括号或方括号。如果反复单击此按钮且
两侧的符号是对称的，则最终将选择该文档最外面的大括号、圆括号或方括号。

➤ "行号"按钮

单击该按钮，可以在代码视图左侧显示 HTML 代码的行号，默认情况下，该按钮为按
下状态，即默认显示代码行号。

➤ "高亮显示无效代码"按钮

单击该按钮，可以使用黄色高亮显示 HTML 代码中无效的代码。

➤ "自动换行"按钮

单击该按钮，当代码超过窗口宽度时，自动换行，默认情况下，该按钮为按下状态。

➤ "信息栏中的语法错误警告"按钮

启用或禁用页面顶部提示出现语法错误的信息栏。当 Dreamweaver 检测到语法错误
时，语法错误信息栏会指定代码中发生错误的那一行。此外，会在代码视图中文档的左侧突
出显示出现错误的行号。默认情况下，信息栏处于启用状态，但仅当 Dreamweaver 检测到
页面中的语法错误时才显示。

➤ "应用注释"按钮

单击该按钮，在弹出菜单中选择相应的选项，使用户可以
在所选代码两侧添加注释标签或打开新的注释标签，如图 1-2
所示。

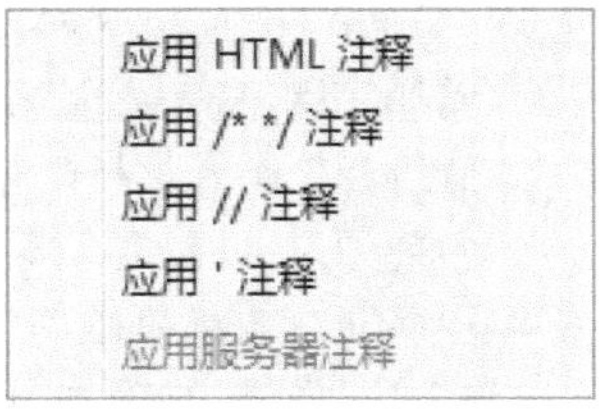

➤ "删除注释"按钮

单击该按钮，可以删除所选代码的注释标签。如果所选内容
包含嵌套注释，则只会删除外部注释标签。

应用 HTML 注释
应用 /* */ 注释
应用 // 注释
应用 ' 注释
应用服务器注释

图 1-2　应用注释列表

➤ "环绕标签"按钮

环绕标签主要是防止写标签时忽略关闭标签。其操作方法是，选择一段代码，单击"环
绕标签"按钮，然后输入相应的标签代码，即可在该选择区域外围添加完整的新标签代
码。这样既快速又防止了前后标签遗漏不能关闭的情况。

➤ "最近的代码片断"按钮

单击该按钮，可以在弹出的菜单中选择最近使用过的代码片断，将该代码片断插入到光
标所在的位置。

➤ "移动或转换 CSS"按钮

单击该按钮，弹出菜单包括"将内联 CSS 转换为规则"和"移动 CSS 规则"两个选
项，可以将 CSS 移动到另一位置，或将内联 CSS 转换为 CSS 规则。

➤ "缩进代码"按钮

选中相应的代码，单击该按钮，可以将选定内容向右移动。

➤ "凸出代码"按钮

选中相应的代码，单击该按钮，可以将选定内容向左移动。

➤ "格式化源代码"按钮

单击该按钮，可以在弹出菜单中选择相应的选项。将先前指定的代码格式应用于所选代
码，如果未选择代码，则应用于整个页面。也可以通过从"格式化源代码"按钮中选择"代
码格式设置"来快速设置代码格式首选参数，或通过选择"编辑标签库"编辑标签库。

为了保证程序代码的可读性，一般都需要将标签代码进行一定的缩进凸出，从而显得错
落有致。选择一段代码后按 Tab 键完成代码的缩进，对于已经缩进的代码，如果想要凸出，
可以按快捷键 Shift+Tab。也可以通过单击“缩进代码”按钮 和“凸出代码”按钮 实现
上述功能。

1.2　HTML5 基础

　　HTML5 是近十年来 Web 标准最巨大的飞跃。与以前的版本不同，HTML5 并非仅仅用
来表示 Web 内容，它的使命是将 Web 带入一个成熟的应用平台，在这个平台上，视频、音
频、图像、动画，以及同电脑的交互都被标准化。HTML5 目前仍然处于发展的阶段，基于
互联网的应用已经越来越丰富，同时也对互联网应用提出了更高的要求，HTML5 俨然已经
成为互联网领域最热门的词语。

1.2.1　HTML5 概述

　　W3C 在 2010 年 1 月 22 日发布了最新的 HTML5 工作草案。HTML5 的工作组包括
AOL、Apple、Google、IBM、Microsoft、Mozilla、Nokia、Opera，以及数百个其他的开
发商。开发 HTML5 的目的是取代 1999 年 W3C 所制定的 HTML 4.01 和 XHTML 1.0 标
准，希望在网络应用迅速发展的同时，网页语言能够符合网络发展的需求。

　　HTML5 实际上指的是包括 HTML、CSS 样式和 JavaScript 脚本在内的一整套技术的组
合，希望通过 HTML5 轻松实现许多丰富的网络应用需求，减少浏览器对插件的依赖，并且
提供更多能有效增强网络应用的标准集。

　　在 HTML5 中添加了许多新的应用标签，其中包括<video>、<audio>和<canvas>等标
签，添加这些标签是为了设计者能够更轻松地在网页中添加或处理图像和多媒体内容。其他新
的标签还有<section>、<article>、<header>和<nav>，这些新添加的标签是为了能够更加丰
富网页中的数据内容。除添加了许多功能强大的新标签和属性外，还对一些标签进行了修改，
以方便适应快速发展的网络应用。当然，也有一些标签和属性在 HTML5 标准中已经被去除。

1.2.2　HTML5 的优势

　　对于用户和网站开发者而言，HTML5 的出现意义非常重大。因为 HTML5 解决了 Web
页面存在的诸多问题，HTML5 的优势主要表现在以下几个方面。

1. 化繁为简

　　HTML5 为了做到尽可能简化，避免了一些不必要的复杂设计。例如，DOCTYPE 声明
的简化处理，在过去的 HTML 版本中，第一行的 DOCTYPE 过于冗长，在实际的 Web 开发
中也没有什么意义，而在 HTML5 中 DOCTYPE 声明就非常简洁。

　　为了让一切变得简单，HTML5 下了很大的功夫。为了避免造成误解，HTML5 对每一
个细节都有非常明确的规范说明，不允许有任何的歧义和模糊出现。

2. 向下兼容

　　HTML5 有着很强的兼容能力。在这方面，HTML5 没有颠覆性的革新，允许存在不严
谨的写法，例如，一些标签的属性值没有使用英文引号括起来；标签属性中包含大写字母；
有的标签没有闭合等。然而这些不严谨的错误处理方案，在 HTML5 的规范中都有着明确的
规定，也希望未来在浏览器中有一致的支持。当然，对于 Web 开发者来说，还是遵循严谨的
代码编写规范比较好。

对于 HTML5 的一些新特性，如果旧的浏览器不支持，也不会影响页面的显示。在 HTML 规范中，也考虑了这方面的内容，如在 HTML5 中<input>标签的 type 属性增加了很多新的类型，当浏览器不支持这些类型时，默认会将其视为 text。

3. 支持合理

HTML5 的设计者们花费了大量的精力研究通用的行为。例如，Google 分析了上百万份的网页，从中提取了<div>标签的 ID 名称，很多网页开发人员都这样标记导航区域。

```
<div id="nav">
  //导航区域内容
</div>
```

既然该行为已经大量存在，HTML5 就会想办法去改进，所以就直接增加了一个<nav>标签，用于网页导航区域。

4. 实用性

对于 HTML 无法实现的一些功能，用户会寻求其他方法来实现，如对于绘图、多媒体、地理位置和实时获取信息等应用，通常会开发一些相应的插件间接地去实现。HTML5 的设计者们研究了这些需求，开发了一系列用于 Web 应用的接口。

HTML5 规范的制定是非常开放的，所有人都可以获取草案的内容，也可以参与提出宝贵意见。因为开放，所以可以得到更加全面的发展。一切以用户需求为最终目的。所以，当用户在使用 HTML5 的新功能时，会发现正是期待已久的功能。

5. 用户优先

在遇到无法解决的冲突时，HTML5 规范会把最终用户的诉求放在第一位。因此，HTML5 的绝大部分功能都是非常实用的。用户与开发者的重要性远远高于规范和理论。例如，有很多用户都需要实现一个新的功能，HTML5 规范设计者们会研究这种需求，并纳入规范；HTML5 规范了一套错误处理机制，以便当 Web 开发者写了不够严谨的代码时，接纳这种不严谨的写法。HTML5 比以前版本的 HTML 更加友好。

1.3 认识 HTML5

HTML5 中语法结构和 HTML 的语法结构基本一致，下面将分别介绍 HTML5 的文档结构与基本语法。

1.3.1 HTML5 的文档结构

编写 HTML 文件时，必须遵循 HTML 的语法规则。一个完整的 HTML 文件由标题、段落、列表、表格、单词和嵌入的各种对象所组成。这些逻辑上统一的对象统称为元素，HTML 使用标签来分割并描述这些元素。实际上整个 HTML 文件就是由元素与标签组成的。

HTML 文件基本结构如下。

```
<html>                        <!--HTML 文件开始-->
  <head>                      <!--HTML 文件的头部开始-->
    头部内容
  </head>                     <!--HTML 文件的头部结束-->
  <body>                      <!--HTML 文件的主体开始-->
    主体内容
  </body>                     <!--HTML 文件的主体结束-->
</html>                       <!--HTML 文件结束-->
```

可以看到，代码分为 3 部分。

➤　<html>……</html>

告诉浏览器 HTML 文件开始和结束，<html>标签出现在 HTML 文档的第一行，用来表示 HTML 文档的开始。</html>标签出现在 HTML 文档的最后一行，用来表示 HTML 文档的结束。两个标签一定要一起使用，网页中的所有其他内容都需要放在<html>与</html>之间。

➤　<head>……</head>

网页的头标签，用来定义 HTML 文档的头部信息，该标签也是成对使用的。

➤　<body>……</body>

在<head>标签之后就是<body>与</body>标签了，该标签也是成对出现的。<body>与</body>标签之间为网页主体内容和其他用于控制内容显示的标签。

1.3.2　HTML5 的基本语法

绝大多数元素都有起始标签和结束标签，在起始标签和结束标签之间的部分是元素体，例如，<body>...</body>。每一个元素都有名称和可选择的属性，元素的名称和属性都在起始标签内进行设置。

➤　普通标签

普通标签是由一个起始标签和一个结束标签所组成的，其语法格式如下。

```
<x>内容</x>
```

其中，x 代表标签名称。<x>和</x>就如同一组开关：起始标签<x>为开启某种功能，而结束标签</x>（通常为起始标签加上一个斜线/）为关闭功能，受控制的内容便放在两标签之间，例如，下面的代码。

```
<b>加粗文字</b>
```

标签之中还可以附加一些属性，用来实现或完成某些特殊效果或功能，例如，下面的代码。

```
<x a₁="v₁", a₂="v₂", ……aₙ="vₙ">内容</x>
```

其中，a_1，a_2……，a_n 为属性名称，而 v，v_2……，v_n 则是其所对应的属性值。属性值加不加引号，目前所使用的浏览器都可接受，但根据 W3C 的新标准，属性值是需要加引号的，所以最好养成加引号的习惯。

➤　空标签

虽然大部分的标签是成对出现的，但也有一些是单独存在的，这些单独存在的标签称为空标签，其语法格式如下。

```
<x>
```

同样，空标签也可以附加一些属性，用来完成某些特殊效果或功能，例如，下面的代码。

```
<x a1="v1", a2="v2", ……, an="vn">
```

例如，下面的代码。

```
<hr color="#0000FF" >
```

　其实 HTML5 还有其他更为复杂的语法，使用技巧也非常多，作为一种语言，它有很多的编写原则并且以很快的速度发展着。

1.3.3　HTML5 精简的头部

HTML5 避免了不必要的复杂性，DOCTYPE 和字符集都极大地简化了。

DOCTYPE 声明是 HTML 文件中必不可少的内容，它位于 HTML 文档的第一行，声明了 HTML 文件遵循的规范。HTML 4.01 的 DOCTYPE 声明代码如下。

```
<!DOCTYPE HTML PUBLIC "-//W3C//DTD HTML 4.01 Transitional//EN" "http://www.
w3.org/TR/html4/loose.dtd">
```

这么长的一串代码恐怕极少有人能够默写出来，通常都是通过复制/粘贴的方式添加这段代码。而在 HTML5 中的 DOCTYPE 代码则非常简单，如下所示。

```
<!DOCYPT html>
```

这样就简洁了许多，不需要再复制/粘贴代码了。同时这种声明，也标志性地让人感觉到这是符合 HTML5 规范的页面。如果使用了 HTML5 的 DOCTYPE 声明，则会触发浏览器以标准兼容的模式来显示页面。

字符集的声明也是非常重要的，它决定了页面文件的编码方式。在过去，都是使用如下的方式来指定字符集的，代码如下。

```
<meta http-equiv="Content-Type" content="text/html; charset=utf-8">
```

HTML5 对字符集的声明也进行了简化处理，简化后的声明代码如下。

```
<meta charset="utf-8">
```

在 HTML5 中，以上两种字符集的声明方式都可以使用，这是由 HTML5 向下兼容的原则决定的。

1.4　HTML5 中新增的标签

在 HTML5 中新增了许多新的有意义的标签，为了方便学习和记忆，在本节中将 HTML5 中新增的标签进行分类介绍。

1.4.1　结构标签

HTML5 中新增的结构标签说明如表 1-1 所示。

表 1-1　结构标签说明

标签	说明
<article>	<article>标签用于在网页中标识独立的主体内容区域，可用于论坛帖子、报纸文章、博客条目和用户评论等
<aside>	<aside>标签用于在网页中标识非主体内容区域，该区域中的内容应该与附近的主体内容相关
<section>	<section>标签用于在网页中标识文档的小节或部分
<footer>	<footer>标签用于在网页中标识页脚部分，或者内容区块的脚注
<header>	<header>标签用于在网页中标识页首部分，或者内容区块的标头
<nav>	<nav>标签用于在网页中标识导航部分

1.4.2　文本标签

HTML5 中新增的文本标签说明如表 1-2 所示。

表 1-2　文本标签说明

标签	说明
<bdi>	<bdi>标签在网页中允许设置一段文本，使其脱离其父元素的文本方向设置
<mark>	<mark>标签在网页中用于标识需要高亮显示的文本
<time>	<time>标签在网页中用于标识日期或时间
<output>	<output>标签在网页中用于标识一个输出的结果

1.4.3　应用和辅助标签

HTML5 中新增的应用和辅助标签说明如表 1-3 所示。

表 1-3　应用和辅助标签说明

标签	说明
<audio>	<audio>标签用于在网页中定义声音，如背景音乐或其他音频流
<video>	<video>标签用于在网页中定义视频，如电影片段或其他视频流
<source>	<source>标签为媒介标签（如 video 和 audio），在网页中用于定义媒介资源
<track>	<track>标签在网页中为如 video 元素之类的媒介规定外部文本轨道
<canvas>	<canvas>标签在网页中用于定义图形，比如，图标和其他图像。该标签只是图形容器，必须使用脚本绘制图形
<embed>	<embed>标签在网页中用于标识来自外部的互动内容或插件

1.4.4　进度标签

HTML5 中新增的进度标签说明如表 1-4 所示。

表 1-4　进度标签说明

标签	说明
<progress>	<progress>标签用于在网页中标识任务进度显示的进度条
<meter>	在网页中使用<meter>标签，可以根据 value 属性赋值，以及最大、最小值的度量进行显示的进度条

1.4.5　交互性标签

HTML5 中新增的交互性标签说明如表 1-5 所示。

表 1-5　交互性标签说明

标签	说明
<command>	<command>标签用于在网页中标识一个命令元素（单选、复选或者按钮）；当且仅当这个元素出现在<menu>标签中时才会被显示，否则将只能作为键盘快捷方式的一个载体
<datalist>	<datalist>标签用于在网页中标识一个选项组，与<input>标签配合使用该标签，来定义 input 元素可能的值

1.4.6　在文档和应用中使用的标签

HTML5 中新增的在文档和应用中使用的标签说明如表 1-6 所示。

表 1-6　文档和应用中使用的标签说明

标签	说明
\<details\>	\<details\>标签在网页中用于标识描述文档或者文档某个部分的细节
\<summary\>	\<summary\>标签在网页中用于标识\<details\>标签内容的标题
\<figcaption\>	\<figcaption\>标签在网页中用于标识\<figure\>标签内容的标题
\<figure\>	\<figure\>标签用于在网页中标识一块独立的流内容（图像、图表、照片和代码等）
\<hgroup\>	\<hgroup\>标签在网页中用于标识文档或内容的多个标题。用于将 h1 至 h6 元素打包，优化页面结构在 SEO 中的表现

1.4.7　\<ruby\>标签

HTML5 中新增的\<ruby\>标签说明如表 1-7 所示。

表 1-7　\<ruby\>标签说明

标签	说明
\<ruby\>	\<ruby\>标签在网页中用于标识 ruby 注释（中文注音或字符）
\<rp\>	\<rp\>标签在 ruby 注释中使用，以定义不支持\<ruby\>标签的浏览器所显示的内容
\<rt\>	\<rt\>标签在网页中用于标识字符（中文注音或字符）的解释或发音

1.4.8　其他标签

HTML5 中新增的其他标签说明如表 1-8 所示。

表 1-8　其他标签说明

标签	说明
\<keygen\>	\<keygen\>标签用于标识表单密钥生成器元素。当提交表单时，私密钥存储在本地，公密钥发送到服务器
\<wbr\>	\<wbr\>标签用于标识单词中适当的换行位置；可以用该标签为一个长单词指定合适的换行位置

1.5　HTML5 中废弃的标签

在 HTML5 中也废弃了一些以前 HTML 中的标签，主要是以下几个方面的标签。

1. 可以使用 CSS 样式替代的标签

在 HTML5 之前的一些标签中，有一部分是纯粹用作显示效果的标签。而 HTML5 延续了内容与表现分离，对于显示效果更多地交给 CSS 样式去完成。所以，在这方面废弃的标签有：\<basefont\>、\<big\>、\<center\>、\<font\>、\<s\>、\<strike\>、\<tt\>和\<u\>。

2. 不再支持 frame 框架

由于 frame 框架对网页可用性存在负面影响，因此在 HTML5 中已经不再支持 frame 框架，但是支持 iframe 框架。所以 HTML5 中废弃了 frame 框架的\<frameset\>、\<frame\>和\<noframes\>标签。

3. 其他废弃标签

在 HTML5 中其他被废弃的标签主要是因为有了更好的替代方案。

废弃<bgsound>标签，可以使用 HTML5 中的<audio>标签替代。

废弃<marquee>标签，可以在 HTML5 中使用 JavaScript 程序代码来实现。

废弃<applet>标签，可以使用 HTML5 中的<embed>和<object>标签替代。

废弃<rb>标签，可以使用 HTML5 中的<ruby>标签替代。

废弃<acronym>标签，可以使用 HTML5 中的<abbr>标签替代。

废弃<dir>标签，可以使用 HTML5 中的<ul>标签替代。

废弃<isindex>标签，可以使用 HTML5 中的<form>标签和<input>标签结合的方式替代。

废弃<listing>标签，可以使用 HTML5 中的<pre>标签替代。

废弃<xmp>标签，可以使用 HTML5 中的<code>标签替代。

废弃<nextid>标签，可以使用 HTML5 中的 GUIDS 替代。

废弃<plaintext>标签，可以使用 HTML5 中的"text/plain"MIME 类型替代。

1.6　本章小结

每一个网页制作人员都必须或多或少地懂一些 HTML 语言，因为它才是网页制作的基础。与 HTML 相比，HTML5 的发展有着革命性的进步。本章主要讲解了 HTML 和 HTML5 的基础知识，包括 HTML5 的优势、结构和语法等，重点介绍了 HTML5 中新增的标签。使读者对网页的基础语言有一定的了解和认识，熟练掌握 HTML 语言，对更好地制作网页有着极其重要的意义。

1.7　课后习题

一、选择题

1. 以下哪个软件不可以用来编辑 HTML 文件?（　　　）
   A. Dreamweaver　　　　　　　B. Photoshop
   C. 记事本　　　　　　　　　　D. EditPlus

2. HTML 中的注释标签是什么?（　　　）
   A. <-- 注释内容 -->　　　　　B. <--! 注释内容 -->
   C. <!-- 注释内容 -->　　　　　D. <-- 注释内容 --!>

3. HTML 页面的主体标签是什么?（　　　）
   A. <html>标签　B. <head>标签　C. <title>标签　　D. <body>标签

4. 以下哪个不是 HTML5 新增的标签?（　　　）
   A. <font>标签　B. <video>标签　C. <audio>标签　D. <canvas>标签

二、判断题

1. 在 HTML 代码中，所有的标签都是成对出现的，有开始标签就会有结束标签。（　　　）

2. 使用 HTML5 中新增的<canvas>标签，必须与 JavaScript 脚本代码相结合，才能够在网页中实现绘图的效果。（　　　）

三、简答题

1. 简单介绍 HTML 代码的主要功能。

2. 简单描述 HTML 的文档结构。

第 2 章

HTML 中的主体标签

HTML 网页文件是组成网站的基本单位，有完整的结构，本章从 HTML 的主体标签入手，全面开始对 HTML 中的标签及其相关属性进行学习。通过本章的学习，读者将掌握 HTML 文件的头部信息设置和页面主体的基本设置。

本章知识点：

- 了解 HTML 的主体标签
- 理解并掌握<meta>标签的设置与使用方法
- 掌握主体标签<body>中相关属性的设置方法
- 了解 HTML 代码中添加注释的方法

2.1　HTML 头部<head>标签设置

通过前面的学习，了解到 HTML 的基本结构分为<head></head>部分和<body></body>部分。head 中文的意思即为头部，因此一般把<head></head>部分称为网页的头部信息。头部信息部分的内容虽然不会在网页中显示，但它能影响到网页的全局设置。

2.1.1　<title>标签

网页中标题与文章中标题的性质是一样的，它们都表示重要的信息，允许用户快速浏览网页，找到需要的信息。网页标签的设置是非常重要的，因为网站访问者并不总是阅读网页上的所有文字。为网页设置标题，只需要在 HTML 文件的头部<title></title>标签之间输入标题信息就可以在浏览器上显示。

网页的标题只有一个，位于 HTML 文档的头部<head>与</head>标签之间，<title>标签的基本语法如下。

```
<head>
<title>…</title>
</head>
```

 练习

为网页设置标题

最终文件：光盘\最终文件\第 2 章\2-1-1.html　　　视频：光盘\视频\第 2 章\2-1-1.mp4

01. 执行"文件>打开"命令，打开页面"光盘\源文件\第 2 章\2-1-1.html"，可以看到页面效果，如图 2-1 所示。在 Dreamweaver 中新建的网页，默认标题为"无标题文档"，切换到代码视图中，可以看到该网页的 HTML 代码，如图 2-2 所示。

02. 在页面头部的<title>与</title>标签之间输入网页的标题，如图 2-3 所示。执行"文件>保存"命令，保存该页面，在浏览器中预览页面，可以看到网页的标题，如图 2-4 所示。

图 2-1　页面效果

图 2-2　页面 HTML 代码

```
<head>
<meta charset="utf-8">
<title>纯天然植物护肤</title>
<link href="style/2-1-1.css" rel="stylesheet"
type="text/css">
</head>
```

图 2-3　输入代码

图 2-4　浏览器预览效果

 在为网页设置标题时，首先需要明确网站的定位，网站中的哪些关键词能够吸引浏览者的注意，选择几个能够概括网站内容和功能的词语作为网页的标题，这样可以使浏览者看到网页标题即可以了解到网页的大致内容。

 标题向浏览者提供了网页的内容信息，方便浏览者对页面的选择。读者可以在标题栏加入●、★等一些特殊符号，以增加网页的个性化。

2.1.2　<base>标签

<base>标签用于设置网页的基底地址，基底地址的实质是统一设置当前 HTML 页面中的超级链接，<base>标签有两个属性，href 属性和_target 属性，<base>标签基本语法如下。

```
<base href="文件路径" target="目标窗口">
```

➢　href

href 属性用于设置网页基底地址的链接路径，可以是相对路径，也可以是绝对路径。

➢　target

target 属性用于设置网页显示的目标窗口打开方式。

通过网页基底网址的设置，页面中所有的相对网站根目录地址可转换为绝对地址。例如，在页面头部的<head>与</head>标签之间添加如下的<base>标签设置。

```
<base href="http://www.xxx.com" target="_blank">
```

通过上述代码对基底地址的设置，在当前 HTML 页面中的默认超链接地址，都将在其前面加上 http://www.xxx.com，即转换为绝对地址。并且，页面中的超链接的打开方式都是打开新窗口。

2.1.3　<meta>标签

通过<meta>标签可以设置 HTML 页面的关键字、说明信息、作者信息、编辑工具等，这些信息对于浏览该页面的 HTML 用户是不可见的。在 HTML 页面中，一个<meta>标签内就是一个 meta 内容，而在 HTML 页面头部可以添加多个<meta>标签。

1. 设置网页关键字

关键字是描述网页的产品及服务的词语，选择合适的关键字是建立一个高排名的第一步。选择关键字的第一重要技巧是选取那些人们在搜索时经常用到的关键字。

设置网页关键字基本语法如下。

```
<meta name="keywords" content="输入具体的关键字">
```

在该语法中，name 为属性名称，这里是 keywords，也就是设置网页的关键字属性，而在 content 中则定义具体的关键字。

2. 设置网页说明

网页说明为搜索引擎提供关于这个网页的总概括性描述。网页的说明标签是由一两个词语或段落组成的，内容一定要有相关性，描述不能太短、太长或过分重复。

设置网页说明的基本语法如下。

```
<meta name="description" content="设置网页说明">
```

在该语法中，name 为属性名称，这里设置为 description，也就是设置网页说明，在 content 中定义具体的描述语言。

3. 设置网页编码格式

网页编码格式的设置在网站中起着非常重要的作用，因为每种编码格式的兼容性都存在差异，如果设置不好的话，容易出现乱码等问题。

在 Dreamweaver 中新建网页会默认设置网页编码格式<meta charset="utf-8">，在日益国际化的网站开发领域中，为了字符集的统一，建议 charset 值采用 utf-8。

4. 设置网页刷新

在浏览网页时经常会看到一些有欢迎信息的网页，经过一段时间后，页面会自动转到其他页面，这样的效果就可以通过设置网页刷新来实现。

设置网页刷新的基本语法如下。

```
<meta http-equiv="refresh" content="跳转时间; URL=跳转到的地址">
```

在该语法中，refresh 表示网页刷新，而在 content 中设置刷新的事件和刷新后的链接地址，时间和链接地址之间用分号相隔，默认情况下，跳转时间以秒为单位。

5. 设置网页作者信息

在<meta>标签中还可以设置网页制作者的信息。

设置网页作者信息的基本语法如下。

```
<meta name="author" content="作者姓名">
```

在该语法中，name 为属性名称，这里是 author，也就是设置作者信息，而在 content 中则定义具体的信息。

6. 设置网页编辑软件信息

现在有很多编辑软件都可以制作网页，在源代码头部可以设置网页编辑软件的名称，编辑工具也只是在页面的源代码中可以看到，而不会显示在浏览器中。

设置编辑软件信息的基本语法如下。

```
<meta name="genrator" content="编辑软件的名称">
```

在该语法中，name 为属性名称，这里是 genrator，也就是设置编辑软件，而在 content 中则定义具体的编辑工具名称。

练习

设置网页关键字、说明以及页面的定时跳转

最终文件：光盘\最终文件\第 2 章\2-1-3.html　　　视频：光盘\视频\第 2 章\2-1-3.mp4

01. 执行"文件>打开"命令，打开页面"光盘\源文件\第 2 章\2-1-3.html"，可以看到页面效果，如图 2-5 所示。切换到代码视图中，在<head>与</head>标签之间添加<meta>标签设置网页关键字，如图 2-6 所示。

图 2-5　页面效果

```
<head>
<meta charset=\"utf-8\">
<meta name=\"keywords\" content=\"纯天然护肤,植物护肤,化妆品\">
<title>纯天然植物护肤</title>
<link href=\"style/2-1-3.css\" rel=\"stylesheet\" type=\"text/css\">
</head>
```

图 2-6　添加关键字设置代码

技巧　要选择与网站或页面主题相关的文字；选择具体的词语，不能寄望于行业或笼统词语；揣摩用户会用什么行为作为搜索词，把这些词放在网页上或直接作为关键字；关键字可以不只一个，建议根据不同的页面，制定不同的关键字组合，这样页面被搜索到的概率将大大增加。

02. 继续在<head>与</head>标签之间添加<meta>标签设置网页说明信息，如图 2-7 所示。继续在<head>与</head>标签之间添加<meta>标签设置网页定时跳转，如图 2-8 所示。

```
<head>
<meta charset=\"utf-8\">
<meta name=\"keywords\" content=\"纯天然护肤,植物护肤,化妆品\">
<meta name=\"description\" content=\"一款纯天然不刺激的植物护肤产品\">
<title>纯天然植物护肤</title>
<link href=\"style/2-1-3.css\" rel=\"stylesheet\" type=\"text/css\">
</head>
```

图 2-7　添加网页说明设置代码

```
<head>
<meta charset=\"utf-8\">
<meta name=\"keywords\" content=\"纯天然护肤,植物护肤,化妆品\">
<meta name=\"description\" content=\"一款纯天然不刺激的植物护肤产品\">
<meta http-equiv=\"refresh\" content=\"10;URL=http://www.baidu.com\">
<title>纯天然植物护肤</title>
<link href=\"style/2-1-3.css\" rel=\"stylesheet\" type=\"text/css\">
</head>
```

图 2-8　添加网页自动跳转设置代码

03. 执行"文件>保存"命令，保存该页面，在浏览器中预览页面，如图 2-9 所示。当在浏览器中打开该页面 10 秒后，页面将自动跳转到所设置的页面，此处将跳转到百度网站页面，如图 2-10 所示。

图 2-9　预览页面效果

图 2-10　自动跳转到所设置的页面

在\<meta\>标签中将 http-equiv 属性设置为 refresh 不仅可以实现网页的跳转，还可以实现网页的自动刷新，例如，设置网页 5 秒自动刷新，则添加的代码是\<meta http-equiv="refresh" content="5" \>

2.2　HTML 主体\<body\>标签设置

主体即 HTML 结构中的\<body\>与\</body\>标签之间的部分，这部分的内容是直接显示在页面中的，本节将向读者介绍\<body\>标签中的相关属性设置，读者可以通过边学习边练习操作以达到快速理解相应属性的作用。

2.2.1　边距属性 margin

通常，新建一个页面并在页面中制作相应的内容时，会发现网页中的内容并没有紧挨着浏览器的顶部和左侧显示。这是因为 HTML 页面在默认情况下，内容与页面的边界有一定距离，所以在制作网页时首先需要将边距清除。

清除页面边距的方法有很多，可以使用 CSS 样式中的 margin 属性，也可以直接在\<body\>标签中添加上、右、下、左 4 边的边距属性设置。\<body\>标签中的边距属性 margin 的基本语法如下。

```
<body topmargin="value" leftmargin="value" rightmargin="value" bottommargin="value">
```

通过为 topmargin、leftmargin、rightmargin 和 bottommargin 属性设置不同的属性值，控制页面内容与浏览器边界之间的距离。默认情况下，边距的值以像素为单位。

➢　topmargin

该属性用于设置内容到浏览器上边界的距离。

➢　leftmargin

该属性用于设置内容到浏览器左边界的距离。

➢　rightmargin

该属性用于设置内容到浏览器右边界的距离。

➢　bottommargin

该属性用于设置内容到浏览器下边界的距离。

练习

设置网页整体边距

最终文件：光盘\最终文件\第 2 章\2-2-1.html　　视频：光盘\视频\第 2 章\2-2-1.mp4

01．执行"文件>打开"命令，打开页面"光盘\源文件\第 2 章\2-2-1.html"，可以看到页面效果，如图 2-11 所示。切换到代码视图中，可以看到该页面的 HTML 代码，如图 2-12 所示。

```
<!doctype html>
<html>
<head>
<meta charset="utf-8">
<title>设置网页整体边距</title>
<link href="style/2-2-1.css" rel="stylesheet" type="text/css">
</head>

<body>
<img src="images/22101.jpg"  alt="" width="1920" height="1080" class="img01"/>
<div id="pic01"><img src="images/22102.png" width="857" height="647"  alt=""/></div>
</body>
</html>
```

　　图 2-11　页面效果　　　　　　　　　　　　图 2-12　页面的 HTML 代码

02．在浏览器中预览页面，在默认情况下，页面的主体边距并不为 0，如图 2-13 所示。返回 Dreamweaver 代码视图中，在<body>标签中添加页面边距设置代码，如图 2-14 所示。

图 2-13　预览页面效果

```
<body topmargin="0" rightmargin="0" bottommargin="0" leftmargin="0">
<img src="images/22101.jpg" alt="" width="1920" height="1080" class="img01"/>
<div id="pic01"><img src="images/22102.png" width="857" height="647" alt=""/></div>
</body>
```

图 2-14　添加边距设置代码

03．返回 Dreamweaver 的设计视图中，可以看到完成页面边距设置后的效果，如图 2-15 所示。执行"文件>保存"命令，保存该页面，在浏览器中预览页面，如图 2-16 所示。

图 2-15　页面效果

图 2-16　浏览器预览效果

2.2.2　背景颜色属性 bgcolor

默认新建的 HTML 页面背景颜色都是白色的，但是每个网站页面需要有不同的风格和特点，背景颜色自然也需要设置不同的颜色，这样才更符合网页的主题并与网页的整体风格相统一。

在<body>标签中添加 bgcolor 属性设置，即可为 HTML 页面设置相应的背景颜色，bgcolor 属性的基本语法如下。

```
<body bgcolor="背景颜色">
```

背景颜色值有两种表示方法，一种是使用颜色名称表示，例如，红色和蓝色等可以分别使用 red 和 blue 等表示。另一种是使用十六进制格式颜色值#RRGGBB 来表示，RR、GG 和 BB 分别表示颜色中的红、绿和蓝三基色的两位十六进制数值。

练习

设置网页背景颜色

最终文件：光盘\最终文件\第 2 章\2-2-2.html　　视频：光盘\视频\第 2 章\2-2-2.mp4

01．执行"文件>打开"命令，打开页面"光盘\源文件\第 2 章\2-2-2.html"，可以看到页面效果，如图 2-17 所示。切换到代码视图中，可以看到该页面的 HTML 代码，如图 2-18 所示。

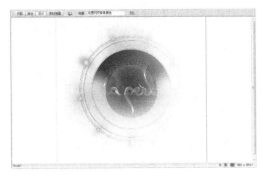

```
<!doctype html>
<html>
<head>
<meta charset="utf-8">
<title>设置网页背景颜色</title>
<link href="style/2-2-2.css" rel="stylesheet"
type="text/css">
</head>

<body>
<div id="box"><img src="images/22201.png"
width="800" height="800"  alt=""/></div>
</body>
</html>
```

图 2-17 页面效果   图 2-18 页面的 HTML 代码

02. 在<body>标签中添加 bgcolor 属性设置代码，设置网页的背景颜色，如图 2-19 所示。执行"文件>保存"命令，保存该页面，在浏览器中预览页面，如图 2-20 所示。

```
<body bgcolor="#051D40">
<div id="box"><img src="images/22201.png"
width="800" height="800"  alt=""/></div>
</body>
```

图 2-19 添加 bgcolor 属性设置   图 2-20 浏览器预览效果

2.2.3 背景图像属性 background

在<body>标签中除了可以设置网页的背景色以外，通过 background 属性还可以设置网页的背景图像，网页中可以使用 JPEG、GIF 和 PNG 格式图像作为页面的背景图像。背景图像属性 background 基本语法如下。

```
<body background="图片的地址">
```

在该语法中，background 属性值就是背景图像的路径和文件名。图像地址可以是相对地址，也可以是绝对地址。在默认情况下，为网页设置的背景图像会按照水平和垂直的方向不断重复出现，直到铺满整个页面。

练习

设置网页背景图像

最终文件：光盘\最终文件\第 2 章\2-2-3.html   视频：光盘\视频\第 2 章\2-2-3.mp4

01. 执行"文件>打开"命令，打开页面"光盘\源文件\第 2 章\2-2-3.html"，可以看到页面效果，如图 2-21 所示。切换到代码视图中，可以看到该页面的 HTML 代码，如图 2-22 所示。

```
<!doctype html>
<html>
<head>
<meta charset="utf-8">
<title>设置网页背景图像</title>
<link href="style/2-2-3.css" rel="stylesheet"
type="text/css">
</head>

<body>
<div id="box"><img src="images/22302.png"
width="900" height="376"  alt=""/></div>
</body>
</html>
```

图 2-21　页面效果　　　　　　　　　　　图 2-22　网页 HTML 代码

02.　在<body>标签中添加 background 属性设置代码，设置网页的背景图像，如图 2-23 所示。执行"文件>保存"命令，保存该页面，在浏览器中预览页面，如图 2-24 所示。

```
<body background="images/22301.png">
<div id="box"><img src="images/22302.png"
width="900" height="376"  alt=""/></div>
</body>
```

图 2-23　添加 background 属性设置　　　　图 2-24　浏览器预览效果

> 在网页中可以使用图像作为页面的背景，但是图像一定要与网页中的插图和文字的颜色相协调，才能达到美观的效果。为了保证浏览器载入网页的速度，建议尽量不要使用容量过大的图像作为网页背景图像。

2.2.4　文字属性 text

无论网页技术如何发展，文本内容始终是网页的核心内容。对于文字本身的修饰似乎更加吸引人。通过 text 属性可以对<body>与</body>标签之间的所有文本颜色进行设置，文本属性 text 的基本语法如下。

```
<body text="文字颜色">
```

在该语法中，text 的属性值与设置页面背景颜色相同。

练习

设置网页文字默认颜色

最终文件：光盘\最终文件\第 2 章\2-2-4.html　　　视频：光盘\视频\第 2 章\2-2-4.mp4

01.　执行"文件>打开"命令，打开页面"光盘\源文件\第 2 章\2-2-4.html"，可以看到页面效果，如图 2-25 所示。切换到代码视图中，可以看到该页面的 HTML 代码，如图 2-26 所示。

图 2-25　页面效果

```
<!doctype html>
<html>
<head>
<meta charset="utf-8">
<title>设置网页文字默认颜色</title>
<link href="style/2-2-4.css" rel="stylesheet"
type="text/css">
</head>
<body>
<img src="images/22401.png"  alt="" width=
"2400" height="1681" class="pic01"/>
<div id="text">欢迎来到<br>
        未来的科技之城
  <div id="btn">进入网站了解更多</div>
</div>
</body>
</html>
```

图 2-26　网页的 HTML 代码

02. 在<body>标签中添加 text 属性设置代码，设置网页中的文字颜色，如图 2-27 所示。执行"文件>保存"命令，保存该页面，在浏览器中预览页面，如图 2-28 所示。

```
<body text="#3366CC">
<img src="images/22401.png"  alt="" width=
"2400" height="1681" class="pic01"/>
<div id="text">欢迎来到<br>
        未来的科技之城
  <div id="btn">进入网站了解更多</div>
</div>
</body>
```

图 2-27　添加 text 属性设置

图 2-28　浏览器预览效果

　　在<body>标签中没有直接定义网页字体、字体大小等其他文字效果的属性，只有 text 属性用于定义网页文字的默认颜色，如果需要定义其他的字体效果，可以通过 CSS 样式来实现。例如，在本实例中，预先使用 CSS 样式设置了页面中的字体、字号等属性。

2.2.5　默认链接属性 link

超链接是网站中使用比较频繁的功能，因为网站中的各页面都是由超链接串接而成的，通过在<body>标签中对 link 属性进行设置，可以设置 HTML 页面中默认的没有单击过的超链接文字颜色。

默认链接属性 link 的基本语法如下。

```
<body link="颜色">
```

这一属性的设置与前面几个设置颜色的参数类似，都是与<body>标签放置在一起，表明它对网页中所有未单独设置的元素起作用。

练习

设置网页中超链接文字的默认颜色

最终文件：光盘\最终文件\第 2 章\2-2-5.html　　视频：光盘\视频\第 2 章\2-2-5.mp4

01. 执行"文件>打开"命令，打开页面"光盘\源文件\第 2 章\2-2-5.html"，可以看到页面中默认的超链接文字的效果，如图 2-29 所示。切换到代码视图中，可以看到该页面的 HTML 代码，如图 2-30 所示。

图 2-29　页面效果

```
<!doctype html>
<html>
<head>
<meta charset="utf-8">
<title>设置网页中超链接文字的默认颜色</title>
<link href="style/2-2-5.css" rel="stylesheet" type=
"text/css">
</head>

<body text="#3366CC">
<img src="images/22401.png"  alt="" width="2400"
height="1681" class="pic01"/>
<div id="text">欢迎来到<br>
          未来的科技之城
  <div id="btn"><a href="#">进入网站了解更多</a></div>
</div>
</body>
</html>
```

图 2-30　网页 HTML 代码

提示

在默认情况下，网页中的超链接文字显示为蓝色有下画线的效果，访问过的文字颜色变为暗红色，可以通过 CSS 样式全面设置超链接在不同状态中的效果。

02.在<body>标签中添加 link 属性设置代码，设置网页中超链接文字的默认颜色，如图 2-31 所示。执行"文件>保存"命令，保存该页面，在浏览器中预览页面，如图 2-32 所示。

```
<body text="#3366CC"  link="#FFFFFF">
<img src="images/22401.png"  alt="" width="2400"
height="1681" class="pic01"/>
<div id="text">欢迎来到<br>
          未来的科技之城
  <div id="btn"><a href="#">进入网站了解更多</a></div>
</div>
</body>
```

图 2-31　添加 link 属性设置

图 2-32　浏览器预览效果

2.3　在 HTML 代码中添加注释

通过前面的学习，大家知道 HTML 代码由浏览器进行解析，从而呈现出丰富多彩的网页，如果有些代码或文字既不需要浏览器解析，也不需要呈现在网页上，这种情况通常为代码注释，即对某段代码进行解释说明，以便维护。

在 HTML 代码中如果需要添加代码注释，可以使用<!--和--!>，如图 2-33 所示。

```
<!doctype html>
<html>
<head>
<meta charset="utf-8">
<title>在HTML代码中添加注释</title>
</head>

<body>
<!--
这里是HTML页面中的代码注释，无论多少内容，在页面中都不会显示
-->
这里才是页面中能够看到的内容。
</body>
</html>
```

图 2-33　HTML 代码的注释

2.4　本章小结

本章学习的内容是 HTML 页面中的主体标签设置，其中，虽然头部信息设置看起来似乎并不重要，但是这些信息可能会影响到整个网页的全局设置。例如，许多商业网站都希望在搜索引擎中可以有好的排名，优秀的头部信息设置就可以发挥重要的作用。页面主体内容的背景及网页文字效果的设置也非常重要，使用 CSS 样式进行设置会更加方便和快捷，能够实现的效果也更加丰富。

2.5　课后习题

一、选择题

1. 以下哪个不是 HTML 页面头部<head>标签中包含的标签？（　　）
   A. <title>　　　B. <style>　　　C. <meta>　　　D. <body>
2. 使用<meta>标签为网页设置关键字正确的语法格式是下列哪一项？（　　）
   A. <meta name="description" content="内容">
   B. <meta name="author" content="内容">
   C. <meta name="keywords" content="内容">
   D. <meta name="genrator" content="内容">
3. 在主体<body>标签中用于设置网页背景颜色的属性是哪一项？（　　）
   A. background　B. bgcolor　　　C. bg-color　　　D. background-color
4. 在主体<body>标签中添加的 topmargin 和 leftmargin 属性，分别用于设置什么？
（　　）
   A. 左边距和顶边距　　　　　　B. 右边距和顶边距
   C. 顶边距和底边距　　　　　　D. 顶边距和左边距

二、判断题

1. 在主体<body>标签中添加 background 属性可以为网页设置背景图像，并且所设置的背景图像能够在水平和垂直方向产生平铺的效果。（　　）
2. 通过 text 属性设置，能够对<head>与</head>标签之间的所有文本颜色进行设置。（　　）

三、简答题

1. <meta>标签提供的信息对浏览用户是否可见？一般用于定义哪些网页信息？
2. 在<body>标签有没有什么属性可以设置网页字体大小等其他文字属性？

第 3 章

HTML 中基础标签的应用

文字与图片是网页中最基本的元素，任何网页都不可缺少，文字与图片是网页视觉传达最直接的方式。超链接在网页中也是必不可少的部分，在浏览网页时，单击一张图片或者某个文字链接就可以跳转到相应的网页中，这些功能都是通过超链接来实现的。本章主要介绍 HTML 页面中各种基本标签的使用和设置方法。

本章知识点：

- 掌握使用各种文字标签设置文字表现效果的方法
- 理解并掌握文本分行与分段的相关标签的使用方法
- 了解标题标签、水平线标签，以及文本对齐方式和特殊字符的实现方法
- 掌握在网页中插入图片及实现图文混排的方法
- 掌握网页中项目列表、有序列表和定义列表的创建方法
- 掌握 HTML 页面中各种超链接的设置方法
- 了解表格的相关标签

3.1 文字设置标签

文字是最直接的视觉传达方式，HTML 中提供了多种用于设置文字效果的标签和属性。本节从文字的细节修饰着手，使读者轻松掌握 HTML 页面中字体以及各种文字样式效果的设置方法。

3.1.1 <font>标签

<font>标签可以用来设置文字的颜色、字体和字体大小，是 HTML 页面制作的常用属性。可以通过<font>标签中的 face 属性设置不同的字体，通过 size 属性设置字体大小，还可以通过 color 属性设置文字的颜色。

<font>标签的基本语法如下。

```
<font face="字体" size="字体字号" color="字体颜色">……</font>
```

<font>标签的相关属性说明如下。

➢ face

该属性用于设置文字字体。由于 HTML 网页中显示的字体从浏览器端的系统中调用，所以为了保持字体一致，建议采用"宋体"或"微软雅黑"字体，即系统的默认字体。

➢ size

该属性用于设置文字的大小。size 的值为 1～7，默认值为 3，也可以在属性值之前加上+或-字符，来指定相对于初始值的增量或减量。

➢ color

该属性用于设置文字的颜色，它可以用浏览器承认的颜色名称和十六进制数值表示。在 HTML 页面中，可以通过不同的颜色表现不同的文字效果，从而增加网页的亮丽色彩，吸引

浏览者的注意。

练习

使用<font>标签设置网页文字效果

最终文件：光盘\最终文件\第 3 章\3-1-1.html　　视频：光盘\视频\第 3 章\3-1-1.mp4

01. 执行“文件>打开”命令，打开页面“光盘\源文件\第 3 章\3-1-1.html”，效果如图 3-1 所示，转换到代码视图中，可以看到的 HTML 代码，如图 3-2 所示。

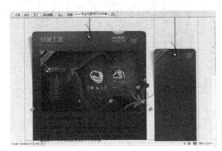

图 3-1　页面效果

```
<body>
<div id="box">
  <div id="main">
    <div id="pic1"><img src="images/31106.jpg" width="615" height="299" alt=""/>
      <div id="pic1-title">08.10 S.A.U塔罗联盟网站建设</div>
      <div id="pic1-text">这是一群热衷于«塔罗»的人创建供大家相互学习与交流的网站
。«塔罗»一词，是取自埃及语言的TAR(道)和RO（王）两词，含有王道的意思。因此，«塔
罗»本身也就是指身为王者，他应该具备的正确决断力，这也真是塔罗预测方式的起源。</div>
    </div>
    <div id="border1"></div>
    <div id="pic2"><img src="images/31109.jpg" width="615" height="299" alt=""/>
      <div id="pic2-title">08.10 WWF环保活动联盟网站建设</div>
      <div id="pic2-text">由WWF组织的一次全国范围普及环保知识的活动网站，WWF是全
球著名的环境保护组织。该网站内版设计分为两种风格，在WWF介绍篇给人以安静，安全，
祥和的视觉感觉。希望通过这个网站，大家能够多多了解WWF。</div>
    </div>
    <div id="border2"></div>
    <div id="pic-bottom"></div>
  </div>
  <div id="right"></div>
</div>
</body>
```

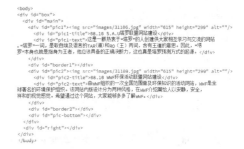

图 3-2　网页 HTML 代码

02. 为页面中相应的文字添加<font>标签，并在该标签中添加相应的属性设置，如图 3-3 所示。返回到网页的设计视图中，可以看到对文字进行设置后的效果，如图 3-4 所示。

```
    <div id="pic1"><img src="images/31106.jpg" width="615" height="299" alt=""/>
      <div id="pic1-title"><font face="微软雅黑" size="+1" color="#FFFFFF">08.10
S.A.U塔罗联盟网站建设</font></div>
      <div id="pic1-text">这是一群热衷于«塔罗»的人创建供大家相互学习与交流的网站
。«塔罗»一词，是取自埃及语言的TAR(道)和RO（王）两词，含有王道的意思。因此，«塔
罗»本身也就是指身为王者，他应该具备的正确决断力，这也真是塔罗预测方式的起源。</div>
    </div>
```

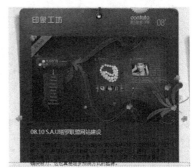

图 3-3　添加文字设置代码

图 3-4　文字效果

技巧

设置网页中的文字颜色时一定要注意文字颜色的清晰和鲜明，并与网页的背景色相搭配，从而提高网页文字的可读性和网页的整体美观程度。

03. 返回 HTML 代码中，为其他相应的文字添加<font>标签，在该标签中添加相应的属性设置，如图 3-5 所示。返回到设计视图中，可以看到对文字进行设置后的效果，如图 3-6 所示。

```
    <div id="pic1"><img src="images/31106.jpg" width="615" height="299" alt=""/>
      <div id="pic1-title"><font face="微软雅黑" size="+1" color="#FFFFFF">08.10
S.A.U塔罗联盟网站建设</font></div>
      <div id="pic1-text"><font face="宋体" size="-1" color="#FFFFFF">这是一群热
衷于«塔罗»的人创建供大家相互学习与交流的网站。«塔罗»一词，是取自埃及语言的TAR(
道)和RO（王）两词，含有王道的意思。因此，«塔罗»本身也就是指身为王者，他应该具备
的正确决断力，这也真是塔罗预测方式的起源。</font></div>
    </div>
```

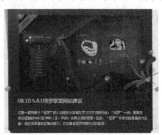

图 3-5　添加文字设置代码

图 3-6　文字效果

04. 返回网页的 HTML 代码，使用相同的方法为其他相应的文字添加<font>标签，进行设置，如图 3-7 所示。保存页面，在浏览器中预览页面，可以看到设置后文字的效果，如图 3-8 所示。

图 3-7　添加文字设置代码　　　　　　　　　图 3-8　在浏览器中预览文字效果

3.1.2　<b>和<strong>标签实现文字加粗

网页中对于需要强调的内容很多时候使用加粗的方法，以使文字更加醒目。可以实现加粗效果的标签是<b>标签和<strong>标签，其中，<strong>标签称为特别强调标签，目前比<b>标签使用更加频繁。

加粗文字<b>和<strong>标签的基本语法如下。

```
<b>加粗文字</b>
<strong>加粗文字</strong>
```

在<b>和</b>之间的文字或在<strong>和</strong>之间的文字，在浏览器中都会以粗体显示。

 　粗体文字标签<b>和<strong>都是需要添加结束标签的，如果没有结束标签，则浏览器会认为从<b>或<strong>标签开始的所有文字都是粗体。

3.1.3　<i>和<em>标签实现文字倾斜

标签<i>能够使作用范围内的文字倾斜；<em>是强调标签，它的效果也是使文字倾斜，目前比<i>标签使用更加频繁。

倾斜文字标签<i>和<em>的基本语法如下。

```
<i>斜体文字</i>
<em>斜体文字</em>
```

3.1.4　<u>标签实现文字下画线

<u>标签的使用方法与粗体及斜体标签类似，可以使用该标签作用于需要添加下画线的文字。<u>标签的基本语法如下。

```
<u>文字内容</u>
```

 　在 HTML 页面中除了可以使用<u>标签实现文字的下画线效果外，还可以通过 CSS 样式中的 text-decoration 属性，设置该属性值为 underline，为 HTML 页面中需要实现下画线的文字应用相应的 CSS 样式，同样可以实现下画线的效果。

练习

为文字添加加粗、倾斜和下画线修饰

最终文件：光盘\最终文件\第 3 章\3-1-4.html   视频：光盘\视频\第 3 章\3-1-4.mp4

01. 执行"文件>打开"命令，打开页面"光盘\源文件\第 3 章\3-1-4.html"，效果如图 3-9 所示。转换到代码视图，该网页的 HTML 代码如图 3-10 所示。

```
<body>
<div id="box">
    <p class="font01">纯天然绿色农场</p>
    <p>随着生活节奏的快速化，饮食的安全性被慢慢重视，绿色食品
的需求大量化也让小作坊的农场供不应求，产品的质量问题也会进
一步凸显。绿色农场的牛奶产出是现代都市的需求和质量保证，来
参加绿色农场建设吧</p>
    <p>让我们参加吧&gt;&gt;</p>
</div>
</body>
```

图 3-9　页面效果　　　　　　　　　图 3-10　网页 HTML 代码

02. 为页面中相应的文字添加加粗文字标签<b>标签，如图 3-11 所示。保存页面，在浏览器中预览页面，可以看到文字加粗显示的效果如图 3-12 所示。

```
<body>
<div id="box">
    <p class="font01"><b>纯天然绿色农场</b></p>
    <p>随着生活节奏的快速化，饮食的安全性被慢慢重视，绿色食品
的需求大量化也让小作坊的农场供不应求，产品的质量问题也会进
一步凸显。绿色农场的牛奶产出是现代都市的需求和质量保证，来
参加绿色农场建设吧</p>
    <p>让我们参加吧&gt;&gt;</p>
</div>
</body>
```

图 3-11　添加文字加粗标签　　　　　图 3-12　预览文字加粗效果

03. 回到网页 HTML 代码中，为页面中相应的文字添加下画线<u>标签，如图 3-13 所示。保存页面，在浏览器中预览页面，可以看到文字添加下画线的效果，如图 3-14 所示。

```
<body>
<div id="box">
    <p class="font01"><b>纯天然绿色农场</b></p>
    <p><u>随着生活节奏的快速化，饮食的安全性被慢慢重视，绿色
食品的需求大量化也让小作坊的农场供不应求，产品的质量问题也
会进一步凸显。绿色农场的牛奶产出是现代都市的需求和质量保证
，来参加绿色农场建设吧</u></p>
    <p>让我们参加吧&gt;&gt;</p>
</div>
</body>
```

图 3-13　添加文字下画线标签　　　　图 3-14　预览文字下画线效果

04. 返回网页 HTML 代码中，为页面中相应的文字添加文字倾斜<i>标签，如图 3-15 所示。保存页面，在浏览器中预览页面，可以看到文字倾斜显示的效果如图 3-16 所示。

```
<body>
<div id="box">
  <p class="font01"><b>纯天然绿色农场</b></p>
  <p><u>随着生活节奏的快速化，饮食的安全性被慢慢重视，绿色
食品的需求大量化也让小作坊的农场供不应求，产品的质量问题也
会进一步凸显。绿色农场的牛奶产出是现代都市的需求和质量保证
，来参加绿色农场建设吧</u></p>
  <p><i>让我们参加吧&gt;&gt;</i></p>
</div>
</body>
```

图 3-15　添加文字倾斜标签　　　　　　　　　　图 3-16　预览文字倾斜效果

3.1.5　其他文字修饰标签

为了满足不同需求，HTML 还有其他用来修饰文字的标签，比较常用的有上标格式标签<sup>、下标格式标签<sub>和删除线标签<strike>等。

<sup>标签的语法格式如下。

`<sup>上标</sup>`

上标格式标签多用于数学指数的表示，如某个数的平方或者三次方。

<sub>标签的语法格式如下。

`<sub>下标</sub>`

下标格式标签多用于注释及数学的底数表示。

<strike>标签的语法格式如下。

`<strike>删除线</strike>`

该标签为删除线标签，多用于删除线效果。

练习

为文字添加上标和删除线

最终文件：光盘\最终文件\第 3 章\3-1-5.html　　　视频：光盘\视频\第 3 章\3-1-5.mp4

01. 执行"文件>打开"命令，打开页面"光盘\源文件\第 3 章\3-1-5.html"，效果如图 3-17 所示。转换到代码视图，可以看到该网页的 HTML 代码，如图 3-18 所示。

```
<body>
<div id="box">
  <div id="top"><img src="images/top.jpg" width="500" height="125"
alt=""/></div>
  <div id="main"><img src="images/left_bg.jpg" width="70" height=
"315" alt=""/><img src="images/left_off.jpg" width="182" height=
"315" alt=""/><img src="images/main.jpg" width="142" height="315"
alt=""/><img src="images/right_off.jpg" width="176" height="315"
alt=""/><img src="images/right_bg.jpg" width="70" height="315" alt
=""/></div>
  <div id="bottom"><img src="images/bottom.jpg" width="500" height
="44" alt=""/></div>
  <div id="text"><span class="font01">欢迎光迎设计工作室&reg;</span>
<br>
旧版入口</div>
</div>
</body>
```

图 3-17　页面效果　　　　　　　　　　　　　图 3-18　网页 HTML 代码

02. 为页面中相应的文字添加上标格式<sup>标签，从而实现上标的效果，如图 3-19 所示。保存页面，在浏览器中预览页面，可以看到所实现的上标效果，如图 3-20 所示。

```
<div id="text"><span class="font01">欢迎光迎设计工作室
<sup>&reg;</sup></span><br>
旧版入口</div>
```

图 3-19　为文字添加上标标签

图 3-20　预览上标格式效果

03. 返回网页 HTML 代码中，为页面中相应的文字添加删除线<strike>标签，如图 3-21 所示。保存页面，在浏览器中预览页面，可以看到为文字添加删除线的效果，如图 3-22 所示。

```
<div id="text"><span class="font01">欢迎光迎设计工作室
<sup>&reg;</sup></span><br>
<strike>旧版入口</strike></div>
```

图 3-21　为文字添加删除线标签

图 3-22　预览删除线效果

3.2　分行与分段标签

网页中文字的排版很大程度上决定了一个网页是否美观。对于网页中的大段文字，通常采用分段、分行和加空格等方式进行排版。本节从段落的细节设置入手，读者学习后能够利用标签轻松自如地进行文字排版。

3.2.1　使用
标签为文本分行

当文字到达浏览器的边界后将自动换行，但是当调整浏览器的宽度时，文字换行的位置也相应发生变化，格式就会显得混乱，因此在网页中添加换行标签是必要的。换行标签的基本语法如下。

```
<br>
```

在网页中如果某一行的文本过长，浏览器会自动对这行文字进行换行，如果想取消浏览器的换行处理，可以使用<nobr>标签禁止自动换行，该标签是成对出现的，即有开始标签就有结束标签。

练习

为网页中的文本进行分行处理

最终文件：光盘\最终文件\第 3 章\3-2-1.html　　　视频：光盘\视频\第 3 章\3-2-1.mp4

01．执行"文件>打开"命令，打开页面"光盘\源文件\第 3 章\3-2-1.html"，效果如图 3-23 所示。转换到代码视图中，可以看到该页面的 HTML 代码，如图 3-24 所示。

图 3-23　页面效果　　　　　　　　　　　　　图 3-24　网页 HTML 代码

02．在正文内容部分相应的位置添加
标签，对正文内容进行换行处理，如图 3-25 所示。保存页面，在浏览器中预览页面，可以看到为正文内容进行换行处理的效果，如图 3-26 所示。

图 3-25　添加换行标签　　　　　　　　　　　图 3-26　预览文本换行效果

　　　　
标签是一个单标签，也叫空标签，不包含任何内容，在 HTML 代码中的任意位置中添加了
标签，当网页在浏览器中显示时，该标签之后的内容将会在下一行显示。

03．返回到网页的 HTML 代码中，为标题文字添加<nobr>标签，强制标题文字不再换行，如图 3-27 所示。保存页面，在浏览器中预览页面，可以看到标题文字遇到包含框的边界也不会自动换行，而是强制在一行中显示，如图 3-28 所示。

图 3-27　添加强制不换行标签　　　　　　　　图 3-28　预览文本强制不换行效果

3.2.2　使用<p>标签为文本分段

HTML 标签中最常用的标签是段落标签<p>，这个标签非常简单，但是却非常重要，因为这是一个用来划分段落的标签，几乎在所有网页中都会用到。

<p>标签的基本语法如下。

```
<p>段落文字</p>
```

练习

为网页中的文本进行分段处理

最终文件：光盘\最终文件\第 3 章\3-2-2.html　　视频：光盘\视频\第 3 章\3-2-2.mp4

01. 执行"文件>打开"命令，打开页面"光盘\源文件\第 3 章\3-2-2.html"，效果如图 3-29 所示。转换到代码视图中，可以看到该页面的 HTML 代码，如图 3-30 所示。

图 3-29　页面效果　　　　　　　　　　图 3-30　网页 HTML 代码

02. 在页面的正文内容部分添加相应的<p>标签，为正文内容进行分段处理，如图 3-31 所示。保存页面，在浏览器中预览页面，可以看到为文本进行分段的效果，如图 3-32 所示。

图 3-31　添加段落标签　　　　　　　　图 3-32　预览文本分段效果

　　在网页中使用<p>标签对网页文本内容进行分段处理，默认情况下，段落与段落之间会有一点的空隙，便于用户区分不同的段落。

3.2.3　<h1>至<h6>标签

标题是网页中不可缺少的一个元素，为了凸显标题的重要性，标题的样式比较特殊。

HTML 技术保存了一套针对标题的样式标签，按照文字尺寸从大到小排列，分别是从<h1>到<h6>。标题标签的基本语法如下。

```
<hx>这是标题</hx>
```

这里的 x 为数字从 1 到 6，<h$_x$>标签用于设置文章的标题，标题标签的特点是独占一行和文字加粗。网页设计的时候可以根据标题的等级选择合适的标题，并设置多级标题。

 练习

设置文本标题

最终文件：光盘\最终文件\第 3 章\3-2-3.html　　　视频：光盘\视频\第 3 章\3-2-3.mp4

01. 执行"文件>打开"命令，打开页面"光盘\源文件\第 3 章\3-2-3.html"，效果如图 3-33 所示。转换到代码视图中，可以看到网页的 HTML 代码，如图 3-34 所示。

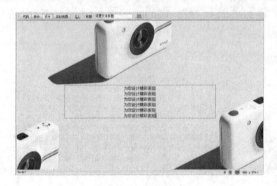

图 3-33　页面效果

```
<body>
<div id="text">为您设计精彩表现<br>
为您设计精彩表现<br>
为您设计精彩表现<br>
为您设计精彩表现<br>
为您设计精彩表现</div>
</body>
```

图 3-34　网页 HTML 代码

02. 为页面中相应的文字分别添加标题标签<h1>至<h6>，如图 3-35 所示。保存页面，在浏览器中预览页面，可以看到各标题文字的效果，如图 3-36 所示。

```
<body>
<div id="text"><h1>为您设计精彩表现</h1><br>
<h2>为您设计精彩表现</h2><br>
<h3>为您设计精彩表现</h3><br>
<h4>为您设计精彩表现</h4><br>
<h5>为您设计精彩表现</h5><br>
<h6>为您设计精彩表现</h6></div>
</body>
```

图 3-35　添加标题标签

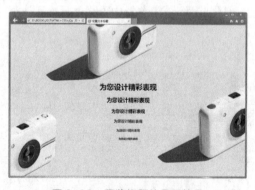

图 3-36　预览标题的显示效果

 在 HTML 页面中通过<h1>至<h6>标签定义页面中的文字为标题文字，也可以通过 CSS 样式分别设置<h1>至<h6>标签的 CSS 样式，从而修改<h1>至<h6>标签在网页中显示的效果。

3.2.4　<hr>标签

HTML 提供了修饰用的水平分割线，在很多场合中可以轻松使用，不需要另外作图。同时可以在 HTML 中为水平线添加颜色、大小、粗细等属性。

<hr>标签的基本语法如下。

```
<hr>
```

在网页中输入一个<hr>标签，就添加了一条默认样式的水平线，且在页面中占据一行。

标签<hr>有多种属性，常用的属性有 width、size、align、color 和 title，分别可以设置水平线的宽度、高度、对齐方式颜色和光标悬停在分割线上时出现的内容提示。

练习

在网页中插入水平线

最终文件：光盘\最终文件\第 3 章\3-2-4.html　　视频：光盘\视频\第 3 章\3-2-4.mp4

01. 执行“文件>打开”命令，打开页面“光盘\源文件\第 3 章\3-2-4.html”，效果如图 3-37 所示。转换到代码视图中，可以看到网页的 HTML 代码，如图 3-38 所示。

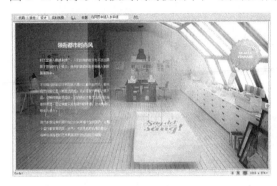

图 3-37　页面效果

```
<body>
<div id="box">
  <div id="title">领衔都市时尚风</div>
  <div id="text">
    <p>时下家装人群越来越广，人们对美的追求也不远远局
限于原始的几个模式，更多的装修风格开始融入到家居装饰中。</p>
    <p>不可错过的装修效果图现代简约之都市自然风：都市
自然风格它是一种现代风格，无论是室内风格还是产品，这种
风格都很盛行。它的特点不像艺术改观风格那样明显，但它偏
重实用和简约的味道，对消费者的吸引力很大。</p>
    <p>现代永恒经典的简约加上时尚味道十足的装饰，让整
个客厅都非常明亮、大气。木纹是自然风情的象征。各种各样
造型的艺术展品很好的点缀在空间里。</p>
  </div>
</div>
</body>
```

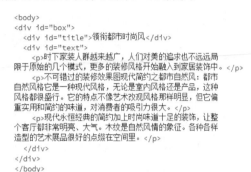

图 3-38　网页 HTML 代码

02. 在网页中标题文字之后添加<hr>标签，并对相关属性进行设置，如图 3-39 所示。保存页面，在浏览器中预览页面，可以看到添加水平线后的效果，如图 3-40 所示。

```
<body>
<div id="box">
  <div id="title">
  领衔都市时尚风
  <hr width="200px" size="2px" align="center" color="#FF6600">
  </div>
  <div id="text">
    <p>时下家装人群越来越广，人们对美的追求也不远远局限于原始的
几个模式，更多的装修风格开始融入到家居装饰中。</p>
    <p>不可错过的装修效果图现代简约之都市自然风：都市自然风格它
是一种现代风格，无论是室内风格还是产品，这种风格都很盛行。它的
特点不像艺术改观风格那样明显，但它偏重实用和简约的味道，对消费
者的吸引力很大。</p>
    <p>现代永恒经典的简约加上时尚味道十足的装饰，让整个客厅都非
常明亮、大气。木纹是自然风情的象征。各种各样造型的艺术展品很好
的点缀在空间里。</p>
  </div>
</div>
</body>
```

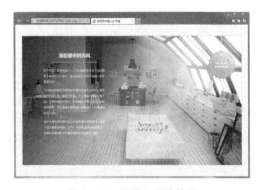

图 3-39　添加水平线标签并设置

图 3-40　预览水平线效果

3.2.5　文本对齐设置

段落文字在不同的时候需要不同的对齐方式，默认的对齐方式是左对齐。<p>标签的对齐属性为 align，align 属性的基本语法如下。

```
align="对齐方式"
```

align 属性需要设置在段落或其他标签中，通过设置 align 属性为 left、right 或 center 值，可实现左对齐、右对齐或居中对齐。

练习

设置网页文本对齐

最终文件：光盘\最终文件\第 3 章\3-2-5.html　　　视频：光盘\视频\第 3 章\3-2-5.mp4

01.　执行"文件>打开"命令，打开页面"光盘\源文件\第 3 章\3-2-5.html"，效果如图 3-41 所示。转换到代码视图中，可以看到该网页的 HTML 代码，如图 3-42 所示。

```
<body>
<div id="text">
    <p>~给您带来全新的完美购物体验~</p>
</div>
</body>
```

图 3-41　页面效果　　　　　　　　　　　　　图 3-42　网页 HTML 代码

02.　在页面中的<p>标签中添加 align 属性设置，如图 3-43 所示。保存页面，在浏览器中预览页面，可以看到文字水平居右对齐的效果，如图 3-44 所示。

```
<body>
<div id="text">
    <p align="right">~给您带来全新的完美购物体验~</p>
</div>
</body>
```

图 3-43　添加 align 属性设置　　　　　　　　　图 3-44　预览文字右对齐效果

03.　返回代码视图中，修改刚添加的 align 属性的属性值，如图 3-45 所示。保存页面，在浏览器中预览页面，可以看到文字水平居中对齐的效果，如图 3-46 所示。

```
<body>
<div id="text">
    <p align="center">~给您带来全新的完美购物体验~</p>
</div>
</body>
```

图 3-45　添加 align 属性设置　　　　　　　　　图 3-46　预览文字居中对齐效果

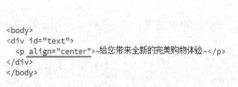

3.2.6　在 HTML 中插入空格和特殊字符

在 HTML 代码中直接用键盘敲击空格键，是无法显示在页面上的。HTML 使用 表现一个空格字符（英文的空格字符）。它的基本语法如下。

```
······  ······
```

 字符用于在网页中插入空格，可以在任意位置连续多次输入空格符达到想要的效果。由于一个中文字符占两个英文字符的宽度，所以两个 字符为一个汉字的宽度。

除了空格字符外，在 HTML 代码中还规定了其他一些特殊字符的写法，以便在网页中显示，特殊字符同样需要使用代码来实现。一般情况下，特殊符号的代码由"前缀&、字符名称和后缀;"组成。

如表 3-1 所示为 HTML 中特殊字符的代码。

表 3-1　HTML 中的特殊字符

特殊字符	HTML 代码	特殊字符	HTML 代码
"	&quote;	&	&amp;
<	&lt;	>	&gt;
×	&times;	§	&sect;
©	&copy;	®	&reg;
™	&trade;		

练习

在网页中输入空格和特殊字符

最终文件：光盘\最终文件\第 3 章\3-2-6.html　　　视频：光盘\视频\第 3 章\3-2-6.mp4

01. 执行"文件>打开"命令，打开页面"光盘\源文件\第 3 章\3-2-6.html"，效果如图 3-47 所示。转换到代码视图中，可以看到该网页的 HTML 代码，如图 3-48 所示。

```
<body>
<div id="box">
    <div id="text"><span class="font01">关于我们</span><br>
作为一家领先的游戏在线媒体及增值服务提供商，中文游戏第一
门户一直专注于向游戏用户
及游戏企业提供全方位多元化的内容资讯、互动娱乐及增值服务。<br>
<br>
版权所属：大玩家游戏在线</div>
    <div id="pic">
    <img src="images/32602.png" width="251" height="297"
class="pic01" alt=""/>
    <img src="images/32603.png" width="61" height="234" alt
=""/>
    </div>
</div>
</body>
```

图 3-47　页面效果　　　　　　　　　　图 3-48　网页 HTML 代码

02. 在页面中相应的文字之前添加多个空格 ，如图 3-49 所示。保存页面，在浏览器中预览页面，可以看到添加空格后的效果，如图 3-50 所示。

```
<body>
<div id="box">
<div id="text"><span class="font01">关于我们</span><br>
        作为一家
领先的游戏在线媒体及增值服务提供商，中文游戏第一门户一直
专注于向游戏用户
及游戏企业提供全方位多元化的内容资讯、互动娱乐及增值服务。<br>
版权所属：大玩家游戏在线</div>
<div id="pic">
<img src="images/32602.png" width="251" height="297"
class="pic01" alt=""/>
<img src="images/32603.png" width="61" height="234" alt
=""/>
</div>
</div>
</body>
```

图 3-49　添加空格代码　　　　　图 3-50　预览空格在页面中的效果

　在网页中除了可以添加 代码插入空格外，还可以将中文输入法状态切换到全角输入法状态，然后直接按键盘上的空格键，同样可以在文字中插入空格，但并不推荐使用这种方法，最好还是使用 代码来添加空格。

03. 返回网页 HTML 代码中，在"版权所属"文字前输入版权字符代码©，如图 3-51 所示。保存页面，在浏览器中预览页面，可以在网页中看到版权字符的效果，如图 3-52 所示。

```
<body>
<div id="box">
<div id="text"><span class="font01">关于我们</span><br>
        作为一家
领先的游戏在线媒体及增值服务提供商，中文游戏第一门户一直
专注于向游戏用户
及游戏企业提供全方位多元化的内容资讯、互动娱乐及增值服务。<br>
<br>
&copy;版权所属：大玩家游戏在线</div>
<div id="pic">
<img src="images/32602.png" width="251" height="297"
class="pic01" alt=""/>
<img src="images/32603.png" width="61" height="234" alt
=""/>
</div>
</div>
</body>
```

图 3-51　添加特殊字符代码　　　　　图 3-52　预览特殊字符效果

3.3　图片标签设置

图片作为重要的网页元素之一，在如今的网页设计中发挥着越来越大的作用。本节将学习如何在 HTML 页面中使用图片标签及对图片属性进行设置。

3.3.1　<img>标签

在 HTML 页面中，可以使用<img>标签将图片插入网页中，美化页面。
<img>标签的基本语法如下。

```
<img src="图片文件的地址" height="图片的高度" width="图片的宽度" border="图片边框的宽度" alt="提示文字的内容" />
```

<img>标签的相关属性说明如下。
➢　src
该属性用于设置图片文件所在的路径，图片路径可以是相对路径，也可以是绝对路径。

➢　height

该属性用于设置图片的高度。

➢　width

该属性用于设置图片的宽度。

➢　border

该属性用于设置图片的边框，border 属性的单位是像素，值越大边框越宽。不推荐使用图片的 border 属性，建议使用 CSS 样式设置边框效果。

➢　alt

该属性用于指定替代文本，用于在图片无法显示或者用户禁用图片显示时，代替图片显示在浏览器中的内容。

 练习

在网页中插入图片

最终文件：光盘\最终文件\第 3 章\3-3-1.html　　　视频：光盘\视频\第 3 章\3-3-1.mp4

01. 执行"文件>打开"命令，打开页面"光盘\源文件\第 3 章\3-3-1.html"，效果如图 3-53 所示。转换到代码视图，可以看到该网页的 HTML 代码，如图 3-54 所示。

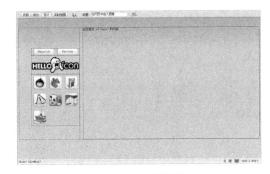

图 3-53　页面效果

图 3-54　网页 HTML 代码

02. 将名为 main 的 Div 中多余的文字删除，在该 Div 的标签之间添加<img>标签，并在该标签中添加相应的属性设置，如图 3-55 所示。返回网页设计视图中，可以看到在该 Div 中所插入的图片效果，如图 3-56 所示。

```
<div id="main"><img src="images/33112.gif" width="731"
height="454" alt="主图"/></div>
</div>
```

图 3-55　添加图片标签并设置相应属性

图 3-56　在页面中插入图片效果

03. 保存页面，在浏览器中预览页面，可以看到在网页中所插入的图片效果，如图 3-57 所示。

图 3-57   在浏览器中预览页面

 在网页中插入图片时，可以只设置图片的路径地址，在浏览器中预览该网页时，浏览器会按照该图片的原始尺寸在网页中显示图片。如果在网页中需要控制所插入的图片大小尺寸，则必须在<img>标签中设置宽度和高度属性。

3.3.2 图文混排

当图片和文字在一起时，可以通过 HTML 代码设置图文混排。<img>标签的 align 属性定义了图片相对于周围元素的水平和垂直对齐方式。

图文混排的语法规则如下。

```
<img src="图片文件的地址" align="对齐方式" />
```

align 属性的相关属性值说明如下。

➢ align="top"

图片顶部和同行文本的最高部分对齐。

➢ align="middle"

图片中部和同行文本的基线对齐（通常为文本基线，并不是实际的中部）。

➢ align="bottom"

图片底部和同行文本的底部对齐。

➢ align="left"

使图片和左边界对齐（文本环绕图片）。

➢ align="right"

使图片和右边界对齐（文本环绕图片）。

➢ align="absmiddle"

图片中部和同行文本的中部绝对对齐。

 练习

制作图文介绍页面

最终文件：光盘\最终文件\第 3 章\3-3-2.html   视频：光盘\视频\第 3 章\3-3-2.mp4

01. 执行"文件>打开"命令，打开页面"光盘\源文件\第 3 章\3-3-2.html"，效果如图 3-58 所示。转换到网页的 HTML 代码，可以看到该页面的 HTML 代码，如图 3-59 所示。

图 3-58　页面效果

```
<body>
<div id="menu">网站首页<span>|</span>关于我们<span>|</span>服务介绍<span>|</span>
公司案例<span>|</span>域名空间<span>|</span>我们的客户<span>|</span>联系我们</div>
<div id="main"><p>秋分过后，那风吹来时，有了丝丝凉意。太阳依旧如此，可投在墙上
的光已发白，秋悄悄把太阳的热情洗去，只留淡然的光线。不知何时，檐下的燕子已南飞
，只剩空空的巢，一切都安静了，沉默了。其实，这世间谁又能陪谁生生世世，不过是借
一段光阴，恰好相遇。只是相遇时，应该珍惜彼此。一如燕子来时，听它，日日在廊下哝
啼，看它，轻盈飞行，把那美好的画面，记在心里，便不负这一春夏相遇光阴。</p>
<p>午后，无事，总喜到长廊上远眺，看远处的树木，房屋在阳光下静谧着。而秋风柔柔
软软地吹过，不冷不热，真是舒适。看，天空好蓝，好高，还有大朵，大朵白云漂浮着。
只有秋天，才能看到如此洁白的云，美好的令人向往，好想睡在那洁白的云层里，去触摸
它的软，轻，柔，香。那里有清风抚身，那里有太阳颜颜的香味，那里藏着心中一个。一
寸光阴一寸心，一朵昙花一朵云，一朵雪花一朵梦境，一粒尘埃一菩提，一叶一草一片情
，君不见，伊人已把它一一捧在手心。于欣然间，给蓝天白云，来几个连拍，把美好定格。</p>
</div>
<div id="bottom">Gcop yright 2012 by poiny design.all rights reserved.<br>
京ICP备12345678</div>
</body>
```

图 3-59　网页 HTML 代码

02.　在网页的大段文本中添加<img>标签插入需要绕排的图片，如图 3-60 所示。保存页面，在浏览器中预览页面，可以看到在文本中插入图片的显示效果，如图 3-61 所示。

```
<body>
<div id="menu">网站首页<span>|</span>关于我们<span>|</span>服务介绍<span>|</span>
公司案例<span>|</span>域名空间<span>|</span>我们的客户<span>|</span>联系我们</div>
<div id="main">
<img src="images/33203.jpg" width="300" height="225" alt=""><p>秋分过后，那风
吹来时，有了丝丝凉意。太阳依旧如此，可投在墙上的光已发白，秋悄悄把太阳的热情洗
去，只留淡然的光线。不知何时，檐下的燕子已南飞，只剩空空的巢，一切都安静了，沉
默了。其实，这世间谁又能陪谁生生世世，不过是借一段光阴，恰好相遇。只是相遇时，
应该珍惜彼此。一如燕子来时，听它，日日在廊下哝啼，看它，轻盈飞行，把那美好的画
面，记在心里，便不负这一春夏相遇光阴。</p>
<p>午后，无事，总喜到长廊上远眺，看远处的树木，房屋在阳光下静谧着。而秋风柔柔
软软地吹过，不冷不热，真是舒适。看，天空好蓝，好高，还有大朵，大朵白云漂浮着。
只有秋天，才能看到如此洁白的云，美好的令人向往，好想睡在那洁白的云层里，去触摸
它的软，轻，柔，香。那里有清风抚身，那里有太阳颜颜的香味，那里藏着心中一个。一
寸光阴一寸心，一朵昙花一朵云，一朵雪花一朵梦境，一粒尘埃一菩提，一叶一草一片情
，君不见，伊人已把它一一捧在手心。于欣然间，给蓝天白云，来几个连拍，把美好定格。</p>
</div>
<div id="bottom">Gcop yright 2012 by poiny design.all rights reserved.<br>
京ICP备12345678</div>
</body>
```

图 3-60　添加图片代码

图 3-61　预览页面效果

03.　返回网页的 HTML 代码中，在刚刚添加的<img>标签中添加 align 属性设置，实现文本绕图效果，如图 3-62 所示。保存页面，在浏览器中预览页面，可以看到在网页中实现的文本绕图效果，如图 3-63 所示。

```
<div id="main">
<img src="images/33203.jpg" width="300" height="225" alt="" align="right"/><p>
秋分过后，那风吹来时，有了丝丝凉意。太阳依旧如此仙烂，可投在墙上的光已发白，秋悄悄
把太阳的热情洗去，只留淡然的光线。不知何时，檐下的燕子已南飞，只剩空空的巢，一
切都安静了，沉默了。其实，这世间谁又能陪谁生生世世，不过是借一段光阴，恰好相遇
。只是相遇时，应该珍惜彼此。一如燕子来时，听它，日日在廊下哝啼，看它，轻盈飞行
，把那美好的画面，记在心里，便不负这一春夏相遇光阴。</p>
<p>午后，无事，总喜到长廊上远眺，看远处的树木，房屋在阳光下静谧着。而秋风柔柔
软软地吹过，不冷不热，真是舒适。看，天空好蓝，好高，还有大朵，大朵白云漂浮着。
只有秋天，才能看到如此洁白的云，美好的令人向往，好想睡在那洁白的云层里，去触摸
它的软，轻，柔，香。那里有清风抚身，那里有太阳颜颜的香味，那里藏着心中一个。一
寸光阴一寸心，一朵昙花一朵云，一朵雪花一朵梦境，一粒尘埃一菩提，一叶一草一片情
，君不见，伊人已把它一一捧在手心。于欣然间，给蓝天白云，来几个连拍，把美好定格。</p>
</div>
```

图 3-62　添加 align 属性设置

图 3-63　预览图文混排效果

3.4　列表标签设置

列表形式在网页设计中占用比较大的比例，它的特点是非常整齐地显示信息，便于用户理解。本节将向读者介绍 HTML 中用于创建项目列表、编号列表和定义列表的相关标签。

3.4.1　使用<ul>标签创建项目列表

HTML 的列表元素是一个由列表标签封闭的结构，包含的列表项由<li></li>组成。具体结构如下。

```
列表开始
    列表项开始<li>
    列表项具体内容
    列表项介绍</li>
列表结束
```

项目列表又称为无序列表，是列表结构中的列表项没有先后顺序的列表形式。不少网页应用中的列表均采用项目列表。

项目列表标签采用<ul></ul>标签，每一个列表项被包含在<li></li>标签内，所有的列表项被包含在<ul></ul>标签内。

项目列表的语法格式如下。

```
<ul>
    <li>列表项一</li>
    <li>列表项二</li>
    <li>列表项三</li>
    <li>列表项四</li>
    <li>列表项五</li>
</ul>
```

 练习

制作新闻列表

最终文件：光盘\最终文件\第 3 章\3-4-1.html　　　视频：光盘\视频\第 3 章\3-4-1.mp4

01. 执行"文件>打开"命令，打开页面"光盘\源文件\第 3 章\3-4-1.html"，效果如图 3-64 所示。将光标移至名为 news 的 Div 中，将多余的文字删除，并输入相应的文字，如图 3-65 所示。

图 3-64　页面效果

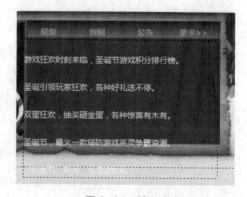

图 3-65　输入文字

02. 转换到网页 HTML 代码中，可以看到刚输入的段落文本的代码，如图 3-66 所示。为该部分代码添加相应的项目列表标签，如图 3-67 所示。

```
<div id="news">
    <p>游戏狂欢时刻来临，圣诞节游戏积分排行榜。</p>
    <p>圣诞引领玩家狂欢，各种好礼送不停。</p>
    <p>双蛋狂欢，抽奖砸金蛋，各种惊喜有木有。</p>
    <p>圣诞节，最火一款塔防游戏英灵争霸浪潮。</p>
    <p>"双蛋节"期间，充值送好礼</p>
</div>
```

```
<div id="news">
    <ul>
        <li>游戏狂欢时刻来临，圣诞节游戏积分排行榜。</li>
        <li>圣诞引领玩家狂欢，各种好礼送不停。</li>
        <li>双蛋狂欢，抽奖砸金蛋，各种惊喜有木有。</li>
        <li>圣诞节，最火一款塔防游戏英灵争霸浪潮。</li>
        <li>"双蛋节"期间，充值送好礼</li>
    </ul>
</div>
```

图 3-66　页面代码　　　　　　　　　　图 3-67　添加项目列表标签

03. 返回网页的设计视图中，可以看到所制作的项目列表的显示效果，如图 3-68 所示。保存页面，在浏览器中预览页面，可以看到网页中新闻列表的效果，如图 3-69 所示。

图 3-68　项目列表效果

图 3-69　预览页面效果

默认情况下，在网页中创建的项目列表显示为实心小圆点的形式，可以通过在<ul>标签中添加 type 属性，修改项目符号的效果。例如，在<ul>标签中添加 type="square"属性设置，可以将项目符号修改为实心正方形。在后面的章节中还将介绍使用 CSS 样式对项目列表效果进行设置的方法，推荐使用 CSS 样式对页面的表现效果进行设置。

3.4.2　使用<ol>标签创建编号列表

编号列表又称有序列表，是列表结构中的列表项有先后顺序的列表形式，从上到下可以有不同的序列编号，如 1、2、3……或者 a、b、c……等。

编号列表采用标签<ol></ol>，每一个列表项被包含在<li></li>标签内，所有的列表项被包含在<ol></ol>标签内。使用编号列表可以让列表项按照明确的顺序排列。

编号列表的语法规则如下。

```
<ol>
    <li>列表项一</li>
    <li>列表项二</li>
    <li>列表项三</li>
    <li>列表项四</li>
    <li>列表项五</li>
</ol>
```

📖 练习

制作编号有序列表

最终文件：光盘\最终文件\第 3 章\3-4-2.html　　　视频：光盘\视频\第 3 章\3-4-2.mp4

01. 执行"文件>打开"命令，打开页面"光盘\源文件\第 3 章\3-4-2.html"，效果如图 3-70 所示。转换到网页的 HTML 代码中，可以看到该页面的 HTML 代码，如图 3-71 所示。

图 3-70　页面效果

```html
<body>
<div id="box">
  <div id="pic"><img src="images/34103.jpg" width=
"550" height="200"  alt=""/></div>
  <div id="right">
    <div id="title">
      <ul>
        <li>最新</li>
        <li>新闻</li>
        <li>公告</li>
        <li>更多&gt;&gt;</li>
      </ul>
    </div>
    <div id="news">此处显示 id "news" 的内容</div>
  </div>
</div>
</body>
```

图 3-71　网页的 HTML 代码

02. 将名称为 news 的 Div 中多余文字删除，添加有序列表的相关代码，并添加列表项，如图 3-72 所示。返回网页的设计视图中，可以看到所添加的有序列表代码实现的效果，如图 3-73 所示。

```html
<div id="news">
<ol>
  <li>游戏狂欢时刻来临，圣诞节游戏积分排行榜。</li>
</ol>
</div>
```

图 3-72　添加有序列表代码

图 3-73　页面效果

03. 切换到网页 HTML 代码中，在刚添加的有序列表<ol>与</ol>标签之间添加多个列表项，如图 3-74 所示。保存页面，在浏览器中预览页面，可以看到网页中实现的编号有序列表效果，如图 3-75 所示。

```html
<div id="news">
  <ol>
    <li>游戏狂欢时刻来临，圣诞节游戏积分排行榜。</li>
    <li>圣诞引领玩家狂欢，各种好礼送不停。</li>
    <li>双蛋狂欢，抽发礁金蛋，各种惊喜有木有。</li>
    <li>圣诞节，最火一款塔防游戏英雄争霸浪潮。</li>
    <li>"双蛋节"期间，充值送好礼</li>
  </ol>
</div>
```

图 3-74　添加列表项

图 3-75　预览有序列表效果

技巧　　默认情况下，在网页中的有序列表<ol>标签中的项目会按照 1、2、3……进行排列，如果需要修改默认的有序列表序号，可以在<ol>标签中添加 type 属性设置，例如，在<ol>标签中添加 type="a"属性设置，可以将有序列表的序号设置为小写字母 a、b、c……的形式。

3.4.3　使用<dl>标签创建定义列表

列表的另外一种形式是定义列表，定义列表形式特别，用法也特别，定义列表中每个标签都是成对出现的，它在网页布局中的应用也非常广泛。

定义列表由<dl>、<dt>和<dd>3 个标签组成，<dt>和<dd>标签包含在<dl>标签内，不同的是，标签<dt></dt>定义的是标题，而标签<dd></dd>定义的是内容。

定义列表的语法规则如下。

```
<dl>
    <dt></dt>
    <dd></dd>
    …
</dl>
```

　练习

制作复杂的新闻列表

最终文件：光盘\最终文件\第 3 章\3-4-3.html　　　*视频：光盘\视频\第 3 章\3-4-3.mp4*

01. 执行"文件>打开"命令，打开页面"光盘\源文件\第 3 章\3-4-3.html"，效果如图 3-76 所示，将光标移至名为 news 的 Div 中，输入相应的文字内容，如图 3-77 所示。

　　　　　　　　　　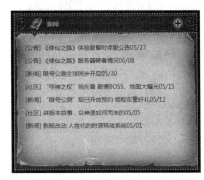

　　　图 3-76　页面效果　　　　　　　　　　　　　图 3-77　输入文字

02. 转换到代码视图中，可以看到该部分内容的 HTML 代码，如图 3-78 所示。在页面中将<div id="news"></div>标签之间相应的
标签删除，添加定义列表标签<dl>、<dt>和<dd>，如图 3-79 所示。

```
<body>
<div id="box">
    <div id="title">新闻</div>
    <div id="news">
[公告] 《修仙之路》体验服暂时停服公告05/27<br>
[公告] 《修仙之路》服务器筹备情况06/08<br>
[新闻] 限号公测全球同步开启05/30<br>
[社区] &ldquo;夺神之权&rdquo;抢先看 剧情BOSS、地图大曝光05/15<br>
[新闻] "限号公测"现已开放预约 领取双重好礼05/12<br>
[社区] 讲版本故事，众神是如何而来的05/05<br>
[新闻] 新版改动 人性化的时装特效系统05/01
    </div>
</div>
</body>
```

```
<div id="news">
    <dl>
        <dt>[公告] 《修仙之路》体验服暂时停服公告</dt><dd>05/27</dd>
        <dt>[公告] 《修仙之路》服务器筹备情况</dt><dd>06/08</dd>
        <dt>[新闻] 限号公测全球同步开启</dt><dd>05/30</dd>
        <dt>[社区] &ldquo;夺神之权&rdquo;抢先看 剧情BOSS、地图大曝光</dt><dd>05/15</dd>
        <dt>[新闻] "限号公测"现已开放预约 领取双重好礼</dt><dd>05/12</dd>
        <dt>[社区] 讲版本故事，众神是如何而来的</dt><dd>05/05</dd>
        <dt>[新闻] 新版改动 人性化的时装特效系统</dt><dd>05/01</dd>
    </dl>
</div>
```

　　图 3-78　页面 HTML 代码　　　　　　　　　　　图 3-79　添加定义列表标签

03. 因为<dl>、<dt>和<dd>标签的默认效果并不能满足这里制作的效果，需要定义相应的 CSS 样式对其进行控制，如图 3-80 所示。保存页面，在浏览器中预览页面，可以看到网页中定义列表的效果，如图 3-81 所示。

```
#news dt {
    width: 340px;
    float: left;
    line-height: 35px;
    border-bottom: solid 1px #AE8A55;
}
#news dd {
    width: 45px;
    float: left;
    line-height: 35px;
    text-align: right;
    border-bottom: solid 1px #AE8A55;
}
```

图 3-80　CSS 样式代码

图 3-81　预览定义列表效果

 在 HTML 代码中，<dt>和<dd>标签都是块元素，在网页中占据一整行的空间，如果需要使用<dt>与<dd>标签中的内容在一行中显示，就必须使用 CSS 样式进行控制。关于 CSS 样式将在后面的章节中进行详细介绍。

3.5　超链接标签设置

超链接是网页中最重要、最基本的元素之一，是从一个网页或文件到另一个网页或文件的链接，包括图像或多媒体文件，还可以指向电子邮件地址或程序。在网页中创建超链接，可以把 Internet 中众多的网站和网页联系起来，构成一个有机的整体。网站中的每一个网页都是通过超链接的形式关联在一起的，如果页面之间是彼此独立的，那么这样的网站将无法正常运行。

3.5.1　超链接<a>标签

超链接由源地址和目标地址文件构成，当访问者单击某个超链接时，浏览器会自动从相应的目标地址检索网页并显示在浏览器中。如果链接的对象不是网页而是其他类型的文件，浏览器会自动调用本机上的相关程序，打开访问的文件。

在网页中创建一个完整的超链接，通常需要由 3 个部分组成。

➢　超链接<a>标签

通过为网页中的文本或图像添加超链接<a>标签，将相应的网页元素标识为超链接。

➢　href 属性

href 属性是超链接<a>标签中的属性，用于标识超链接地址。

➢　超链接地址

超链接地址（又称为 URL）是指超链接所链接到文件的路径和文件名。URL 用于标识 Web 或本地计算机中的文件位置，可以指向某个 HTML 页面，也可以指向文档引用的其他元素，如图形、脚本或其他文件。

<a>标签的基本语法如下。

```
<a href="链接目标">链接对象</a>
```

<a>为链接标签，<a>标签的属性有：href 属性，该属性指定链接地址；name 属性，该属性给链接命名；title 属性，该属性给链接添加提示文字；target 属性，该属性指定链接的

目标窗口。

3.5.2　相对链接和绝对链接

相对路径最适合网站的内部链接。只要是属于同一网站，即使不在同一个目录中，使用相对路径也非常适合。

如果链接到同一目录中，则只需输入要链接文档的名称；如果要链接到下一级目录中的文件，需先输入目录名，然后加"/"，再输入文件名；如果要链接到上一级目录中的文件，则先输入"../"，再输入目录名、文件名。

绝对路径为文件提供完整的路径，包括使用的协议（如 http、ftp、rtsp 等）。一般常见的绝对路径如 http://www.sina.com.cn、ftp://202.113.234.1/等。

采用绝对路径的缺点在于这种方式的超链接不利于测试。如果在站点中使用绝对路径，要想测试链接是否有效，必须在 Internet 服务器端对超链接进行测试。

 练习

在网页中创建超链接

最终文件：光盘\最终文件\第 3 章\3-5-2.html　　　视频：光盘\视频\第 3 章\3-5-2.mp4

01. 执行"文件>打开"命令，打开页面"光盘\源文件\第 3 章\3-5-2.html"，效果如图 3-82 所示。转换到代码视图，可以看到该页面的 HTML 代码，如图 3-83 所示。

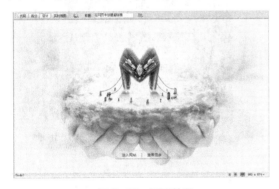

```
<!doctype html>
<html>
<head>
<meta charset="utf-8">
<title>在网页中创建超链接</title>
<link href="style/3-5-2.css" rel="stylesheet"
type="text/css">
</head>

<body>
<div id="text">进入网站　　|　　查看更多</div>
</body>
</html>
```

图 3-82　页面效果　　　　　　　　　　图 3-83　网页的 HTML 代码

02. 为网页中相应的文字添加<a>标签并设置相对链接地址，如图 3-84 所示。保存页面，在浏览器中预览页面，效果如图 3-85 所示。

```
<body>
<div id="text"><a href="3-3-1.html">进入网站</a>
　|　查看更多</div>
</body>
```

图 3-84　添加超链接代码　　　　　　　　图 3-85　预览页面

03. 单击页面中设置了超链接的文字，即可跳转到所链接的 3-3-1.html 页面，如图 3-86 所示。返回网页 HTML 代码，为相应的文字添加<a>标签并设置 URL 绝对链接地址，如图 3-87 所示。

图 3-86　跳转到链接的页面

```
<body>
<div id="text"><a href="3-3-1.html">进入网站</a>
  <a href="http://www.baidu.com">查看更多</a>
</div>
</body>
```

图 3-87　添加超链接代码

04. 保存页面，在浏览器中预览页面，效果如图 3-88 所示。单击页面中设置了超链接的文字，即可跳转到百度网站首页面，如图 3-89 所示。

图 3-88　预览页面

图 3-89　跳转到链接的 URL 地址

3.5.3　网页中的特殊超链接

超链接还可以进一步扩展网页的功能，比较常用的有发送电子邮件、空链接和下载链接等。创建以上链接只需修改链接的 href 值即可。

电子邮件链接的语法格式如下。

```
<a href="mailto:邮件地址">发送电子邮件</a>
```

创建电子邮件链接的要求是邮件地址必须完整，如 intel@163.com。

空链接的语法格式如下。

```
<a href="#">链接对象</a>
```

下载链接的语法格式如下。

```
<a href="下载文件路径">链接对象</a>
```

下载链接可以为浏览者提供下载文件，是一种很实用的下载方式。

 练习

在网页中创建特殊超链接

最终文件：光盘\最终文件\第 3 章\3-5-3.html　　视频：光盘\视频\第 3 章\3-5-3.mp4

01. 执行"文件>打开"命令，打开页面"光盘\源文件\第 3 章\3-5-3.html"，效果如图 3-90 所示，转换到代码视图中，可以看到该页面的 HTML 代码，如图 3-91 所示。

```
<!doctype html>
<html>
<head>
<meta charset="utf-8">
<title>在网页中创建特殊超链接</title>
<link href="style/3-5-3.css" rel="stylesheet" type=
"text/css">
</head>

<body>
<div id="box">
<img src="images/35301.gif" width="175" height="56" alt=""/>
<img src="images/35302.gif" width="175" height="56" alt=""/>
<img src="images/35303.gif" width="175" height="56" alt=""/>
<img src="images/35304.gif" width="175" height="56" alt=""/>
<img src="images/35305.gif" width="175" height="56" alt=""/>
</div>
</body>
</html>
```

图 3-90　页面效果　　　　　　　　　　　　　图 3-91　网页的 HTML 代码

02. 在网页中为相应的图片添加<a>标签，并设置 E-mail 链接，直接将 href 属性设置为 mailto：电子邮件地址即可，如图 3-92 所示。保存页面，在浏览器中预览页面，效果如图 3-93 所示。

```
<body>
<div id="box">
<img src="images/35301.gif" width="175" height="56" alt=""/>
<img src="images/35302.gif" width="175" height="56" alt=""/>
<img src="images/35303.gif" width="175" height="56" alt=""/>
<img src="images/35304.gif" width="175" height="56" alt=""/>
<a href="mailto:xxxx@163.com"><img src="images/35305.gif"
width="175" height="56" alt=""/></a>
</div>
</body>
```

图 3-92　添加电子邮件链接代码　　　　　　　图 3-93　预览页面效果

用户在设置时还可以替浏览者加入邮件的主题。方法是在输入电子邮件地址后面加入"?subject=要输入的主题"的语句，实例中主题可以写"客服帮助"，完整的语句为 mailto：xxxx@qq.com?subject=客服帮助"。

03. 单击设置了 E-mail 链接的图片，弹出系统中默认的电子邮件收发邮件界面，如图 3-94 所示。返回网页 HTML 代码中，在网页中为相应的图片添加<a>标签，并设置文件下载链接，直接将 href 属性设置为需要下载的文件即可，如图 3-95 所示。

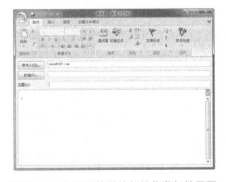

```
<body>
<div id="box">
<a href="images/game.rar"><img src="images/35301.gif" width=
"175" height="56" alt=""/></a>
<img src="images/35302.gif" width="175" height="56" alt=""/>
<img src="images/35303.gif" width="175" height="56" alt=""/>
<img src="images/35304.gif" width="175" height="56" alt=""/>
<a href="mailto:xxxx@163.com"><img src="images/35305.gif"
width="175" height="56" alt=""/></a>
</div>
</body>
```

图 3-94　打开系统默认邮件收发邮件界面　　　图 3-95　添加文件下载链接代码

04. 保存页面，在浏览器中预览页面，效果如图 3-96 所示。单击设置文件下载链接的图片，可以弹出文件下载的提示，如图 3-97 所示。

图 3-96　预览页面效果

图 3-97　弹出文件下载提示

05. 为网页中相应的图片添加<a>标签，并设置空链接，直接将 href 属性设置为#即可，如图 3-98 所示。保存页面，在浏览器中预览页面，单击设置了空链接的图片，不能实现页面跳转，如图 3-99 所示。

```
<body>
<div id="box">
<a href="images/game.rar"><img src="images/35301.gif" width=
"175" height="56" alt=""/></a>
<a href="#"><img src="images/35302.gif" width="175" height=
"56" alt=""/></a>
<a href="#"><img src="images/35303.gif" width="175" height=
"56" alt=""/></a>
<a href="#"><img src="images/35304.gif" width="175" height=
"56" alt=""/></a>
<a href="mailto:xxxx@163.com"><img src="images/35305.gif"
width="175" height="56" alt=""/></a>
</div>
</body>
```

图 3-98　添加空链接代码

图 3-99　预览页面效果

　　所谓空连接，就是没有目标端点的链接。利用空链接，可以激活文件中链接对应的对象和文本。当文本或对象被激活后，可以为之添加行为，比如，当鼠标经过后变换图片，或者使某一 Div 显示。

3.5.4　超链接标签中的其他属性设置

在网页文件中，默认情况下超链接在原来的浏览器窗口中打开，HTML 技术提供了 target 属性来控制打开的目标窗口。target 属性的基本语法如下。

```
<a href="链接目标" target="目标窗口的打开方式" >
```

target 属性的取值有 4 种，介绍如下。

➢　target="_self"

该属性值表示在当前页面中打开链接。

➢　target="_blank"

该属性值表示在一个全新的空白窗口中打开链接。

> target="_top"

该属性值表示在顶层框架中打开链接，也可以理解为在根框架中打开链接。

> target="_parent"

表示在当前框架的上一层里打开链接。

有时候，当超链接不能完全描述所要链接的内容时，超级链接标签提供的 title 属性能很方便地给浏览者做出提示。title 属性的值为提示内容，当光标停留在设置了 title 属性的链接上时，提示内容就会出现。

title 属性的基本语法如下。

```
<a href="链接文件的地址" title="链接的提示内容">……</a>
```

title 属性用于给链接添加提示文字，包含在链接标签内部，用法较为简单。

网站中经常会有一些页面由于内容过多，导致页面过长，访问者需要拖动浏览器上的滚动条才能查看完整的页面。为了方便用户查看网页的内容，在网页中需要建立锚点链接。

创建锚点的基本语法如下。

```
<a name="锚点的名称"></a>
```

在网页中创建了锚点之后，就可以创建锚点链接，需要使用#号及锚点的名称作为 href 属性的值。

创建锚记链接的基本语法如下。

```
<a href="#锚点名称">...</a>
```

3.6　表格标签设置

表格是由行、列及单元格三部分组成的，使用表格可以在网页中清晰地表现表格式数据。

3.6.1　表格的基本构成<table>、<tr>和<td>标签

表格由行、列和单元格三个部分组成，一般通过 3 个标签来创建，分别是表格标签<table>、行标签<tr>和单元格标签<td>。表格的各种属性都要在表格的开始标签<table>和表格的结束标签</table>之间才有效。

表格的基本结构语法如下。

```
<table>
  <tr>
    <td>单元格中的文字</td>
  </tr>
</table>
```

在语法中，<table>和</table>标签分别表示表格的开始和结束，而<tr>和</tr>标签则分别表示行的开始和结束，在表格中包含一组<tr>…</tr>就表示该表格为一行，<td>和</td>标签表示单元格的开始和结束。

3.6.2　表格标题<caption>标签

<caption>标签可以为表格提供一个简短的说明，与图片的说明类似。默认情况下，大部分可视化浏览器在表格上方中央显示表格标题。表格标题<caption>标签的基本语法如下。

```
<caption>表格标题</caption>
```

表格标题可以让浏览者更好地理解表格中的数据所表达的意思，从而节省了浏览者大量时间。

练习

创建数据表格

最终文件：光盘\最终文件\第 3 章\3-6-2.html　　　视频：光盘\视频\第 3 章\3-6-2.mp4

01. 执行"文件>新建"命令，弹出"新建文档"对话框，单击"确定"按钮，新建 HTML 页面，如图 3-100 所示。执行"文件>保存"命令，将该页面保存为"光盘\源文件\第 3 章\3-6-2.html"，如图 3-101 所示。

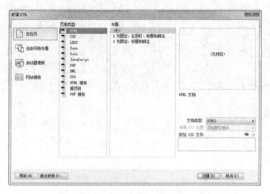
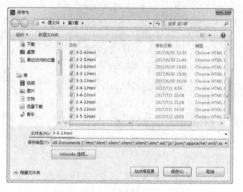

图 3-100　"新建文档"对话框　　　　　　　　图 3-101　"另存为"对话框

02. 转换到页面的 HTML 代码中，在`<body>`与`</body>`标签之间编写表格代码，如图 3-102 所示。保存页面，在浏览器中预览页面，可以看到表格的显示效果，如图 3-103 所示。

图 3-102　编写表格代码　　　　　　　　　　图 3-103　预览表格效果

提示 此处在编写表格代码中，分别在`<table>`标签和`<td>`标签中添加了 width 和 height 属性设置，用于控制表格和单元格的宽度和高度。在后面的章节中学习 CSS 样式后，还可以通过 CSS 样式进行控制。

03. 返回到网页的 HTML 代码中，在表格的`<table>`标签之后添加`<caption>`标签为表格添加标题，如图 3-104 所示。保存页面，在浏览器中预览页面，可以看到表格的显示效果，如图 3-105 所示。

```
<table width="600" height="150">
  <caption>高一年级考试安排表</caption>
  <tr>
    <td width="98"> </td>
    <td width="96">星期一</td>
    <td width="105">星期二</td>
    <td width="95">星期三</td>
    <td width="101">星期四</td>
    <td width="77">星期五</td>
  </tr>
</table>
```

图 3-104　添加表格标题代码　　　　　　　　　　图 3-105　预览表格标题效果

　　　　使用<caption>标记创建表格标题的好处是标题定义包含在表格内，如果表格移动或在 HTML 文件中重定位，标题会随着表格相应地移动。

3.6.3　表头<thead>、表主体<tbody>和表尾<tfoot>标签

　　表头的开始标签是<thead>，结束标记为</thead>，它们用于定义表格最上端表头的样式，可以设置背景颜色、文字对齐方式、文字的垂直对齐方式等。

　　表头<thead>标签的基本语法如下。

```
<thead bgcolor="背景颜色" align="水平对齐方式" valign="垂直对齐方式">…</thead>
```

　　在<thead>标签内还可以包含<td>、<th>和<tr>标签，而一个表格中只能有一个<thead>标签。

　　与表头标签功能类似，表主体标签<tbody>用于统一设计表格主体部分的样式。

　　表主体<tbody>标签的基本语法如下。

```
<tbody bgcolor="背景颜色" align="水平对齐方式" valign="垂直对齐方式">…</tbody>
```

　　一个表格中只能有一个<tbody>标签。

　　<tfoot>标签用于定义表尾样式，表尾<tfoot>标签的基本语法如下。

```
<tfoot bgcolor="背景颜色" align="水平对齐方式" valign="垂直对齐方式">…</tbody>
```

　　一个表格中只能有一个<tfoot>标签。

练习

设置表格中的表头、表主体和表尾

最终文件：光盘\最终文件\第 3 章\3-6-3.html　　　视频：光盘\视频\第 3 章\3-6-3.mp4

　　01. 执行"文件>新建"命令，弹出"新建文档"对话框，单击"确定"按钮，新建 HTML 页面，如图 3-106 所示。执行"文件>保存"命令，将该页面保存为"光盘\源文件\第 3 章\3-6-3.html"，如图 3-107 所示。

图 3-106　"新建文档"对话框　　　　　　　　　图 3-107　"另存为"对话框

02. 转换到页面的 HTML 代码中，在<body>与</body>标签之间编写表格代码并添加表头<thead>标签，制作表头部分，如图 3-108 所示。保存页面，在浏览器中预览页面，可以看到所制作的表头的效果，如图 3-109 所示。

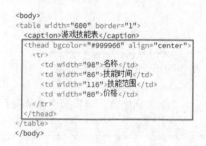

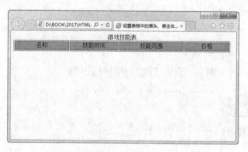

图 3-108　编写表头部分代码　　　　　　　　图 3-109　预览表头部分效果

03. 返回 HTML 代码中，在表头结束标签</thead>之后添加表主体<tbody>标签，对表主体部分进行制作，如图 3-110 所示。保存页面，在浏览器中预览页面，可以看到所制作的表主体的效果如图 3-111 所示。

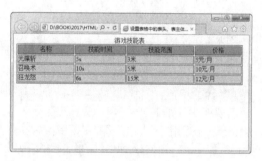

图 3-110　编写表主体部分代码　　　　　　　　图 3-111　预览表主体部分效果

04. 返回 HTML 代码中，在表主体结束标签</tbody>之后输入表尾<tfoot>标签，对表尾部分进行制作，如图 3-112 所示。保存页面，在浏览器中预览页面，可以看到所制作的表尾的效果如图 3-113 所示。

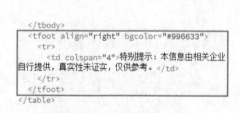

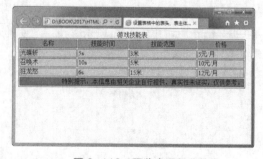

图 3-112　编写表尾部分代码　　　　　　　　图 3-113　预览表尾部分效果

3.7　本章小结

本章主要介绍了 HTML 中一些基本标签的使用方法和技巧，通过应用这些基本标签，可以在网页中对文字和图片进行排版和设置，从而使网页中文字和图片的效果更加美观。完成本章内容的学习，读者需要掌握网页中基本标签的使用和设置方法，并能够在实际网页的制作过程中灵活运用。

3.8 课后习题

一、选择题

1. HTML 代码中创建定义列表的标签是什么？（　　）
   A. <ul></ul>　　B. <ol></ol>　　C. <dl></dl>　　D. <li></li>
2. 在 HTML 代码中，用于创建文本段落的标签是什么？（　　）
   A.
　　　　B. <nobr>　　　C. <p>　　　　D. <break>
3. 创建电子邮件、空链接和下载链接等只需修改超链接<a>标签中的哪个属性设置？
（　　）
   A. title　　　　B. href　　　　C. name　　　　D. target
4. 在 HTML 代码中，用于设置标题文字的标签是哪个？（　　）
   A. <span class="heading">文章标题</span>
   B. <p><b>文章标题</b></p>
   C. <h1>文章标题</h1>
   D. <strong>文章标题</strong>

二、判断题

1. 在<ul>标签中添加 type="square"属性设置，可以将项目符号修改为实心正方形。
（　　）
2. 超链接<a>标签中的 target 属性的值是超链接的提示内容，当光标停留在设置了 target 属性的超链接上时，提示内容就会出现。（　　）

三、简答题

1. 在网页中是否可以使用任意的字体？
2. 什么是内部链接和外部链接？

第 4 章

HTML 中表单标签的应用

表单是静态 HTML 和动态网页技术的枢纽，是距离用户最近的部分，所以外观必须给用户以信任感，并且功能模块清晰、操作便捷。不过，表单元素在 HTML 中并不属于动态技术，只是一种数据提交的方法。如今，HTML5 正在努力地简化设计师的工作。为此，HTML5 不但增加了一系列功能性的表单、表单元素、表单属性，还增加了自动验证表单的功能。本章将学习 HTML 中的表单元素以及 HTML5 中新增表单元素的使用方法。

本章知识点：
- 了解表单的作用及<form>标签
- 掌握普通表单元素的使用和设置方法
- 了解 HTML5 表单的发展及作用
- 认识并掌握 HTML5 新增的表单输入类型
- 理解 HTML5 中新增的表单属性和表单元素
- 掌握 HTML5 中表单的验证方法

4.1 了解 HTML 中的表单

网站所具有的功能不仅仅是展示信息给浏览者，同时还能接收用户信息。网络上常见的留言本、注册系统等都是能够实现交互功能的动态网页，可以使浏览者充分参与到网页中。表单是实现交互功能最重要的 HTML 元素，掌握表单的相关内容对于以后学习动态网页有很大帮助。

4.1.1 表单的作用

表单不是表格，既不用来显示数据，也不用来布局网页。表单提供一个界面，一个入口，便于用户把数据提交给后台程序进行处理。

网页中的<form></form>标签用来创建表单，定义表单的开始和结束位置，在标签之间的内容都在一个表单中。表单子元素的作用是提供不同类型的容器，记录用户的数据。

用户完成表单数据输入之后，表单将把数据提交到后台程序页面。页面中可以有多个表单，但要确保一个表单只能提交一次数据。

4.1.2 <form>标签

网页中的<form></form>标签用来插入一个表单，在表单中可以插入相应的表单元素
<form>表单的基本语法格式如下。

```
<form name="表单名称" action="表单处理程序" method="数据传送方式">
……

</form>
```

在表单的<form>标签中，可以设置表单的基本属性，包括表单的名称、处理程序和传送

方法等。一般情况下，表单的处理程序 action 属性和传送方法 method 属性是必不可少的参数。action 属性用于指定表单数据提交到哪个地址进行处理，name 属性用于给表单命名，这一属性不是表单所的必需的属性，下一节具体介绍表单的传送方法 method 属性。

4.1.3　表单的数据传递方式

表单的 method 属性用于指定在数据提交到服务器时使用哪种 HTTP 提交方法，其值有两种，get 和 post。默认是 get 方法，而 post 是最常用的方法。

➢　get

get 方法是通过 URL 传递给程序的，数据容量小，并且数据暴露在 URL 中，非常不安全。get 将表单中的数据按照 "变量=值" 的形式，添加到 action 所指向的 URL 后面，并且两者使用了 "？" 连接，而各个变量使用 "&" 连接。

➢　post

post 是将表单中的数据放在 form 的数据体中，按照变量和值相对应的方式，传递到 action 所指向的程序。post 方法能传输大容量的数据，并且所有操作对用户来说都是不可见，非常安全。

　　　　通常情况下，在选择表单数据的传递方式时，简单、少量和安全的数据可以使用 get 方法进行传递，大量的数据内容或者需要保密的内容则使用 post 方法进行传递。

4.2　普通的 HTML 表单元素

只有一个表单无法实现收集信息的功能，表单标签只有和它所包含的具体表单元素相结合才能真正实现表单收集信息的功能。属于表单内部的元素比较多，适用于不同类型的数据记录。大部分的表单元素都采用单标签<input>，不同的表单元素<input>标签的 type 属性取值不同。

4.2.1　文本域

文本域属于表单中使用比较频繁的表单元素，在网页中很常见。文本域又分为单行文本字段、密码框和多行文本框，此处所说的文本域就是单行文本框。

文本域的基本语法如下。

```
<input type="text" value="初始内容" size="字符宽度" maxlength="最多字符数">
```

该语法将生成一个空的单行文本框，value 属性可以设置其文字的初始内容；size 属性可以设置字符宽度；maxlength 可以设置最多容纳的字符数量。

　　　　如果只需要单行文本框显示相应的内容，而不允许浏览者输入内容，可以在单行文本框的<input>标签中添加 readonly 属性，并设置该属性的值为 true。

4.2.2　密码域

密码域用于输入密码，在浏览者填入内容时，密码框内将以星号或其他系统定义的密码符号显示，以保证信息安全。

密码域的基本语法如下。

```
<input type="password">
```

该语法将生成一个空的密码框，除了显示不同的内容外，密码框的其他属性和单行文本框一样。

4.2.3　文本区域

如果用户需要输入大量的内容，单行文本框显然无法完成，需要用到文本区域。

文本区域的基本语法如下。

```
<textarea cols="宽度" rows="行数"></textarea>
```

<textarea>与</textarea>之间的内容为文本区域中显示的初始文本内容。文本区域的常用属性有 cols（列），和 rows（行），cols 属性设定文本区域的宽度，rows 属性的设定文本区域的具体行数。

在文本区域<textarea>标签中可以通过 wrap 属性控制文本的换行方法。该属性的值有 off、virtual 和 phisical。off 值代表字符输入超过文本框宽度时不会自动换行；virtual 值和 phicical 值都是自动换行，不同的是 virtual 值输出的数据在自动换行处没有换行符号，phisical 值输出的数据在自动换行处有换行符号。

4.2.4　隐藏域

隐藏域在网页中起着非常重要的作用，其可以存储用户输入的信息，如姓名、电子邮件地址或常用的查看方式，以便用户在下次访问该网站的时候使用这些数据，但是隐藏域在浏览页面的过程中是看不到的，只有在页面的 HTML 代码才可以看到。

很多时候传给程序的数据不需要浏览者填写，这种情况下通常采用隐藏域传递数据。

隐藏域的基本语法如下。

```
<input type="hidden" value="数据">
```

隐藏域在页面中不可见，但是可以装载和传输数据。

4.2.5　复选框

为了让浏览者更快捷地在表单中填写数据，表单提供了复选框元素，浏览者可以在复选框中勾选一项或多项选项。

复选框的基本语法如下。

```
<input type="checkbox">
```

在网页中插入的复选框，默认状态下是没有被选中的，如果希望复选框默认就是选中状态，可以在复选框的<input>标签中添加 checked 属性设置。

4.2.6　单选按钮

单选按钮和复选框一样可以快捷地让浏览者在表单中填写数据。

单选按钮的基本语法如下。

```
<input type="radio">
```

为了保证多个单选按钮属于同一组，所以一组中每个单选按钮都需要具有相同的 name 属性值，操作时在单选按钮组中只能选定一个单选按钮。

4.2.7　选择域

通过选择域标签<select>和<option>可以在网页中建立一个列表或者菜单。在网页中，菜单可以节省页面的空间，正常状态下只能看到一个选项，单击下拉按钮打开菜单后，才可以看到全部的选项；列表可以显示一定数量的选项，如果超出这个数值，则会显示滚动条，浏览者便可以通过拖动滚动条来查看各个选项。

选择域标签<select>和<option>语法格式如下。

```
<select name="name" id="name">
  <option>选项一</option>
  <option>选项二</option>
  <option>选项三</option>
</select>
```

<select>和<option>标签的相关属性说明如下。

➢ name：该属性用于设置选择域的名称。

➢ size：该属性用于设置列表的行数。

➢ value：该属性用于设置菜单的选项值。

➢ multiple：该属性表示以菜单的方式显示信息，省略则以列表的方式显示信息。

4.2.8　文件域

文件域的基本功能是让用户在域的内部填写文件路径，然后通过表单上传，如在线发送 E-mail 时常见的附件功能。当要求用户将文件提交给网站时，例如，Office 文档、浏览者的个人照片或者其他类型的文件，此时就要用到文件域。

文件域的基本语法如下。

```
<input type="file">
```

文件域是由一个文本框和一个"浏览"按钮组成。浏览者可以通过表单的文件域上传指定的文件，浏览者既可以在文件域的文本框中输入一个文件的路径，也可以单击文件域的"浏览"按钮来选择一个文件，当访问者提交表单时，这个文件将被上传。

4.2.9　按钮

HTML 中的按钮有着广泛的应用，根据 type 属性的不同可以分为 3 种类型。

按钮表单元素的基本语法如下。

```
普通按钮: <input type="button">
重置按钮: <input type="reset">
提交按钮: <input type="submit">
```

普通按钮需要 JavaScript 技术进行动态行为的编程；重置按钮是指当浏览者单击该按钮，表单中所有表单元素将恢复初始值；提交按钮即当浏览者单击该按钮，所属表单提交数据。

对于表单而言，按钮是非常重要的，其能够控制对表单内容的操作，如"提交"或"重置"。如果要将表单内容发送到远端服务器上，可使用"提交"按钮；如果要清除现有的表单内容，可使用"重置"按钮。如果需要修改按钮上的文字，可以在按钮的<input>标签中修改 value 属性值。

4.2.10　图像域

使用默认的按钮形式往往会让人觉得单调，如果网页使用了较为丰富的色彩，或稍微复杂的设计，再使用表单默认的按钮形式甚至会破坏整体的美感。这时，可以使用图像域创建与网页整体效果相统一的图像提交按钮。

表单提供的图像域元素可以替代提交按钮，实现提交表单的功能。

图像域的基本语法如下。

```
<input type="image" src="图片路径">
```

默认情况下，图像域只能起到提交表单数据的作用，不能起到其他的作用，如果想要改变其用途，则需要在图像域标签中添加特殊的代码来实现。

制作登录表单

最终文件：光盘\最终文件\第 4 章\4-2-10.html　　　视频：光盘\视频\第 4 章\4-2-10.mp4

01. 打开页面"光盘\源文件\第 4 章\4-2-9.html"，可以看到页面效果，如图 4-1 所示。转换到代码视图，可以看到该网页的 HTML 代码，如图 4-2 所示。

图 4-1　打开页面

图 4-2　网页的 HTML 代码

02. 在<div id="login">与</div>标签之间，将多余文字删除，输入表单域<form>标签，如图 4-3 所示。在表单域<form>与</form>标签之间输入文字并添加文本域代码，如图 4-4 所示。

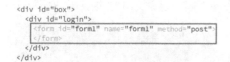

图 4-3　添加表单域标签

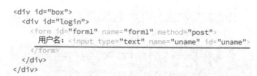

图 4-4　添加文本域代码

　　表单域是实现表单数据提交必不可少的元素，虽然在 HTML5 中可以为表单元素添加属性，指定该表单元素附属于指定名称的表单域中，但还是建议尽量将相关的表单元素都放置在表单域的<form>与</form>标签之间。

03. 返回网页设计视图，可以看到页面中文本域的显示效果，如图 4-5 所示。保存页面，在浏览器中预览页面，可以看到文本域默认的显示效果，如图 4-6 所示。

图 4-5　文本域效果

图 4-6　预览文本域效果

04. 返回网页的 HTML 代码中，在刚添加的文本域代码后输入换行符标签
，如图 4-7 所示。在
标签后输入文字并添加密码域代码，如图 4-8 所示。

```
<div id="box">
  <div id="login">
    <form id="form1" name="form1" method="post">
      用户名：<input type="text" name="uname" id="uname"><br>
    </form>
  </div>
</div>
```

图 4-7　添加换行符标签

```
<div id="box">
  <div id="login">
    <form id="form1" name="form1" method="post">
      用户名：<input type="text" name="uname" id="uname"><br>
      密码：<input type="password" name="upass" id="upass">
    </form>
  </div>
</div>
```

图 4-8　添加密码域代码

05. 返回网页设计视图，可以看到页面中密码域的显示效果，如图 4-9 所示。保存页面，在浏览器中预览页面，密码域默认的显示效果如图 4-10 所示。

图 4-9　密码域效果

图 4-10　预览密码域效果

06. 返回网页的 HTML 代码中，在刚添加的密码域代码后输入换行符标签
，在
标签之后输入复选框代码和文字，如图 4-11 所示。返回网页设计视图，可以看到页面中复选框的显示效果，如图 4-12 所示。

```
<div id="box">
  <div id="login">
    <form id="form1" name="form1" method="post">
      用户名：<input type="text" name="uname" id="uname"><br>
      密码：<input type="password" name="upass" id="upass"><br>
      <input type="checkbox" name="cbox1" id="cbox1">记住密码
    </form>
  </div>
</div>
```

图 4-11　添加复选框代码

图 4-12　复选框效果

07. 返回网页的 HTML 代码，在"记住密码"文字之后输入换行符标签
，在
标签后输入图像域代码，如图 4-13 所示。返回网页设计视图，可以看到页面中图像域的显示效果，如图 4-14 所示。

```
<div id="box">
  <div id="login">
    <form id="form1" name="form1" method="post">
      用户名：<input type="text" name="uname" id="uname"><br>
      密 码：<input type="password" name="upass" id="upass"><br>
      <input type="checkbox" name="cbox1" id="cbox1">记住密码
      <input type="image" name="btn" id="btn" src="images/42902.jpg">
    </form>
  </div>
</div>
```

图 4-13　添加图像域代码

图 4-14　图像域效果

08. 保存页面，在浏览器中预览页面，可以看到各表单元素默认的显示效果，如图 4-15 所示。转换到该网页所链接的外部 CSS 样式表文件，创建名为#uname 的 CSS 样式，如图 4-16 所示。

图 4-15　预览登录表单效果

```
#uname {
    width: 182px;
    height: 35px;
    border: solid 1px #9F9F9F;
    line-height: 38px;
    background-color: #FFF;
    background-image: url(../images/42903.png);
    background-repeat: no-repeat;
    background-position: 9px center;
    padding-left: 38px;
    margin-top: 10px;
    margin-bottom: 15px;
}
```

图 4-16　CSS 样式代码

提示　　　由于在"用户名"文字后的文本域代码<input>标签中设置了 id 属性为 uname，所以此处创建 ID CSS 样式对指定 id 名称的网页元素进行设置。关于 CSS 样式将在后面的章节中进行详细介绍。

09. 返回网页设计视图中，可以看到页面中"用户名"文字后的文本域的效果，如图 4-17 所示。转换到外部 CSS 样式表文件中，创建名为#upass 和名为#cbox1 和 CSS 样式，如图 4-18 所示。

图 4-17　文本域效果

```
#upass {
    width: 182px;
    height: 35px;
    border: solid 1px #9F9F9F;
    line-height: 38px;
    background-color: #FFF;
    background-image: url(../images/42904.png);
    background-repeat: no-repeat;
    background-position: 9px center;
    padding-left: 38px;
    margin: 15px 0px;
}
#cbox1 {
    border: solid 1px #9F9F9F;
    margin: 10px 10px 20px 0px;
}
```

图 4-18　CSS 样式代码

10. 返回网页设计视图，页面中密码域和复选框的效果如图 4-19 所示。保存页面，并保存外部 CSS 样式表文件，在浏览器中预览页面，可以看到所制作的登录表单页面的效果，如图 4-20 所示。

图 4-19　页面效果

图 4-20　预览登录表单页面效果

4.3　HTML5 新增表单输入类型

HTML5 大幅度改进了<input>标签的类型。不同类型的表单元素所附加的功能也不相同。到目前为止，对 HTML5 新增表单元素支持最多、最全面的浏览器是 Opera 浏览器。对于不支持新增表单类型的浏览器来说，会默认识别为 text 类型，即显示为普通文本域。

4.3.1　url 类型

url 类型的 input 元素，是专门为输入 url 地址定义的文本框。在验证输入文本的格式时，如果该文本框中的内容不符合 url 地址的格式，会提示验证错误。

url 表单类型的使用方法如下。

```
<input type="url" name="weburl" id="weburl" value="http://www.xxxx.com">
```

4.3.2　email 类型

email 类型的 input 元素，是专门为输入 E-mail 地址定义的文本框。在验证输入文本的格式时，如果该文本框中的内容不符合 E-mail 地址的格式，会提示验证错误。

email 表单类型的使用方法如下。

```
<input type="email" name="myEmail" id=" myEmail" value="xxxx@163.com">
```

此外，email 类型的 input 元素还有一个 multiple 属性，表示在该文本框中可输入用逗号隔开的多个邮件地址。

4.3.3　range 类型

range 类型的 input 元素把输入框显示为滑动条，为某一特定范围内的数值选择器。它还具有 min 和 max 属性，表示选择范围的最小值（默认为 0）和最大值（默认为 100）；还有 step 属性，表示拖动步长（默认为 1）。

range 表单类型的使用方法如下。

```
<input type="range" name="volume" id="volume" min="0" max="10" step="2">
```

range 表单类型的显示效果如图 4-21 所示。

4.3.4　number 类型

number 类型的 input 元素是专门为输入特定的数字而定义的文本框。与 range 类型类似，都具有 min、max 和 step 属性，表示允许范围的最小值、最大值和调整步长。

number 表单类型的使用方法如下。

```
<input type="number" name="score" id="score" min="0" max="10" step="0.5">
```

number 表单类型的显示效果如图 4-22 所示。

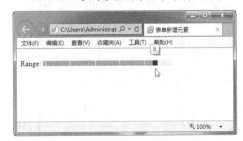

图 4-21　range 类型表单元素显示效果

图 4-22　number 类型表单元素显示效果

4.3.5　tel 类型

tel 类型的 input 元素是专门为输入电话号码而定义的文本框，没有特殊的验证规则。
tel 表单类型的使用方法如下。

```
<input type="tel" name="tel" id="tel">
```

4.3.6　search 类型

search 类型的 input 元素是专门为输入搜索引擎关键词定义的文本框，没有特殊的验证
规则。
search 表单类型的使用方法如下。

```
<input type="search" name="search" id="search">
```

4.3.7　color 类型

color 类型的 input 元素，默认会提供一个颜色选择器，主流浏览器还没有支持它。
color 表单类型的使用方法如下。

```
<input type="color" name="color" id="color">
```

在 Chrome 浏览器中预览页面，可以看到颜色表单元素的效果，如图 4-23 所示。单击
颜色表单元素的颜色块，弹出"颜色"对话框，可以选择颜色，如图 4-24 所示。选中颜色
后，单击"确定"按钮，如图 4-25 所示。

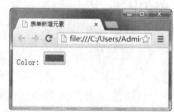

图 4-23　color 类型元素效果　　　图 4-24　"颜色"对话框　　　图 4-25　选择颜色后效果

4.3.8　date 类型

date 类型的 input 元素是专门用于输入日期的文本框，默认为带日期选择器的输入框。
date 表单类型的使用方法如下。

```
<input type="date" name="date" id="date">
```

在 Chrome 浏览器中预览页面，可以看到 date 表单类型的显示效果，如图 4-26 所示。可
以通过在文本框右侧的向下箭头图标，在弹出的面板中选择相应的日期，如图 4-27 所示。

图 4-26　date 类型元素显示效果　　　　　图 4-27　date 类型元素显示效果

4.3.9　month、week、time、datetime、datetime-local 类型

month、week、time、determine、determine-local 类型的 input 元素与 date 类型的 input 元素类似，都会提供一个相应的选择器。其中，month 会提供一个月选择器；week 会提供一个周选择器；time 会提供时间选择器；determine 会提供完整的日期和时间（包含时区）的选择器；determine-local 也会提供完整的日期和时间（不包含时区）选择器。

month、week、time、determine、determine-local 表单类型的使用方法如下。

```html
<input type="month" name="month" id="month">
<input type="week" name="week" id="week">
<input type="time" name="time" id="time">
<input type="datetime" name="datetime" id="datetime">
<input type="datetime-local" name="datetime-local" id="datetime-local">
```

在 Chrome 浏览器中预览页面，可以看到 HTML5 中时间和日期表单元素的效果，如图 4-28 所示。可以通过在文本框中输入时间和日期或者在不同类型的时间和日期选择器中选择时间和日期，如图 4-29 所示。

图 4-28　时间日期相关元素的显示效果

图 4-29　时间日期相关元素的显示效果

练习

制作留言表单页面

最终文件：光盘\最终文件\第 4 章\4-3-9.html　　　视频：光盘\视频\第 4 章\4-3-9.mp4

01. 执行"文件>打开"命令，打开页面"光盘\源文件\第 4 章\4-3-9.html"，页面效果如图 4-30 所示。转换到代码视图，可以看到页面的 HTML 代码，如图 4-31 所示。

图 4-30　页面效果

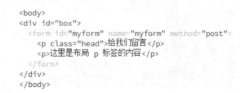

```html
<body>
<div id="box">
  <form id="myform" name="myform" method="post">
    <p class="head">给我们留言</p>
    <p>这里是布局 p 标签的内容</p>
  </form>
</div>
</body>
```

图 4-31　页面 HTML 代码

02. 光标移至\<p\>与\</p\>标签之间，将多余文字删除，输入相应的文字并添加\<input\>标签插入文本域，如图 4-32 所示。返回网页设计视图，所插入的文本域的显示效果如图 4-33 所示。

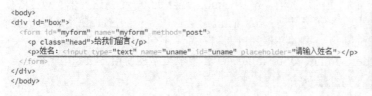

图 4-32　添加文本域标签

图 4-33　文本域效果

03. 转换到该网页所链接的外部 CSS 样式表文件，创建名为.input01 的类 CSS 样式，如图 4-34 所示。返回网页 HTML 代码，在刚添加的文本域\<input\>标签中添加 class 属性应用名为 input01 的类 CSS 样式，如图 4-35 所示。

```
.input01 {
    margin-left: 100px;
    width: 260px;
    height: 30px;
    border: solid 2px #3333CC;
    border-radius: 3px;
}
```

图 4-34　CSS 样式代码

```
<body>
<div id="box">
  <form id="myform" name="myform" method="post">
    <p class="head">给我们留言</p>
    <p>姓名：<input type="text" name="uname" id=
"uname" placeholder="请输入姓名" class="input01"></p>
  </form>
</div>
</body>
```

图 4-35　应用类 CSS 样式

04. 返回网页设计视图，可以看到文本域的显示效果，如图 4-36 所示。转换到网页 HTML 代码，在文本域所在的段落之后添加段落标签，输入相应的文字并添加\<input\>标签插入电子邮件表单元素，如图 4-37 所示。

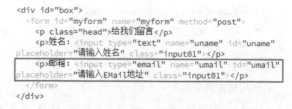

图 4-36　文本域效果

图 4-37　添加电子邮件表单元素

05. 返回网页设计视图，可以看到电子邮件表单元素的显示效果，如图 4-38 所示。转换到网页 HTML 代码，在电子邮件表单元素所在的段落后添加段落标签，分别添加 url 表单元素和 tel 表单元素，如图 4-39 所示。

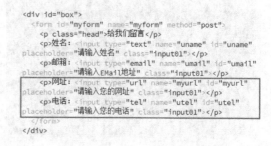

图 4-38　电子邮件表单元素效果

图 4-39　添加 url 和 tel 表单元素

06. 使用相同的制作方法，编写其他的表单元素代码，并创建相应的 CSS 样式为其应用，如图 4-40 所示。保存页面，在 Chrome 浏览器中预览页面，可以看到页面中 HTML5 表单元素的效果，如图 4-41 所示。

```
<div id="box">
  <form id="myform" name="myform" method="post">
    <p class="head">给我们留言</p>
    <p>姓名：<input type="text" name="uname" id="uname"
placeholder="请输入姓名" class="input01"></p>
    <p>邮箱：<input type="email" name="umail" id="umail"
placeholder="请输入EMail地址" class="input01"></p>
    <p>网址：<input type="url" name="myurl" id="myurl"
placeholder="请输入您的网址" class="input01"></p>
    <p>电话：<input type="tel" id="utel"
placeholder="请输入您的电话" class="input01"></p>
    <p>年龄：<input name="range" type="range" id="range"
max="40" min="20" step="1" class="input02"></p>
    <p>日期：<input type="date" name="udate" id="udate"
class="input01"></p>
    <p>留言：<textarea name="textarea" id="textarea" cols
="40" rows="10" class="input03"></textarea></p>
    <input id="submit" name="submit" type="image" src=
"images/43902.gif">
  </form>
</div>
```

图 4-40　添加其他 HTML5 表单元素　　　　　　图 4-41　在浏览器中预览页面效果

07. 当在电子邮件表单元素中填写的电子邮箱格式不正确时，单击"提交"按钮，网页会弹出相应的提示信息，如图 4-42 所示。可以在日期表单元素的选择器中选择需要的日期，如图 4-43 所示。

图 4-42　自动验证表单数据格式

图 4-43　可选择日期的 HTML5 表单元素

4.3.10　浏览器对 HTML5 表单的支持情况

由于 HTML5 的规范还在渐进发展中，各个浏览器的支持程度也不一样，因此在使用 HTML5 表单功能时，应尽量避免滥用，最好同时提供替代解决方案。

根据 HTML5 的设计原则，在旧的浏览器中，新的表单元素会平滑降级，不需要判断浏览器的支持情况。

虽然 HTML5 表单的一些规范还没有获得浏览器的支持，但仍然可以借鉴表单规范的设计思想，如果浏览器不支持，可以通过其他方式帮助实现。

4.4　HTML5 新增表单属性

如果开发一个用户体验非常好的页面，需要编写大量的代码，而且还需要考虑兼容性问题。使用 HTML5 表单的某些特性，可以开发出前所未有的页面效果，可以写更少的代码，并能解决传统开发中碰到的一些问题。

4.4.1　form 属性

通常，从属于表单的元素必须放在表单\<form\>与\</form\>标签之间。但是在 HTML5 中，可以把从属于表单的元素放在任何地方，然后指定该元素的 form 属性值为表单的 id，这样该元素就从属于表单了。例如，如下的 HTML 代码。

```
<input type="text" id="uname" name="uname" form="form1">
<form id="form1" name="form1" method="post">
 <input type="submit" value="提交">
</form>
```

在以上这段 HTML 代码中，使用\<input\>标签实现的文本域放置在表单\<form\>与\</form\>标签之外，由于\<input\>标签中的 form 属性值指定了表单的 id，说明该表单元素从属于表单。当单击提交按钮时，会验证该从属元素。目前，form 属性已获得主流浏览器的支持。

4.4.2　formaction 属性

每个表单都会通过 action 属性把表单内容提交到另一个页面。在 HTML5 中，为不同的提交按钮分别添加 formaction 属性，该属性会覆盖表单的 action 属性，将表单提交至不同的页面。例如，下面的 HTML 代码。

```
<form id="form1" name="form1" method="post">
 <input type="text" id="uname" name="uname" form="form1">
 <input type="submit" value="提交到页面1" formaction="?page=1">
 <input type="submit" value="提交到页面2" formaction="?page=2">
 <input type="submit" value="提交到页面3" formaction="?page=3">
 <input type="submit" value="提交">
</form>
```

在以上的 HTML 代码中，添加了 4 个提交按钮，其中前 3 个提交按钮设置了 formaction 属性，提交表单时，会优先使用 formaction 属性值作为表单提交的目标页面。目前，formaction 属性已获得主流浏览器的支持。

4.4.3　formmethod、formenctype、formnovalidate、formtarget 属性

这 4 个属性的使用方法与 formaction 属性一致，设置在提交按钮上，可以覆盖表单的相关属性。formmethod 属性可覆盖表单的 method 属性；formenctype 属性可覆盖表单的 enctype 属性；formnovalidate 属性可覆盖表单的 novalidate 属性；formtarget 属性可覆盖表单的 target 属性。

4.4.4　placeholder 属性

当用户还没有把焦点定位到输入文本框的时候，可以使用 placeholder 属性向用户提示描述的信息，当该输入文本框获取焦点时，该提示信息消失。

placeholder 属性的使用方法如下。

```
<input type="text" id="uname" name="uname" placeholder="请输入用户名">
```

placeholder 属性可用于其他输入类型的 input 元素，如 url、email、number、search、tel 和 password 等。目前，placeholder 属性已获得主流浏览器的支持。

4.4.5　autofocus 属性

autofocus 属性可用于所有类型的 input 元素，当页面加载完成时，可自动获取焦点。每个页面只允许出现一个有 autofocus 属性的 input 元素。如果为多个 input 元素设置了 autofocus 属性，则相当于未指定该行为。

autofocus 属性的使用方法如下。

```
<input type="text" id="key" name="key" autofocus>
```

自动获取焦点的功能也要防止滥用。如果页面加载缓慢，用户又做了一部分操作，此时焦点发生莫名其妙的转移，用户体验是非常不好的。目前，autofocus 属性已获得主流浏览器的支持。

练习

为表单元素设置默认提示内容

最终文件：光盘\最终文件\第 4 章\4-4-5.html　　视频：光盘\视频\第 4 章\4-4-5.mp4

01. 打开页面"光盘\源文件\第 4 章\4-4-5.html"，可以看到页面效果，如图 4-44 所示。转换到代码视图，可以看到页面中表单部分的 HTML 代码，如图 4-45 所示。

图 4-44　打开页面　　　　　　　　　　　　　　図 4-45　网页的 HTML 代码

02. 在"用户名"文字后的<input>标签中添加 placeholder 属性设置，如图 4-46 所示。保存页面，在浏览器中预览页面，可以看到为该文本域所设置的默认提示内容，如图 4-47 所示。

图 4-46　添加属性设置　　　　　　　　　　　　图 4-47　预览页面效果

03. 返回网页 HTML 代码，在"密码"文字后的<input>标签中添加 placeholder 属性设置，并且在"用户名"文字后的<input>标签中添加 autofocus 属性，如图 4-48 所示。保存页面，在浏览器中预览页面，可以看到为表单元素设置默认提示内容的效果，并且"用户名"后的文本域会自动获得焦点，如图 4-49 所示。

图 4-48 添加属性设置   图 4-49 预览页面效果

4.4.6 autocomplete 属性

IE 早期版本就已经支持 autocomplete 属性。autocomplete 属性可应用于 form 元素和输入型的 input 元素，用于表单的自动完成。autocomplete 属性会把输入的历史记录下来，当再次输入时，会把输入的历史记录显示在一个下拉列表中，以实现自动完成输入。

autocomplete 属性的使用方法如下。

```
<input type="text" id="uname" name="uname" autocomplete="on">
```

autocomplete 属性有 3 个属性值，分别是 on、off 和 ""（不指定值）。不指定值时，使用浏览器的默认设置。由于不同的浏览器默认值不相同，因此当需要使用自动完成的功能时，最好指定该属性值。目前，autofocus 属性已获得主流浏览器的支持。

4.5 使用 HTML5 表单验证

HTML5 为表单验证提供了极大的方便，在验证表单的方式上显得更加灵活。表单验证，首先会基于前面介绍的表单类型的规则进行验证；其次是为表单元素提供了一些用于辅助表单验证的属性；更重要的是，HTML5 还提供了专门用于表单验证的属性、方法和事件。

4.5.1 与验证有关的表单元素属性

HTML5 提供了用于辅助表单验证的元素属性。利用这些属性，可以为后续的表单自动验证提供验证依据。下面介绍这些新的属性。

1. required 属性

一旦在某个表单元素标签中添加了 required 属性，则该表单元素的值不能为空，否则无法提交表单。以文本域为例，只需要添加 required 属性即可。使用方法如下：

```
<input type="text" id="uname" name="uname" placeholder="请输入用户名" required>
```

如果该文本域为空，则无法提交。required 属性可用于大多数输入或选择元素，隐藏的元素除外。

2. pattern 属性

pattern 属性用于为 input 元素定义一个验证模式。该属性值是一个正则表达式，提交时，会检查输入的内容是否符合给定的格式，如果输入内容不符合格式，则不能提交。使用方法如下：

```
<input type="text" id="code" name="code" value="" placeholder="6 位邮政编码" pattern="[0-9]{6}" >
```

使用 pattern 属性验证表单非常灵活。例如，前面讲到的 email 类型的 input 元素，使用 pattern 属性完全可以实现相同的验证功能。

3. min、max 和 step 属性

min、max 和 step 属性专门用于指定针对数字或日期的限制。min 属性表示允许的最小值；max 属性表示允许的最大值；step 属性表示合法数据的间隔步长。使用方法如下：

```
<input type="range" name="volume" id="volume" min="0" max="1" step="0.2" >
```

在该 HTML 代码中，最小值是 0，最大值是 1，步长为 0.2，合法的取值有 0、0.2、0.4、0.6、0.8 和 1。

4. novalidate 属性

novalidate 属性用于指定表单或表单内的元素在提交时不验证。如果在 <form> 标签中应用 novalidate 属性，则表单中的所有元素在提交时都不再验证。使用方法如下：

```
<form id="form1" name="form1" method="post" novalidate="novalidate" >
  <input type="email" id="umail" name="umail" placeholder="请输入电子邮箱" >
  <input type="submit" value="提交" >
</form>
```

则提交该表单时，不会对表单中的表单元素进行验证。

 练习

验证网页表单元素

最终文件：光盘\最终文件\第 4 章\4-5-1.html　　视频：光盘\视频\第 4 章\4-5-1.mp4

01. 打开页面"光盘\源文件\第 4 章\4-5-1.html"，可以看到页面效果，如图 4-50 所示。转换到代码视图，可以看到页面中表单部分的 HTML 代码，如图 4-51 所示。

图 4-50　打开页面

图 4-51　表单部分的 HTML 代码

02. 在"姓名"文字后的 <input> 标签中添加 required 属性设置，如图 4-52 所示。设置该表单元素为必填项，保存页面，在 Chrome 浏览器中预览页面，没有在文本域中填写内容直接单击"提交"按钮，将显示错误提示，如图 4-53 所示。

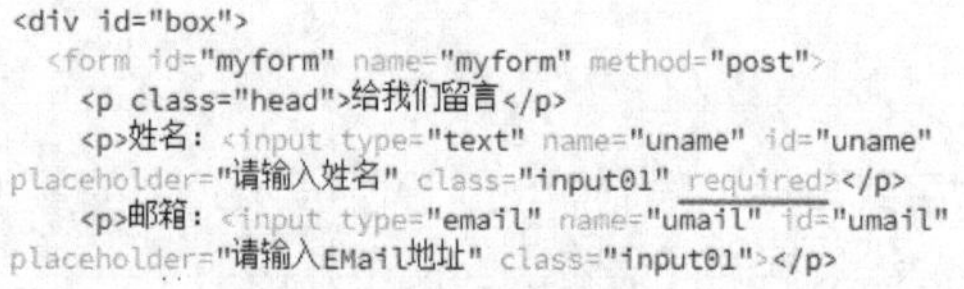

```
<div id="box">
  <form id="myform" name="myform" method="post">
    <p class="head">给我们留言</p>
    <p>姓名：<input type="text" name="uname" id="uname"
placeholder="请输入姓名" class="input01" required></p>
    <p>邮箱：<input type="email" name="umail" id="umail"
placeholder="请输入EMail地址" class="input01"></p>
```

图 4-52　添加属性设置

图 4-53　预览验证效果

03．返回网页 HTML 代码中，在"电话"文字后的<input>标签中添加 pattern 属性设置，如图 4-54 所示。设置该表单元素中填写的内容必须为 11 位的数字，保存页面，在 Chrome 浏览器中预览页面，当在电话表单元素中填充的并非 11 位数字时，单击"提交"按钮，将显示错误提示，如图 4-55 所示。

```
<form id="myform" name="myform" method="post">
  <p class="head">给我们留言</p>
  <p>姓名：<input type="text" name="uname" id="uname"
placeholder="请输入姓名" class="input01" required></p>
  <p>邮箱：<input type="email" name="umail" id="umail"
placeholder="请输入EMail地址" class="input01"></p>
  <p>网址：<input type="url" name="myurl" id="myurl"
placeholder="请输入您的网址" class="input01"></p>
  <p>电话：<input type="tel" id="utel"
placeholder="请输入您的电话" class="input01" pattern="[0-9]{
11}"></p>
  <p>年龄：<input name="range" type="range" id="range" max
="40" min="20" step="1" class="input02"></p>
```

图 4-54　添加属性设置

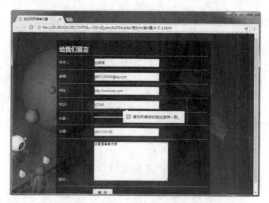

图 4-55　预览验证效果

4.5.2　表单验证方法

HTML5 为用户提供了两种用于表单验证的方法。

1．checkValidity()方法

显式验证方法。每个表单元素都可以调用 checkValidity()方法（包括 form），它返回一个布尔值，表示是否通过验证。默认情况下，表单的验证发生在表单提交时，如果使用 checkValidity()方法，可以在需要的任何地方验证表单。一旦表单没有通过验证，则会触发 invalid 事件。

如下的 HTML 代码，是使用 checkValidity()方法显示验证表单。

```
<!doctype html>
<html>
<head>
<meta charset="utf-8">
<title>无标题文档</title>
<script type="text/javascript">
```

```
function CheckForm(frm) {
    if(frm.umail.checkValidity()) {
        alert("电子邮件格式正确! ");
    } else {
        alert("电子邮件格式错误! ");
    }
}
</script>
</head>
<body>
<form id="form1" name="form1" method="post" >
  <input type="email" id="umail" name="umail" value="xxxxx@163.com" >
  <br>
  <input type="submit" value="提交" onClick="return CheckForm(this.form)" >
</form>
</body>
</html>
```

单击"提交"按钮时，会先调用 CheckForm()函数进行验证，再使用浏览器内置的验证功能进行验证。CheckForm()函数包含了 checkValidity()方法的显式验证。在使用checkValidity()进行显式验证时，还会触发所有的结果事件和 UI 触发器，就好像表单提交了一样。

2. setCustomValidity()方法

自定义错误提示信息的方法。当默认的提示错误满足不了需求时，可以通过该方法自定义错误提示。当通过该方法自定义错误提示信息时，元素的 validationMessage 属性值会更改为定义的错误提示信息，同时 ValiditysState 对象的 customError 属性值变成 true。

如下的 HTML 代码，是使用 setCustomValidity()方法自定义错误提示信息。

```
<!doctype html>
<html>
<head>
<meta charset="utf-8">
<title>无标题文档</title>
<script type="text/javascript">
function CheckForm(frm) {
    var uname=frm.uname;
    if(uname.value=="") {
        uname.setCustomValidity("请填写您的姓名! ");   /*自定义错误提示*/
    } else {
        uname.setCustomValidity("");                /*取消自定义错误提示*/
    }
}
</script>
</head>
<body>
```

```
<form id="form1" name="form1" method="post" >
  <input type="text" id="uname" name="uname" placeholder="请输入姓名" required >
  <br>
  <input type="submit" value="提交" onClick="return CheckForm(this.form)" >
</form>
</body>
</html>
```

在提交表单时，如果姓名为空，则自定义一个提示信息；如果姓名不为空，则取消自定义错误信息。

4.5.3　表单验证事件

invalid 事件是 HTML5 为用户提供的表单验证事件，表单元素为通过验证时触发。无论是提交表单还是直接调用 checkValidity 方法，只要有表单元素没有通过验证，就会触发 invalid 事件。invalid 事件本身不处理任何事情，可以监听该事件，自定义事件处理。

如下的 HTML 代码，监听 invalid 事件。

```
<!doctype html>
<html>
<head>
<meta charset="utf-8">
<title>无标题文档</title>
<script type="text/javascript">
function invalidHandler(evt) {
    //获取当前被验证的对象
    var validity = evt.srcElement.validity;
    //检测 ValidityState 对象的 valueMissing 属性
    if(validity.valueMissing) {
        alert("姓名是必填项，不能为空")
    }
    //如果不希望看到浏览器默认的错误提示方式，可以使用下面的方式取消
    evt.preventDefault();
}
window.onload=function() {
    var uname=document.getElementById("uname");
    //注册监听 invalid 事件
    uname.addEventListener("invalid",invalidHandler,false);
}
</script>
</head>
<body>
<form id="form1" name="form1" method="post" >
  <input type="text" id="uname" name="uname" placeholder="请输入姓名" required >
  <br>
  <input type="submit" value="提交" >
```

```
</form>
</body>
</html>
```

页面初始化时，为姓名输入框添加了一个监听的 invalid 事件。当表单验证没有通过时，会触发 invalid 事件，invalid 事件会调用注册到事件里的函数 invalidHandler()。这样就可以在自定义的函数 invalidHandler()中进行相应处理了。

一般情况下，在 invalid 事件处理完成后，还是会触发浏览器默认的错误提示。必要时，可以屏蔽浏览器后续的错误提示，使用事件的 preventDefault()方法，阻止浏览器的默认行为，并自行处理错误提示信息。

通过使用 invalid 事件使得表单开发更加灵活。如果需要取消验证，可以使用前面介绍的 novalidate 属性。

4.6 本章小结

本章主要介绍了 HTML 中各种表单标签的应用和设置方法，包括 IITML5 中新增的表单类型、新增的表单属性，以及表单验证方法。完成本章内容的学习，能够熟练地掌握各种表单元素在 HTML 页面中的应用和设置方法，并实现对网页表单的验证。

4.7 课后习题

一、选择题

1. 下面关于表单的说法不正确的是？（　　　）
   A. 表单由两部分组成，即页面中的各种表单对象及后台处理程序
   B. 表单架设了网站管理员和用户之间沟通的桥梁
   C. 表单也可用于布局页面
   D. 表单是表单对象的容器，将其他表单对象添加到表单中，便于正确处理数据

2. <form>标签用于实现什么表单元素？（　　　）
   A. 文本域　　　　B. 密码域　　　　C. 选择域　　　　D. 表单域

3. 下面关于提交按钮正确的语法是？（　　　）
   A. <input type="submit">　　　　B. <input type="post">
   C. <input type="button">　　　　D. <input type="reset">

4. 下面哪个属性是为表单元素设置默认提示信息的属性？（　　　）
   A. placeholder 属性　　　　B. autofocus 属性
   C. required 属性　　　　D. pattern 属性

二、判断题

1. 在 HTML 代码中需要将相关的表单元素都放置在表单域<form>与</form>标签之间，否则将不起作用。（　　　）

2. 使用 HTML5 中新增的表单验证属性可以轻松地实现表单元素的验证。（　　　）

三、简答题

1. 隐藏域在网页中的作用是什么？

2. 如何设置文本域为只读，不能输入任何内容？

第 5 章

HTML 中多媒体标签的应用

在 HTML5 之前，在线嵌入的音频和视频都是借助 Flash 或第三方工具实现的，HTML5 为开发者提供了标准的、集成的 API，也能够支持此项功能。本章将介绍 HTML5 中新增的两个多媒体标签<audio>和<video>，分别用于在网页中实现音频和视频。

本章知识点：

- 掌握使用<embed>标签嵌入音频和视频的方法
- 了解 HTML5 多媒体的基础知识
- 掌握<audio>标签的基础知识和使用方法
- 掌握<video>标签的基础知识和使用方法
- 掌握<audio>与<video>标签的属性和事件

5.1 使用<embed>标签

网页中嵌入音频和视频是越来越常见了，也使网页内容越来越精彩。通过<embed>标签可以将音频嵌入网页中，还可以嵌入多种不同格式的视频文件。<embed>标签在 HTML 4.01 中就已经存在，在 HTML5 中依然支持该标签。

5.1.1 使用<embed>标签嵌入音频

使用<embed>标签即可在网页中嵌入音频文件，嵌入音频文件后可以在网页上显示播放器的外观，包括播放、暂停、停止、音量及声音文件的开始和结束等控制按钮。

使用<embed>标签嵌入音频文件的基本语法如下。

```
<embed src="音频文件地址" width="宽度" height="高度" autostart="是否自动播放"
loop="是否循环播放"></embed>
```

<embed>标签中各属性的说明如下。

➤ src：该属性用于设置所需要嵌入的音频文件的路径和名称。

➤ width：该属性用于设置所嵌入的音频播放控件的宽度。

➤ height：该属性用于设置所嵌入的音频播放控件的高度。

➤ autostart：该属性用于设置音频文件是否自动播放，属性值有两个，一个是 true，表示自播放；另一个是 false，表示不自动播放。

➤ loop：该属性用于设置音频文件是否循环播放，属性值有两个，一个是 true，表示音频文件将无限次地循环播放；另一个是 false，表示音频文件只播放一次。

嵌入的音频文件可以是相对地址的文件，也可以是绝对地址的文件，用户可以根据需要决定声音文件的路径地址，但是通常都是使用同一站点下的相对地址路径，这样可以防止页面上传到网络上出现错误。

练习

在网页中嵌入音频

最终文件：光盘\最终文件\第 5 章\5-1-1.html　　　视频：光盘\视频\第 5 章\5-1-1.mp4

01.　执行"文件>打开"命令，打开页面"光盘\源文件\第 5 章\5-1-1.html"，可以看到页面效果，如图 5-1 所示。转换到代码视图，该页面的 HTML 代码如图 5-2 所示。

图 5-1　打开页面

```html
<!doctype html>
<html>
<head>
<meta charset="utf-8">
<title>在网页中嵌入音频</title>
<link href="style/5-1-1.css" rel="stylesheet"
type="text/css">
</head>

<body>
<div id="box"></div>
<div id="music">此处显示　id "music" 的内容</div>
</body>
</html>
```

图 5-2　页面的 HTML 代码

02.　将名称为 music 的 Div 中多余文字删除，添加<embed>标签并对属性进行设置，如图 5-3 所示。执行"文件>保存"命令，保存该页面，在浏览器中预览页面，可以看到在网页中嵌入音频的效果并听到音乐，如图 5-4 所示。

```html
<body>
<div id="box"></div>
<div id="music">
  <embed src="images/sound.mp3" width="400"
height="40" autostart="true" loop="true"></embed>
</div>
</body>
```

图 5-3　添加<embed>标签并添加属性设置

图 5-4　预览页面可以看到嵌入的音频效果

提示　　　使用<embed>标签在网页中嵌入音频文件进行播放，在网页中显示系统默认的音频播放器界面，可以对音频的播放进行控制，需要注意的是，所显示的音频播放控制界面与系统中默认的音频播放软件有关。

5.1.2　使用<embed>标签嵌入视频

在网页中可以嵌入许多普通格式的视频文件，例如，WMV 和 AVI 等格式的视频文件。在网页中嵌入视频可以在网页上显示播放器外观，包括播放、暂停、停止和音量等控制按钮。

使用<embed>标签在网页中嵌入视频的语法格式如下。

```
<embed src="视频文件地址" width="视频宽度" height="视频高度" autostart="是否自动播放" loop="是否循环播放"></embed>
```

通过嵌入视频的语法可以看出，在网页中嵌入视频文件与在网页中嵌入音频的方法非常相似，都是使用<embed>标签，只不过嵌入视频文件链接的是视频文件，而 width 和 height

属性分别设置的是视频播放器的宽度和高度。

练习

在网页中嵌入视频

最终文件：光盘\最终文件\第 5 章\5-1-2.html　　　视频：光盘\视频\第 5 章\5-1-2.mp4

01. 执行"文件>打开"命令，打开页面"光盘\源文件\第 5 章\5-1-2.html"，可以看到页面效果，如图 5-5 所示。转换到代码视图，该页面的 HTML 代码如图 5-6 所示。

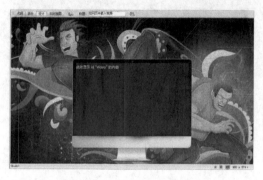

图 5-5　打开页面

```
<!doctype html>
<html>
<head>
<meta charset="utf-8">
<title>在网页中嵌入视频</title>
<link href="style/5-1-2.css" rel="stylesheet"
type="text/css">
</head>

<body>
<div id="video">此处显示 id "video" 的内容</div>
</body>
</html>
```

图 5-6　页面的 HTML 代码

02. 将名称为 video 的 Div 中多余的文字删除，添加<embed>标签并对属性进行设置，如图 5-7 所示。执行"文件>保存"命令，保存该页面，在浏览器中预览页面，可以看到播放视频的效果，如图 5-8 所示。

```
<body>
<div id="video">
    <embed src="images/video.avi" width="456" height
="287" autostart="true" loop="true"></embed>
</div>
</body>
```

图 5-7　添加<embed>标签并添加属性设置

图 5-8　嵌入的视频效果

提示

<embed>标签可以插入多种音频和视频格式，支持的播放格式取决于浏览者系统中的播放器，确保浏览者系统中的播放器支持网络上相应格式的多媒体资源播放，并且所显示的播放控制界面与系统中默认的该多媒体文件播放软件有关。

5.2　了解 HTML5 中多媒体的应用

为了能够更加方便地在页面中嵌入音频和视频文件，HTML5 新增了<audio>和<video>标签，用于统一 HTML 页面中多媒体应用的规范。HTML5 对多媒体的支持是顺势发展，只是目前还没有规范得很完整，各种浏览器的支持差别也很大。

5.2.1　在线多媒体的发展

早在 2000 年，在线视频都是借助第三方工具实现的，如 RealPlayer 和 QuickTime 等，但它们存在隐私保护问题或兼容性问题。例如，上一节中所介绍的<embed>标签，使用该标签在网页中嵌入视频或音频进行播放，其视频与音频的格式及播放器的外观受到本地操作系统中所安装播放器的影响，这样会造成显示效果的差异及兼容性问题。

随着 Flash 动画的兴起，可以通过 Flash 的方式在网页中嵌入音频和视频进行播放，这种方式与本地操作系统中所安装的播放器无关，能够获得统一的播放外观效果，但是其缺点是代码较长，最重要的是需要安装 Flash 插件，并非所有浏览器都有同样的插件。

在 HTML5 中，不但不需要安装其他插件，而且实现还很简单。插放一个视频只需要一行代码，如：

```
<video src="images\movie.mp4" autoplay></video>
```

可见，在 HTML5 中省去了许多不必要的信息。

在 HTML5 中实现多媒体，因为标签已经指明，所以不需要知道数据的类型；同时，由于不涉及版本信息，因此也不需要设置版本信息；另外，因为多媒体是页面元素，可以由 CSS 样式表来控制尺寸。这些原生的优势，是其他任何第三方插件都无法企及的。

5.2.2　检查浏览器是否支持<audio>和<video>标签

检查浏览器是否支持<audio>和<video>标签，可以通过 JavaScript 脚本代码动态地创建标签，脚本代码如下。

```
var support = !!document.createElement("audio").canPlayType;
```

这段脚本代码会动态创建 audio 元素，然后检查 canPlayType()函数是否存在。通过执行两次逻辑非运算符 "!"，将其结果转换成布尔值，就可以确定音频对象是否创建成功。同样，video 元素也可以采用这种方法检查。

5.3　HTML5 新增<audio>标签的应用

网络上有许多不同格式的音频文件，但 HTML 标签所支持的音乐格式并不是很多，并且不同的浏览器支持的格式也不相同。HTML5 针对这种情况，新增了<audio>标签来统一网页音频格式，可以直接使用该标签在网页中添加相应格式的音乐。

5.3.1　<audio>标签所支持的音频格式

目前，HTML5 新增的<audio>标签所支持的音频格式主要是 MP3、Wav 和 Ogg，在各种主要浏览器中的支持情况如表 5-1 所示。

表 5-1　HTML5 音频在浏览器中的支持情况

格式	IE11	Firefox 28.0	Opera 20.0	Chrome 34.0	Safari 5.34
Wav	×	√	√	√	√
MP3	√	√	×	√	√
Ogg	×	√	√	√	×

5.3.2　使用<audio>标签

在网页中使用 HTML5 中的<audio>标签嵌入音频时，只需要指定<audio>标签中的 src

属性值为一个音频源文件的路径就可以了，代码如下。

```
<audio src="images/music.mp3">
  你的浏览器不支持 audio 元素
</audio>
```

通过这种方法可以将音频文件嵌入到网页中，如果浏览器不支持 HTML5 的<audio>标签，将会在网页中显示替代文字"你的浏览器不支持 audio 元素"。这种不兼容的提示与<canvas>标签是一样的，也是 HTML5 处理不兼容的统一方法。

 练习

在网页中嵌入音频播放

最终文件：光盘\最终文件\第 5 章\5-3-2.html　　　视频：光盘\视频\第 5 章\5-3-2.mp4

01. 执行"文件>打开"命令，打开页面"光盘\源文件\第 5 章\5-3-2.html"，可以看到页面效果，如图 5-9 所示。转换到代码视图，看到该页面的 HTML 代码，如图 5-10 所示。

图 5-9　打开页面

```
<!doctype html>
<html>
<head>
<meta charset="utf-8">
<title>在网页中嵌入音频播放</title>
<link href="style/5-3-2.css" rel="stylesheet"
type="text/css">
</head>

<body>
<div id="box"><img src="images/53201.png" width=
"1920" height="1080"  alt=""/></div>
<div id="logo"><img src="images/53202.png" width=
"220" height="136"  alt=""/></div>
<div id="music">此处显示  id "music" 的内容</div>
</body>
</html>
```

图 5-10　页面的 HTML 代码

02. 光标移至名为 music 的 Div 中，将多余文字删除并加入<audio>标签，并为其设置相应的属性，如图 5-11 所示。保存页面，在浏览器中预览该页面的效果，可以看到播放器控件并播放音乐，如图 5-12 所示。

```
<body>
<div id="box"><img src="images/53201.png" width=
"1920" height="1080"  alt=""/></div>
<div id="logo"><img src="images/53202.png" width=
"220" height="136"  alt=""/></div>
<div id="music">
  <audio src="images/music.mp3" controls></audio>
</div>
</body>
```

图 5-11　添加<audio>标签和相关属性设置

图 5-12　预览页面可以看到嵌入的音频效果

 技巧　　在<audio>标签中加入 controls 属性设置，可以使嵌入网页中的音频文件显示音频播放控制条，并实现对音频的播放、停止及音量等进行控制。如果在<audio>标签中不加入 controls 属性设置，则嵌入到网页中的音频不会显示默认的播放控制条。

5.4　HTML5 新增<video>标签的应用

视频标签的出现无疑是 HTML5 的一大亮点，但是旧的浏览器不支持 HTML5 Video，并且，对于视频文件的不同格式，Firefox、Safari 和 Chrome 的支持方式并不相同，所以，在现阶段要想使用 HTML5 的视频功能，浏览器兼容性是一个不得不考虑的问题。

5.4.1　<video>标签所支持的视频格式

HTML5 新增的<video>标签所支持的视频格式主要是 MPEG4、WebM 和 Ogg，在各种主要浏览器中的支持情况如表 5-2 所示。

表 5-2　HTML5 视频在浏览器中的支持情况

格式	IE11	Firefox 28.0	Opera 20.0	Chrome 34.0	Safari 5.34
MPEG4	√	√	×	√	√
WebM	×	√	√	√	×
Ogg	×	√	√	√	×

5.4.2　使用<video>标签

在网页中可以使用 HTML5 新增的<video>标签嵌入视频，其方法与<audio>标签相似，还可以在<video>标签中添加 width 和 height 属性设置，从而控制视频的宽度和高度，代码如下所示。

```
<video src="images/movie.mp4" width="562" height="423">
    你的浏览器不支持 video 元素
</video>
```

通过这种方法即可把视频添加到网页中，浏览器不兼容时，显示替代文字"你的浏览器不支持 video 元素"。对于兼容性的处理方法，也可以增加丰富的标签内容，或者增加 Flash 的替代方案。

 练习

在网页中嵌入视频播放

最终文件：光盘\最终文件\第 5 章\5-4-2.html　　　视频：光盘\视频\第 5 章\5-4-2.mp4

01. 执行"文件>打开"命令，打开页面"光盘\源文件\第 5 章\5-4-2.html"，可以看到页面效果，如图 5-13 所示。转换到代码视图，可以看到该页面的 HTML 代码，如图 5-14 所示。

图 5-13　打开页面

```
<!doctype html>
<html>
<head>
<meta charset="utf-8">
<title>在网页中嵌入视频播放</title>
<link href="style/5-4-2.css" rel="stylesheet"
type="text/css">
</head>

<body>
<div id="bg"><img src="images/54201.jpg" width
="1680" height="940"  alt=""/></div>
<div id="pic1"><img src="images/54202.png"
width="848" height="1880"  alt=""/></div>
<div id="pic2"><img src="images/54203.png"
width="848" height="1880"  alt=""/></div>
<div id="box">此处显示  id "box" 的内容</div>
</body>
</html>
```

图 5-14　页面的 HTML 代码

02. 光标移至名为 box 的 Div 中，将多余文字删除，在该 Div 标签中加入<video>标签，并设置相关属性，如图 5-15 所示。在<video>标签之间加入<source>标签，并设置相关属性，如图 5-16 所示。

```
<div id="box">
<video controls width="562" height="423">

</video>
</div>
```

```
<div id="box">
 <video controls width="562" height="423">
  <source type="video/mp4" src="images/movie.mp4">
 </video>
</div>
```

图 5-15　添加<video>标签和相关属性设置　　图 5-16　添加<source>标签和相关属性设置

 在<video>标签中的 controls 属性是一个布尔值，显示 play/stop 按钮；width 属性用于设置视频所需要的宽度，默认情况下，浏览器会自动检测所提供的视频尺寸；height 属性用于设置视频所需要的高度。

03. 返回网页设计视图中，可以看到<video>标签在网页中显示为一个灰色区域，如图 5-17 所示。保存页面，在浏览器中预览页面，可以看到使用 HTML5 实现的嵌入视频播放的效果，如图 5-18 所示。

图 5-17　页面效果　　　　　　　图 5-18　预览在网页中嵌入的视频播放效果

 HTML5 的<video>标签，每个浏览器的支持情况不同，Firefox 浏览器只支持.ogg 格式的视频文件，Safari 和 Chrome 浏览器只支持.mp4 格式的视频文件，而 IE11 以下版本不支持<video>标签，IE11 版本浏览器可以支持<video>标签，所以在使用该标签时一定需要注意。

5.4.3　使用<source>标签

由于各种浏览器对音频和视频的编解码器的支持不一样，为了能够在各种浏览器中正常显示音频和视频效果，可以提供多种不同格式的音频和视频文件。这就需要使用<source>标签为 audio 元素或 video 元素提供多个备用多媒体文件，代码如下。

```
<audio src="images/music.mp3">
  <source src="images/music.ogg" type="audio/ogg">
  <source src="images/music.wav" type="audio/wav">
  你的浏览器不支持 audio 元素
</audio>
```
或
```
<video src="images/movie.mp4" width="562" height="423" controls>
```

```
<source src="images/movie.ogg" type="video/ogg" codes="theora,vorbis">
<source src="images/movie.mp4" type="video/mp4">
```
你的浏览器不支持 video 元素
```
</video>
```

由上面可以看出，使用 source 元素代替了<audio>或<video>标签中的 src 属性，这样，浏览器可以根据自身的播放能力，按照顺序自动选择最佳的源文件进行播放。

<source>标签中的属性说明如下。

➢ src：用于指定媒体文件的 URL 地址，可以是相对路径地址，也可以是绝对路径地址。

➢ type：用于指定媒体文件的类型，属性值为媒体文件的 MIME 类型，该属性值还可以通过 codes 参数指定编码格式。为了提高执行效率，定义详细的 type 属性是非常必要的。

5.5　<audio>与<video>标签的属性

在 HTML5 新增的<audio>与<video>标签中都提供了相应的属性，通过在标签中添加相应的属性设置，可以对页面中的音频和视频进行设置。在<audio>与<video>标签中所提供的属性可以大致分为标签属性（attributes）和接口属性（properties）。

5.5.1　元素的标签属性

<audio>与<video>标签所提供的元素标签属性基本相同，主要用于为网页标签。<audio>与<video>标签属性的说明如表 5-3 所示。

表 5-3　<audio>与<video>标签属性说明

属性	说明
src	用于指定媒体文件的 URL 地址，可以是相对路径地址，也可以是绝对路径地址

autoplay	用于设置媒体文件加载后自动播放，该属性在标签中使用方法如下。
	`<audio src="images/music.mp3" autoplay></audio>`
	或
	`<video src="resources/video.mp4" autoplay></video>`

controls	用于为视频和音频添加自带的播放控制条，控制条包括播放/暂停、进度条、进度时间和音量控制等。该属性在标签中的使用方法如下。
	`<audio src="images/music.mp3" controls></audio>`
	或
	`<video src="resources/video.mp4" controls ></video>`

loop	用于设置音频或视频循环播放。该属性在标签中的使用方法如下。
	`<audio src="images/music.mp3" controls loop></audio>`
	或
	`<video src="resources/video.mp4" controls loop></video>`

preload	表示页面加载完成后，如何加载视频数据。该属性有三个值：none 表示不进行预加载；metadata 表示只加载媒体文件的元数据；auto 表示加载全部视频或音频。默认值为 auto。用法如下。
	`<audio src="images/music.mp3" controls preload="auto"></audio>`
	或
	`<video src="resources/video.mp4" controls preload="auto"></video>`
	如果在标签中设置了 autoplay 属性，则忽略 preload 属性

续表

属性	说明
poster	该属性是\<video\>标签的属性，\<audio\>标签没有该属性。该属性用于指定一幅替代图片的 URL 地址，当视频不可用时，会显示该替代图片。用法如下。 　　\<video src="resources/video.mp4" controls poster="images/none.jpg"\>\</video\>
width 和 height	这两个属性是\<video\>标签的属性，\<audio\>标签没有这两个属性。用于设置视频的宽度和高度，单位是像素，使用方法如下。 　　\<video src="resources/video.mp4" controls width="800" height="600"\>\</video\>

5.5.2　元素的接口属性

　　\<audio\>与\<video\>标签除提供标签属性外，还提供了一些接口属性，用于针对音频和视频文件的编程。\<audio\>与\<video\>标签的接口属性说明如表 5-4 所示。

表 5-4　\<audio\>与\<video\>标签的接口属性

属性	说明
currentSrc	只读属性，获取当前正在播放或已加载的媒体文件的 URL 地址
videoWidth	只读属性，video 元素特有属性，获取视频原始的宽度
videoHeight	只读属性，video 元素特有属性，获取视频原始的高度
currentTime	获取/设置当前媒体播放位置的时间点，单位为 s（秒）
starTime	只读属性，获取当前媒体播放的开始时间，通常是 0
duration	只读属性，获取整个媒体文件的播放时长，单位为 s（秒）。如果无法获取，则返回 NaN
volume	获取/设置媒体文件播放时的音量，取值范围在 0.0～0.1
muted	获取/设置媒体文件播放时是否静音。true 表示静音，false 表示消除静音
ended	只读属性，如果媒体文件已经播放完毕，则返回 true，否则返回 false
played	只读属性，获取已播放媒体的 TimesRanges 对象，该对象内容包括已播放部分的开始时间和结束时间
paused	只读属性，如果媒体文件当前是暂停或未播放，则返回 true，否则返回 false
error	只读属性，读取媒体文件的错误代码。正常情况下，error 属性值为 null；有错误时，返回 MediaError 对象 code。 code 有 4 个错误状态值。 ➢　MEDIA_ERR_ABORTED（值为 1）：中止。媒体资源下载过程中，由于用户操作原因而被中止。 ➢　MEDIA_ERR_NETWORK（值为 2）：网络中断。媒体资源可用，但下载出现网络错误而中止。 ➢　MEDIA_ERR_DECODE（值为 3）：解码错误。媒体资源可用，但解码时发生了错误。 ➢　MEDIA_ERR_SRC_NOT_SUPPORTED（值为 4）：不支持格式。媒体格式不被支持。

续表

属性	说明
seeking	只读属性，获取浏览器是否正在请求媒体数据。true 表示正在请求，false 表示停止请求
seekable	只读属性，获取媒体资源已请求的 TimesRanges 对象，该对象内容包括已请求部分的开始时间和结束时间
networkState	只读属性，获取媒体资源的加载状态。该状态有如下 4 个值。 ➢ NETWORK_EMPTY（值为 0）：加载的初始状态。 ➢ NETWORK_IDLE（值为 1）：已确定编码格式，但尚未建立网络连接。 ➢ NETWORK_LOADING（值为 2）：媒体文件加载中。 ➢ NETWORK_NO_SOURCE（值为 3）：没有支持的编码格式，不加载。
buffered	只读属性，获取本地缓存的媒体数据的 TimesRanges 对象。TimesRanges 对象可以是个数组
readyState	只读属性，获取当前媒体播放的就绪状态。共有如下 5 个值。 ➢ HAVE_NOTHING（值为 0）：还没有获取到媒体文件的任何信息。 ➢ HAVE_METADATA（值为 1）：已获取到媒体文件的元数据。 ➢ HAVE_CURRENT_DATA（值为 2）：已获取到当前播放位置的数据，但没有下一帧数据。 ➢ HAVE_FUTURE_DATA（值为 3）：已获取到当前播放位置的数据，且包含下一帧的数据。 ➢ HAVE_ENOUGH_DATA（值为 4）：已获取足够的媒体数据，可以正常播放。
playbackRate	获取/设置媒体当前的播放速率
defaultPlaybackRate	获取/设置媒体默认的播放速率

 练习

实现网页中视频的快进控制

最终文件：光盘\最终文件\第 5 章\5-5-2.html　　　视频：光盘\视频\第 5 章\5-5-2.mp4

01. 执行"文件>打开"命令，打开页面"光盘\源文件\第 5 章\5-5-2.html"，可以看到页面效果，如图 5-19 所示。转换到代码视图，可以看到该页面的 HTML 代码，如图 5-20 所示。

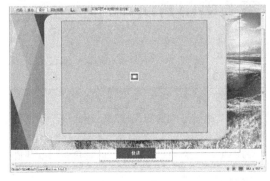

图 5-19　打开页面　　　　　　　　　　图 5-20　页面的 HTML 代码

02.　在网页的<head>与</head>之间添加 JavaScript 脚本代码，如图 5-21 所示。在 id 名为 button 的按钮中添加触发事件 onClick，调用 JavaScript 脚本代码，如图 5-22 所示。

```
<head>
<meta charset="utf-8">
<title>实现网页中视频的快进控制</title>
<link href="style/5-5-2.css" rel="stylesheet" type=
"text/css">
<script type="text/javascript">
function Forward() {
    var el=document.getElementById("myplayer");
    var time=el.currentTime;
    el.currentTime=time+6;
}
</script>
</head>
```

图 5-21　添加 JavaScript 脚本代码

```
<div id="box">
    <video id="myplayer" src="images/movie.mp4" width="562"
 height="423" controls>
    </video>
</div>
<div id="btn">
    <input type="button" name="button" id="button" value="
快进" class="btn1" onClick="Forward()">
</div>
```

图 5-22　在按钮中添加相应的代码

 首先通过脚本获取 video 对象的 currentTime，加上 6 秒后再赋值给对象的 currentTime 属性，即可实现每次快进 6 秒。由于 currentTime 属性是可读可写的，因此可以给该属性赋值。

03.　保存页面，在浏览器中预览页面，可以看到页面中视频效果，如图 5-23 所示。单击"快进"按钮，可以看到视频快进 6s 的效果，如图 5-24 所示。

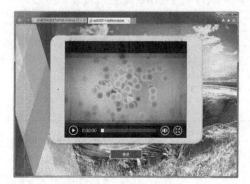

图 5-23　预览页面效果

图 5-24　单击快进按钮后效果

 如果接口属性是只读属性，则只能获取该属性的值，不能给该属性赋值。接口属性不能用于<video>标签中，只能通过脚本访问。

5.6　<audio>与<video>标签的接口方法

<audio>和<video>标签的接口方法说明如表 5-5 所示。

表 5-5　<audio>和<video>标签的接口方法

接口方法	说明
Load()	加载媒体文件，为播放做准备。通常用于播放前的预加载，还会用于重新加载媒体文件
Play()	播放媒体文件。如果媒体文件没有加载，则加载并播放；如果是暂停的，则变为播放，自动改变 paused 属性为 false
Pause()	暂停播放媒体文件，自动改变 paused 属性为 true

续表

接口方法	说明
canPlayType()	测试浏览器是否支持指定的媒体类型。该方法的语法格式如下。 canPlayType(\<type\>) \<type\>用于指定的媒体类型，与 source 元素的 type 参数的指定方法相同。指定方式如 "video/mp4"，指定媒体文件的 MIME 类型，该属性值还可以通过 codes 参数指定编码格式。 该方法可以有如下 3 个返回值。 ➢ 空字符串：表示浏览器不支持指定的媒体类型。 ➢ maybe：表示浏览器可能支持指定的媒体类型。 ➢ probably：表示浏览器确定支持指定的媒体类型。

 练习

控制网页中视频的播放和暂停

最终文件：光盘\最终文件\第 5 章\5-6.html　　　视频：光盘\视频\第 5 章\5-6.mp4

01. 执行"文件>打开"命令，打开页面"光盘\源文件\第 5 章\5-6.html"，可以看到页面效果，如图 5-25 所示。转换到代码视图，该页面的 HTML 代码如图 5-26 所示。

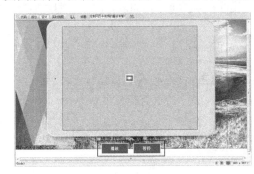

图 5-25　打开页面

```
<body>
<div id="bg"><img src="images/54201.jpg" width="1680"
height="940" alt=""/></div>
<div id="pic1"><img src="images/54202.png" width="848"
height="1880" alt=""/></div>
<div id="pic2"><img src="images/54203.png" width="848"
height="1880" alt=""/></div>
<div id="box">
  <video id="myplay" width="562" height="423">
   <source type="video/mp4" src="images/movie.mp4">
  </video>
</div>
<div id="btn">
  <input type="button" name="button" id="button" value="
播放" class="btn1">
  <input type="button" name="button2" id="button2" value=
"暂停" class="btn1">
</div>
</body>
```

图 5-26　页面的 HTML 代码

02. 在\<head\>与\</head\>标签之间添加 JavaScript 脚本代码，如图 5-27 所示。分别在 id 名为 button 和 button2 的按钮中添加触发事件，调用 JavaScript 脚本代码，如图 5-28 所示。

```
<head>
<meta charset="utf-8">
<title>控制网页中视频的播放和暂停</title>
<link href="style/5-6.css" rel="stylesheet" type=
"text/css">
<script type="text/javascript">
var videoEl=null;
function play() {
    videoEl.play();
}
function pause() {
    videoEl.pause();
}
window.onload=function() {
    videoEl=document.getElementById("myplayer");
}
</script>
</head>
```

图 5-27　添加 JavaScript 脚本代码

```
<div id="box">
  <video id="myplayer" width="562" height="423">
   <source type="video/mp4" src="images/movie.mp4">
  </video>
</div>
<div id="btn">
  <input type="button" name="button" id="button" value="
播放" class="btn1" onclick="play()">
  <input type="button" name="button2" id="button2" value=
"暂停" class="btn1" onclick="pause()">
</div>
```

图 5-28　在按钮中添加相应的代码

　提示

　　设置了两个按钮，分别控制视频的播放与暂停。"播放"按钮通过定义的 play()函数执行视频的接口方法 play()；"暂停"按钮通过定义的 pause()函数执行视频的接口方法 puase()。

03．保存页面，在浏览器中预览页面，单击"播放"按钮，可以看到页面中视频开始播放，如图 5-29 所示。单击"暂停"按钮，页面中视频暂停播放如图 5-30 所示。

图 5-29　单击"播放"按钮播放视频

图 5-30　单击"暂停"按钮暂停视频播放

5.7　<audio>与<video>标签的事件

　　HTML5 还为<audio>和<video>标签提供了一系列的接口事件。在使用<audio>和<video>标签读取或播放媒体文件时，会触发一系列的事件，可以用 JavaScript 脚本捕获这些事件，并进行相应的处理。

　　捕获事件有两种方法：一种是添加事件句柄；一种是监听。

　　在网页的<audio>和<video>标签中添加事件句柄，如下所示。

```
<video id="myplayer" src="images/movie.mp4" onplay="video_playing()"></video>
```

　　然后就可以在函数 video_playing()中，添加需要的代码。监听方式如下。

```
var videoEl=document.getElementById("myPlayer");
videoEl.addEventListener("play",video_playing); /*添加监听事件*/
```

　　<audio>和<video>标签的接口事件说明如表 5-6 所示。

表 5-6　<audio>和<video>标签的接口事件

接口事件	说明
play	当执行方法 play()时触发
playing	正在播放时触发
pause	当执行了方法 pause()时触发
timeupdate	当播放位置被改变时触发，可能是播放过程中的自然改变，也可能是认为改变
ended	当播放结束后停止播放时触发
waiting	在等待加载下一帧时触发
ratechange	在当前播放速率改变时触发
volumechange	在音量改变时触发
canplay	以当前播放速率，需要缓冲时触发
canplaythrough	以当前播放速率，不需要缓冲时触发
durationchange	当播放时长改变时触发
loadstart	当浏览器开始在网上寻找数据时触发
progress	当浏览器正在获取媒体文件时触发

续表

接口事件	说明
suspend	当浏览器暂停获取媒体文件，且文件获取并没有正常结束时触发
abort	当中止获取媒体数据时触发。但这种中止不是由错误引起的
error	当获取媒体过程中出错时触发
emptied	当所在网络变为初始化状态时触发
stalled	浏览器尝试获取媒体数据失败时触发
loadedmetadata	在加载完媒体元数据时触发
loadeddata	在加载完当前位置的媒体播放数据时触发
seeking	浏览器正在请求数据时触发
seeked	浏览器停止请求数据时触发

在网页中通过<audio>或<video>标签嵌入视频时，如果在标签中设置 controls 属性，则会在网页中显示音频或视频的播放控制条，使用起来非常方便，但对于设计者来说，播放控制条的外观风格千篇一律，没有太大的新意。通过对<audio>和<video>标签的接口方法和接口事件的设置，可以自定义出不同风格的播放控制条，使元素在网页中的应用更加个性化。

 练习

自定义视频播放控制组件

最终文件：光盘\最终文件\第 5 章\5-7.html　　　视频：光盘\视频\第 5 章\5-7.mp4

01. 执行"文件>打开"命令，打开页面"光盘\源文件\第 5 章\5-7.html"，可以看到页面效果，如图 5-31 所示。转换到代码视图，该页面的 HTML 代码如图 5-32 所示。

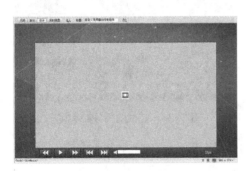

图 5-31　打开页面

图 5-32　页面的 HTML 代码

02. 为方便调用视频对象，把视频对象定义为全局变量，在<head>与</head>标签之间添加 JavaScript 脚本代码，代码如下。

```
<script type="text/javascript">
/*定义全局视频对象*/
var videoEl=null;
/*网页加载完毕后，读取视频对象*/
window.addEventListener("load",function() {
    videoEl=document.getElementById("myplayer")
});
</script>
```

03. 继续在 JavaScript 脚本代码中添加实现视频播放和暂停功能的 JavaScript 脚本代码，代码如下。

```
/*播放/暂停*/
function play(e) {
    if(videoEl.paused) {
      videoEl.play();
      document.getElementById("play").innerHTML="<img src='images/5704.png'>"
    }else {
      videoEl.pause();
      document.getElementById("play").innerHTML="<img src='images/5703.png'>"
    }
}
```

此处播放和暂停使用同一个按钮，使用 if 语句来实现，暂停时，播放功能有效，可单击播放视频；播放时，暂停功能有效，可单击暂停播放。

04. 在 id 名称为 play 的<div>标签中添加触发事件，输入相应的脚本代码，如图 5-33 所示。保存页面，在 Chrome 浏览器中预览页面，单击播放按钮开始播放视频，并且播放按钮变为暂停按钮，单击可以暂停视频的播放，如图 5-34 所示。

```
<div id="play" onClick="play(this)"><img src=
"images/5703.png" width="50" height="31" alt=""/>
</div>
```

图 5-33   添加触发事件代码   图 5-34   测试播放与暂停功能

05. 继续在 JavaScript 脚本代码中添加实现视频前进和后退功能的 JavaScript 脚本代码，代码如下。

```
/*后退: 后退20s*/
function prev() {
    videoEl.currentTime-=20;
}
/*前进: 前进20s*/
function next() {
    videoEl.currentTime+=20;
}
```

06. 分别在 id 名称为 prev 和 next 的<div>标签中添加触发事件，输入相应的脚本代码，如图 5-35 所示。保存页面，在 Chrome 浏览器中预览页面，在视频播放过程中，每单击前进或后退按钮一次，则会向前或向后跳 20 秒，如图 5-36 所示。

```
    <div id="prev" onClick="prev()"><img src=
"images/5706.png" width="50" height="31"  alt=""/>
</div>
    <div id="next" onClick="next()"><img src=
"images/5707.png" width="50" height="31"  alt=""/>
</div>
```

图 5-35　添加触发事件代码　　　　　　　　**图 5-36　测试前进与后退功能**

07. 继续在 JavaScript 脚本代码中添加实现视频慢放和快放功能的 JavaScript 脚本代码，代码如下。

```
/*慢放：小于等于 1 时，每次只减慢 0.2 的速率；大于 1 时，每次减 1*/
function slow() {
    if(videoEl.playbackRate<=1)
        videoEl.playbackRate-=0.2;
    lse {
        videoEl.playbackRate-=1;
    }
    document.getElementById("rate").innerHTML=fps2fps(videoEl.playbackRate);
}
/*快放：小于 1 时，每次只加快 0.2 的速率；大于 1 时，每次加 1*/
function fast() {
    if(videoEl.playbackRate<1)
        videoEl.playbackRate+=0.2;
    else {
        videoEl.playbackRate+=1;
    }
    document.getElementById("rate").innerHTML=fps2fps(videoEl.playbackRate);
}
/*速率数值处理*/
function fps2fps(fps) {
    if(fps<1)
        return fps.toFixed(1);
    else
        return fps
}
```

08. 分别在 id 名称为 slow 和 fast 的<div>标签中添加触发事件，输入相应的脚本代码，如图 5-37 所示。保存页面，在 Chrome 浏览器中预览页面，在视频播放过程中，可以单击慢放或快放按钮，查看慢放和快放的效果，如图 5-38 所示。

```
        <div id="slow" onClick="slow()"><img src=
"images/5702.png" width="50" height="31"  alt=""/>
</div>
        <div id="play" onClick="play(this)"><img src=
"images/5703.png" width="50" height="31"  alt=""/>
</div>
        <div id="fast" onClick="fast()"><img src=
"images/5705.png" width="50" height="31"  alt=""/>
</div>
```

图 5-37　添加触发事件代码

图 5-38　测试慢放与快放功能

提示　此处慢放和快放是通过改变速率来实现的，默认速率为 1。当速率小于 1 时，每次改变 0.2 的速率；当速率大于 1 时，每次改变的速率为 1。速率改变后，会在播放工具条中显示出来。

09. 继续在 JavaScript 脚本代码中添加实现视频静音和音量功能的 JavaScript 脚本代码，代码如下。

```
/*静音*/
function muted(e) {
    if(videoEl.muted) {
        videoEl.muted=false;
        e.innerHTML="<img src='images/5708.png'>";
        document.getElementById("volume").value=videoEl.volume;
    }else {
        videoEl.muted=true;
        e.innerHTML="<img src='images/5709.png'>";
        document.getElementById("volume").value=0;
    }
}
/*调整音量*/
function volume(e) {
    video.volume=e.value;/*修改音量的值*/
}
```

10. 分别在 id 名称为 muted 的<div>标签和 id 名称为 volume 的<input>标签中添加触发事件，输入相应的脚本代码，如图 5-39 所示。保存页面，在 Chrome 浏览器中预览页面，在视频播放过程中，单击静音按钮，可以实现静音效果，再次单击该按钮，消除静音，如图 5-40 所示。

```
        <div id="muted" onClick="muted(this)"><img
src="images/5708.png" width="20" height="24"  alt=
""/></div>
        <div class="volume">
            <input id="volume" type="range" min="0" max
="1" step="0.1" onChange="volume(this)">
        </div>
```

图 5-39　添加触发事件代码

图 5-40　测试静音功能

11. 继续在 JavaScript 脚本代码中添加显示视频时长功能的 JavaScript 脚本代码，代码如下。

```
function progresss() {
    document.getElementById("info").innerHTML=s2time(videoEl.currentTime)+"/"
+s2time(videoEl.duration);
}
/*把秒处理为时间格式*/
function s2time(s) {
    var m=parseFloat(s/60).toFixed(0);
    s=parseFloat(s%60).toFixed(0);
    return (m<10?"0"+m:m) +":"+ (s<10?"0"+s:s);
}
window.addEventListener("load",function(){videoEl.addEvenListener("timeupdat
e",progresss)});
window.addEventListener("load",progresss);
```

12. 保存页面，在 Chrome 浏览器中预览页面，通过自定义的播放控制按钮，可以对视频的播放、暂停、前进、后退、音量等进行控制，效果如图 5-41 所示。

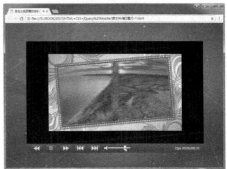

图 5-41　测试自定义视频播放组件的功能效果

5.8　本章小结

本章主要介绍了音频和视频的基础知识、HTML5 提供的音频和视频的接口，以及如何使用这些接口。其中，音频和视频均包含两类属性，容易混淆，认真地学习本章内容，对准确理解和掌握 HTML5 在网页中嵌入视频和音频的方法和技巧非常有帮助。

5.9　课后习题

一、选择题

1. HTML5 之前，在网页中嵌入音频和视频的标签是什么？（　　）
   A. `<object>`　　B. `<embed>`　　C. `<movie>`　　D. `<img>`
2. 在`<audio>`与`<video>`标签中添加什么属性可以显示出播放控制栏？（　　）
   A. autoplay 属性　　　　　　　　　B. loop 属性
   C. controls 属性　　　　　　　　　D. preload 属性

3. HTML5 新增的<video>标签不支持哪种格式的视频文件？（   ）

   A. MPEG4   B. AVI   C. WebM   D. Ogg

4. HTML5 新增的<audio>标签不支持哪种格式的音频文件？（   ）

   A. MP3   B. WAV   C. Ogg   D. WMA

二、判断题

1. 通过在<video>标签中添加 width 和 height 属性设置，可以控制嵌入到网页中的视频的宽度和高度，而<audio>标签并没有该属性。（   ）

2. HTML5 新增的<audio>与<video>标签提供了统一的播放控制外观，并且不能修改。（   ）

三、简答题

1. 常常在<audio>和<video>标签中嵌入<source>标签使用，<source>标签的作用是什么？

2. HTML5 新增的<video>标签支持 3 种不同格式的视频文件，目前在不同浏览器中的支持情况是怎样的？

第 6 章

HTML5 中<canvas>标签的应用

在 HTML5 中新增了<canvas>标签，通过该标签可以在网页中绘制各种几何图形，它是基于 HTML5 的原生绘图功能。使用<canvas>标签与 JavaScript 脚本代码相结合，寥寥数行代码就可以轻松绘制出相应的图形，本章将介绍如何使用 HTML5 新增的<canvas>与JavaScript 相结合绘制一些简单的图形。

本章知识点：
- 了解<canvas>标签的相关知识
- 理解使用<canvas>标签在网页中绘图的流程
- 掌握使用<canvas>标签在网页中绘制各种基本图形的方法
- 掌握在网页中绘制文本和实现图形阴影的方法
- 掌握在网页中绘制图像和裁切图像的方法

6.1 <canvas>标签

在 HTML 页面中使用<canvas>标签，像使用其他 HTML 标签一样简单，然后利用JavaScript 脚本调用绘图 API，绘制各种图形。<canvas>标签拥有多种绘制路径、矩形、圆形、字符，以及添加图形的方法。

6.1.1 了解<canvas>标签

<canvas>标签是针对客户端矢量图形而设计的。标签本身并没有绘图行为，但却把一个绘图 API 展现给客户端 JavaScript，从而使脚本能够把想绘制的东西绘制到一块画布上。canvas 的概念最初是由苹果公司提出的，并在 Safari 1.3 浏览器中首次引入。随后 Firefox 1.5 和 Opera 9 两款浏览器都开始支持使用<canvas>标签绘图，目前 IE 9 以上版本浏览器也已经支持这项功能。canvas 的标准化由一个 Web 浏览器厂商的非正式协会推进，<canvas>标签已经成为 HTML5 草案中的正式标签。

<canvas>标签有一个基于 JavaScript 的绘图 API，而 SVG 和 VML 使用一个 XML 文档描述绘图。Canvas 与 SVG 和 VML 的实现方式不同，但在实现上可以相互模拟。<canvas>标签有自己的优势，由于不存储文档对象，性能较好。但如果需要移除画布中的图形元素，往往需要擦掉绘图重新绘制。

6.1.2 在网页中使用<canvas>标签

canvas 元素是以标签的形式应用到 HTML5 页面中的。在 HTML5 页面中<canvas>标签的应用格式如下。

```
<canvas>...</canvas>
```

<canvas>标签毕竟是项新功能，很多旧的浏览器都不支持。为了增加用户体验，可以提供替代文字，放在<canvas>标签中，例如：

```
<canvas>你的浏览器不支持该功能！</canvas>
```

当浏览器不支持<canvas>标签时，标签中的文字就会显示出来。与其他 HTML 标签一样，<canvas>标签有一些共同的属性。

```
<canvas id="canvas" width="300" height="200">你的浏览器不支持该功能！</canvas>
```

其中，id 属性决定了<canvas>标签的唯一性，方便查找。width 和 height 属性分别决定了 canvas 元素的宽和高，其数值代表<canvas>标签内包含了多少像素。

<canvas>标签可以像其他标签一样应用 CSS 样式表。如果在头部的 CSS 样式表中添加如下的 CSS 样式设置代码。

```
canvas{
        border:1px solid #CCC;
}
```

那么该页面中的<canvas>标签将会显示一个 1 像素的浅灰色边框。

HTML5 中的<canvas>标签本身并不能绘制图形，必须与 JavaScript 脚本结合使用，才能在网页中绘制出图形。

　　　　默认插入到网页中的 canvas 元素宽是 300 像素，高是 150 像素，使用 CSS 样式设置 canvas 尺寸只能体现 canvas 占用的页面空间，但是 canvas 内部的绘图像素还是由 width 和 height 属性来决定的，这样会导致整个 canvas 内部的图像变形。

6.1.3　使用<canvas>标签实现绘图的流程

<canvas>标签本身是没有绘图能力的，所有的绘制工作必须在 JavaScript 内部完成。前面讲过，<canvas>标签提供了一套绘图 API，使用<canvas>标签绘图的流程是先要获取页面中的 canvas 元素的对象，再获取一个绘图上下文，然后就可以使用绘图 API 中丰富的功能了。

1. 获取 canvas 对象

在绘图之前，首先需要从页面中获取 canvas 对象。通常使用 document 对象的 getElementById()方法获取。例如，以下代码获取页面中 id 名称为 canvas1 的 canvas 对象。

```
var canvas=document. getElementById("canvas1");
```

开发者还可以使用通过标签名称获取对象的 getElementByTagName 方法。

2. 创建二维的绘图上下文对象

canvas 对象包含了不同类型的绘图 API，还需要使用 getContext()方法获取接下来要使用的绘图上下文对象。

```
var context=canvas. getContext("2d");
```

getContext 对象是内建的 HTML5 对象，拥有多种绘制路径、矩形、圆形、字符，以及添加图像的方法。参数为 2d，说明接下来将绘制的是一个二维图形。

3. 在 Canvas 上绘制文字

设置绘制文字的字体样式、颜色和对齐方式。

```
//设置字体样式、颜色及对齐方式
context.font="98px 黑体";
context.fillStyle="#036";
context.textAlign="center";
//绘制文字
context.fillText("中",100,120,200);
```

font 属性设置了字体样式。fillStyle 属性设置了字体颜色。textAlign 属性设置了对齐方式。fillText()方法用填充的方式在 Canvas 上绘制了文字。

6.2　绘制基本图形

使用 HTML5 中新增的<canvas>标签能够实现最简单直接的绘图，也能够通过编写脚本实现极为复杂的应用。本节介绍使用<canvas>标签与 JavaScript 脚本相结合的方法，实现一些简单的基本图形绘制。

6.2.1　绘制直线

使用<canvas>标签绘制直线，需要将<canvas>标签与 JavaScript 中的 moveTo 和 lineTo 方法相结合。

moveTo 方法用于创建新的子路径，并设置其起始点，其使用方法如下。

```
context.moveTo(x,y)
```

lineTo 方法用于从 moveTo 方法设置的起始点开始绘制一条到设置坐标的直线，如果前面没有用 moveTo 方法设置路径的起始点，则 lineTo 方法等同于 moveTo 方法。lineTo 方法的用法如下。

```
context.lineTo(x,y)
```

通过 moveTo 和 lineTo 方法设置直线路径的起点和终点，而 stroke 方法用于沿该路径绘制一条直线。

练习

在网页中绘制直线

最终文件：光盘\最终文件\第 6 章\6-2-1.html　　　视频：光盘\视频\第 6 章\6-2-1.mp4

01.　打开页面"光盘\源文件\第 6 章\6-2-1.html"，页面效果如图 6-1 所示。转换到代码视图中，在 id 名称为 text 的 Div 中的文字之后添加<canvas>标签，并对相关属性进行设置，如图 6-2 所示。

图 6-1　打开页面

图 6-2　添加<canvas>标签和属性设置

02.　在<body>的结束标签之前添加相应的 JavaScript 脚本代码。

```
<script type="text/javascript">
var myCanvas=document.getElementById("canvas1");  //获得页面中的 canvas 对象
var con1=myCanvas.getContext("2d");      //创建二维绘图对象
con1.moveTo(0,0);       //确定直线起点
con1.lineTo(990,0);      //确定直线终点
```

```
con1.strokeStyle="#F5555B";      //设置线条颜色
con1.lineWidth=10;               //设置线条宽度
con1.stroke();
</script>
```

03. 返回网页的设计视图，可以看到所插入的<canvas>标签部分显示为灰色区域，如图 6-3 所示。保存页面，在浏览器中预览页面，可以看到使用<canvas>标签与 JavaScript 脚本相结合绘制的直线效果，如图 6-4 所示。

图 6-3 页面效果　　　　　　　　　　　　　　图 6-4 预览所绘制的直线效果

6.2.2 绘制矩形

矩形是一种特殊而又普遍使用的图形，矩形的宽和高确定后，图形的形状也就定了，再提供绘制的起始坐标，就可以确定其位置，这样，整个矩形就确定下来了。

绘图 API 为绘制矩形提供了两个专用的方法：strokeRect()和 fillRect()，可分别用于绘制矩形边框和填充矩形区域。在绘制之前，往往需要先设置样式，然后才能进行绘制。

关于矩形可以设置的属性有：边框颜色、边框宽度、填充颜色等。绘图 API 提供了几个属性可以设置这些样式，属性说明如表 6-1 所示。

表 6-1 绘制矩形可以设置的属性

属性	属性值	说明
strokeStyle	符合 CSS 规范的颜色值及对象	设置线条的颜色
lineWidth	数字	设置线条宽度，默认宽度为 1，单位是像素
fillStyle	符合 CSS 规范的颜色值	设置区域或文字的填充颜色

其中，strokeStyle 可设置矩形边框的颜色，lineWidth 可设置边框宽度，fillStyle 可设置填充颜色。

绘制矩形框需要使用 strokeRect 方法，其使用方法如下。

```
strokeRect (x,y,width,height);
```

其中，width 表示矩形的宽度，height 表示矩形的高度，x 和 y 分别是矩形起点的横坐标和纵坐标。例如，以下代码以（50,50）为起点绘制一个宽度为 150，高度为 100 的矩形。

```
context.strokeRect(50,50,150,100);
```

这里仅绘制了矩形的框，且边框的颜色和宽度由属性 strokeStyle 和 lineWidth 来指定。

填充矩形区域需要使用 fillRect()方法，其使用方法如下。

```
fillRect(x,y,width,height);
```

该方法的参数和 strokeRect()方法的参数是一样的，用以确定矩形的位置及大小。例如，以下代码以（50,50）为起点绘制一个宽度为 150，高度为 100 的矩形。

```
context.fillRect(50,50,150,100);
```

这里填充了一个矩形区域，颜色由属性 fillStyle 属性来设置。

除了以上介绍的两个与矩形有关的方法（绘制矩形边框和填充矩形区域）外，还有一个方法 clearRect，通过该方法，可以擦除指定的矩形区域，使其变为透明。使用方法如下。

```
context.clearRect(x,y,width,height);
```

该方法的 4 个参数与 strokeRect() 方法和 fillrect() 方法的参数意义是一样的。

 练习

在网页中绘制矩形

最终文件：光盘\最终文件\第 6 章\6-2-2.html　　　*视频*：光盘\视频\第 6 章\6-2-2.mp4

01. 打开页面"光盘\源文件\第 6 章\6-2-2.html"，页面效果如图 6-5 所示。在浏览器中预览该页面，可以看到页面的效果，如图 6-6 所示。

图 6-5　打开页面

图 6-6　预览页面效果

02. 转换到该网页的 HTML 代码，该页面的 HTML 代码如图 6-7 所示。在 id 名称为 main 的 Div 中添加<canvas>标签，并对相关属性进行设置，如图 6-8 所示。

```
<body>
<div id="bg"><img src="images/62201.jpg" width=
"1400" height="700"  alt=""/></div>
<div id="main"></div>
<div id="text">美<br>
  景<br>
  深<br>
夜<br>
居<br>
酒<br>
屋</div>
</body>
```

图 6-7　页面 HTML 代码

```
<body>
<div id="bg"><img src="images/62201.jpg" width=
"1400" height="700"  alt=""/></div>
<div id="main">
    <canvas id="canvas1" width="150" height="350">你的
浏览器不支持该功能</canvas>
</div>
<div id="text">美<br>
  景<br>
  深<br>
夜<br>
居<br>
酒<br>
屋</div>
</body>
```

图 6-8　添加<canvas>标签和属性设置

03. 在<canvas>结束标签之后添加相应的 JavaScript 脚本代码。

```
<script type="text/javascript">
var myCanvas=document.getElementById("canvas1");
var con1=myCanvas.getContext("2d");
//填充矩形区域
con1.fillStyle="#07223D";        //设置填充颜色
con1.fillRect(0,0,150,350);     //填充矩形区域
</script>
```

04. 返回网页的设计视图，所插入的<canvas>标签部分显示为灰色区域，如图 6-9 所示。保存页面，在浏览器中预览页面，可以看到使用<canvas>标签与 JavaScript 脚本相结合绘制的矩形效果，如图 6-10 所示。

图 6-9　 页面效果

图 6-10　 预览所绘制的矩形效果

在本例中将不同的对象放置在不同 id 名称的 Div 中，将 canvas 元素放置在 id 名称为 main 的 Div 中，将文字内容放置在 id 名称为 text 的 Div 中，并且事先通过 CSS 样式实现了两个元素的叠加显示，所以最终所绘制的矩形才会显示在文字内容的下方。关于 CSS 样式将在后面的章节中详细介绍。

6.2.3　绘制圆形

圆形的绘制是采用绘制路径并填充颜色的方法来实现的。路径会在实际绘图前勾勒出图形的轮廓，这样就可以绘制复杂的图形。

在 canvas 中，所有基本图形都是以路径为基础的，通常会调用 linTo()、rect()、arc 等方法设置一些路径。在最后使用 fill()或 stroke()方法进行绘制边框或填充区域时，都是参照这个路径来进行的。使用路径绘图基本上分为如下 3 个步骤。

（1）创建绘图路径。

（2）设置绘图样式。

（3）绘制图形。

1. 创建绘图路径

创建绘图路径常会用到 beginPath()和 closePath()，分别表示开始一个新的路径和关闭当前的路径。首先，使用 beginPath()方法创建一个新的路径。该路径是以一组子路径的形式存储的，它们共同构成一个图形。每次调用 beginPath()方法，都会产生一个新的子路径。bgginPath()的使用方法如下。

```
context.beginPath();
```

接着就可以使用多种设置路径的方法，绘图 API 为用户提供了多种路径方法，如表 6-2 所示。

表 6-2　常用路径方法

方法	参数	说明
moveTo(x,y)	x 和 y 确定了起始坐标	绘图开始的坐标
lineTo(x,y)	x 和 y 确定了直线路径的终点坐标	绘制直线到终点坐标

续表

方法	参数	说明
arc(x,y,radius,startAngle, endAngle,counterclockwise)	x 和 y 设置圆形的圆心坐标；radius 设置圆形的半径；startAngle 圆弧开始点的角度；endAngle 圆弧结束点的角度；counterclockwise 逆时针方向 true，顺时针方向 false	使用一个中心点和半径，为一个画布的当前路径添加一条弧线。圆形为弧形的特例
rect(x,y,width,height)	x 和 y 设置矩形起点坐标；width 和 height 设置矩形的宽度和高度	矩形路径方法

最好使用 closePath()方法关闭当前路径，使用方法如下。

```
context.closePath();
```

它会尝试用直线连接当前端点与起始端点来闭合当前路径，但是如果当前路径已经闭合或者只有一个点，则什么都不做。

2．设置绘图样式

设置绘图样式包括边框样式和填充样式，其形式如下。

（1）使用 strokeStyle 属性设置边框颜色，代码如下。

```
context.strokeStyle="#000";
```

（2）使用 lineWidth 属性设置边框宽度，代码如下。

```
context.lineWidth=3;
```

（3）使用 fillStyle 属性设置填充颜色，代码如下。

```
context.fillstyle="#F90";
```

3．绘制图形

路径和样式都设置好之后，接下来调用方法 stroke()绘制边框，或调用方法 fill()填充区域，代码如下。

```
context.stroke();       //绘制边框
context.fill();         //填充区域
```

经过以上的操作，图形才绘制到 canvas 对象中。

　练习

在网页中绘制圆形

最终文件：光盘\最终文件\第 6 章\6-2-3.html　　视频：光盘\视频\第 6 章\6-2-3.mp4

01．打开页面"光盘\源文件\第 6 章\6-2-3.html"，页面效果如图 6-11 所示。转换到代码视图中，在 id 名称为 main 的 Div 中添加<canvas>标签，并对相关属性进行设置，如图 6-12 所示。

图 6-11　打开页面

```
<body>
<div id="bg"><img src="images/62201.jpg" width=
"1400" height="700"  alt=""/></div>
<div id="main">
   <canvas id="canvas1" width="350" height="350">
你的浏览器不支持该功能</canvas>
</div>
<div id="logo"><img src="images/62202.png" width=
"300" height="300"  alt=""/></div>
</body>
```

图 6-12　添加<canvas>标签和属性设置

02. 在<canvas>结束标签之后添加相应的 JavaScript 脚本代码。

```
<script type="text/javascript">
var myCanvas=document.getElementById("canvas1");
var con1=myCanvas.getContext("2d");
//创建绘图路径
con1.beginPath();                          //创建新路径
con1.arc(185,185,175,0,Math.PI*2,true);    //圆形路径
con1.closePath();                          //闭合路径
//设置样式
con1.strokeStyle="#FFF";                   //设置边框颜色
con1.lineWidth=10;                         //设置边框宽度
con1.fillStyle="#07223D";                  //设置填充颜色
//绘制图形
con1.stroke();                             //绘制边框
con1.fill();                               //绘制填充
</script>
```

在该部分 JavaScript 脚本代码中，使用 arc()方法创建一个圆形路径，设置其圆形中心点位于 X 轴和 Y 轴的位置和正圆形的半径，并且为该圆形设置边框和填充。

03. 返回网页的设计视图，可以看到所插入的<canvas>标签部分显示为灰色区域，如图 6-13 所示。保存页面，在浏览器中预览页面，可以看到使用<canvas>标签与 JavaScript 脚本相结合绘制的正圆形效果，如图 6-14 所示。

图 6-13　页面效果

图 6-14　预览所绘制的圆形效果

6.2.4　绘制三角形

三角形同样需要通过绘制路径的方法来实现，了解了绘制图形的相关方法和属性，使用绘制路径的方法就能够自由地绘制出其他形状图形，本节将介绍在网页中绘制一个三角形。

练习

在网页中绘制三角形

最终文件：光盘\最终文件\第 6 章\6-2-4.html　　视频：光盘\视频\第 6 章\6-2-4.mp4

01. 打开页面"光盘\源文件\第 6 章\6-2-4.html"，页面效果如图 6-15 所示。转换到

代码视图，在 id 名称为 bottom 的 Div 中添加<canvas>标签，并对相关属性进行设置，如图 6-16 所示。

图 6-15　打开页面

```html
<body>
<div id="box">
  <div id="menu">
    <ul>
      <li>服务项目</li>
      <li>我们的作品</li>
      <li>关于我们</li>
      <li>联系我们</li>
    </ul>
  </div>
  <div id="text"> LET&lsquo;S GO VA </div>
</div>
<div id="bottom">
  <canvas id="canvas1" width="1000" height="150">
你的浏览器不支持该功能</canvas>
</div>
</body>
```

图 6-16　添加<canvas>标签和属性设置

02. 在<canvas>结束标签之后添加相应的 JavaScript 脚本代码。

```javascript
<script type="text/javascript">
var myCanvas=document.getElementById("canvas1");
var con1=myCanvas.getContext("2d");
//创建绘图路径
con1.beginPath();              //创建新路径
con1.moveTo(0,150);            //确定起始坐标
con1.lineTo(0,0);              //目标坐标
con1.lineTo(900,150);          //目标坐标
con1.closePath();              //闭合路径
//设置样式
con1.fillStyle="#F5555B";      //设置填充颜色
//绘制图形
con1.fill();                   //绘制填充
</script>
```

03. 返回网页的设计视图，可以看到所插入的<canvas>标签部分显示为灰色区域，如图 6-17 所示。保存页面，在浏览器中预览页面，可以看到使用<canvas>标签与 JavaScript 脚本相结合绘制的三角形效果，如图 6-18 所示。

图 6-17　页面效果

图 6-18　预览所绘制的三角形效果

> closePath()方法习惯性地放在路径设置的最后一步，切勿认为是路径设置的结果，因为在此之后，还可以继续设置路径。

6.2.5 图形组合

通常，会把一个图形绘制在另一个图形之上，称为图形组合。默认的情况是上面的图形覆盖下面的图形，这是由于图形组合默认设置了 source-over 属性值。

在 canvas 元素中，可通过 globalCompositeOperation 属性设置如何在两个图形叠加的情况下组合颜色，其用法如下。

```
globalCompositeOperation= [value];
```

参数 value 的合法值有 12 个，决定了 12 种图形组合类型，默认值是 source-over。12 种组合类型如表 6-3 所示。

表 6-3　组合类型值的说明

值	说明
copy	只绘制新图形，删除其他所有内容
darker	在图形重叠的地方，颜色由两个颜色值相减后决定
destination-atop	已有的内容只在它和新的图形重叠的地方保留，新图形绘制于内容之后
destination-in	在新图形与已有画布重叠的地方，已有内容都保留，所有其他内容成为透明的
destination-out	在已有内容和新图形不重叠的地方，已有内容保留，所有其他内容成为透明的
destination-over	新图形绘制于已有内容的后面
lighter	在图形重叠的地方，颜色由两种颜色值的相加值决定
source-atop	只有在新图形和已有内容重叠的地方，才绘制新图形
source-in	只有在新图形和已有内容重叠的地方，新图形才绘制，所有其他内容为透明的
source-out	只有在和已有图形不重叠的地方，才绘制新图形
source-over	新图形绘制于已有图形的顶部，这是默认的行为
xor	在重叠和正常绘制以外的其他地方，图形都为透明的

例如，编写如下的 JavaScript 脚本代码。

```
<script type="text/javascript">
function Draw(){
var myCanvas=document.getElementById("canvas1");
var context=myCanvas.getContext("2d");
// source-over
context.globalCompositeOperation = "source-over";
RectArc(context);
// lighter
context.globalCompositeOperation = "lighter";
context.translate(90,0);
RectArc(context);
// xor
context.globalCompositeOperation = "xor";
context.translate(-90,90);
```

```
RectArc(context);
// destination-over
context.globalCompositeOperation = "destination-over";
context.translate(90,0);
RectArc(context);
}
// 绘制组合图形
function RectArc(context){
context.beginPath();
context.rect(10,10,50,50);
context.fillStyle = "#F90";
context.fill();
context.beginPath();
context.arc(60,60,30,0,Math.PI*2,true);
context.fillStyle = "#0f0";
context.fill();
}
window.addEventListener("load",Draw,true);
</script>
```

图 6-19   图形组合的表现效果

函数 RectArc(context)是用来绘制组合图形的，使用方法 translate()移动不同的位置，连续绘制 4 种组合图形：source-over、lighter、xor、destination-over。在浏览器中预览，可以看到代码中设置的 4 种图形组合的表现方式，如图 6-19 所示。

6.3 绘制文本

使用 HTML5 中新增的<canvas>标签除了可以绘制基本的图形以外，还可以绘制出文字的效果，在本节将介绍如何使用<canvas>标签与 JavaScript 脚本相结合在网页中绘制文字效果。

6.3.1 使用文本

通过<canvas>标签，可以使用填充的方法绘制文本，也可以使用描边的方法绘制文本，在绘制文本之前，还可以设置文字的字体样式和对齐方式。绘制文本有两种方法，一种是填充绘制方法 fillText()和描边绘制方法 strokeText()，其使用方法如下。

```
fillText(text,x,y,maxwidth);
strokeText(text,x,y,maxwidth);
```

参数 text 表示需要绘制的文本；参数 x 表示绘制文本的起点在 X 轴的坐标值；参数 y 表示绘制文本的起点在 Y 轴的坐标值；参数 maxwidth 为可选参数，表示显示文本的最大宽度，可以防止文本溢出。

在绘制文本之前，可以先对文本进行样式设置。绘图 API 提供了专门用于设置文本样式的属性，可以设置文本的字体、大小等，类似于 CSS 的字体属性。也可以设置对齐方式，包括水平方向上的对齐和垂直方向上的对齐。文本相关属性如表 6-4 所示。

表6-4　文本的相关属性

属性	值	说明
font	CSS 字体样式字符串	设置字体样式
textAlign	start|end|left|right|center	设置水平对齐方式，默认为 start
textBaseline	top|hanging|middle|alphabetic|bottom	设置垂直对齐方式，默认为 alphabetic

练习

在网页中绘制文字

最终文件：光盘\最终文件\第 6 章\6-3-1.html　　视频：光盘\视频\第 6 章\6-3-1.mp4

01. 打开页面"光盘\源文件\第 6 章\6-3-1.html"，页面效果如图 6-20 所示。转换到代码视图中，在 id 名称为 text 的 Div 中添加<canvas>标签，并对相关属性进行设置，如图 6-21 所示。

```
<body>
<div id="bg"><img src="images/63101.jpg" width=
"1920" height="1080"  alt=""/></div>
<div id="top"></div>
<div id="logo"><img src="images/63102.png" width=
"128" height="84"  alt=""/></div>
<div id="text">
    <canvas id="canvas1" width="800" height="300">
你的浏览器不支持该功能</canvas>
</div>
</body>
```

图 6-20　打开页面　　　　　　图 6-21　添加<canvas>标签和属性设置

02. 在<canvas>结束标签之后添加相应的 JavaScript 脚本代码。

```
<script type="text/javascript">
var myCanvas=document.getElementById("canvas1");
var context=myCanvas.getContext("2d");
// 描边方式绘制文本
context.strokeStyle="#FFFFFF";
context.font="bold italic 100px 微软雅黑";
context.strokeText("2017",0,100);
// 填充方式绘制文本
context.fillStyle="#FFFFFF";
context.font="bold 70px 微软雅黑";
context.fillText("全新产品系列震撼上市！",0,200);
</script>
```

　　　　font 属性设置了文本样式：字体为"微软雅黑"、字体加粗效果 bold、文字大小为 60px、字体倾斜效果 italic。其填充样式仍然使用 fillStyle 来设置，描边样式使用 strokeStyle 来设置。

03. 返回网页的设计视图，可以看到所插入的<canvas>标签部分显示为灰色区域，如图

6-22 所示。保存页面，在浏览器中预览页面，可以看到使用<canvas>标签与 JavaScript 脚本相结合绘制的填充文字和描边文字的效果，如图 6-23 所示。

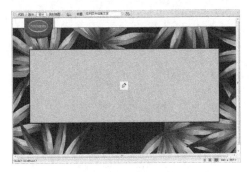

图 6-22　页面效果

图 6-23　预览所绘制的文字效果

6.3.2　创建对象阴影

阴影效果可以增加图像的立体感，为所绘制的图形或文字添加阴影效果，可以利用绘图 API 提供的绘制阴影的属性。阴影属性不会单独去绘制阴影，只需要在绘制任何图形或文字之前，添加阴影属性，就能绘制出带有阴影效果的图形或文字。

如表 6-5 所示为设置阴影的 4 个属性。

表 6-5　阴影属性

属性	值	说明
shadowColor	符合 CSS 规范的颜色值	可以使用半透明颜色
shadowOffsetX	数值	阴影的横向位移量，向右为正，向左为负
shadowOffsetY	数值	阴影的纵向位移量，向下为正，向上为负
shadowBlur	数值	高斯模糊，值越大，阴影边缘越模糊

练习

为网页中所绘制文字添加阴影

最终文件：光盘\最终文件\第 6 章\6-3-2.html　　　视频：光盘\视频\第 6 章\6-3-2.mp4

01. 打开页面“光盘\源文件\第 6 章\6-3-2.html”，页面效果如图 6-24 所示。转换到代码视图中，在 id 名称为 text 的 Div 中添加<canvas>标签，并对相关属性进行设置，如图 6-25 所示。

图 6-24　打开页面

```
<body>
<div id="bg"><img src="images/63101.jpg" width=
"1920" height="1080"  alt=""/></div>
<div id="top"></div>
<div id="logo"><img src="images/63102.png" width=
"128" height="84"  alt=""/></div>
<div id="text">
    <canvas id="canvas1" width="800" height="300">
你的浏览器不支持该功能</canvas>
</div>
</body>
```

图 6-25　添加<canvas>标签和属性设置

02.　在<canvas>结束标签之后添加相应的 JavaScript 脚本代码。

```
<script type="text/javascript">
var myCanvas=document.getElementById("canvas1");
var context=myCanvas.getContext("2d");
//设置阴影属性
context.shadowColor="#000000";
context.shadowOffsetX=0;
context.shadowOffsetY=0;
context.shadowBlur=10;
// 填充方式绘制文本
context.fillStyle="#FFFFFF";
context.font="bold 70px 微软雅黑";
context.fillText("2017",0,100);
context.fillText("全新产品系列震撼上市！",0,200);
</script>
```

03.　返回网页的设计视图，可以看到所插入的<canvas>标签部分显示为灰色区域，如图 6-26 所示。保存页面，在浏览器中预览页面，可以看到使用<canvas>标签与 JavaScript 脚本相结合绘制的文字及为文字添加的阴影效果，如图 6-27 所示。

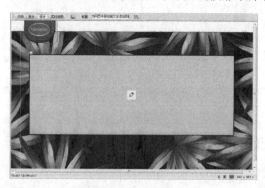

图 6-26　 页面效果

图 6-27　 预览为文字添加阴影的效果

不仅可以为文字添加阴影效果，还可以为其他在 canvas 元素中所绘制的图形添加阴影效果。在绘制文本和图形之前，设置相应的阴影属性，其后所绘制的所有文本和图形都会附带阴影效果。

6.4　在网页中实现特殊形状图像

在网页制作过程中，有时候需要借助一些图片素材，使绘图更加灵活和方便。在 canvas 中，绘图 API 已经提供了插入图像的方法，只需要几行代码就能将图像绘制到画布上。

6.4.1　绘制图像

使用 drawImage()方法可以将图像添加到 canvas 元素中，即绘制一幅图像。使用 drawImage()方法在 canvas 元素中绘制图像主要有以下 3 种方法。

（1）把整个图像复制到 canvas 元素中，将其放置到指定的左上角坐标位置，并且将每个图像像素映射成画布坐标系统的一个单元，其使用格式如下。

```
drawImage(image,x,y);
```

image 表示所要绘制的图像对象，x 和 y 表示要绘制的图像左上角的位置。

（2）把整个图像复制到 canvas 元素中，但是允许用画布单位指定想要的图像的宽度和高度，其使用格式如下。

```
drawImage(image,x,y,width,height);
```

image 表示所要绘制的图像对象，x 和 y 表示要绘制的图像左上角的位置，width 和 height 表示图像应该绘制的尺寸，指定这些参数可以对图像进行缩放。

（3）该方法是完全通用的，它允许指定图像的任何矩形区域并复制它，在画布中的任何位置都可以进行任意缩放，其使用格式如下。

```
drawImage(image,sourceX,source,sourceWidth,sourceHeight,destX,destY,destWidt
h,destHeight);
```

image 表示所要绘制的图像对象；sourceX 和 sourceY 表示图像将要被绘制的区域的左上角，使用图像像素来度量；sourceWidth 和 sourceHieght 表示所要绘制图像区域的大小，使用图像像素表示。destX 和 destY 表示要绘制图像区域的左上角的画布坐标；destWidth 和 destHeight 图像区域所要绘制的画布大小。

以上 3 种方法中的 image 参数都表示所要绘制的图像对象，必须是 Image 对象或 canvas 元素。一个 Image 对象能够表示文档中的一个<img>标签或者使用 Image()构造函数所创建的一个屏幕外图像。

 练习

在网页中绘制图像

最终文件：光盘\最终文件\第 6 章\6-4-1.html　　　视频：光盘\视频\第 6 章\6-4-1.mp4

01. 打开页面 "光盘\源文件\第 6 章\6-4-1.html"，页面效果如图 6-28 所示。转换到代码视图中，在 id 名称为 banner 的 Div 中添加<canvas>标签，并对相关属性进行设置，如图 6-29 所示。

图 6-28　打开页面　　　　　　　　图 6-29　添加<canvas>标签和属性设置

02. 在<canvas>结束标签之后添加相应的 JavaScript 脚本代码。

```
<script type="text/javascript">
var myCanvas=document.getElementById("canvas1");
var con1=myCanvas.getContext("2d");
```

```
var newImg=new Image();                  //使用 Image()构造函数创建图像对象
newImg.src="images/64102.jpg";           //指定图像的文件地址
newImg.onload=function() {
    con1.drawImage(newImg,0,0);           //从左上角开始绘制图像
}
</script>
```

03. 返回网页的设计视图，可以看到所插入的<canvas>标签部分显示为灰色区域，如图 6-30 所示。保存页面，在浏览器中预览页面，可以看到使用<canvas>标签与 JavaScript 脚本代码相结合绘制图像的效果，如图 6-31 所示。

图 6-30　页面效果

图 6-31　预览绘制图像的效果

提示

在插入图像之前，需要考虑图像加载时间。如果图像没有加载完成就已经执行了 drawImage()方法，则不会显示任何图片。可以考虑为图像对象添加 onload 处理函数，从而保证在图像加载完成之后执行 drawImage()方法。

6.4.2　裁切区域

在路径绘图中使用了两种绘图方法，即用于绘制线条的 stroke()方法和用于填充区域的 fill()方法。关于路径的处理，还有一种方法叫裁切方法 clip()。

说起裁切，大多数人会想到裁切图片，即保留图片的一部分。裁切区域是通过路径确定的。与绘制线条的方法和填充区域的方法一样，也需要预先确定绘图路径，再执行裁切区域路径方法 clip()，这样就确定了裁切区域。裁切区域的使用方法如下。

```
clip();
```

该方法没有参数，在设置路径之后执行。

练习

在网页中实现圆形图像效果

最终文件：光盘\最终文件\第 6 章\6-4-2.html　　　视频：光盘\视频\第 6 章\6-4-2.mp4

01. 打开页面“光盘\源文件\第 6 章\6-4-2.html”，页面效果如图 6-32 所示。转换到代码视图中，在<body>与</body>标签之间添加<canvas>标签，并对相关属性进行设置，注意：两个<canvas>标签的 id 名称不同，如图 6-33 所示。

02. 转换到该网页所链接的外部 CSS 样式表文件，创建名为#canvas1 和名为#canvas2 的 CSS 样式，如图 6-34 所示。返回网页设计视图，使刚添加的 id 名称为 canvas1 和 canvas2 的两个 canvas 元素定位在页面水平和居中的位置，如图 6-35 所示。

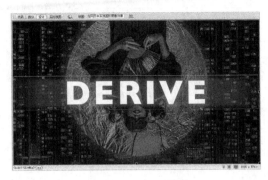

图 6-32　打开页面

```
<body>
<div id="bg"><img src="images/64201.jpg" width=
"1920" height="1080"  alt=""/></div>
<div id="title"><img src="images/64202.png"
width="1000" height="133"  alt=""/></div>
<canvas id="canvas1" width="600" height="600">
你的浏览器不支持该功能</canvas>
<canvas id="canvas2" width="600" height="600">
你的浏览器不支持该功能</canvas>
</body>
```

图 6-33　添加<canvas>标签和属性设置

```
#canvas1{
    position: absolute;
    top: 50%;
    margin-top: -300px;
    left: 50%;
    margin-left: -300px;
    z-index: 1;
}
#canvas2{
    position: absolute;
    top: 50%;
    margin-top: -300px;
    left: 50%;
    margin-left: -300px;
    z-index: 2;
}
```

图 6-34　CSS 样式代码

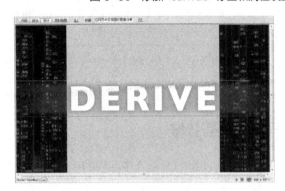

图 6-35　页面效果

提示　在页面中添加两个<canvas>标签，一个用于绘制白色的圆形，一个用于将图像裁切为圆形。通过 CSS 样式进行设置，使两个 canvas 元素相互重叠，通过 z-index 属性设置，设置这两个 canvas 元素之间的叠加顺序。

03. 在<canvas>结束标签之后添加相应的 JavaScript 脚本代码。

```
<script type="text/javascript">
var canvas=document.getElementById("canvas1");
var context=canvas.getContext("2d");
//绘制底部白色圆形
context.arc(300,300,300,0,Math.PI*2,true);
context.fillStyle="#FFFFFF";
context.fill();
function Draw(){
    var canvas=document.getElementById("canvas2");
    var context=canvas.getContext("2d");
    //在画布对象中绘制图像
    var newImg=new Image();
    newImg.src="images/64203.jpg";
    newImg.onload=function(){
        ArcClip(context);
        context.drawImage(newImg,-70,-80);
        }
```

```
}
function ArcClip(context) {
    //裁切路径
    context.beginPath();
    context.arc(300,300,290,0,Math.PI*2,true);//设置一个圆形绘图路径
    context.clip();                          //裁剪区域
}
window.addEventListener("load",Draw,true);
</script>
```

　　　　在绘制图片之前，首先使用方法 ArcClip(context)设置一个圆形裁剪区域。先设置一个圆形的绘图路径，再调用 clip()方法，即完成了区域的裁剪。

　　04. 保存页面，在浏览器中预览页面，可以看到使用<canvas>标签与 JavaScript 脚本代码相结合在网页中实现的圆形图像效果，如图 6-36 所示。

图6-36　预览圆形图像效果

6.5　本章小结

　　本章介绍了使用 HTML5 中新增的<canvas>标签在网页中绘制各种图形的方法，包括各种基本图形、文字、图像和裁剪区域等内容。本章内容很多地方涉及数学知识，不容易理解，需要仔细体会，多练习，从而掌握使用<canvas>标签在网页中绘制各种图形。

6.6　课后习题

一、选择题

1. 用于绘制填充区域的方法是哪项？（　　　）
   A. strokeRect()　B. fillRect()　　　C. moveTo(x,y)　D. lineTo(x,y)
2. 文本填充的绘制方法是哪项？（　　　）
   A. fillText()　　　B. strokeText()　C. strokeRect()　D. fillRect()
3. 文本描边的绘制方法是哪项？（　　　）
   A. fillRect()　　　B. strokeRect()　C. fillText()　　　D. strokeText()
4. 裁切区域的方法是哪项？（　　　）
   A. drawImage()　B. stroke()　　　C. fill()　　　　D. clip()

二、判断题

1. 使用 HTML5 新增的<canvas>标签能够直接在网页中绘制出形状图形。（　　　）
2. 在 canvas 元素中不仅可以为文字添加阴影效果，还可以为其他在 canvas 元素中所绘制的图形添加阴影效果。在绘制文本和图形之前，设置相应的阴影属性，其后所绘制的所有文本和图形都会附带阴影效果。（　　　）

三、简答题

1. 简述使用<canvas>标签绘图的基本流程。
2. 如何在 canvas 元素中绘制图像？

第 7 章

HTML5 中文档结构标签的应用

一个典型的 HTML 页面中通常会包含头部、导航、主体内容、侧边内容和页脚等区域。在之前的 HTML 页面中，这些区域全部都使用<div>标签进行标识，这种方式并不易于用户的识别和浏览器引擎的分析。在 HTML5 中新增了描述文档桔构的相关标签，通过使用这些标签，可以很清晰地在 HTML 代码中标识出页面的结构。本章介绍 HTML5 中新增的文档结构标签。

本章知识点：

- 理解<article>和<section>标签的作用和使用方法
- 理解使用<nav>标签标识导航的方法
- 理解使用<aside>标签标识辅助信息内容的方法
- 掌握各种语义模块标签的使用方法
- 掌握 HTML5 结构标签在 HTML 文档中的应用

7.1 构建 HTML5 页面主体内容

在 HTML5 页面中，为了使文档的结构更加清晰明确，新增了几个与页眉、页脚、内容区块等文档结构相关联的文档结构标签。本节将详细介绍 HTML5 中在页面的主体结构方面新增的结构标签。

需要注意的是，内容区块是指将 HTML 页面按逻辑进行分割后的单位。例如，对于博客网站来说，导航菜单、文章正文、文章的评论等每一个部分都可以称为内容区块。

7.1.1 文章<article>标签

网页中常常出现大段的文章内容，通过文章结构元素可以将网页中大段的文章内容进行标识，使网页的代码结构更加整齐。在 HTML5 中新增了<article>标签，使用该标签可以在网页中定义独立的内容，包括文章、博客和用户评论等。

<article>标签的基本语法格式如下。

```
<article>文章内容</article>
```

一个 article 元素通常有自己的标题，一般放在一个<header>标签中，有时还有自己的脚注。例如，如下的网页 HTML 代码。

```
<!doctype html>
<html>
<head>
<meta charset="utf-8">
<title>网页新闻</title>
</head>
<body>
```

```
<article>
  <header>
    <h1>新闻标题</h1>
    <time pubdate="pubdate">2017 年 10 月 12 日</time>
  </header>
  <p>新闻正文内容</p>
  <footer>
    新闻版底信息
  </footer>
</article>
</body>
</html>
```

以上的 HTML 页面代码中，在<header>标签中嵌入新闻的标题，使用<h1>标签包含新闻的标题，<time>标签包含新闻的发布日期。在<header>的结束标签之后使用<p>标签包含新闻的正文内容，在结尾外使用<footer>标签嵌入新闻的版底信息，作为脚注。整个示例的内容相对比较独立、完整，因此，对这部分使用了<article>标签。

<article>标签是可以嵌套使用的，当<article>标签嵌套使用的时候，内部的<article>标签中的内容必须与外部的<article>标签中的内容相关。例如，如下的网页 HTML 代码。

```
<!doctype html>
<html>
<head>
<meta charset="utf-8">
<title>网页新闻</title>
</head>
<body>
<article>
  <header>
    <h1>新闻标题</h1>
    <time pubdate="pubdate">2017 年 10 月 12 日</time>
  </header>
  <p>新闻正文内容</p>
  <footer>
    新闻版底信息
  </footer>
  <section>
    <h2>评论</h2>
    <article>
      <header>
        <h3>用户 1</h3>
      </header>
      <p>评论内容</p>
    </article>
    <article>
```

```
      <header>
       <h3>用户 2</h3>
      </header>
      <p>评论内容</p>
    </article>
  </section>
</article>
</body>
</html>
```

以上的 HTML 代码中，通过结构标签将内容分为几个部分，文章标题放在\<header\>标签中，文章正文放在\<header\>结束标签后的\<p\>标签中，使用\<section\>标签将正文与评论部分进行区分，在\<section\>标签中嵌入了评论的内容，由于评论中每一个人的评论相对而言又是比较独立、完整的，因此对它们分别使用了一个\<article\>标签，在评论的\<article\>标签中，又可以分为标题与评论内容部分，分别放在\<header\>与\<p\>标签中。

另外，\<article\>标签也可以用来表示插件，它的作用是使插件看起来好像内嵌在页面中一样。使用\<article\>标签表示插件的代码如下所示。

```
<article>
  <h1>使用插件</h1>
  <object>
    <param name="allowFullScreen" value="true">
    <embed src="文件地址" width="宽度" height="高度"> </embed>
  </object>
</article>
```

7.1.2　章节\<section\>标签

在网页文档中常常需要定义章节等特定的区域。在 HTML5 中新增了\<section\>标签，该标签用于对页面中的内容进行分区。一个 section 元素通常由内容及其标题组成。\<div\>标签也可以用来对页面进行分区，但是\<section\>标签并不是一个普通的容器元素，当一个容器需要被直接定义样式或通过脚本定义行为时，推荐使用\<div\>标签，而非\<section\>标签。

\<section\>标签的基本语法格式如下。

```
<section>文章内容</section>
```

　　　　\<div\>标签关注结构的独立性，而\<section\>标签关注内容的独立性。\<section\>标签包含的内容可以单独存储到数据库中，输出到 Word 文档中。

例如，如下的 HTML 代码中使用\<section\>标签将新闻列表的内容单独分隔，在 HTML5 之前，通常使用\<div\>标签来分隔该块内容。

```
<!doctype html>
<html>
<head>
<meta charset="utf-8">
<title>网页新闻</title>
</head>
```

```
<body>
<section>
  <h1>网站新闻</h1>
  <ul>
    <li>新闻标题 1</li>
    <li>新闻标题 2</li>
    <li>新闻标题 3</li>
    ......
  </ul>
</section>
</body>
</html>
```

<article>标签和<section>标签都是 HTML5 新增的标签，它们的功能与<div>标签类似，都是用来区分页面中不同的区域，它们的使用方法也相似，因此很多初学者会将其混用。HTML5 之所以新增这两种标签，就是为了更好地描述 HTML 文档的内容，所以它们之间是存在一定的区别的。

<article>标签代表 HTML 文档中独立完整的、可以被外部引用的内容。例如，博客中的一篇文章，论坛中的一个帖子或者一段用户评论等。因为<article>标签是一段独立的内容，所以<article>标签中通常包含头部（<header>标签）和底部（<footer>标签）。

<section>标签用于对 HTML 文档中的内容进行分块，一个<section>标签中通常由内容及标题组成。<section>标签中需要包含一个<h$_n$>标签，一般不包含头部（<header>标签）或者底部（<footer>标签）。通常使用<section>标签为那些有标题的内容进行分段。

<section>标签的作用是对页面中的内容进行分块处理，相邻的<section>标签中的内容应该是相关的，而不像<article>标签中的内容是独立的。例如，如下的 HTML 代码。

```
<article>
  <header>
    <h1>网页设计介绍</h1>
  </header>
  <p>这里是网页设计的介绍内容，介绍有关网页设计的相关知识......</p>
  <section>
    <h2>评论</h2>
    <article>
      <h3>评论者: 用户 1</h3>
      <p>这里是评论内容</p>
    </article>
    <article>
      <h3>评论者: 用户 2</h3>
      <p>这里是评论内容</p>
    </article>
  </section>
</article>
```

在以上这段 HTML 代码中，可以观察到<article>标签与<section>标签的区别。事实上，<article>标签可以看作是特殊的<section>标签。<article>标签更强调独立性、完整性，<section>标签更强调相关性。

既然<article>和<section>标签都是用来划分区域的，又是 HTML5 的新增标签，那么是否可以使用<article>和<section>标签取代<div>标签进行网页布局呢？答案是否定的，<div>标签的作用是布局网页，划分大的区域。在 HTML4 中只有<div>和<span>标签用来在HTML 页面中划分区域，所以习惯性地把<div>当成一个容器。而 HTML5 改变了这种用法，它使<div>的工作更纯正，<div>标签就是用来布局大块，在不同的内容块中，按照需求添加<article>、<section>等内容块，并且显示其中的内容，这样才能更合理地使用这些元素。

因此，在使用<section>标签时需要注意以下几个问题。

➢ 不要将<section>标签当作设置样式的页面容器，对设置样式应该使用<div>标签来实现。

➢ 如果<article>标签、<aside>标签或者<nav>标签更符合使用条件，不要使用<section>标签。

➢ 不要为没有标题的内容区块使用<section>标签。

在 HTML5 中，<article>标签可以看作是一种特殊种类的<section>标签，它比<section>标签更强调独立性。即<section>标签强调分段或分块，而<article>标签则强调独立性。具体来说，如果一块内容相对比较独立、完整，应该使用<article>标签，但是如果想将一块内容分成几段，应该使用<section>标签。另外，在 HTML5 中，<div>标签只是一个容器，当使用 CSS 样式时，可以对这个容器进行一个总体的 CSS 样式的套用。

7.1.3　导航<nav>标签

导航是每个网页中都包含的重要元素之一，通过网站导航可以在网站中各页面之间进行跳转。在 HTML5 中新增了<nav>标签，使用该标签可以在网页中定义网页的导航部分。

<nav>标签的基本语法格式如下。

```
<nav>导航内容</nav>
```

<nav>标签标识的是一个可以用作页面导航的链接组，其中的导航元素链接到其他页面或当前页面的其他部分。注意，并不是所有的链接组都需要被放置在<nav>标签中，只需要将主要的、基本的链接组放进<nav>标签中即可。

一个页面中可以拥有多个<nav>标签，作为页面整体或不同部分的导航。具体来说，<nav>标签可以用于以下位置。

➢ 传统导航条。常规网站都设置有不同层级的导航条，其作用是将当前画面跳转到网站的其他主要页面上去。

➢ 侧边栏导航。主流博客网站及电商网站上都有侧边栏导航，其作用是将页面从当前页面跳转到其他页面上去。

➢ 页内导航。页面导航的作用是在本页面几个主要的组成部分之间进行跳转。

➢ 翻页操作。翻页操作是指在多个页面的前后页或博客网站的前后篇文章滚动。

在 HTML5 中，只要是导航性质的链接，就要很方便地将其放入到<nav>标签中，该标签可以在一个 HTML 文档中出现多次，作为整个页面的导航或部分区域内容的导航。例如，下面的 HTML 代码。

```
<!doctype html>
<html>
<head>
<meta charset="utf-8">
<title>网页新闻</title>
```

```
</head>
<body>
<nav>
  <ul>
    <li><a href="#">网站首页</a></li>
    <li><a href="#">关于我们</a></li>
    <li><a href="#">设计作品</a></li>
    <li><a href="#">联系我们</a></li>
  </ul>
</nav>
</body>
</html>
```

在以上的 HTML 代码中，<nav>标签中包含了 4 个用于导航的超链接，该导航可以用于网页全局导航，也可以放在某个段落，作为区域导航。

很多用户喜欢使用<menu>标签进行导航，<menu>标签主要用于一系列交互命令的菜单上，例如，使用在 Web 应用程序中。在 HTML5 中不要使用<menu>标签代替<nav>标签。

7.1.4　辅助内容<aside>标签

侧边结构元素可用于创建网页中文章内容的侧边栏内容。在 HTML5 中新增了<aside>标签，<aside>标签用于创建其所处内容之外的内容，<aside>标签中的内容应该与其附近的内容相关。

<aside>标签的基本语法格式如下。

```
<aside>辅助信息内容</aside>
```

<aside>标签用来表示当前页面或文章的辅助信息内容部分，包含与当前页面或主要内容相关的引用、侧边栏、广告、导航条，以及其他类似的、有别于主要内容的部分。<aside>标签主要有以下两种使用方法。

（1）<aside>标签被包含在<article>标签中，作为主要内容的辅助信息部分，其中的内容可以是与当前文章有关的相关资料、名词解释等。其基本应用格式如下。

```
<article>
  <h1>文章标题</h1>
  <p>文章主体内容</p>
  <aside>文章内容的辅助信息内容</aside>
</article>
```

（2）在<article>标签之外使用<aside>标签，作为页面或全局的辅助信息部分。最典型的是侧边栏，其中的内容可以是友情链接，博客中的其他文章列表、广告等。其基本应用格式如下。

```
<aside>
  <h2>列表标题 1</h2>
  <ul>
    <li>列表项 1</li>
    <li>列表项 2</li>
```

```
  </ul>
  <h2>列表标题 2</h2>
  <ul>
    <li>列表项 1</li>
    <li>列表项 2</li>
  </ul>
</aside>
```

7.1.5　日期时间<time>标签

微格式是一种利用 HTML 的 class 属性对网页添加附加信息的方法，附加信息如新闻事件发生的日期和时间、个人电话号码、企业邮箱等。微格式并不是在 HTML5 之后才有的，在 HTML5 之前它就和 HTML 结合使用了，但是在使用过程中发现在日期和时间的机器编码上出现了一些问题，编码过程中会产生一些歧义。HTML5 新增了<time>标签，通过该标签可以无歧义地、明确地对机器的日期和时间进行编码，并且以让人易读的方式展现出来。

<time>标签用于表示 24 小时中的某个时间或某个日期，当使用<time>标签表示时间时，允许设置带有时差的表现方式。它可以定义很多格式的日期和时间，其语法格式如下。

```
<time datetime="2017-10-12">2017 年 10 月 12 日</time>
<time datetime="2017-10-12">10 月 12 日</time>
<time datetime="2017-10-12">我的生日</time>
<time datetime="2017-10-12T18:00">我生日的晚上 6 点</time>
<time datetime="2017-10-12T18:00Z">我生日的晚上 6 点</time>
<time datetime="2017-10-12T18:00+09:00">我生日的晚上 8 点的美国时间</time>
```

编码时，引擎读到的部分在 datetime 属性中，而元素的开始标签与结束标签中间的部分是显示在网页上的。datetime 属性中日期与时间之间要使用字母 "T" 分隔，"T" 表示时间。

注意，倒数第 2 行，时间加上字母 "Z" 表示机器编码时使用 UTC 标准时间，倒数第一行则加上了时差，表示向机器编码另一地区时间，如果是编码本地时间，则不需要添加时差。

pubdate 属性是一个可选的布尔值属性，可以添加在<time>标签中，用于表示文章或者整个网页的发布日期。使用格式如下。

```
<time datetime="2017-10-12" pubdate>2017 年 10 月 12 日</time>
```

由于<time>标签不仅仅表示发布时间，而且还可以表示其他用途的时间，如通知、约会等。为了避免引擎误解发布日期，使用 pubdate 属性可以显式地告诉引擎文章中哪个时间是真正的发布时间。

7.2　HTML5 文档中的语义模块标签

除了以上几个主要的结构元素之外，HTML5 还新增了一些表示逻辑结构或附加信息的非主体结构元素。

7.2.1　标题<header>标签

<header>标签是一种具有引导和导航作用的结构元素，通常用来放置整个页面或页面内一个内容区块的标题，但也可以包含其他内容，如数据表格、搜索表单或相关的 logo 图片，因此整个页面的标题应该放在页面的开头。

<header>标签的基本语法格式如下。

```
<header>网页或文章的标题信息</header>
```

例如，如下的网页 HTML 代码。

```
<!doctype html>
<html>
<head>
<meta charset="utf-8">
<title>网页新闻</title>
</head>
<body>
<header>
  <h1>网页标题</h1>
</header>
<article>
  <header>
    <h1>文章标题</h1>
  </header>
  <p>文章正文内容</p>
</article>
</body>
</html>
```

在一个网页中可以多次使用<header>标签。在<header>标签中通常包含<h1>至<h6>标签，也可以包含<hgroup>、<table>、<form>和<nav>等标签，只要是应该显示在头部区域的语义标签，都可以包含在<header>标签中。

7.2.2　标题分组<hgroup>标签

<hgroup>标签可以为标题或者子标题进行分组，通常它与<h1>至<h6>标签组合使用，一个内容块中的标题及子标题可以通过<hgroup>标签组成一组。但是，如果文章只有一个主标题，则不需要使用<hgroup>标签。

<hgroup>标签的基本语法格式如下。

```
<hgroup>
    标题 1
    标题 2
    ......
</hgroup>
```

例如，如下的网页 HTML 代码。

```
<!doctype html>
<html>
<head>
<meta charset="utf-8">
<title>网页新闻</title>
</head>
<body>
```

```
<article>
 <header>
  <hgroup>
    <h1>文章主标题</h1>
    <h2>文章副标题</h2>
    <h3>文章标题说明</h3>
  </hgroup>
  <p>
    <time datetime="2017-10-12">发布时间：2017 年 10 月 12 日</time>
  </p>
 </header>
 <p>文章正文内容</p>
</article>
</body>
</html>
```

在该 HTML 代码中，使用<hgroup>标签将文章的主标题、副标题和文章的标题说明进行分组，以便让搜索引擎更容易识别标题块。

7.2.3　页脚<footer>标签

HTML5 中新增了<footer>标签，<footer>标签中的内容可以作为网页或文章的页脚，如在父级内容块中添加注释，或者在网页中添加版权信息等。页脚信息有很多形式，如作者、相关阅读链接及版权信息等。

在 HTML5 之前，要描述页脚信息，通常使用<div id="footer">标签定义包含框。自从 HTML5 新增了<footer>标签，这种方式将不再使用，而是使用更加语义化的<footer>元素替代。

<footer>标签的基本语法格式如下。

```
<footer>页脚信息内容</footer>
```

例如，在如下的 HTML 代码中，使用<footer>标签分别为页面中的文章和整个页面添加相应的页脚信息。

```
<!doctype html>
<html>
<head>
<meta charset="utf-8">
<title>网页新闻</title>
</head>
<body>
<article>
  <header>
    <h1>文章标题</h1>
    <p>
      <time datetime="2015-10-12">发布时间：2015 年 10 月 12 日</time>
    </p>
  </header>
```

```
   <p>文章正文内容</p>
   <footer>文章注释信息</footer>
 </article>
 <footer>网页版权信息</footer>
 </body>
 </html>
```

与<header>标签一样，页面中也可以重复使用<footer>标签。同时，可以为<article>标签所标注的文章或<section>标签所标注的章节内容添加<footer>标签，添加相应的文章或章节注释信息。

7.2.4　联系信息<address>标签

HTML5 中新增了<address>标签，<address>标签用来在 HTML 文档中定义联系信息，包括文档作者、电子邮箱、地址、电话号码等信息。

<address>标签的基本语法格式如下。

```
<address>联系信息内容</address>
```

<address>标签的用途不仅仅用来描述电子邮箱或地址等联系信息，还可以用来描述与文档相关的联系人的相关信息。例如，如下的网页 HTML 代码。

```
<!doctype html>
<html>
<head>
<meta charset="utf-8">
<title>网页新闻</title>
</head>
<body>
<article>
  <header>
    <h1>文章标题</h1>
    <p>
      <time datetime="2015-10-12">发布时间：2015 年 10 月 12 日</time>
    </p>
  </header>
  <p>文章正文内容</p>
  <footer>文章注释信息</footer>
</article>
<address>
  <a href="http://www.w3c.org">W3C</a>
  <a href="http://whatwg.org">WHATWG</a>
  <a href="http://www.mhtml5.com">HTML5 研究小组</a>
</address>
</body>
</html>
```

7.3　制作 HTML5 文章页面

　　HTML5 中新增的文档结构元素非常适合制作文章或博客类的网站页面。通过使用 HTML5 的结构元素，HTML5 的文档结构比大量使用<div>标签的 HTML 文档结构更加清晰、明了。本节将综合使用前面介绍的 HTML5 结构元素制作一个文章页面。

练习

制作 HTML5 文章页面

最终文件：光盘\最终文件\第 7 章\7-3.html　　　视频：光盘\视频\第 7 章\7-3.mp4

　　01. 执行"文件>打开"命令，打开页面"光盘\源文件\第 7 章\7-3.html"，效果如图 7-1 所示，转换到代码视图中，可以看到 HTML 代码，如图 7-2 所示。

```
<!doctype html>
<html>
<head>
<meta charset="utf-8">
<title>制作HTML5文章页面</title>
<link href="style/7-3.css" rel="stylesheet"
type="text/css">
</head>

<body>
</body>
</html>
```

　　图 7-1　打开页面　　　　　　　　　　　　　图 7-2　网页 HTML 代码

　　02. 首先制作页面的头部，在<body>与</body>标签之间编写如下的 HTML 代码。

```
<header>
  <div id="logo"><img src="images/7302.png" width="133" height="40"  alt=""/>
</div>
  <nav>
   <ul>
     <li>网站首页</li>
     <li>关于我们</li>
     <li>我们的服务</li>
     <li>我们的作品</li>
     <li>联系我们</li>
   </ul>
  </nav>
</header>
```

　　03. 接下来需要通过 CSS 样式对页面头部的显示效果进行设置。转换到外部 CSS 样式表文件中，创建名为.header01 的类 CSS 样式，如图 7-3 所示。返回网页 HTML 代码中，在<header>标签中添加 class 属性应用名为.header01 的类 CSS 样式，如图 7-4 所示。

```css
.header01 {
    width: 1000px;
    height: auto;
    overflow: hidden;
    margin: 0px auto;
    padding: 20px 0px;
}
```

图 7-3　CSS 样式代码

```html
<body>
<header class="header01">
  <div id="logo"><img src="images/7302.png"
width="133" height="40" alt=""/></div>
  <nav>
    <ul>
      <li>网站首页</li>
      <li>关于我们</li>
      <li>我们的服务</li>
      <li>我们的作品</li>
      <li>联系我们</li>
    </ul>
  </nav>
</header>
</body>
```

图 7-4　应用类 CSS 样式

提示　　　HTML 代码中的结构标签仅仅是在 HTML 文档中提供一种良好的文档内容表现结构，本身并没有任何外观样式，还需要通过 CSS 样式对其外观的显示效果进行控制。关于 CSS 样式的设置将在后面章节中进行详细介绍。

04. 转换到外部 CSS 样式表文件中，创建名为#logo 的 CSS 样式和名为.nav01 的类 CSS 样式，如图 7-5 所示。返回网页 HTML 代码，在<nav>标签中添加 class 属性应用名为.nav01 的类 CSS 样式，如图 7-6 所示。

```css
#logo {
    width: 133px;
    height: 40px;
    margin-right: 20px;
    float: left;
}
.nav01 {
    width: 600px;
    height: 40px;
    line-height: 40px;
    float: left;
}
```

图 7-5　CSS 样式代码

```html
<body>
<header class="header01">
  <div id="logo"><img src="images/7302.png"
width="133" height="40"  alt=""/></div>
  <nav class="nav01">
    <ul>
      <li>网站首页</li>
      <li>关于我们</li>
      <li>我们的服务</li>
      <li>我们的作品</li>
      <li>联系我们</li>
    </ul>
  </nav>
</header>
</body>
```

图 7-6　应用类 CSS 样式

05. 转换到外部 CSS 样式表文件中，创建名为.nav01 li 的 CSS 样式，如图 7-7 所示。完成使用 CSS 样式对页面头部外观效果的设置，返回网页设计视图中，可以看到页面头部的显示效果，如图 7-8 所示。

```css
.nav01 li {
    list-style-type: none;
    width: 120px;
    line-height: 40px;
    text-align: center;
    float: left;
}
```

图 7-7　CSS 样式代码

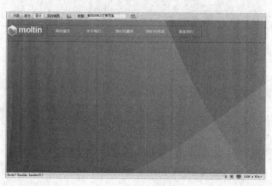

图 7-8　页面效果

06. 接下来制作页面的主体内容部分，转换到网页的 HTML 代码中，在页面头部的 <header>标签的结束标签后编写如下的 HTML 代码。

```
<article>
<aside>
 <img src="images/7303.png" width="518" height="323" alt=""/>
</aside>
 <h1>提供完善的互联网解决方案</h1>
 <p>分析、定位、思考，通过这三个步骤我们可以让事情变得更加透明简单化！基于对市场和客户群体的分析，我们只生产解决问题的创意。</p>
 <p>我们追求动人的设计，我们追求完美的体验，我们关注设计情感，为客户提供商业和视觉完美融合的设计方案，我们也会帮助客户在互联网建立更好的网络形象与口碑，让我们的工作变的更加有趣，更加实用，更加具有商业价值。</p>
 <p>在过去的这几年里，我们的作品被国内外知名媒体转载收录！并接受设计联盟专访，国内知名平台网站推荐等。</p>
</article>
```

07. 转换到外部 CSS 样式表文件中，创建名为.article01 的类 CSS 样式，如图 7-9 所示。返回网页 HTML 代码，在<article>标签中添加 class 属性应用名为.article01 的类 CSS 样式，如图 7-10 所示。

```
.article01 {
    width: 1000px;
    height: auto;
    overflow: hidden;
    margin: 0px auto;
    padding-top: 100px;
}
```

图 7-9　CSS 样式代码

```
</header>
<article class="article01">
<aside>
 <img src="images/7303.png" width="518"
height="323"  alt=""/>
</aside>
 <h1>提供完善的互联网解决方案</h1>
 <p>分析、定位、思考，通过这三个步骤我们可以
让事情变的更加透明简单化！基于对市场和客户群
体的分析，我们只生产解决问题的创意。</p>
 <p>我们追求动人的设计，我们追求完美的体验，
我们关注设计情感，为客户提供商业和视觉完美融
合的设计方案，我们也会帮助客户在互联网建立更
好的网络形象与口碑，让我们的工作变的更加有趣
，更加实用，更加具有商业价值。</p>
 <p>在过去的这几年里，我们的作品被国内外知名
媒体转载收录！并接受设计联盟专访，国内知名平
台网站推荐等。</p>
</article>
```

图 7-10　应用类 CSS 样式

08. 转换到外部 CSS 样式表文件中，创建名为.aside01 的 CSS 样式，如图 7-11 所示。返回网页 HTML 代码中，在<aside>标签中添加 class 属性应用名为.aside01 的类 CSS 样式，如图 7-12 所示。

```
<article class="article01">
<aside class="aside01">
 <img src="images/7303.png" width="518"
height="323"  alt=""/>
</aside>
 <h1>提供完善的互联网解决方案</h1>
 <p>分析、定位、思考，通过这三个步骤我们可以
让事情变的更加透明简单化！基于对市场和客户群
体的分析，我们只生产解决问题的创意。</p>
 <p>我们追求动人的设计，我们追求完美的体验，
我们关注设计情感，为客户提供商业和视觉完美融
合的设计方案，我们也会帮助客户在互联网建立更
好的网络形象与口碑，让我们的工作变的更加有趣
，更加实用，更加具有商业价值。</p>
 <p>在过去的这几年里，我们的作品被国内外知名
媒体转载收录！并接受设计联盟专访，国内知名平
台网站推荐等。</p>
</article>
```

```
.aside01 {
    width: 518px;
    height: 323px;
    float: right;
    display: inline-block;
}
```

图 7-11　CSS 样式代码

图 7-12　应用类 CSS 样式

09．返回网页设计视图中，可以看到页面正文内容的布局效果，如图 7-13 所示。转换到外部 CSS 样式表文件中，创建名为.article01 h1 的 CSS 样式，如图 7-14 所示。

```
.article01 h1 {
    display: block;
    width: 400px;
    height: auto;
    overflow: hidden;
    font-size: 24px;
    font-weight: bold;
    line-height: 60px;
    text-align: center;
}
```

图 7-13　页面效果　　　　　　　　　　　图 7-14　CSS 样式代码

10．转换到外部 CSS 样式表文件，创建名为.article01 p 的 CSS 样式，如图 7-15 所示。完成使用 CSS 样式对正文标题和段落的设置，返回网页设计视图，可以看到正文内容的显示效果，如图 7-16 所示。

```
.article01 p {
    display: block;
    width: 400px;
    height: auto;
    overflow: hidden;
    text-indent: 28px;
}
```

图 7-15　CSS 样式代码　　　　　　　　　图 7-16　页面效果

11．接下来制作页面的页脚信息内容部分，转换到网页的 HTML 代码，在页面文章的<article>标签的结束标签后编写如下的 HTML 代码。

```
<footer>
Copyright © 2017 moltin.com by:moltin<br>
<address>
联系电话：010-xxxxxxxx  E-Mail:xxxxx@163.com
</address>
</footer>
```

12．转换到外部 CSS 样式表文件，创建名为.footer01 的类 CSS 样式，如图 7-17 所示。返回网页 HTML 代码，在<footer>标签中添加 class 属性应用名为.footer01 的类 CSS 样式，如图 7-18 所示。

```
.footer01 {
    width: 1000px;
    height: auto;
    overflow: hidden;
    margin: 0px auto;
    color: #999;
    text-align: center;
    padding-top: 150px;
}
```

```
</article>
<footer class="footer01">
  Copyright © 2017 moltin.com by:moltin<br>
  <address>
  联系电话：010-xxxxxxxx  E-Mail:xxxxx@163.com
  </address>
</footer>
</body>
```

图 7-17　CSS 样式代码　　　　　　　　　图 7-18　应用类 CSS 样式

13. 完成使用 CSS 样式对页脚信息的设置，返回网页设计视图，可以看到页脚信息的显示效果，如图 7-19 所示。保存页面，并保存外部 CSS 样式表文件，在浏览器中预览页面，可以看到页面的效果，如图 7-20 所示。

图 7-19　页面效果

图 7-20　在浏览器预览页面

7.4　本章小结

本章重点介绍了 HTML5 新增的各种文档结构标签的作用与使用方法，通过在 HTML 文档中使用文档结构标签，可以使 HTML 文档的结构层次更加清晰。完成本章内容的学习后，读者需要可以理解和掌握 HTML5 结构标签的作用及使用方法。

7.5　课后习题

一、选择题

1. <article>标签主要用于定义 HTML 页面中的什么内容？（　　）

    A. 文章　　　　　　B. 章节　　　　　　C. 导航　　　　　　D. 辅助内容

2. 以下哪个标签不属于语义模块标签？（　　）

    A. <header>标签　　　　　　　　　B. <hgroup>标签

    C. <footer>标签　　　　　　　　　D. <nav>标签

3. <address>标签的作用是什么？（　　）

    A. <address>标签可以在网页中定义独立的内容，包括文章、博客和用户评论等。

    B. <address>标签可以在网页中定义网页的导航部分。

    C. <address>标签用来在 HTML 文档中定义联系信息，包括文档作者、电子邮箱、地址、电话号码等信息。

    D. <address>标签用于创建其所处内容之外的内容，<address>标签中的内容应该与其附近的内容相关。

二、判断题

1. HTML5 新增的<article>标签不可以嵌套使用（　　）

2. HTML5 新增的<time>标签不仅仅表示发布时间，而且还可以表示其他用途的时间，如通知、约会等。（　　）

三、简答题

1. 一个 HTML 页面中可以拥有几个<nav>标签，<nav>标签通常用于什么地方？

2. 简述<header>标签的作用？

第二篇

CSS 样式

CSS 样式基础

对于网页设计制作而言，HTML 是网页的基础和本质，任何网页基础的源代码都是 HTML 代码，但是如果希望制作出来的网页美观和大方，并且便于后期升级维护，仅仅掌握 HTML 是远远不够的，还需要熟练掌握 CSS 样式，CSS 样式控制着网页的外观，是网页制作过程中不可缺少的重要内容。本章介绍 CSS 样式的基础知识，为后面的学习打下基础。

本章知识点：
- 了解 CSS 样式的基本知识
- 掌握各种不同类型 CSS 选择器的创建和使用
- 掌握在网页中应用 CSS 样式的 4 种方式
- 理解 CSS 样式的特性

8.1 了解 CSS 样式

CSS 样式是对 HTML 语言的有效补充，通过使用 CSS 样式，能够避免许多重复性的格式设置，例如，网页文字的大小和颜色等。通过 CSS 样式可以轻松地设置网页元素的显示位置和格式，还可以使用 CSS3.0 新增的样式属性，在网页中实现动态的交互效果，大大提升网页的美观性。

8.1.1 什么是 CSS 样式

CSS 是 Cascading Style Sheets（层叠样式表）的缩写，它是一种对 Web 文档添加样式的简单机制，是一种表现 HTML 或 XML 等文件外观样式的计算机语言，它是由 W3C 定义的。CSS 用于网页的排版与布局设计，在网页设计制作中无疑是非常重要的一环。

CSS 是由 W3C 发布的，用来取代基于表格布局、框架布局，以及其他非标准的表现方法。CSS 是一组格式设置规则，用于控制 Web 页面的外观。通过使用 CSS 样式设置页面的格式，可以将页面的内容与表现形式分离，页面内容存放在 HTML 文档中，而用于定义表现形式的 CSS 样式存放在另一个文件中。将内容与表现形式分离，不仅可以使维护站点的外观更加容易，而且还可以使 HTML 文档代码更加简练，缩短浏览器的加载时间。

8.1.2 CSS 样式的发展

随着 CSS 的广泛应用，CSS 技术也越来越成熟。CSS 有 3 个不同层次的标准，即 CSS1、CSS2 和 CSS3。CSS1 主要定义了网页的基本属性，如字体、颜色和空白边等。CSS2 在此基础上添加了一些高级功能，如浮动和定位，以及一些高级选择器，如子选择器和相邻选择器等。CSS3 开始遵循模块化开发，这将有助于理清模块化与规范之间的关系，减少完整文件的数量。

> ➢ CSS1

是 CSS 的第一层次标准，它正式发布于 1996 年 12 月，在 1999 年 1 月进行了修改。该标准提供简单的 CSS 样式表机制，使得网页的编写者可以通过附属的样式对 HTML 文档的表现进行描述。

> ➢ CSS2

1998 年 5 月正式作为标准发布的，CSS2 基于 CSS1，包含了 CSS1 的所有特点和功能，并在多个领域进行完善，将样式文档与文档内容相分离。CSS2 支持多媒体样式表，使得网页设计者能够根据不同的输出设备给文档制定不同的表现形式。

> ➢ CSS3

随着互联网的发展，网页的表现方式更加多样化，需要新的 CSS 规则适应网页的发展，所以在最近几年 W3C 已经开始着手 CSS3 标准的制定。CSS3 目前还处于工作草案阶段，在该工作草案中制定了 CSS3 的发展路线，详细列出了所有模块，并在逐步进行规范。目前许多 CSS3 属性已经得到浏览器的广泛支持，已经可以领略到 CSS3 的强大功能和效果。

8.2　CSS 样式语法

CSS 样式是纯文本格式文件，在编辑 CSS 时，可以使用一些简单的纯文本编辑工具，例如，记事本，同样也可以使用专业的 CSS 编辑工具，例如，Dreamweaver。CSS 样式由若干条样式规则组成，这些样式规则可以应用到不同的元素或文档中定义其所显示的外观。

8.2.1　CSS 样式的基本语法

CSS 样式由选择器和属性构成，CSS 样式的基本语法如下。

```
CSS 选择器 {
    属性 1：属性值 1;
    属性 2：属性值 2;
    属性 3：属性值 3;
    ......
}
```

下面是在 HTML 页面内直接引用 CSS 样式，这个方法必须把 CSS 样式信息包括在 <style> 和 </style> 标签中，为了使样式在整个页面中产生作用，应把该组标签及内容放到 <head> 和 </head> 标签中去。

例如，需要设置 HTML 页面中所有 <p> 标签中的文字都显示为红色，其代码如下。

```
<!doctype html>
<html>
<head>
<meta charset="utf-8">
<title>CSS 基本语法</title>
<style type="text/css">
p {color: red;}
</style>
</head>
<body>
```

```
<p>这里是页面的正文内容</p>
</body>
</html>
```

 <style>标签中添加了 type 属性设置，设置该属性值为 text/css，这是为了让浏览器知道在 <style>与</style>标签之间的代码是 CSS 样式代码。。

在使用 CSS 样式过程中，经常会有几个选择器用到同一个属性，例如，规定页面中凡是粗体字、斜体字和 1 号标题字都显示为蓝色，按照上面介绍的写法，应该将 CSS 样式写为如下的形式。

```
b { color: blue; }
i { color: blue; }
h1 { color: blue; }
```

这样书写十分麻烦，在 CSS 样式中引进了分组的概念，可以将相同属性的样式写在一起，也就是群组选择器，采用群组选择器后，CSS 样式的代码就会简洁很多，其代码形式如下。

```
b,i,h1 {color: blue ;}
```

用逗号分隔各个 CSS 样式选择器，将 3 行代码合并写在一起。

8.2.2　CSS 规则构成

所有 CSS 样式的基础是 CSS 规则，每一条规则都是一条单独的语句，确定应该如何设计样式，以及如何应用这些样式。因此，CSS 样式由规则列表组成，浏览器通过它来确定页面的显示效果。

CSS 由两部分组成：选择器和声明，其中声明由属性和属性值组成，所以简单的 CSS 规则形式如下。

> 选择器

选择器部分指定对文档中的哪个对象进行定义，选择器最简单的类型是"标签选择器"，它可以直接输入 HTML 标签的名称，便可以对其进行定义，例如，定义 HTML 中的<p>标签，只要给出< >尖括号内的标签名称，用户就可以编写标签选择器了。

> 声明

声明包含在{}大括号内，在大括号中首先给出属性名，接着是冒号，然后是属性值，结尾分号是可选项，推荐使用结尾分号，整条规则以结尾大括号结束。

> 属性

属性由官方 CSS 规范定义。用户可以定义特有的样式效果，与 CSS 兼容的浏览器会支持这些效果，尽管有些浏览器能够识别不是正式语言规范部分的非标准属性，但是大多数浏览器很可能会忽略一些非 CSS 规范部分的属性，因此最好不要依赖这些专有的扩展属性，不识别这些属性的浏览器会简单地忽略他们。

➢　属性值

声明的值放置在属性名和冒号之后。它确切定义应该如何设置属性。每个属性值的范围也在 CSS 规范中定义。

8.3　CSS 样式选择器

在 CSS 样式中提供了多种类型的 CSS 选择器，包括通配符选择器、标签选择器、类选择器、ID 选择器和伪类选择器等，还有一些特殊的选择器，在创建 CSS 样式时，首先需要了解各种选择器类型的作用。

8.3.1　通配选择器

如果接触过 Dos 命令或是 Word 中替换功能，对于通配操作应该不会陌生，通配是指使用字符替代不确定的字，如在 Dos 命令中，使用*.*表示所有文件，使用*.bat 表示所有扩展名为 bat 的文件。因此，所谓的通配符选择器，也是指对对象可以使用模糊指定的方式进行选择。CSS 的通配符选择器可以使用*作为关键字，使用方法如下。

```
*{
  属性：属性值；
}
```

*号表示所有对象，包含所有不同 id、不同 class 的 HTML 所有标签。使用如上的选择器进行样式定义，页面中所有对象都会使用相同的属性设置。

8.3.2　标签选择器

HTML 文档是由多个不同的标签组成，CSS 标签选择器可以用来控制标签的应用样式。例如，p 选择器是用来控制页面中的所有<p>标签的样式风格。

标签选择器的语法格式如下。

```
标签名{
  属性：属性值；
  ……
}
```

如果在整个网站中经常会出现一些基本样式，可以采用具体的标签来命名，从而达到对文档中标签出现的地方应用标签样式，使用方法如下。

```
body{
  font-family:宋体;
  font-size:12px;
  color:#999999;
}
```

　练习

创建通配选择器和标签选择器

最终文件：光盘\最终文件\第 8 章\8-3-2.html　　　视频：光盘\视频\第 8 章\8-3-2.mp4

01．执行"文件>打开"命令，打开页面"光盘\源文件\第 8 章\8-3-2.html"，可以看到页面效果，如图 8-1 所示。在浏览器中预览该页面，可以看到预览效果，如图 8-2 所示。

图 8-1　打开页面

图 8-2　在浏览器中预览页面

在 HTML 页面中，很多标签默认的间距和填充均不为 0，包括 body、p、ul 等标签，这样会导致使用 CSS 样式进行定位布局时比较难以控制，所以在使用 CSS 样式对网页进行布局制作时，首先需要使用通配选择器将页面中所有元素的边距和填充均设置为 0，以便于控制。

02. 转换到该网页所链接的外部 CSS 样式表文件，创建通配符*的 CSS 样式，如图 8-3 所示。因为没有定义 body 标签的 CSS 样式，所以页面的背景显示为默认的白色背景，页面中的字体和字体大小也都显示为默认的效果，继续创建 body 标签的 CSS 样式，如图 8-4 所示。

```css
* {
    margin: 0px;
    padding: 0px;
}
```

图 8-3　CSS 样式代码

```css
body {
    font-family: 微软雅黑;
    font-size: 16px;
    color: #FFF;
    background-color: #CDB090;
    background-image: url(../images/83201.jpg);
    background-repeat: no-repeat;
    background-position: center top;
}
```

图 8-4　CSS 样式代码

在 body 标签的 CSS 样式中，定义了页面中默认的字体、字号大小和字体颜色，以及页面整体的背景颜色、背景图像、背景图像平铺方式和背景图像定位。

03. 保存外部 CSS 样式表文件，在浏览器中预览页面，可以看到页面效果，如图 8-5 所示。

图 8-5　预览页面效果

HTML 标签在网页中都具有特定的作用，并且有些标签在一个网页中只能出现一次，例如，body 标签，如果定义了两次 body 标签的 CSS 样式，则两个 CSS 样式中相同属性设置会出现覆盖的情况。

8.3.3　ID 选择器

ID 选择器是根据 DOM 文档对象模型原理所出现的选择器类型，对于一个网页而言，其中的每一个标签（或其他对象），均可以使用一个 id=" "的型式，给 id 属性指派一个名称，id 可以理解为一个标识，在网页中每个 id 名称只能使用一次。

```
<div id="top"></div>
```

如本例所示，HTML 中的一个 div 标签被指定的 id 名称为 top。

在 CSS 样式中，ID 选择器使用#进行标识，如果需要对 id 名为 top 的标签设置样式，使用如下格式。

```
#top {
    属性: 属性值;
    ......
}
```

id 的基本作用是对页面中唯一的元素进行定义，如可以对导航条命名为 nav，对网页头部和底部命名为 header 和 footer，对与此类似的元素在页面中均出现一次，使用 id 进行命名具有进行唯一性的指派含义，有助于代码阅读及使用。

8.3.4　类选择器

在网页中通过使用标签选择器，可以控制网页所有该标签显示的样式。但是，根据网页设计过程中的实际需要，标签选择器对设置个别标签的样式还是无能为力的，因此，需要使用类（class）选择器，达到特殊效果的设置。

类选择器用来为一系列的标签定义相同的显示样式，其基本语法如下。

```
.类名称 {
属性: 属性值;
......
}
```

类名称表示类选择器的名称，其具体名称由 CSS 定义者自己命名。在定义类选择器时，需要在类名称前面加一个英文句点（.）。

```
.font01 { color: black;}
.font02 { font-size: 12px;}
```

以上定义了两个类选择器，分别是 font01 和 font02。类的名称可以是任意英文字符串，也可以是以英文字母开头与数字组合的名称，通常情况下，这些名称都是其效果与功能的简要缩写。

可以使用 HTML 标签的 class 属性引用类 CSS 样式。

```
<p class="font01">文字内容</p>
```

以上所定义的类选择器被应用于指定的 HTML 标签中（如<p>标签），同时还可以应用于不同的 HTML 标签中，使其显示出相同的样式。

```
<span class="font01">文字内容</span>
<h1 class="font01">文字内容</h1>
```

 练习

创建 ID 选择器和类选择器

最终文件：光盘\最终文件\第 8 章\8-3-4.html　　　视频：光盘\视频\第 8 章\8-3-4.mp4

01. 执行"文件>打开"命令,打开页面"光盘\源文件\第 8 章\8-3-4.html",可以看到页面效果,如图 8-6 所示。转换到代码视图,可以看到页面的 HTML 代码,如图 8-7 所示。

```
<!doctype html>
<html>
<head>
<meta charset="utf-8">
<title>创建ID选择器和类选择器</title>
<link href="style/8-3-4.css" rel="stylesheet"
type="text/css">
</head>

<body>
<div id="logo"><img src="images/83401.png" width
="90" height="90"  alt=""/></div>
<div id="main">红石榴精华<br>
为您揭开肌肤年轻、光滑、美丽的奥秘</div>
</body>
</html>
```

图 8-6　打开页面　　　　　　　　　　图 8-7　页面 HTML 代码

　　在该网页中 id 称为 logo 和 main 的两个 Div 都没有设置相应的 CSS 样式,所以其内容在网页中的显示效果为默认的效果,并不符合页面整体风格的需要。

02. 转换到该网页所链接的外部 CSS 样式表文件,创建名称为#logo 的 ID CSS 样式,如图 8-8 所示。返回页面设计视图,可以 id 名称为 logo 的 Div 的显示效果,如图 8-9 所示。

```
#logo {
    width: 90px;
    height: 90px;
    position: absolute;
    top: 50px;
    left: 50px;
}
```

图 8-8　CSS 样式代码　　　　　　　　图 8-9　页面效果

03. 转换到外部 CSS 样式表文件,创建名称为#main 的 ID CSS 样式,如图 8-10 所示。保存外部 CSS 样式表文件,在浏览器中预览页面,可以看到页面效果,如图 8-11 所示。

```
#main {
    position: absolute;
    width: 640px;
    height: 600px;
    left: 50%;
    margin-left: -320px;
    top: 50%;
    margin-top: -300px;
    background-image: url(../images/83402.png);
    background-repeat: no-repeat;
    background-position: center bottom;
    text-align: center;
}
```

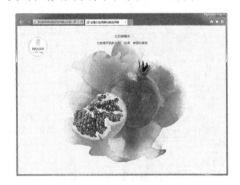

图 8-10　CSS 样式代码　　　　　　　　图 8-11　预览页面效果

04. 转换到外部 CSS 样式表文件,创建名称为.font01 的类 CSS 样式,如图 8-12 所示。返回网页 HTML 代码,为相应的文字添加<span>标签,并在<span>标签中通过 class 属性应用相应的类 CSS 样式,如图 8-13 所示。

```
.font01 {
    font-size: 24px;
    font-weight: bold;
    line-height: 40px;
    color: #A81B1C;
}
```

```
<body>
<div id="logo"><img src="images/83401.png" width="90"
 height="90"  alt=""/></div>
<div id="main"><span class="font01">红石榴精华</span>
<br>
为您揭开肌肤年轻、光滑、美丽的奥秘</div>
</body>
```

图 8-12　CSS 样式代码　　　　　　　图 8-13　应用类 CSS 样式

ID 选择器与类选择器有一定的区别，ID 选择器并不像类选择器那样可以给任意数量的标签定义样式，它在页面的标签中只能使用一次；同时，ID 选择器比类选择器还具有更高的优先级，当 ID 选择器与类选择器发生冲突时，将会优先使用 ID 选择器。

05. 保存页面和外部 CSS 样式表文件，在浏览器中预览页面，可以看到页面效果，如图 8-14 所示。转换到外部 CSS 样式表文件，创建名称为.font02 的类 CSS 样式，如图 8-15 所示。

```
.font02 {
    font-size: 16px;
    font-weight: bold;
    line-height: 40px;
    color: #693;
}
```

图 8-14　预览页面效果　　　　　　　图 8-15　CSS 样式代码

06. 返回网页 HTML 代码，为相应的文字添加<span>标签，并在<span>标签中通过 class 属性应用相应的类 CSS 样式，如图 8-16 所示。保存页面和外部 CSS 样式表文件，在浏览器中预览页面，可以看到页面效果，如图 8-17 所示。

```
<body>
<div id="logo"><img src="images/83401.png" width="90"
height="90"  alt=""/></div>
<div id="main"><span class="font01">红石榴精华</span><br>
为您揭开<span class="font02">肌肤年轻、光滑、美丽的奥秘</span>
</div>
</body>
```

图 8-16　应用类 CSS 样式　　　　　　图 8-17　预览页面效果

新建类 CSS 样式时，默认在类 CSS 样式名称前有一个"."。这个"."说明了此 CSS 样式是一个类 CSS 样式（class），根据 CSS 规则，类 CSS 样式（class）必须为网页中的元素应用才会生效，类 CSS 样式可以在一个 HTML 元素中被多次调用。

8.3.5　伪类和伪对象选择器

伪类及伪对象是一种特殊的类和对象，由 CSS 样式自动支持，属于 CSS 的一种扩展类型和对象，名称不能被用户自定义，使用时只能按标准格式进行应用。使用形式如下。

```
a:hover {
  background-color:#ffffff;
}
```

伪类和伪对象由以下两种形式组成。

选择器:伪类

选择器:伪对象

上面说到的 hover 便是一个伪类，用于指定对象的鼠标经过状态。CSS 样式中内置了几个标准的伪类用于用户的样式定义。

CSS 样式内置伪类的介绍如表 8-1 所示。

表 8-1　CSS 样式中内置的伪类

伪类	用途
:link	a 链接标签的未被访问前的样式
:hover	对象在鼠标移上时的样式
:active	对象被用户单击及被单击释放之间的样式
:visited	a 链接对象被访问后的样式
:focus	对象成为输入焦点时的样式
:first-child	对象的第一个子对象的样式
:first	对于页面的第一页使用的样式

同样，CSS 样式中内置了几个标准伪对象用于用户的样式定义，CSS 样式中内置伪对象的介绍如表 8-2 所示。

表 8-2　CSS 样式中内置的伪对象

伪对象	用途
:after	设置某一个对象之后的内容
:first-letter	对象内的第一个字符的样式设置
:first-line	对象内第一行的样式设置
:before	设置某一个对象之前的内容

实际上，除了对于链接样式控制的 :hover、:active 几个伪类之外，大多数伪类及伪对象在实际应用中并不常见。设计者所接触到的 CSS 布局中，大部分是有关于排版的样式，对于伪类及伪对象所支持的多类属性基本上很少用到，但是不排除使用的可能，由此也可看到，CSS 为样式及样式中对象的逻辑关系、对象组织提供了很多便利的接口。

　　伪类 CSS 样式在网页中最广泛的应用是在网页中的超链接，但是也可以为其他的网页元素应用伪类 CSS 样式，特别是:hover 伪类，该伪类是当鼠标移至元素上时的状态，通过该伪类 CSS 样式的应用可以在网页中实现许多交互效果。

练习

创建并应用超链接伪类样式

最终文件：光盘\最终文件\第 8 章\8-3-5.html　　　视频：光盘\视频\第 8 章\8-3-5.mp4

01. 执行"文件>打开"命令，打开页面"光盘\源文件\第 8 章\8-3-5.html"，可以看到页面效果，如图 8-18 所示。选中页面中相应的文字，并为该文字创建空链接，如图 8-19 所示。

图 8-18　打开页面

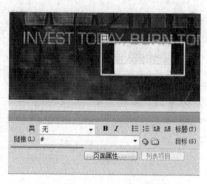

图 8-19　设置空链接

02. 在浏览器中预览该页面，可以看到网页中默认超链接文字的效果，如图 8-20 所示。转换到该文件所链接的外部 CSS 样式表文件，创建超链接标签 a 的 4 种伪类 CSS 样式，如图 8-21 所示。

图 8-20　默认超链接文字显示效果

```
a:link {
    color: #FFF;
    text-decoration: none;
}
a:hover {
    color: #F60;
    text-decoration: underline;
}
a:active {
    color: #F00;
    text-decoration: underline;
}
a:visited {
    color: #CCC;
    text-decoration: none;
}
```

图 8-21　CSS 样式代码

技巧　通过对超链接<a>标签的 4 种伪类 CSS 样式进行设置，可以控制网页中所有超链接文字的样式，如果需要在网页中实现不同的超链接样式，则可以通过定义类 CSS 样式的 4 种伪类或 ID CSS 样式的 4 种伪类来实现。

03. 返回设计视图，可以看到链接文字的效果，如图 8-22 所示。保存页面，并保存外部 CSS 样式表文件，在浏览器中预览页面，可以看到页面中超链接文字的效果，如图 8-23 所示。

图 8-22　超链接文字效果

图 8-23　预览页面显示效果

8.3.6　群组选择器

可以对于单个 HTML 对象进行 CSS 样式设置，同样也可以对一组对象进行相同的 CSS 样式设置。

```
h1,h2,h3,p,span {
    font-size: 12px;
    font-family: 宋体;
}
```

使用逗号对选择器进行分隔，使得页面中所有的<h1>、<h2>、<h3>、<p>和<span>标签都将具有相同的样式定义，这样做的好处是，对于页面中需要使用相同样式的地方只需要书写一次 CSS 样式即可实现，减少代码量，改善 CSS 代码的结构。

8.3.7　派生选择器

例如，如下的 CSS 样式代码。

```
h1 span {
    font-weight: bold;
}
```

当仅仅想对某一个对象中的"子"对象进行样式设置时，派生选择器就派上了用场，派生选择器指选择器组合中前一个对象包含后一个对象，对象之间使用空格作为分隔符，如本例所示，对 h1 下的 span 进行样式设置，最后应用到 HTML 是如下格式。

```
<h1>这是一段文本<span>这是 span 内的文本</span></h1>
<h1>单独的 h1</h1>
<span>单独的 span</span>
<h2>被 h2 标签套用的文本<span>这是 h2 下的 span</span></h2>
```

h1 标签中的 span 标签应用 font-weight:bold 的样式设置，注意，这种设置仅对有例中结构的标签有效，对于单独存在的 h1 或是单独存在的 span 及其他非 h1 标签下属的 span 均不会应用此样式。

这样能有效避免过多的 id 及 class 的设置，而是直接对需要设置的元素进行设置。派生选择器除了可以二者包含，也可以多级包含，如以下选择器样式同样能够使用。

```
body h1 span {
    font-weight: bold;
}
```

练习

在网页中创建并应用群组和派生 CSS 样式

最终文件：光盘\最终文件\第 8 章\8-3-7.html　　　视频：光盘\视频\第 8 章\8-3-7.mp4

01. 执行"文件>打开"命令，打开页面"光盘\源文件\第 8 章\8-3-7.html"，可以看到页面效果，如图 8-24 所示。在浏览器中预览该页面，可以看到网页的效果，如图 8-25 所示。

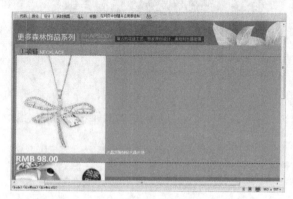

图 8-24　打开页面　　　　　　　　　　　　图 8-25　预览页面效果

02. 转换到代码视图，可以看到该网页的 HTML 代码，如图 8-26 所示。转换到外部 CSS 样式表文件，创建名称为#pic01,#pic02,#pic03 的群组选择器 CSS 样式，如图 8-27 所示。

```
<body>
<div id="box">
  <div id="pic01">
    <img src="images/83703.jpg" width="320" height="342"  alt=""/>
    水晶翅膀蜻蜓水晶长链<br>
    <h1>RMB 98.00</h1>
  </div>
  <div id="pic02">
    <img src="images/83704.jpg" width="320" height="342"  alt=""/>
    夏夜啄木鸟水晶项链<br>
    <h1>RMB 59.00</h1>
  </div>
  <div id="pic03">
    <img src="images/83705.jpg" width="320" height="342"  alt=""/>
    复古花丝工艺和平鸽项链<br>
    <h1>RMB 39.00</h1>
  </div>
</div>
</body>
```

```
#pic01,#pic02,#pic03 {
    width: 320px;
    height: auto;
    background-color: #F9F9F9;
    float: left;
    margin-right: 7px;
    text-align: right;
    color: #999;
}
```

图 8-26　HTML 代码　　　　　　　　　　图 8-27　CSS 样式代码

03. 保存页面并保存外部 CSS 样式表文件，在浏览器中预览页面，可以看到页面的效果，如图 8-28 所示。转换到外部 CSS 样式表文件，创建名称为#pic01 img,#pic02 img,#pic03 img 的派生选择器 CSS 样式，如图 8-29 所示。

04. 保存页面并保存外部 CSS 样式表文件，在浏览器中预览页面，可以看到页面的效果，如图 8-30 所示。转换到外部 CSS 样式表文件，创建名称为#pic01 h1,#pic02 h1,#pic03 h1 的派生选择器 CSS 样式，如图 8-31 所示。

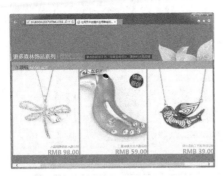

图 8-28　预览页面效果

```
#pic01 img,#pic02 img,#pic03 img {
    border-bottom: solid 1px #A2A07A;
    font-weight: bold;
    color: #36701B;
}
```

图 8-29　CSS 样式代码

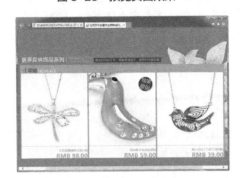

图 8-30　预览页面效果

```
#pic01 h1,#pic02 h1,#pic03 h1 {
    font-size: 16px;
    font-weight: bold;
    color: #36701B;
}
```

图 8-31　CSS 样式代码

05. 保存页面并保存外部 CSS 样式表文件，在浏览器中预览页面，可以看到页面的效果，如图 8-32 所示。

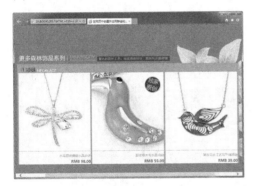

图 8-32　预览页面效果

> 　　派生选择器是指选择符组合中的前一个对象包含后一个对象，对象之间使用空格作为分隔符。这样做能够避免定义多过的 id 和类 CSS 样式，直接对需要设置的元素进行设置。派生选择符除了可以二级包含，也可以多级包含。

8.4　在网页中应用 CSS 样式的 4 种方式

CSS 样式能够很好地控制页面的显示，以达到分离网页内容和样式代码。在网页中应用 CSS 样式表有 4 种方式：内联样式、嵌入样式、链接外部样式和导入样式。在实际操作中，选择方式根据设计的不同要求进行选择。

8.4.1　内联 CSS 样式

内联 CSS 样式是所有 CSS 样式中比较简单和直观的方法，就是直接把 CSS 样式代码添加到 HTML 的标签中，即作为 HTML 标签的属性存在。通过这种方法，可以很简单地对某个元素单独定义样式。

使用内联样式方法是直接在 HTML 标签中使用 style 属性，该属性的内容就是 CSS 的属性和值，其应用格式如下。

```
<p style="font-family:宋体; font-size:12px; color:#CCCCCC;">内联样式</p>
```

内联 CSS 样式由 HTML 文件中元素的 style 属性所支持，只需要将 CSS 代码用 ";" 分号隔开输入在 style="" 中，便可以完成对当前标签的样式定义，是 CSS 样式定义的一种基本形式。

> 内联 CSS 样式仅仅是 HTML 标签对 style 属性支持所产生的一种 CSS 样式表编写方式，并不符合表现与内容分离的设计模式，采用内联 CSS 样式与表格布局从代码结构上完全相同，由于仅仅利用 CSS 对于元素的精确控制优势，并没有很好地实现表现与内容的分离，所以这种书写方式应当尽量少用。

8.4.2　内部 CSS 样式

内部 CSS 样式就是将 CSS 样式代码添加到<head>与</head>标签之间，并且用<style>与<style>标签进行声明。这种写法虽然没有完全实现页头同内容与 CSS 样式表现的完全分离，但可以将内容与 HTML 代码分离在两个部分进行统一管理。代码如下。

```html
<html>
    <head>
    <title>内部样式表</title>
    <style type="text/css">
    body{
        font-family: "宋体";
        font-size: 12px;
        color: #333333;
    }
    </style>
    </head>
    <body>
    内部 CSS 样式
    </body>
</html>
```

内部 CSS 样式是 CSS 样式的初级应用形式，它只针对当前页面有效，不能跨页面执行，因此达不到 CSS 代码多用的目的，在实际的大型网站开发中，很少会用到内部 CSS 样式。

> 内部 CSS 样式中，所有的 CSS 代码都编写在<style>与</style>标签之间，方便了后期对页面的维护，页面与采用内联 CSS 样式的方式相比是大大瘦身了。但是如果一个网站拥有很多页面，对于不同页面中的<p>标签都希望采用同样的 CSS 样式设置时，内部 CSS 样式的方法则显得有点麻烦了。该方法只适合于单一页面设置单独的 CSS 样式。

8.4.3　外部 CSS 样式

外部 CSS 样式表文件是 CSS 样式中较为理想的一种形式。将 CSS 样式代码单独编写在一个独立文件中，由网页进行调用，多个网页可以调用同一个外部 CSS 样式表文件，因此能够实现代码的最大化重用及网站文件的最优化配置。

　　链接外部 CSS 样式是指在外部定义 CSS 样式并形成以.css 为扩展名的文件，在网页中通过<link>标签将外部的 CSS 样式文件链接到网页中，而且该语句必须放在页面的<head>与</head>标签之间，其语法格式如下。

```
<link rel="stylesheet" type="text/css" href="CSS 样式表文件">
```

　　rel 属性指定链接到 CSS 样式，其值为 stylesheet，type 属性指定链接的文件类型为 CSS 样式表，href 属性指定所定义链接的外部 CSS 样式文件的路径，可以使用相对路径和绝对路径。

 练习

创建并链接外部 CSS 样式表文件

最终文件：光盘\最终文件\第 8 章\8-4-3.html　　　视频：光盘\视频\第 8 章\8-4-3.mp4

01. 执行"文件>打开"命令，打开页面"光盘\源文件\第 8 章\8-4-3.html"，可以看到页面效果，如图 8-33 所示。执行"文件>新建"命令，新建一个 CSS 样式表文件，并保存名为"光盘\源文件\第 8 章\style\8-4-3.css"的文件，如图 8-34 所示。

图 8-33　打开页面　　　　　　　　　　　　图 8-34　"新建文档"对话框

02. 返回页面的设计视图，打开"CSS 设计器"面板，单击"源"选项中的"附加现有的 CSS 文件"按钮，在弹出菜单中选择"附加现有的 CSS 文件"选项，如图 8-35 所示。弹出"使用现有的 CSS 文件"对话框，单击"浏览"按钮，选择需要链接的外部 CSS 样式文件，如图 8-36 所示。

图 8-35　选择"附加现有的 CSS 文件"选项　　图 8-36　"使用现有的 CSS 文件"对话框

03. 单击"确定"按钮，链接刚创建的外部 CSS 样式表文件，转换到代码视图，可以看见刚连接外部样式表文件的 html 代码，如图 8-37 所示。转换到外部样式表文件，创建通配选择器*和 body 标签选择器的 CSS 样式，如图 8-38 所示。

```
<head>
<meta charset="utf-8">
<title>创建并链接外部CSS样式表文件</title>
<link href="style/8-4-3.css" rel="stylesheet" type="text/css">
</head>
```

图 8-37　链接外部 CSS 样式表文件代码

```
* {
    margin: 0px;
    padding: 0px;
}
body {
    font-size: 14px;
    background-color: #48BEDC;
    background-image: url(../images/84301.jpg);
    background-repeat: no-repeat;
    background-position: center top;
}
```

图 8-38　CSS 样式代码

 提示

CSS 样式在页面中应用的主要目的在于实现良好的网站文件管理及样式管理，分离式的结构有助于合理分配表现与内容。

04. 返回设计视图，可以看到页面效果，如图 8-39 所示。转换到外部样式表文件，创建名为#box 和名为#logo 的 CSS 样式，如图 8-40 所示。

图 8-39　页面效果

```
#box {
    width: 700px;
    height: auto;
    overflow: hidden;
    margin: 0px auto;
    padding-top: 40px;
}
#logo {
    width: 301px;
    height: 52px;
    margin: 0px auto;
}
```

图 8-40　CSS 样式代码

05. 返回设计视图，可以看到页面效果，如图 8-41 所示。转换到外部样式表文件，创建名为#text 的 CSS 样式，如图 8-42 所示。

图 8-41　页面效果

```
#text {
    width: 400px;
    height: auto;
    overflow: hidden;
    margin-top: 120px;
    color: #194959;
    line-height: 25px;
}
```

图 8-42　CSS 样式代码

06. 返回设计视图，可以看到页面效果，如图 8-43 所示。转换到外部样式表文件，创建名为#text h1 和名为#text p 的 CSS 样式，如图 8-44 所示。

07. 返回设计视图，可以看到页面效果，如图 8-45 所示。保存页面并保存外部 CSS 样式表文件，在浏览器中预览页面，页面效果如图 8-46 所示。

图 8-43　页面效果

图 8-44　CSS 样式代码

```
#text h1 {
    font-family: 微软雅黑;
    font-size: 16px;
    font-weight: bold;
    line-height: 40px;
}
#text p {
    font-size: 14px;
    text-indent: 28px;
}
```

图 8-45　页面效果

图 8-46　预览页面效果

 　推荐使用链接外部 CSS 样式文件的方式在网页中应用 CSS 样式，其优势主要有：
（1）独立于 HTML 文件，便于修改；（2）多个文件可以引用同一个 CSS 样式文件；
（3）CSS 样式文件只需要下载一次，就可以在其他链接了该文件的页面内使用；（4）浏
览器会先显示 HTML 内容，然后再根据 CSS 样式文件进行渲染，从而使访问者可以更快
地看到内容。

8.4.4　导入外部 CSS 样式

导入外部 CSS 样式表文件与链接外部 CSS 样式表文件基本相同，都是创建一个独立的
CSS 样式表文件，然后再引入到 HTML 文件中，只不过在语法和运作方式上有所区别。采
用导入的 CSS 样式，在 HTML 文件初始化时，会被导入到 HTML 文件内，成为文件的一部
分，类似于内部 CSS 样式。链接 CSS 样式表是在 HTML 标签需要 CSS 样式风格时才以链
接方式引入。

导入的外部 CSS 样式表文件是指在嵌入样式的<style>与</style>标签中，使用
@import 命令导入一个外部 CSS 样式表文件。

 　导入外部 CSS 样式与链接外部 CSS 样式相比，最大的优点就是可以一次导入多个外部
CSS 样式文件。导入外部 CSS 样式文件相当于将 CSS 样式文件导入到内部 CSS 样式中，其
方式更有优势。导入外部 CSS 样式文件必须在内部 CSS 样式开始部分，即其他内部 CSS 样
式代码之前。

8.5　CSS 样式的特性

　　CSS 通过与 HTML 的文档结构相对应的选择符达到控制页面表现的目的，在 CSS 样式的应用过程中，还需要注意 CSS 样式的一些特性，包括继承性、特殊性、层叠性和重要性。

8.5.1　CSS 样式的继承性

　　在 CSS 语言中继承并不那么复杂，简单地说就是将各个 HTML 标签看作是一个个大容器，其中被包含的小容器会继承包含它的大容器的风格样式。子标签还可以在父标签样式风格的基础上再加以修改，产生新的样式，而子标签的样式风格完全不会影响父标签。

8.5.2　CSS 样式的特殊性

　　特殊性规定了不同的 CSS 规则的权重，当多个规则都应用在同一元素时，权重越高的 CSS 样式会被优先采用，例如，如下的 CSS 样式设置。

```
.font01 {
    color: red;
}
p {
    color: blue;
}

<p class="font01">内容</p>
```

　　那么，<p>标签中的文字颜色究竟应该是什么颜色？根据规范，标签选择符（例如，<p>）具有特殊性 1，而类选择符具有特殊性 10，id 选择符具有特殊性 100。因此，此例中 p 中的颜色应该为红色。而继承的属性，具有特殊性 0，因此后面任何的定义都会覆盖掉元素继承来的样式。

　　特殊性还可以叠加，例如，如下的 CSS 样式设置。

```
h1 {
    color: blue;          /*特殊性=1*/
}
p i {
    color: yellow;        /*特殊性=2*/
}
.font01 {
    color: red;           /*特殊性=10*/
}
#main {
    color: black;         /*特殊性=100*/
}
```

　　当多个 CSS 样式都可应用在同一元素时，权重越高的 CSS 样式会被优先采用。

8.5.3　CSS 样式的层叠性

层叠就是指在同一个网页中可以有多个 CSS 样式的存在，当拥有相同特殊性的 CSS 样式应用在同一个元素时，根据前后顺序，后定义的 CSS 样式会被应用，它是 W3C 组织批准的一个辅助 HTML 设计的新特性，它能够保持整个 HTML 统一的外观，可以由设计者在设置文本之前，就指定整个文本的属性，比如，颜色、字体大小，等等，CSS 样式给设计制作网页带来了很大的灵活性。

由此可以推出一般情况下，内联 CSS 样式（写在标签内的）>内部 CSS 样式（写在文档头部的）>外部 CSS 样式（写在外部样式表文件中的）。

8.5.4　CSS 样式的重要性

不同的 CSS 样式具有不同的权重，对于同一元素，后定义的 CSS 样式会替代先定义的 CSS 样式，但有时候制作者需要某个 CSS 样式拥有最高的权重，此时就需要标出此 CSS 样式为"重要规则"，例如，如下的 CSS 样式设置。

```
.font01 {
    color: red;
}
p {
    color: blue; !important
}
<p class="font01">内容</p>
```

此时，<p>标签 CSS 样式中的 color: blue 将具有最高权重，<p>标签中的文字颜色就为蓝色。

当制作者不指定 CSS 样式的时候，浏览器也可以按照一定的样式显示出 HTML 文档，这是浏览器使用自身内定的样式来显示文档。同时，访问者还有可能设定自己的样式表，比如，视力不好的访问者会希望页面内的文字显示得大一些，因此设定一个属于自己的样式表保存在本机内。此时，浏览器的样式表权重最低，制作者的样式表会取代浏览器的样式表来渲染页面，而访问者的样式表则会优先于制作者的样式定义。

而用"!important"声明的规则将高于访问者本地样式的定义，困此需要谨慎使用。

8.6　本章小结

CSS 样式是网页设计制作的必备技能，本章主要介绍了有关 CSS 样式的基础知识，包括 CSS 样式的发展、CSS 样式语法、CSS 选择器和在网页中应用 CSS 样式的方式等内容。通过本章的学习，使读者对 CSS 样式的理解更加深入，以便熟练地掌握并使用 CSS 样式。

8.7　课后习题

一、选择题

1. CSS 中定义 ID 选择器时，选择器名称前的指示符是什么？（　　）
　　A. !　　　　　　B. #　　　　　　C. *　　　　　D. .

2. 下列哪一项是 CSS 样式正确的语法结构？（　　　）

    A.　{p:color=red(body}　　　　　　B.　p:color=red

    C.　{p;color:red}　　　　　　　　D.　p {color: red;}

3. 下面哪一项不属于 CSS 选择器类型？（　　　）

    A.　类选择器　　　　　　　　　　B.　标签选择器

    C.　超文本标记选择器　　　　　　D.　ID 选择器

4. 下面哪一项不属于超链接伪类？（　　　）

    A.　:link　　　　B.　:hover　　　　C.　:before　　　　D.　:active

二、判断题

1. 创建类 CSS 样式时，样式名称的前面必须加一个英文句点符号。（　　　）

2. 在网页中应用 CSS 样式的方式有两种，分别是内部 CSS 样式和外部 CSS 样式。

（　　　）

三、简答题

1. 类 CSS 样式有什么特点？

2. 使用外部 CSS 样式表文件有哪些优势？

CSS 布局

基于 Web 标准的网站设计核心在于如何运用众多 Web 标准中的各种技术达到表现和内容的分离。只有真正实现了结构分离的网页，才是符合 Web 标准的网页设计。所以，掌握基于 CSS 的网页布局方式，就是实现 Web 标准的根本。本章将介绍如何使用 CSS 样式实现网页布局的表现。

本章知识点：

- 了解 Div 的特性及如何在网页中插入 Div
- 理解块元素与行内元素的区别
- 理解并掌握 CSS 盒模型中各属性的功能与应用
- 理解并掌握各种网页元素定位方式的特点及应用方法
- 掌握常用网页布局方式的设置方法

9.1 创建 Div

Div 与其他 HTML 标签一样，是一个 HTML 所支持的标签。与使用表格时应用 `<table></table>` 这样的结构一样，Div 在使用时也是同样以 `<div></div>` 的形式出现，通过 CSS 样式可以轻松地控制 Div 的位置，从而实现许多不同的布局方式。使用 Div 进行网页排版布局是网页设计制作的趋势。

9.1.1 了解 Div

Div 元素是用来为 HTML 文档内大块的内容提供结构和背景的元素。Div 的起始标签与结束标签之间的所有内容都是用来构成这个块的，其中所包含元素的特性由 `<div>` 标签的属性来控制，或者是通过使用 CSS 样式格式化这个块进行控制。Div 是一个容器，在 HTML 页面的每个标签对象几乎都可以称得上是一个容器，如使用段落 `<p>` 标签对象。

```
<p>文档内容</p>
```

P 为一个容器，其中放入了内容。相同的，Div 也是一个容器，能够放置内容。

```
<div>文档内容</div>
```

Div 是 HTML 中指定的，专门用于布局设计的容器对象。在传统的表格式布局中，之所以能进行页面的排版布局设计，完全依赖于表格标签 `<table>`。但表格布局需要通过表格的间距或者使用透明的 gif 图片来填充布局板块间的间距，这样布局的网页中表格会生成大量难以阅读和维护的代码；而且表格布局的网页要等整个表格下载完毕后才能显示所有内容，所以表格布局浏览速度较慢。而在 CSS 布局中 Div 是这种布局方式的核心对象，使用 CSS 布局的页面排版不需要依赖表格，仅从 Div 的使用上说，做一个简单的布局只需要依赖 Div 与 CSS，因此也可以称为 Div+CSS 布局。

9.1.2　如何插入 Div

与其他 HTML 对象一样，只需在代码中应用<div></div>这样的标签形式，将内容放置其中，便可以应用 Div 标签。

 　　　　<div>标签只是一个标识，作用是把内容标识一个区域，并不负责其他事情，Div 只是 CSS 布局工作的第一步，需要通过 Div 将页面中的内容元素标识出来，而为内容添加样式则由 CSS 来完成。

Div 对象除了可以直接放入文本和其他标签，多个 Div 标签也可以嵌套使用，最终的目的是合理地标识出页面的区域。

Div 对象在使用时，可以加入其他属性如：id、class、align 和 style 等，而在 CSS 布局方面，为了实现内容与表现分离，不应将 align（对齐）属性与 style（行间样式表）属性编写在 HTML 页面的<div>标签中，因此，Div 代码只可能拥有以下两种形式：

```
<div  id="id名称">内容</div>
<div  class="class名称">内容</div>
```

使用 id 属性，可以将当前这个 Div 指定一个 id 名称，在 CSS 中使用 ID 选择器进行 CSS 样式编写。同样，可以使用 class 属性，在 CSS 中使用类选择器进行 CSS 样式编写。

在一个没有应用 CSS 样式的页面中，即使应用了 Div，也没有任何实际效果，就如同直接输入了 Div 中的内容一样，那么该如何理解 Div 在布局上所带来的不同呢？

首先用表格与 Div 进行比较。使用表格布局时，表格设计的左右分栏或上下分栏，都能够在浏览器预览中直接看到分栏效果，如图 9-1 所示。

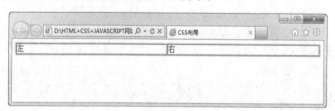

图 9-1　表格布局

表格自身的代码形式，决定了在浏览器中显示时，两块内容分别显示在左单元格与右单元格中，因此不管是否应用了表格线，都可以明确知道内容存在于两个单元格中，也达到了分栏的效果。

同表格的布局方式一样，使用 Div 布局，编写两个 Div 代码。

```
<div>左</div>
<div>右</div>
```

而此时浏览能够看到的仅仅出现了两行文字，并没有看出 Div 的任何特征，显示效果如图 9-2 所示。

图 9-2　div 布局

从表格与 Div 的比较中可以看出，Div 对象本身就是占据整行的一种对象，不允许其他对象与它在一行中并列显示，实际上，Div 就是一个"块状对象(block)"。

 HTML 中的所有对象几乎都默认为两种类型。（1）block 块状对象：指的是当前对象显示为一个方块，默认的显示状态下，将占据整行，其他对象在下一行显示。（2）inline 行间对象：正好与 block 相反，它允许下一个对象与它本身在一行中显示。

Div 在页面中并非用于与文本类似的行间排版，而是用于大面积、大区域的块状排版。

另外，从页面的效果中发现，网页中除了文字之外没有任何其他效果，两个 Div 之间的关系，只是前后关系，并没有出现类似表格的田字型的组织形式，可以说，Div 本身与样式没有任何关系，样式需要编写 CSS 来实现，因此 Div 对象从本质上实现了与样式分离。

因此在 CSS 布局中，所需要的工作可以简单归集为两个步骤，首先使用 Div 将内容标记出来，然后为这个 Div 编写需要的 CSS 样式。

由于 Div 与 CSS 样式分离，最终样式则由 CSS 来完成。这样的与样式无关的特性，使得 Div 在设计中拥有巨大的可伸缩性，可以根据自己的想法改变 Div 的样式，不再拘泥于单元格固定模式的束缚。

9.1.3 块元素与行内元素

HTML 中的元素分为块元素和行内元素，通过 CSS 样式可以改变 HTML 元素原本具有的显示属性，也就是说，通过 CSS 样式的设置可以将块元素与行内元素相互转换。

1. 块元素

每个块级元素默认占一行高度，一行内添加一个块级元素后一般无法添加其他元素（使用 CSS 样式进行定位和浮动设置除外）。两个块级元素连续编辑时，会在页面自动换行显示。块级元素一般可嵌套块级元素或行内元素。在 HTML 代码中，常见的块元素包括 <div>、<p>、<table>等。

在 CSS 样式中，可以通过 display 属性控制元素显示，即元素的显示方式。display 属性语法格式如下。

```
display: block | none | inline | compact | marker | inline-table | list-item
| run-in | table | table-caption | table-cell | table-column | table-column-
group | table-footer-group | table-header-group | table-row | table-row-group;
```

➢ block：设置网页元素以块元素方式显示。

➢ none：设置网页元素隐藏。

➢ inline：设置网页元素以行内元素方式显示。

➢ compact：分配对象为块对象或基于内容之上的行内对象。

➢ marker：指定内容在容器对象之前或之后。如果要使用该参数，对象必须和:after及:before伪元素一起使用。

➢ inline-table：将表格显示为无前后换行的行内对象或行内容器。

➢ list-item：将块对象指定为列表项目，并可以添加可选项目标志。

➢ run-in：分配对象为块对象或基于内容之上的行内对象。

➢ table：将对象作为块元素级的表格显示。

➢ table-caption：将对象作为表格标题显示。

➢ table-cell：将对象作为表格单元格显示。

➢ table-column：将对象作为表格列显示。

➢ table-column-group：将对象作为表格列组显示。

　　➢　table-footer-group：将对象作为表格脚注组显示。
　　➢　table-header-group：将对象作为表格标题组显示。
　　➢　table-row：将对象作为表格行显示。
　　➢　table-row-group：将对象作为表格行组显示。
　　display 属性的默认值为 block，即元素的默认方式是以块元素方式显示。

2. 行内元素

　　行内元素也叫内联元素、内嵌元素等，行内元素一般都是基于语义级的基本元素，只能容纳文本或其他内联元素，常见内联元素有<a>标签。

　　当 display 属性值被设置为 inline 时，可以把元素设置为行内元素。在常用的一些元素中，<span>、<a>、<img>、<b>、<font>和<input>等默认都是行内元素。

9.2　CSS 盒模型

　　盒模型是使用 Div+CSS 对网页元素进行控制时一个非常重要的概念，只有很好地理解和掌握了盒模型及其中每个元素的用法，才能真正地控制页面中各元素的位置。

9.2.1　什么是 CSS 盒模型

　　CSS 中，所有的页面元素都包含在一个矩形框内，这个矩形框称为盒模型。盒模型描述了元素及其属性在页面布局中所占的空间大小，因此盒模型可以影响其他元素的位置及大小。一般来说，这些被占据的空间往往都比单纯的内容要大。换句话说，可以通过整个盒子的边框和距离等参数，来调节盒子的位置。

　　盒模型是由 margin（边界）、border（边框）、padding（填充）和 content（内容）几个部分组成的，此外，在盒模型中，还具有高度和宽度两个辅助属性，如图 9-3 所示。

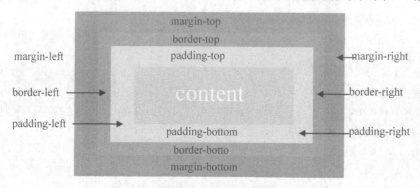

图 9-3　盒模型示意图

　　从图中可以看出，盒模型包含 4 个部分的内容。
　　➢　margin 属性
　　margin 属性称为边界或称为外边距，用来设置内容与内容之间的距离。
　　➢　border 属性
　　border 属性称为边框，内容边框线，可以设置边框的粗细、颜色和样式等。
　　➢　padding 属性
　　padding 属性称为填充或称为内边距，用来设置内容与边框之间的距离。
　　➢　content
　　称为内容，是盒模型中必需的一部分，可以放置文字、图像等内容。

一个盒子的实际高度或宽度是由 content+padding+border+margin 组成的。在 CSS 中，可以通过设置 width 或 height 属性来控制 content 部分的大小，并且对于任何一个盒子，都可以分别设置 4 边的 border、margin 和 padding。

9.2.2 CSS 盒模型的特性

关于 CSS 盒模型，有以下几个特性是在使用过程中需要注意的。

（1）边框默认的样式（border-style）可设置为不显示（none）。

（2）填充值（padding）不可为负。

（3）边界值（margin）可以为负，其显示效果在各浏览器中可能不同。

（4）内联元素，例如，<a>，定义上下边界不会影响到行高。

（5）对于块级元素，未浮动的垂直相邻元素的上边界和下边界会被压缩。例如，有上下两个元素，上面元素的下边界为 10px，下面元素的上边界为 5px，则实际两个元素的间距为 10px（两个边界值中较大的值），这就是盒模型的垂直空白边叠加的问题。

（6）浮动元素（无论是左浮动还是右浮动）边界不压缩。如果浮动元素不声明宽度，则其宽度趋向于 0，即压缩到其内容能承受的最小宽度。

（7）如果盒中没有内容，则即使定义了宽度和高度都为 100%，实际上只占 0%，因此不会被显示，这一点在使用 Div+CSS 布局的时候需要特别注意。

9.2.3 margin 属性——边距

margin 属性用于设置页面中元素和元素之间的距离，即定义元素周围的空间范围，是页面排版中一个比较重要的概念。

margin 属性的语法格式如下。

```
margin: auto | length;
```

其中，auto 表示根据内容自动调整，length 表示由浮点数字和单位标识符组成的长度值或百分数，百分数是基于父对象的高度。对于内联元素来说，左右外延距离可以是负数值。

margin 属性包含 4 个子属性，分别用于控制元素 4 周的边距，分别是 margin-top（上边距）、margin-right（右边距）、margin-bottom（下边距）和 margin-left（左边距）。

在给 margin 设置值时，如果提供 4 个参数值，将按顺时针的顺序作用于上、右、下、左 4 边；如果只提供 1 个参数值，则将作用于 4 边；如果提供 2 个参数值，则第 1 个参数值作用于上、下两边，第 2 个参数值作用于左、右两边；如果提供 3 个参数值，第 1 个参数值作用于上边，第 2 个参数值作用于左、右两边，第 3 个参数值作用于下边。

9.2.4 border 属性——边框

border 属性是内边距和外边距的分界线，可以分离不同的 HTML 元素，border 的外边是元素的最外围。在网页设计中，如果计算元素的宽和高，则需要把 border 属性值计算在内。

border 属性的语法格式如下。

```
border : border-style | border-color | border-width;
```

border 属性有 3 个子属性，分别是：border-style（边框样式）、border-width（边框宽度）和 border-color（边框颜色）。

9.2.5 padding 属性——填充

在 CSS 中，可以通过设置 padding 属性定义内容与边框之间的距离，即内边距。

padding 属性的语法格式如下。

```
padding: length;
```

padding 属性值可以是一个具体的长度，也可以是一个相对于上级元素的百分比，但不可以使用负值。

padding 属性包括 4 个子属性，分别用于控制元素 4 周的填充，分别是 padding-top（上填充）、padding-right（右填充）、padding-bottom（下填充）和 padding-left（左填充）。

在给 padding 设置值时，如果提供 4 个参数值，将按顺时针的顺序作用于上、右、下、左 4 边；如果只提供 1 个参数值，则将作用于 4 边；如果提供 2 个参数值，则第 1 个参数值作用于上、下两边，第 2 个参数值作用于左、右两边；如果提供 3 个参数值，第 1 个参数值作用于上边，第 2 个参数值作用于左、右两边，第 3 个参数值作用于下边。

设置网页元素盒模型

最终文件：光盘\最终文件\第 9 章\9-2-5.html　　　视频：光盘\视频\第 9 章\9-2-5.mp4

01. 执行“文件>打开”命令，打开页面“光盘\源文件\第 9 章\9-2-5.html”，效果如图 9-4 所示。将光标移至名为 pic 的 Div 中，将多余的文字删除，插入图片“光盘\源文件\第 9 章\images\92503.jpg”，效果如图 9-5 所示。

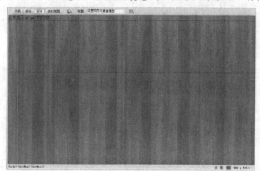

图 9-4　打开页面

图 9-5　插入图片

02. 转换到该网页所链接的外部 CSS 样式表文件中，创建名称为#pic 的 CSS 样式，在该 CSS 样式中添加 margin 外边距属性设置，如图 9-6 所示。返回网页设计视图，选中页面中 id 名称为 pic 的 Div，设置的外边距效果如图 9-7 所示。

```
#pic {
    width: 851px;
    height: 342px;
    background-color: rgba(0,0,0,0.5);
    margin: 60px auto 0px auto;
}
```

图 9-6　CSS 样式代码

图 9-7　页面效果

在网页中如果希望元素水平居中显示，可以通过 margin 属性设置左边距和右边距均为 auto，则该元素在网页中会自动水平居中显示。

03. 返回到外部 CSS 样式表文件，在名为#pic 的 CSS 样式中添加 border 属性设置，如图 9-8 所示。返回网页设计视图，可以看到为页面中 id 名称为 pic 的 Div 设置边框的效果，如图 9-9 所示。

```
#pic {
    width: 851px;
    height: 342px;
    background-color: rgba(0,0,0,0.5);
    margin: 60px auto 0px auto;
    border: solid 12px #FFF;
}
```

图 9-8　CSS 样式代码   图 9-9　页面效果

border 属性不仅可以设置图片的边框，还可以为其他元素设置边框，如文字、Div 等。在本实例中，主要介绍的是使用 border 属性为 Div 元素添加边框。

04. 返回到外部 CSS 样式表文件，在名为#pic 的 CSS 样式中添加 padding 属性设置，如图 9-10 所示。返回网页设计视图中，选中页面中 id 名称为 pic 的 Div，设置的填充效果如图 9-11 所示。

```
#pic {
    width: 811px;
    height: 302px;
    background-color: rgba(0,0,0,0.5);
    margin: 60px auto 0px auto;
    border: solid 12px #FFF;
    padding: 20px;
}
```

图 9-10　CSS 样式代码   图 9-11　页面效果

在 CSS 样式代码中 width 和 height 属性分别定义 Div 的内容区域的宽度和高度，并不包括 margin、border 和 padding，此处在 CSS 样式中添加了 padding 属性设置 4 边的填充均为 20 像素，则需要在高度值上减去 40 像素，在宽度值上同样减去 40 像素，这样才能够保证 Div 的整体宽度和高度不变。

05. 保存页面，并保存外部 CSS 样式表文件，在浏览器中预览页面，效果如图 9-12 所示。

提示

从盒模型中可以看出，中间部分就是content（内容），它主要用来显示内容，这部分也是整个盒模型的主要部分，其他的如 margin、border、padding 所做的操作都是对 content 部分所做的修饰。对于内容部分的操作，也就是对文字、图像等页面元素的操作。

图 9-12　预览页面效果

9.3　网页元素定位属性

CSS 的排版是一种比较新的排版理念，完全有别于传统的排版方式。它将页面首先在整体上进行<div>标签的分块，然后对各个块进行 CSS 定位，最后再在各个块中添加相应的内容。通过 CSS 排版的页面，更新十分容易，甚至是页面的拓扑结构，都可以通过修改 CSS 属性来重新定位。

9.3.1　position 属性——元素定位

在使用 Div+CSS 布局制作页面的过程中，是通过 CSS 的定位属性对元素完成位置和大小的控制的。定位其实就是精确的定义 HTML 元素在页面中的位置，可以是页面中的绝对位置，也可以是相对于父级元素或另一个元素的相对位置。

position 属性是最主要的定位属性，position 属性既可以定义元素的绝对位置，又可以定义元素的相对位置。

position 属性的语法格式如下。

```
position: static | absolute | fixed | relative;
```

position 的相关属性值说明如表 9-1 所示。

表 9-1　position 属性值说明

属性值	说明
static	设置 position 属性值为 static，表示无特殊定位，元素定位的默认值，对象遵循 HTML 元素定位规则，不能通过 z-index 属性进行层次分级
absolute	设置 position 属性值为 absolute，表示绝对定位，相对于其父级元素进行定位，元素的位置可以通过 top、right、bottom 和 left 等属性进行设置
fixed	设置 position 属性为 fixed，表示悬浮，使元素固定在屏幕的某个位置，其包含块是可视区域本身，因此其不随滚动条的滚动而滚动，IE5.5+及以下版本浏览器不支持该属性
relative	设置 position 属性为 relative，表示相对定位，对象不可以重叠，可以通过 top、right、bottom 和 left 等属性在页面中偏移位置，也可以通过 z-index 属性进行层次分级

在 CSS 样式中设置了 position 属性后，还可以对其他的定位属性进行设置，包括 width、height、z-index、top、right、bottom、left、overflow 和 clip，其中 top、right、 bottom 和 left 只有在 position 属性中使用才会起作用。

其他定位相关属性如表 9-2 所示。

表 9-2　其他定位相关属性说明

属性	说明
top、right、bottom 和 left	设 top 属性用于设置元素垂直距顶部的距离；right 属性用于设置元素水平距右部的距离；bottom 属性用于设置元素垂直距底部的距离；left 属性用于设置元素水平距左部的距离
z-index	z-index 属性用于设置元素的层叠顺序
width 和 height	width 属性用于设置元素的宽度；height 属性用于设置元素的高度
overflow	overflow 属性用于设置元素内容溢出的处理方法
clip	clip 属性设置元素剪切方式

9.3.2　网页元素相对定位

设置 position 属性为 relative，即可将元素的定位方式设置为相对定位。对一个元素进行相对定位，首先它将出现在它所在的原始位置上。然后通过设置垂直或水平位置，让这个元素相对于它的原始起点进行移动。另外，相对定位时，无论是否进行移动，元素仍然占据原来的空间。因此，移动元素会导致它覆盖其他元素。

练习

实现网页元素的叠加显示

最终文件：光盘\最终文件\第 9 章\9-3-2.html　　视频：光盘\视频\第 9 章\9-3-2.mp4

01. 执行"文件>打开"命令，打开页面"光盘\源文件\第 9 章\9-3-2.html"，效果如图 9-13 所示。将光标移至名为 pic 的 Div 中，将多余的文字删除，插入图片"光盘\源文件\第 9 章\images\93204.png"，效果如图 9-14 所示。

图 9-13　打开页面　　　　　　　　　　　图 9-14　插入图像

02. 转换到外部 CSS 样式表文件，创建名为#pic 的 CSS 样式，在该 CSS 样式中添加相应的相对定位代码，如图 9-15 所示。返回设计视图，可以看到页面中 id 名称为 pic 的元素的显示效果，如图 9-16 所示。

　　　　此处在 CSS 样式代码中设置元素的定位方式为相对定位，使元素相对于原位置向右移动了 210 像素，向上移动了 210 像素。

```
#pic {
    position: relative;
    width: 88px;
    height: 89px;
    left: 210px;
    top: -210px;
}
```

图 9-15　CSS 样式代码

图 9-16　页面效果

03. 保存页面，并保存外部 CSS 样式文件，在浏览器中预览页面，可以看到网页元素相对定位的效果，如图 9-17 所示。

图 9-17　预览页面效果

> **提示**　在使用相对定位时，无论是否进行移动，元素仍然占据原来的空间。因此，移动元素会导致它覆盖其他框。

9.3.3　网页元素绝对定位

设置 position 属性为 absolute，即可将元素的定位方式设置为绝对定位。绝对定位是参照浏览器的左上角，配合 top、right、bottom 和 left 进行定位的，如果没有设置上述的 4 个值，则默认的依据父级元素的坐标原点为原始点。

在父级元素的 position 属性为默认值时，top、right、bottom 和 left 的坐标原点以 body 的坐标原点为起始位置。

　练习

网页元素固定在右侧显示

最终文件：光盘\最终文件\第 9 章\9-3-3.html　　　视频：光盘\视频\第 9 章\9-3-3.mp4

01. 执行"文件>打开"命令，打开页面"光盘\源文件\第 9 章\9-3-3.html"，效果如图 9-18 所示。将光标移至名为 link 的 Div 中，将多余的文字删除，插入图片"光盘\源文件\第 9 章\images\93301.png"，效果如图 9-19 所示。

02. 转换到该网页所链接的外部 CSS 样式表文件，创建名为#link 的 CSS 样式，在该 CSS 样式中添加相应的绝对定位代码，如图 9-20 所示。保存页面，并保存外部 CSS 样式表文件，在浏览器中预览页面，可以看到网页中元素绝对定位的效果，如图 9-21 所示。

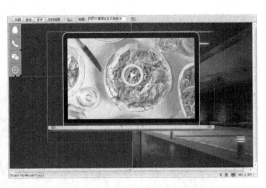

图 9-18 打开页面   图 9-19 插入图像

```
#link {
    position: absolute;
    width: 50px;
    height: 203px;
    right: 0px;
    top: 50%;
    margin-top: -101px;
    z-index: 5;
}
```

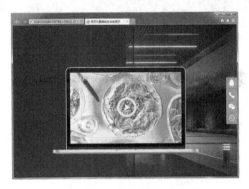

图 9-20 CSS 样式代码   图 9-21 预览页面效果

在名为#link 的 CSS 样式设置中，通过设置 position 属性为 absolute，将 id 名为 link 的 Div 设置为绝对定位，通过设置 right 属性为 0 像素，将 id 名为 link 的 Div 显示在浏览器右边界位置，通过设置 top 属性为 50%，并设置 margin-top 属性值为负的元素高度的一半，从而使元素显示在页面的中垂直居中位置。通过 z-index 属性的设置，使得该元素显示在页面中其他元素上方。

对于定位的主要问题是要记住每种定位的意义。相对定位时相对于元素在文档流中的初始位置，而绝对定位时相对于最近的已定位的父元素，如果不存在已定位的父元素，而就相对于最初的包含块。因为绝对定位的框与文档流无关，所以它可以覆盖页面上的其他元素。可以通过设置 z-index 属性来控制这些框的堆放次序。z-index 属性的值越大，框在堆中的位置就越高。

9.3.4 网页元素固定定位

设置 position 属性为 fixed，即可将元素的定位方式设置为固定定位。固定定位和绝对定位相似，它是绝对定位的一种特殊形式，固定定位的容器不会随着滚动条的拖动而变化位置。显示时，固定定位的容器位置是不会改变的。固定定位可以把一些特殊效果固定在浏览器的视线位置。

 练习

实现固定位置的导航菜单

最终文件：光盘\最终文件\第 9 章\9-3-4.html   视频：光盘\视频\第 9 章\9-3-4.mp4

01. 执行"文件>打开"命令，打开页面"光盘\源文件\第 9 章\9-3-4.html"，效果如图 9-22 所示。在浏览器中预览页面，发现顶部的导航菜单会跟着滚动条一起滚动，如图 9-23 所示。

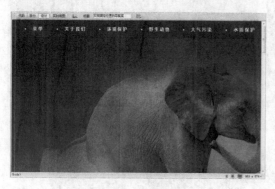

图 9-22　打开页面

图 9-23　预览页面效果

02. 转换到该网页所链接的外部 CSS 样式表文件，找到名为#menu 的 CSS 样式，如图 9-24 所示。在该 CSS 样式代码中添加相应的固定定位代码，如图 9-25 所示。

```
#menu{
    height:65px;
    width:100%;
    background-image:url(../images/93401.jpg);
    background-repeat:no-repeat;
    background-position:top center;
}
```

图 9-24　CSS 样式代码

```
#menu{
    position:fixed;
    height:65px;
    width:100%;
    background-image:url(../images/93401.jpg);
    background-repeat:no-repeat;
    background-position:top center;
}
```

图 9-25　添加固定定位代码

03. 保存页面，并保存外部 CSS 样式文件，在浏览器中预览页面，可以看到页面效果，如图 9-26 所示。拖动浏览器滚动条，发现顶部导航菜单始终固定在浏览器顶部不动，如图 9-27 所示。

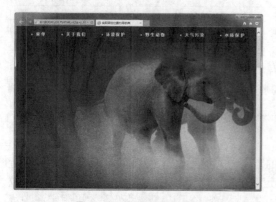

图 9-26　预览页面效果

图 9-27　导航菜单固定显示在顶部

提示　　固定定位的参照位置不是上级元素块而是浏览器窗口，所以可以使用固定定位来设定类似传统框架样式布局，以及广告框架或导航框架等。使用固定定位的元素可以脱离页面，无论页面如何滚动，始终处在页面的同一位置上。

9.3.5 网页元素浮动定位

除了使用 position 属性进行定位外，还可以使用 float 属性定位。float 定位只能在水平方向上定位，而不能在垂直方向上定位。float 属性表示浮动属性，它用来改变元素块的显示方式。

浮动定位是 CSS 排版中非常重要的方法。浮动的框可以左右移动，直到它外边缘碰到包含框或另一个浮动框的边缘。

float 属性语法格式如下。

```
float: none | left | right;
```

设置 float 属性为 none，表示元素不浮动；设置 float 属性为 left，表示元素向左浮动；设置 float 属性为 right，表示元素向右浮动。

  浮动定位是在网页布局制作过程中使用最多的定位方式，通过设置浮动定位可以将网页中的块状元素在一行中显示。

练习

制作顺序排列的图像列表

最终文件：光盘\最终文件\第 9 章\9-3-5.html   视频：光盘\视频\第 9 章\9-3-5.mp4

01. 执行"文件>打开"命令，打开页面"光盘\源文件\第 9 章\9-3-5.html"，效果如图 9-28 所示。转换到外部 CSS 样式表文件中，分别创建名为#pic1、#pic2 和#pic3 的 CSS 样式代码，如图 9-29 所示。

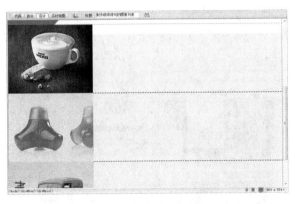

图 9-28 打开页面

```
#pic1 {
    width: 298px;
    height: 234px;
    background-color: #FFF;
    padding: 7px;
    margin: 4px;
}
#pic2 {
    width: 298px;
    height: 234px;
    background-color: #FFF;
    padding: 7px;
    margin: 4px;
}
#pic3 {
    width: 298px;
    height: 234px;
    background-color: #FFF;
    padding: 7px;
    margin: 4px;
}
```

图 9-29 CSS 样式代码

02. 将 id 名为 pic1 的 Div 向右浮动，在名为#pic1 的 CSS 样式代码中添加右浮动代码，如图 9-30 所示。返回设计视图中，可以看到 id 名为 pic1 的 Div 脱离文档流并向右浮动，直到该 Div 的边缘碰到包含框 box 的右边框，如图 9-31 所示。

03. 转换到外部样式表文件，将 id 名为 pic1 的 Div 向左浮动，在名为#pic1 的 CSS 样式代码中添加左浮动代码，如图 9-32 所示。返回网页设计视图，id 名为 pic1 的 Div 向左浮动，id 名为 pic2 的 Div 被遮盖了，如图 9-33 所示。

```
#pic1 {
    width: 298px;
    height: 234px;
    background-color: #FFF;
    padding: 7px;
    margin: 4px;
    float: right;
}
```

图 9-30　添加浮动属性设置

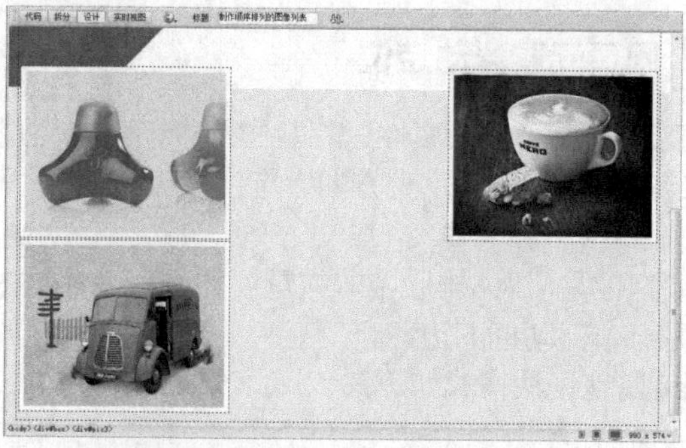

图 9-31　页面元素向右浮动效果

```
#pic1 {
    width: 298px;
    height: 234px;
    background-color: #FFF;
    padding: 7px;
    margin: 4px;
    float: left;
}
```

图 9-32　添加浮动属性设置

图 9-33　页面元素向左浮动效果

当 id 名为 pic1 的 Div 脱离文档流并向左浮动时，直到它的边缘碰到包含 box 的左边缘。因为它不再处于文档流中，所以它不占据空间，实际上覆盖了 id 名为 pic2 的 Div，使 pic2 的 Div 从视图中消失，但是该 Div 中的内容还占据着原来的空间。

04. 转换到外部 CSS 样式表文件，分别在#pic2 和#pic3 的 CSS 样式中添加向左浮动代码，如图 9-34 所示。将这 3 个 Div 都向左浮动，返回网页设计视图，可以看到页面效果，如图 9-35 所示。

```
#pic2 {
    width: 298px;
    height: 234px;
    background-color: #FFF;
    padding: 7px;
    margin: 4px;
    float: left;
}
#pic3 {
    width: 298px;
    height: 234px;
    background-color: #FFF;
    padding: 7px;
    margin: 4px;
    float: left;
}
```

图 9-34　添加浮动属性设置

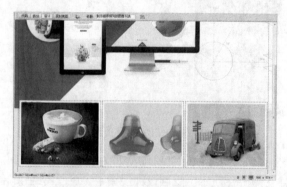

图 9-35　页面元素向左浮动效果

将 3 个 Div 都向左浮动，那么 id 名为 pic1 的 Div 向左浮动直到碰到包含 box 的左边缘，另外两个 Div 向左浮动直到碰到前一个浮动 Div。

05. 返回网页设计视图，在 id 名为 pic3 的 Div 之后分别插入 id 名为 pic4 至 pic6 的 Div，并在各 Div 中插入相应的图片，如图 9-36 所示。转换到代码视图中，可以看到的页面代码，如图 9-37 所示。

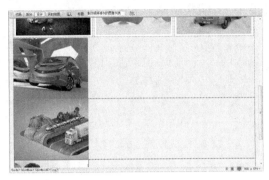

```
<div id="box">
  <div id="pic1"><img src="images/93502.jpg" width="298" height="234" alt=""/></div>
  <div id="pic2"><img src="images/93503.jpg" width="298" height="234" alt=""/></div>
  <div id="pic3"><img src="images/93504.jpg" width="298" height="234" alt=""/></div>
  <div id="pic4"><img src="images/93505.jpg" width="298" height="234" alt=""/></div>
  <div id="pic5"><img src="images/93506.jpg" width="298" height="234" alt=""/></div>
  <div id="pic6"><img src="images/93507.jpg" width="298" height="234" alt=""/></div>
</div>
```

图 9-36　页面效果　　　　　　　　　　　　　图 9-37　HTML 代码

06. 转换到 12-5-5.css 文件，定义名为#pic4,#pic5,#pic6 的 CSS 样式，如图 9-38 所示。保存页面，并保存外部 CSS 样式文件，在浏览器中预览页面，可以看到页面效果，如图 9-39 所示。

```
#pic4,#pic5,#pic6 {
    width: 298px;
    height: 234px;
    background-color: #FFF;
    padding: 7px;
    margin: 4px;
    float: left;
}
```

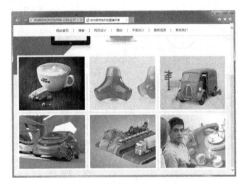

图 9-38　CSS 样式代码　　　　　　　　　　　图 9-39　预览页面效果

如果包含框太窄，无法容纳水平排列的多个浮动元素，那么其他浮动元素将向下移动，直到有足够空间的地方。如果浮动元素的高度不同，那么当向下移动时可能会被其他浮动元素卡住。

在前面已经介绍过，HTML 页面中的元素分为行内元素和块元素，行内元素是可以显示在同一行上的元素，例如，<span>，块元素是占据整行空间的元素，例如，<div>。如果需要将两个<div>显示在同一行上，就可以通过使用 float 属性来实现。

9.4　网页常用布局方式

CSS 是控制网页布局样式的基础，并真正能够实现网页表现和内容分离的一种样式设计语言。相对于传统的 HTML 简单样式控制来说，CSS 能够对网页中对象的位置排版进行像素级的精确控制，还拥有对网页对象盒模型样式的控制能力，并且能够进行初步页面交互设计，是当前基于文件展示的最优秀的表达设计语言。

9.4.1　居中的布局

网页设计居中在网页布局的应用非常广泛，所以如何在 CSS 中让设计居中显示是大多数开发人员首先要学习的重点之一。实现网页内容居中布局有以下两个方法。

1．使用自动空白边居中

假设一个布局，希望其中的容器 Div 在屏幕上水平居中：

```
<body>
  <div id="box"></div>
</body>
```

只需要定义 Div 的宽度，然后将水平空白边设置为 auto 即可实现居中布局。

```
#box{
width:720px;
height:400px;
background-color:#9FC;
border: 2px solid #FF9;
margin: 0 auto;
}
```

id 名为 box 的 Div 在页面中是居中显示的，如图 9-40 所示。

图 9-40　自动空白边居中效果

这种 CSS 样式定义方法在所有浏览器中都是有效的。但是在 IE5.X 和 IE6 中不支持自动空白边。因为 IE 将 text-align:center 理解为让所有对象居中，而不只是文本。可以利用这一点，让主体标签中所有对象居中，包括容器 Div，然后将容量的内容重新水平左对齐即可，如下：

```
body{
text-align:center;                    /*设置文本居中显示*/
}
#box{
width:720px;
height:400px;
background-color:#9FC;
border: 2px solid #FF9;
```

```
margin: 0 auto;
text-align:left;                          /*设置文本居左显示*/
}
```

以这种方式使用 text-align 属性，不会对代码产生任何严重的影响。

2. 使用定位和负值空白边居中

首先定义容器的宽度，然后将容器的 position 属性设置为 relative，将 left 属性设置为
50%，就会把容器的左边缘定位在页面的中间，CSS 样式的设置代码如下。

```
#box{
width: 720px;
position: absolute;
left: 50%;
}
```

如果不希望让容器的左边缘居中，而是让容器的中间居中，只要对容器的左边应用一个
负值的空白边，宽度等于容器宽度的一半。这样就会把容器向左移动它的宽度的一半，从而
让它在屏幕上居中，CSS 样式代码如下：

```
#box{
width: 720px;
position: absolute;
left: 50%;
margin-left: -360px;
}
```

9.4.2　浮动的布局

在 Div+CSS 布局中，浮动布局是使用最多，也是常见的布局方式，浮动的布局又可以分
为多种形式，接下来分别介绍。

1. 两列固定宽度布局

两列宽度布局非常简单，HTML 代码如下。

```
<div id="left">左列</div>
<div id="right">右列</div>
```

为 id 名为 left 与 right 的 Div 设置 CSS 样式，让两个 Div 在水平行中并排显示，从而形
成二列式布局，CSS 代码如下。

```
#left {
    width: 400px;
    height: 400px;
    background-color: #9FC;
    border: 2px solid #FFC;
    float: left;
}
#right {
    width: 400px;
    height: 400px;
    background-color: #9FC;
```

```
    border: 2px solid #FFC;
    float: left;
}
```

　　为了实现二列式布局，使用了 float 属性，这样二列固定宽度的布局就能够完整地显示出来，预览效果如图 9-41 所示。

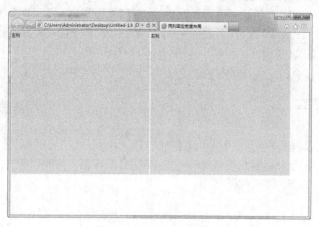

图 9-41　二列固定宽度布局

2. 两列固定宽度居中布局

　　两列固定宽度居中布局可以使用 Div 的嵌套方式完成，用一个居中的 Div 作为容器，将二列分栏的两个 Div 放置在容器中，从而实现二列的居中显示。HTML 代码结构如下。

```
<div id="box">
    <div id="left">左列</div>
    <div id="right">右列</div>
</div>
```

　　为分栏的两个 Div 加上了一个 id 名为 box 的 Div 容器，CSS 代码如下。

```
#box {
    width: 808px;
    margin: 0px auto;
}
#left {
    width: 400px;
    height: 400px;
    background-color :#9FC;
    border: 2px solid #FF9;
    float: left;
}
#right {
    width: 400px;
    height: 400px;
    background-color: #9FC;
    border: 2px solid #FF9;
```

```
        float: left;
    }
```

　　一个对象的宽度，不仅由 width 值来决定，它的真实宽度是由本身的宽、左右外边距，以及左右边框和内边距这些属性相加得到的，#left 宽度为 400px，左右都有 2px 的边距，因此，实际宽度为 404，#right 与#left 相同，所以#box 的宽度设定为 808px。

　　id 名为 box 的 Div 有了居中属性，自然其中的内容也能做到居中，这样就实现了二列的居中显示，预览效果如图 9-42 所示。

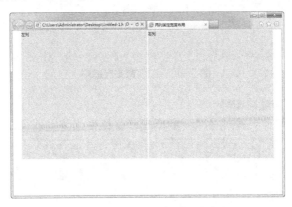

图 9-42　二列固定宽度居中布局

3. 两列宽度自适应布局

　　设置自适应主要通过宽度的百分比值设置，因此，在二列宽度自适应布局中也同样是对百分比宽度值设定，CSS 代码如下。

```
#left {
    width: 20%;
    height: 400px;
    background-color: #9FC;
    border: 2px solid #FF9;
    float: left;
}
#right {
    width: 70%;
    height: 400px;
    background-color: #9FC;
    border: 2px solid #FF9;
    float: left;
}
```

　　左栏宽度设置为 20%，右栏宽度设置为 70%，可以看到页面预览效果，如图 9-43 所示。

　　没有把整体宽度设置 100%，是因为前面已经提示过，左侧对象不仅仅是浏览器窗口20%的宽度，还应当加上左右深色的边框，这样算下来，左右栏都超过了自身的百分比宽度，最终的宽度也超过了浏览器窗口的宽度，因此右栏将被挤到第二行显示，从而失去了左右分栏的效果。

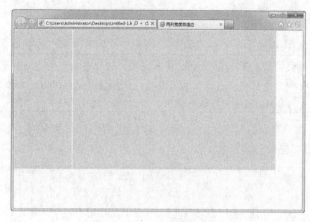

图 9-43　二列宽度自适用

4．两列右列宽度自适应布局

在实际应用中，有时候需要左栏固定宽度，右栏根据浏览器窗口的大小自动适应。在 CSS 中只需要设置左栏宽度，右栏不设置任何宽度值，并且右栏不浮动。CSS 代码如下。

```
#left {
    width: 400px;
    height: 400px;
    background-color: #9FC;
    border: 2px solid #FF9;
    float: left;
}
#right {
    height: 400px;
    background-color: #9FC;
    border: 2px solid #FF9;
}
```

左栏将呈现 400px 的宽度，而右栏将根据浏览器窗口大小自动适应，二列右列宽度自适应经常在网站中用到，不仅右列，左列也可以自适应，方法是一样的，如图 9-44 所示。

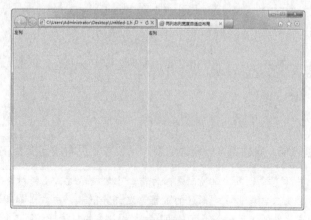

图 9-44　二列右列宽度自适用

5. 三列浮动中间列宽度自适应布局

　　三列浮动中间列宽度自适应布局，是左栏固定宽度居左显示，右栏固定宽度居右显示，而中间栏则需要在左栏和右栏的中间显示，根据左右栏间距的变化自动适应。单纯使用 float 属性与百分比属性不能实现，这就需要绝对定位来实现了。绝对定位后的对象，不需要考虑它在页面中的浮动关系，只需要设置对象的 top、right、bottom 及 left 四个方向即可。HTML 代码结构如下。

```
<div id="left">左列</div>
<div id="main">中列</div>
<div id="right">右列</div>
```

　　首先使用绝对定位将左列与右列进行位置控制，CSS 代码如下。

```
*  {                     /*通配选择器*/
  margin: 0px;
  padding: 0px;
}
#left {
  width: 200px;
  height: 400px;
  background-color: #9FC;
  border: 2px solid #FF9;
  position: absolute;
  top: 0px;
  left: 0px;
}
#right {
  width: 200px;
  height: 400px;
  background-color: #9FC;
  border: 2px solid #FF9;
  position: absolute;
  top: 0px;
  right: 0px;
}
```

　　而中列则用普通 CSS 样式，CSS 代码如下。

```
#main {
  height: 400px;
  background-color: #9FC;
  border: 2px solid #FF9;
  margin: 0px 204px 0px 204px;
}
```

　　对于 id 名为 main 的 Div 来说，不需要再设定浮动方式，只需要让它的左边和右边的边距永远保持#left 和#right 的宽度，便实现了两边各让出 204px 的自适应宽度，刚好使#main 在这个空间中，从而实现了布局的要求，预览效果如图 9-45 所示。

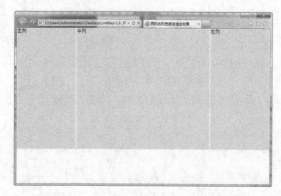

图 9-45　三列浮动中间列宽度自适应布局

9.4.3　自适应高度的解决方法

高度值同样可以使用百分比进行设置，不同的是直接使用 height:100%;是不会显示效果的，这与浏览器的解析方式有一定关系，如下实现高度自适应的 CSS 代码。

```css
html,body {
    margin:0px;
    padding: 0px;
    height: 100%;
}
#left {
    width: 400px;
    height: 100%;
    background-color: #9FC;
}
```

对#left 设置 height:100%的同时，也设置了 HTML 与 body 的 height:100%，一个对象高度是否可以使用百分比显示，取决于对象的父级对象，id 名为 left 的 Div 在页面中直接放置在<body>标签中，因此它的父级就是<body>标签，而浏览器默认状态下，没有给<body>标签一个高度属性，因此直接设置#left 的 height:100%时，不会产生任何效果，而当给<body>标签设置了 100%之后，它的子级对象#left 的 height:100%便起了作用，这便是浏览器解析规则引发的高度自适应问题。而给 HTML 对象设置 height:100%，是能使 IE 与 Firefox 浏览器都能实现高度自适应，如图 9-46 所示。

图 9-46　高度自适应

9.5　本章小结

本章主要介绍了 Div+CSS 布局的相关知识，也是 Div+CSS 布局的重点内容，包括什么是 CSS 盒模型、常用的定位方式、常用的布局方式等内容，只有仔细理解本章的内容，才能够在网页制作过程中熟练应用。

9.6　课后习题

一、选择题

1. 下列哪个属性能够设置盒模型的左侧外边距?（　　）
　　A. margin　　　B. padding　　　C. margin-left　　D. padding-left

2. 如果需要设置盒模型的上、右、下、左 4 个方向的内填充值分别为 10px、20px、30px、40px，CSS 样式应该如何设置?（　　）
　　A. margin:10px 20px 30px 40px;　B. padding:10px 20px 30px 40px;
　　C. padding: 10px 20px;　　　　　D. margin:10px 30px 40px 20px;

3. 下面哪一个 CSS 属性不属于 CSS 盒模型相关的属性?（　　）
　　A. margin　　　B. padding　　　C. border　　　D. font

4. 设置网页元素为绝对定位，下列写法正确的是?（　　）
　　A. position: absolute;　　　　　B. position: fixed;
　　C. position: relative;　　　　　D. position: static;

二、判断题

1. 如果需要实现 Div 的高度为 100%，则首先需要设置 html 和 body 的高度为 100%，只有这样才能实现 Div 高度的自适应。（　　）

2. 在 CSS 样式中只能使用 position 属性设置网页元素的定位方式。（　　）

三、简答题

1. padding 属性与 margin 属性的区别是什么?
2. 简述相对定位与绝对定位的区别。

第 10 章

CSS 样式属性详解

CSS 样式能够对文本、段落、背景、边框、位置、超链接、列表和光标效果等多种样式进行属性设置，通过这些属性设置可以控制网页中几乎所有的元素，从而使网页的排版布局更加轻松，外观表现效果更加精美。

本章知识点：
- 理解并掌握用于设置字体样式的 CSS 属性
- 理解并掌握用于设置段落样式的 CSS 属性
- 掌握如何使用 CSS 样式设置背景颜色和背景图像
- 掌握使用 CSS 样式设置并美化列表的方法
- 掌握使用 CSS 样式设置边框和超链接的方法
- 了解使用 CSS 样式设置光标指针效果的方法

10.1　使用 CSS 设置文字样式

在制作网站页面时，可以通过 CSS 控制文字样式，对文字的字体、大小、颜色、粗细、斜体、下画线、顶画线和删除线等属性进行设置。使用 CSS 控制文字样式的最大好处是，可以同时为多段文字赋予同一 CSS 样式，在修改时只需修改某一个 CSS 样式，即可同时修改应用该 CSS 样式的所有文字。

10.1.1　font-family 属性——字体

HTML 提供了字体样式设置的功能，在 HTML 中文字样式是通过<font face="字体名称">来设置的，而在 CSS 样式中则是通过 font-family 属性进行设置的。font-family 属性的语法格式如下。

```
font-family: name1,name2,name3…;
```

从 font-family 属性的语法格式可以看出，可以为 font-family 属性定义多个字体，按优先顺序，用逗号隔开，当系统中没有第一种字体时会自动应用第二种字体，以此类推。需要注意的是，如果字体名称中包含空格，则字体名称需要用双引号括起来。

10.1.2　font-size 属性——字体大小

在网页应用中，字体大小的区别可以起到突出网站主题的作用。字体大小可以是相对大小也可以是绝对大小。在 CSS 样式中，可以通过设置 font-size 属性来控制字体的大小。font-size 属性的基本语法如下。

```
font-size: 字体大小;
```

在设置字体大小时，可以使用绝对大小单位，也可以使用相对大小单位。

在 CSS 样式中，绝对单位用于设置绝对值，主要有 5 种绝对单位，如表 10-1 所示。

表 10-1　CSS 样式中的绝对单位

单位	说明
in（英寸）	in（英寸）是国外常用的量度单位，对于国内设计而言，使用较少。1in（英寸）等于 2.54cm（厘米），而 1cm（厘米）等于 0.394in（英寸）
cm（厘米）	cm（厘米）是常用的长度单位。它可以用来设定距离比较大的页面元素框
mm（毫米）	mm（毫米）用来精确设定页面元素距离或大小。10mm（毫米）等于 1cm（厘米）
pt（磅）	pt（磅）是标准的印刷量度，一般用来设定文字的大小。它广泛应用于打印机、文字程序等。72pt（磅）等于 1in（英寸），也就是等于 2.54cm（厘米）
pc（派卡）	pc（派卡）是另一种印刷量度，1pc（派卡）等于 12pt（磅），该单位并不经常使用

　　相对单位是指在度量时需要参照其他页面元素的单位值。使用相对单位所度量的实际距离可能会随着这些单位值的变化而变化。CSS 样式中提供了 3 种相对单位，具体如表 10-2 所示。

表 10-2　CSS 样式中的相对单位

单位	说明
em	em 用于给定字体的 font-size 值。1em 表示页面默认的字体大小，它随着字体大小的变化而变化，如一个元素的字体大小为 12pt，那么 1em 就是 12pt；若该元素字体大小改为 15pt，则 1em 就是 15pt
ex	ex 是以给定字体的小写字母"x"高度作为基准，对于不同的字体来说，小写字母"x"高度是不同的，因而，ex 的基准也不同
px	px 也叫像素，是目前广泛使用的一种量度单位，1px 就是屏幕上的一个小方格，通常是看不出来的，由于显示器的大小不同，它的每个小方格是有所差异的，因而，以像素为单位的基准也是不同的

10.1.3　color 属性——字体颜色

　　在 HTML 页面中，一般在页面的标题部分或者需要浏览者注意的部分使用不同的颜色，使其与其他文字有所区别，从而能够吸引浏览者的注意。在 CSS 样式中，文字的颜色是通过 color 属性进行设置的。color 属性的基本语法如下。

```
color: 颜色值;
```

　　在 CSS 样式中颜色值的表示方法有多种，可以使用颜色英文名称、RGB 和 HEX 等多种方式设置颜色值。

 练习

设置网页文字基本效果

最终文件：光盘\最终文件\第 10 章\10-1-3.html　　　视频：光盘\视频\第 10 章\10-1-3.mp4

　　01. 执行"文件>打开"命令，打开页面"光盘\源文件\第 10 章\10-1-3.html"，可以看到页面效果，如图 10-1 所示。转换到该网页链接的外部样式表文件中，创建名为.font01 的类 CSS 样式，如图 10-2 所示。

图 10-1　打开页面

```
.font01 {
    font-family: "Arial Black";
    font-size: 30px;
    color: #EEE77E;
}
```

图 10-2　CSS 样式代码

02. 返回设计界面，选中页面中相应的文字，在"类"下拉列表中选择刚定义的 CSS 样式 font01 应用，如图 10-3 所示。完成类 CSS 样式的应用后，可以看到页面中字体的效果，如图 10-4 所示。

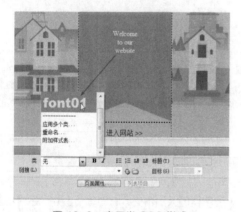

图 10-3　应用类 CSS 样式

图 10-4　文字效果

03. 转换到外部样式表文件，创建名为.font02 的类 CSS 样式，如图 10-5 所示。返回设计视图，选中相应的文字，在"类"下拉列表中选择刚定义的 CSS 样式 font02 应用，如图 10-6 所示。

```
.font02 {
    font-family: 微软雅黑;
    font-size: 16px;
    color: #FFF;
}
```

图 10-5　CSS 样式代码

图 10-6　应用类 CSS 样式

此处设置字体、字体大小和字体颜色。默认情况下，中文操作系统中默认的中文字体有宋体、黑体、幼圆和微软雅黑等少数几种，大多数的中文字体都不是系统默认支持的字体。在网页中，默认的颜色表现方式是十六进制的表现方式，如#000000，以#号开头，前两位代表红色的分量，中间两位代表绿色的分量，最后两位代表蓝色的分量。

04. 完成类 CSS 样式的应用后，可以看到文字的效果，如图 10-7 所示。保存页面，并保存外部 CSS 样式文件，在浏览器中预览页面，效果如图 10-8 所示。

图 10-7　文字效果　　　　　　　　　图 10-8　预览页面效果

10.1.4　font-weight 属性——字体粗细

在 HTML 页面中，将字体加粗或是变细是吸引浏览者注意的另一种方式，同时还可以使网页的表现形式更加多样。在 CSS 样式中可通过 font-weight 属性对字体的粗细进行控制，定义字体粗细 font-weight 属性的基本语法如下。

```
font-weight: normal | bold | bolder | lighter | inherit | 100~900;
```

font-weight 属性的属性值说明如下。

➢ normal：该属性值设置字体为正常的字体，相当于参数为 400。
➢ border：该属性值设置字体为粗体，相当于参数为 700。
➢ bolder：该属性值设置的字体为特粗体。
➢ lighter：该属性值设置的字体为细体。
➢ inherit：该属性设置字体的粗细为继承上级元素的 font-weight 属性设置。
➢ 100~900：font-weight 属性值还可以通过 100~900 之间的数值来设置字体的粗细。

使用 font-weight 属性设置网页中文字的粗细时，将 font-weight 属性设置为 bold 和 bolder，对于中文字体，在视觉效果上几乎是一样的，没有什么区别，对于部分英文字体会有区别。

10.1.5　font-style 属性——字体样式

所谓字体样式，也就是平常所说的字体风格，在 Dreamweaver 中有 3 种不同的字体样式，分别是正常、斜体和偏斜体。在 CSS 中，字体的样式是通过 font-style 属性进行定义的。定义字体样式 font-style 属性的基本语法如下。

```
font-style: normal | italic | oblique;
```

font-style 属性的属性值说明如下。

> ➤ normal：该属性值是默认值，显示的是标准字体样式。
> ➤ italic：设置 font-weight 属性为该属性值，显示的是斜体的字体样式。
> ➤ oblique：设置 font-weight 属性为该属性值，显示的是倾斜的字体样式。

练习

设置网页文字的加粗和倾斜效果

最终文件：光盘\最终文件\第 10 章\10-1-5.html　　*视频：光盘\视频\第 10 章\10-1-5.mp4*

01. 执行"文件>打开"命令，打开页面"光盘\源文件\第 10 章\10-1-5.html"，可以看到页面效果，如图 10-9 所示。转换到该网页链接的外部样式表文件，找到名为.font01 的类 CSS 样式，如图 10-10 所示。

```
.font01 {
    font-family: "Arial Black";
    font-size: 30px;
    color: #EEE77E;
}
```

图 10-9　打开页面　　　　　　　　　　　图 10-10　CSS 样式代码

02. 在.font01 的类 CSS 样式中添加 font-style 属性设置代码，如图 10-11 所示。返回设计界面，可以看到应用了该类 CSS 样式的文字会显示为斜体效果，如图 10-12 所示。

```
.font01 {
    font-family: "Arial Black";
    font-size: 30px;
    color: #EEE77E;
    font-style: italic;
}
```

图 10-11　添加属性设置代码

图 10-12　文字倾斜效果

03. 转换到外部样式表文件中，找到名为.font02 的类 CSS 样式，添加 font-weight 属性设置代码，如图 10-13 所示。返回设计界面，可以看到应用了该类 CSS 样式的文字会显示为加粗的效果，如图 10-14 所示。

```
.font02 {
    font-family: 微软雅黑;
    font-size: 16px;
    color: #FFF;
    font-weight: bold;
}
```

图 10-13　添加属性设置代码

图 10-14　文字加粗效果

04. 保存页面并保存外部 CSS 样式文件，在浏览器中预览页面，可以看到页面效果，如图 10-15 所示。

图 10-15 预览页面效果

> 斜体是指斜体字，也可以理解为使用文字的斜体；偏斜体则可以理解为强制文字进行斜体，并不是所有的文字都具有斜体属性，一般只有英文才具有这个属性，如果想对一些不具备斜体属性的文字进行斜体设置，则需要通过设置偏斜体强行对其进行斜体设置。

10.1.6 text-transform 属性 ——英文字体大小写

text-transform 属性可以实现转换页面中英文字体的大小写格式，是非常实用的功能。text-transform 属性的基本语法如下。

```
text-transform: capitalize | uppercase | lowercase;
```

text-transform 属性的属性值说明如下。

➢ capitalize：该属性值表示单词首字母大写。
➢ uppercase：该属性值表示单词所有字母全部大写。
➢ lowercase：该属性值表示单词所有字母全部小写。

练习

设置网页中英文字体大小写

最终文件：光盘\最终文件\第 10 章\10-1-6.html   视频：光盘\视频\第 10 章\10-1-6.mp4

01. 执行"文件>打开"命令，打开页面"光盘\源文件\第 10 章\10-1-6.html"，可以看到页面效果，如图 10-16 所示。转换到该网页链接的外部样式表文件，创建名为.font01 的类 CSS 样式，如图 10-17 所示。

```
.font01 {
    text-transform: uppercase;
}
```

图 10-16 打开页面   图 10-17 CSS 样式代码

02. 返回设计页面，选择页面中第 1 行英文文字，在"类"下拉列表中选择刚定义的类

CSS 样式 font01 应用，如图 10-18 所示。完成类 CSS 样式的应用后，可以看到应用该类 CSS 样式的英文字母全部大写，如图 10-19 所示。

图 10-18　应用类 CSS 样式

图 10-19　英文字母全部大写效果

03. 转换到外部样式表文件，创建名为.font02 的类 CSS 样式，如图 10-20 所示。返回设计页面，为页面中第 2 行英文文字应用名为 font02 的类 CSS 样式，可以看到英文单词首字母大写效果，如图 10-21 所示。

```
.font02 {
    text-transform: capitalize;
}
```

图 10-20　CSS 样式代码

图 10-21　英文单词首字母大写效果

04. 转换到外部样式表文件，创建名为.font03 的类 CSS 样式，如图 10-22 所示。返回设计页面，为页面中第 3 行英文文字应用名为 font03 的类 CSS 样式，所有英文字母小写的效果如图 10-23 所示。

```
.font03 {
    text-transform: lowercase;
}
```

图 10-22　CSS 样式代码

图 10-23　英文字母全部小写效果

05. 保存页面并保存外部 CSS 样式文件，在浏览器中预览页面，可以看到页面效果，如图 10-24 所示。

在 CSS 样式中，设置 text-transform 属性值为 capitalize，便可定义英文单词的首字母大写。但是需要注意的是，如果单词之间有逗号和句号等标点符号隔开，那么标点符号后的英文单词便不能实现首字母大写的效果，解决的办法是，在该单词前面加上一个空格，便能实现首字母大写的样式。

图 10-24　预览页面效果

10.1.7　text-decoration 属性——文字修饰

在网站页面的设计中，为文字添加下画线、顶画线和删除线是美化和装饰网页的一种方法。在 CSS 样式中，可以通过 text-decoration 属性实现这些效果。text-decoration 属性的基本语法如下。

```
text-decoration: underline | overline | line-through;
```

text-decoration 属性的属性值说明如下。

➢ underline：该属性值可以为文字添加下画线效果。
➢ overline：该属性值可以为文字添加顶画线效果。
➢ line-through：该属性值可以为文字添加删除线效果。

练习

为网页文字添加修饰

最终文件：光盘\最终文件\第 10 章\10-1-7.html　　视频：光盘\视频\第 10 章\10-1-7.mp4

01. 执行"文件>打开"命令，打开页面"光盘\源文件\第 10 章\10-1-7.html"，可以看到页面效果，如图 10-25 所示。转换到该网页链接的外部样式表文件，创建名为.font01 的类 CSS 样式，如图 10-26 所示。

图 10-25　打开页面

```
.font01 {
    text-decoration: underline;
}
```

图 10-26　CSS 样式代码

02. 返回设计页面中，为相应的文字应用名为 font01 的类 CSS 样式，可以看到为文字添加下画线的效果，如图 10-27 所示。转换到外部样式表文件，创建名为.font02 的类 CSS 样式，如图 10-28 所示。

图 10-27　文字应用下画线修饰效果

```
.font02 {
    text-decoration: line-through;
}
```

图 10-28　CSS 样式代码

03.　返回设计页面，为相应的文字应用名为 font02 的类 CSS 样式，可以看到为文字添加删除线的效果，如图 10-29 所示。转换到外部样式表文件，创建名为.font03 的类 CSS 样式，如图 10-30 所示。

图 10-29　文字应用删除线修饰效果

```
.font03 {
    text-decoration: overline;
}
```

图 10-30　CSS 样式代码

04.　返回设计页面，为相应的文字应用名为 font03 的类 CSS 样式，可以看到为文字添加顶画线的效果，如图 10-31 所示。保存页面并保存外部 CSS 样式文件，在浏览器中预览页面，效果如图 10-32 所示。

图 10-31　文字应用顶画线修饰效果

图 10-32　预览页面效果

在对 Web 页面进行设计时，如果希望文字既有下画线，同时也有顶画线或者删除线，在 CSS 样式中，可以将下画线和顶画线或者删除线的值同时赋予 text-decoration 属性。

10.1.8　letter-spacing 属性——字符间距

在 CSS 样式中，字符间距的控制是通过 letter-spacing 属性进行调整的，该属性既可以设置相对数值，也可以设置绝对数值，但在大多数情况下使用相对数值进行设置。letter-spacing 属性的语法格式如下。

```
letter-spacing: 字符间距;
```

练习

设置中文字符间距

最终文件：光盘\最终文件\第 10 章\10-1-8.html　　　视频：光盘\视频\第 10 章\10-1-8.mp4

01. 执行"文件>打开"命令，打开页面"光盘\源文件\第 10 章\10-1-8.html"，可以看到页面效果，如图 10-33 所示。转换到该网页链接的外部样式表文件，创建名为.font01 的类 CSS 样式，如图 10-34 所示。

图 10-33　打开页面　　　　　　　　　图 10-34　CSS 样式代码

02. 返回设计视图，为相应的文字应用名为 font01 的类 CSS 样式，可以看到所设置的文字间距的效果，如图 10-35 所示。保存页面并保存外部 CSS 样式文件，在浏览器中预览页面，效果如图 10-36 所示。

图 10-35　文字效果　　　　　　　　图 10-36　预览页面效果

10.2　使用 CSS 设置段落样式

在设计网页时，CSS 样式可以控制字体样式，同时也可以控制字符间距和段落样式。一般情况下，设置字体样式只能对少数文字起作用，对于文字段落来说，还是需要通过设置段落样式加以控制。

10.2.1　line-height 属性——行间距

在 CSS 中，可以通过 line-height 属性对段落的行间距进行设置。line-height 的值表示两行文字基线之间的距离，既可以设置相对数值，也可以设置绝对数值。line-height 属性的基本语法格式如下。

```
line-height: 行间距;
```

通常在静态页面中，字体的大小使用的是绝对数值，从而达到页面整体统一的效果，但在一些论坛或者博客等用户可以自由定义字体大小的网页中，使用的则是相对数值，从而便于用户通过设置字体大小改变相应行距。

10.2.2   text-indent 属性——段落首行缩进

段落首行缩进在文章开头通常都会用到。段落首行缩进是对一个段落的第一行文字缩进两个字符，在 CSS 样式中是通过 text-indent 属性进行设置的。text-indent 属性的基本语法如下。

```
text-indent: 首行缩进量;
```

 练习

美化网页中的段落文本

最终文件：光盘\最终文件\第 10 章\10-2-2.html   视频：光盘\视频\第 10 章\10-2-2.mp4

01. 执行"文件>打开"命令，打开页面"光盘\源文件\第 10 章\10-2-2.html"，可以看到页面效果，如图 10-37 所示。转换到该网页链接的外部样式表 10-2-2.css 文件，创建名为.font01 的类 CSS 样式，如图 10-38 所示。

图 10-37   打开页面

```
.font01 {
    line-height: 30px;
}
```

图 10-38   CSS 样式代码

02. 返回设计页面，选中相应的段落文本，为其应用名为 font01 的类 CSS 样式，可以看到设置行间距后的效果，如图 10-39 所示。切换到外部样式表文件，在名为.font01 的类 CSS 样式中添加 text-indent 属性设置代码，如图 10-40 所示。

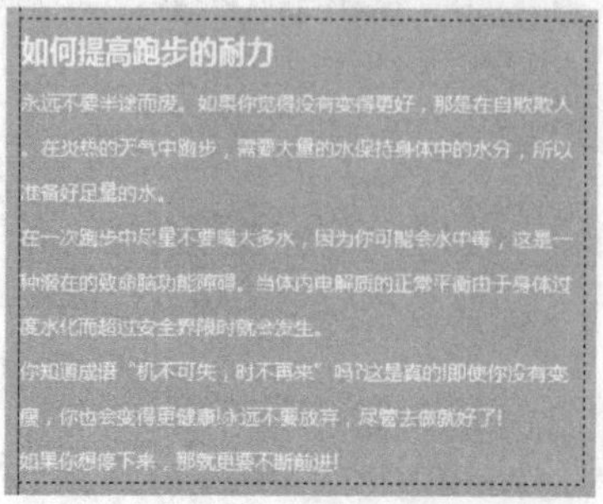

图 10-39   设置文字行间距效果

```
.font01 {
    line-height: 30px;
    text-indent: 28px;
}
```

图 10-40   CSS 样式代码

通常，一般文章段落的首行缩进在两个字符的位置，因此，在使用 CSS 样式对段落设置首行缩进时，首先需要明白该段落字体的大小，然后再根据字体的大小设置首行缩进的数值，例如，这里的段落文字大小为 14 像素，所以设置段落首行缩进值为 28 像素，正好两个汉字字符。

03. 返回设计视图，可以看到页面中段落首行缩进的效果，如图 10-41 所示。保存页面并保存外部 CSS 样式文件，在浏览器中预览页面，效果如图 10-42 所示。

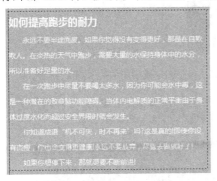

图 10-41　段落文字首行缩进效果　　　　图 10-42　预览页面效果

使用 text-indent 属性设置段落文字首行缩进时还需注意，只有应用于段落文字，也就是 <p>与</p>标签包含的文字内容才会起作用，而如果没有使用段落标签包含的文字是不会实现首行缩进效果的。

10.2.3　text-align 属性——文本水平对齐

在 CSS 样式中，段落的水平对齐是通过 text-align 属性控制的，水平对齐有 4 种方式，分别为左对齐、水平居中对齐、右对齐和两端对齐。text-align 属性的基本语法如下。

```
text-align: left | center | right | justify;
```

text-align 属性的属性值说明如下。

➤ left：该属性值表示段落的水平对齐方式为左对齐。
➤ center：该属性值表示段落的水平对齐方式为居中对齐。
➤ right：该属性值表示段落的水平对齐方式为右对齐。
➤ justify：该属性值表示段落的水平对齐方式为两端对齐。

两端对齐是美化段落文本的一种方法，可以使段落的两端与边界对齐。但两端对齐的方式只对整段的英文起作用，对于中文来说没有什么作用。这是因为英文段落在换行时为保留单词的完整性，整个单词会一起换行，所以会出现段落两端不对齐的情况。两端对齐只能对这种两端不对齐的段落起作用，而中文段落由于每一个文字与符号的宽度相同，在换行时段落是对齐的，因此自然不需要使用两端对齐。

练习

设置文本水平对齐

最终文件：光盘\最终文件\第 10 章\10-2-3.html　　视频：光盘\视频\第 10 章\10-2-3.mp4

01. 执行"文件>打开"命令，打开页面"光盘\源文件\第 10 章\10-2-3.html"，可以看到页面效果，如图 10-43 所示。转换到该网页链接的外部样式表文件，找到名为#box 的 CSS 样式，如图 10-44 所示。

图 10-43　页面效果

```
#box {
    width: 600px;
    height: 350px;
    overflow: hidden;
    position: absolute;
    left: 50%;
    margin-left: -300px;
    top: 50%;
    margin-top: -175px;
}
```

图 10-44　CSS 样式代码

02.　在名为#box 的 CSS 样式中添加 text-align 属性设置代码，如图 10-45 所示。返回设计界面，可以看到 id 名为 box 的 Div 中的内容水平居右显示，效果如图 10-46 所示。

```
#box {
    width: 600px;
    height: 350px;
    overflow: hidden;
    position: absolute;
    left: 50%;
    margin-left: -300px;
    top: 50%;
    margin-top: -175px;
    text-align: right;
}
```

图 10-45　添加水平对齐属性设置

图 10-46　内容水平右对齐效果

03.　转换到外部样式表文件，在名为#box 的 CSS 样式中修改 text-align 属性设置代码，如图 10-47 所示。返回设计视图，保存页面并保存外部 CSS 样式文件，在浏览器中预览页面，可以看到内容水平居中显示效果，如图 10-48 所示。

```
#box {
    width: 600px;
    height: 350px;
    overflow: hidden;
    position: absolute;
    left: 50%;
    margin-left: -300px;
    top: 50%;
    margin-top: -175px;
    text-align: center;
}
```

图 10-47　设置水平对齐属性设置

图 10-48　预览内容水平居中显示效果

提示

在设置文字的水平对齐时，如果需要设置对齐的段落不止一段，根据不同的文字，页面的变化也会有所不同。如果是英文，那么段落中每一个单词的位置都会相对于整体发生一些变化；如果是中文，那么段落中除了最后一行文字的位置会发生变化外，其他段落中文字的位置相对于整体则不会发生变化。

10.2.4　vertical-align 属性——文本垂直对齐

在 CSS 样式中，文本垂直对齐是通过 vertical-align 属性进行设置的，常见的文本垂直对齐方式有 3 种，分别为顶端对齐、垂直居中对齐和底端对齐。vertical-align 属性的语法格式如下。

```
vertical-align: baseline | sub | super | top | text-top | middle | bottom |
text-bottom | length;
```

vertical-align 属性的属性值说明如下。

➢ baseline：该属性值表示与对象基线对齐。

➢ sub：该属性值表示垂直对齐文本的下标。

➢ super：该属性值表示垂直对齐文本的上标。

➢ top：该属性值表示与对象的顶部对齐。

➢ text-top：该属性值表示对齐文本顶部。

➢ middle：该属性值表示与对象中部对齐。

➢ bottom：该属性值表示与对象底部对齐。

➢ text-bottom：该属性值表示对齐文本底部。

➢ length：设置具体的长度值或百分比数值，可以使用正值或负值，定义由基线算起的偏移量。基线对于数值来说为 0，对于百分比数来说是 0%。

段落垂直对齐只对行内元素起作用，行内元素也称为内联元素，在没有任何布局属性作用时，默认排列方式是同行排列，直到宽度超出包含的容器宽度时才会自动换行。段落垂直对齐需要在行内元素中进行，如<span></span>、<p></p>，以及图片等，否则段落垂直对齐不会起作用。

 练习

设置文本垂直对齐

最终文件：光盘\最终文件\第 10 章\10-2-4.html　　视频：光盘\视频\第 10 章\10-2-4.mp4

01. 执行"文件>打开"命令，打开页面"光盘\源文件\第 10 章\10-2-4.html"，可以看到页面效果，如图 10-49 所示。转换到该网页链接的外部样式表文件，创建名为.font01 的类 CSS 样式，如图 10-50 所示。

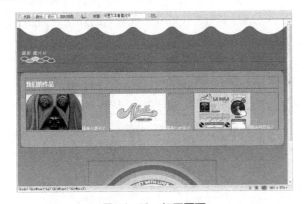

```
.font01{
    vertical-align:top;
}
```

图 10-49　打开页面　　　　　　　　　图 10-50　CSS 样式代码

02. 返回设计页面，选中相应的图片，在 Class 下拉列表中选择刚定义的类 CSS 样式应用，如图 10-51 所示。完成类 CSS 样式的应用，可以看到页面中文本相对于图像顶端对齐的效果，如图 10-52 所示。

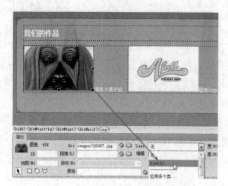

图 10-51　应用类 CSS 样式

图 10-52　文本垂直顶端对齐效果

提示

在使用 CSS 样式为文字设置垂直对齐时，首先必须要选择一个参照物，也就是行内元素。但是在设置时，由于文字并不属于行内元素，因此，在 Div 中不能直接对文字进行垂直对齐的设置，只能对元素中的图片进行垂直对齐设置，从而达到文字的对齐效果。

03. 转换到外部样式表文件中，创建名为.font02 的类 CSS 样式，如图 10-53 所示。返回设计页面，为相应的文字旁的图片应用名为 font02 的类 CSS 样式，可以看到页面中文本相对于图像垂直居中对齐的效果，如图 10-54 所示。

```
.font02{
    vertical-align:middle;
}
```

图 10-53　CSS 样式代码

图 10-54　文本垂直居中对齐效果

04. 转换到外部样式表文件，创建名为.font03 的类 CSS 样式，如图 10-55 所示。返回设计页面，为相应的文字旁的图片应用名为 font03 的类 CSS 样式，保存页面并保存外部 CSS 样式文件，在浏览器中预览页面，可以看到界面中文本垂直对齐的效果，如图 10-56 所示。

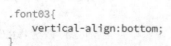

```
.font03{
    vertical-align:bottom;
}
```

图 10-55　CSS 样式代码

图 10-56　预览页面效果

10.3 使用 CSS 设置背景颜色和背景图像

通过为网页设置合理的背景能够烘托网页的视觉效果，给人一种协调和统一的视觉感，起到美化页面的作用。不同的背景给人的心理感受并不相同，因此为网页选择一个合适的背景非常重要。

10.3.1 background-color 属性——背景颜色

只需在 CSS 样式中添加 background-color 属性，即可设置网页的背景颜色，它接受任何有效的颜色值，但是如果对背景颜色没有进行相应的定义，将默认背景颜色为透明。background-color 的语法格式如下。

```
background-color: color | transparent;
```

background-color 属性的属性值说明如下。

➢ color：设置背景的颜色，它可以采用英文单词、十六进制、RGB、HSL、HSLA 和 RGBA 格式。

➢ transparent：默认值，表明透明。

> background-color 属性类似于 HTML 中的 bgcolor 属性。CSS 样式中的 background-color 属性更加实用，不仅仅是因为它可以用于页面中的任何元素，bgcolor 属性只能对\<body\>、\<table\>、\<tr\>、\<th\>和\<td\>标签进行设置。通过 CSS 样式中的 background-color 属性可以设置页面中任意特定部分的背景颜色。

10.3.2 background-image 属性——背景图像

在 CSS 样式中，可以通过 background-image 属性设置背景图像。background-image 属性的语法格式如下。

```
background-image: none | url;
```

background-image 属性的属性值说明如下。

➢ none：该属性值是默认属性，表示无背景图片。

➢ url：该属性值定义了所需使用的背景图片地址，图片地址可以是相对路径地址，也可以是绝对路径地址。

10.3.3 background-repeat 属性——背景图像平铺方式

使用 background-image 属性设置的背景图像默认会以平铺的方式显示，在 CSS 中可以通过 background-repeat 属性设置背景图像重复或不重复的样式，以及背景图像的重复方式。background-repeat 属性的语法格式如下。

```
background-repeat: no-repeat | repeat-x | repeat-y | repeat;
```

background-repeat 属性的属性值说明如下。

➢ no-repeat：表示背景图像不重复平铺，只显示一次。

➢ repeat-x：表示背景图像在水平方向重复平铺。

➢ repeat-y：表示背景图像在垂直方向重复平铺。

➢ repeat：表示背景图像在水平和垂直方向都重复平铺，该属性值为默认值。

练习

设置网页背景效果

最终文件：光盘\最终文件\第 10 章\10-3-3.html　　　视频：光盘\视频\第 10 章\10-3-3.mp4

01. 执行"文件>打开"命令，打开页面"光盘\源文件\第 10 章\10-3-3.html"，可以看到页面效果，如图 10-57 所示。转换到外部 CSS 样式表文件，找到名为 body 的 CSS 样式代码，如图 10-58 所示。

```css
body {
    font-family: 微软雅黑;
    font-size: 14px;
    color: #333;
    line-height: 30px;
}
```

图 10-57　打开页面　　　　　　　　　　　　　　　图 10-58　CSS 样式代码

02. 在 body 标签的 CSS 样式中添加 background-color 属性设置代码，如图 10-59 所示。保存外部样式表文件，在浏览器中预览页面，可以看到为网页设置背景颜色的效果，如图 10-60 所示。

```css
body {
    font-family: 微软雅黑;
    font-size: 14px;
    color: #333;
    line-height: 30px;
    background-color: #BDE5E7;
}
```

图 10-59　添加背景颜色属性设置　　　　　　　图 10-60　预览页面效果

03. 转换到外部样式表文件，在名为 body 的 CSS 样式代码中添加 background-image 属性设置代码，如图 10-61 所示。保存外部样式表文件，在浏览器中预览页面，可以看到为网页设置背景图像的效果，如图 10-62 所示。

```css
body {
    font-family: 微软雅黑;
    font-size: 14px;
    color: #333;
    line-height: 30px;
    background-color: #BDE5E7;
    background-image: url(../images/103302.png);
}
```

图 10-61　添加背景图像属性设置　　　　　　　图 10-62　预览页面效果

使用 background-image 属性设置背景图像，背景图像默认在网页中是以左上角为原点显示的，并且背景图像在网页中会重复平铺显示。

04. 转换到外部 CSS 样式表文件，在名为 body 的 CSS 样式代码中添加 background-repeat 属性设置代码，如图 10-63 所示。保存外部样式表文件，在浏览器中预览页面，可以看到背景图像不平铺，只显示一次的效果，如图 10-64 所示。

```
body {
    font-family: 微软雅黑;
    font-size: 14px;
    color: #333;
    line-height: 30px;
    background-color: #BDE5E7;
    background-image: url(../images/103302.png);
    background-repeat: no-repeat;
}
```

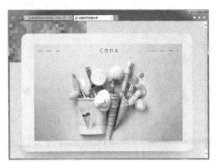

图 10-63　添加背景平铺属性设置　　　　图 10-64　预览页面效果

05. 转换到外部 CSS 样式表文件，在名为 body 的 CSS 样式代码中修改 background-repeat 属性的属性值，如图 10-65 所示。保存外部样式表文件，在浏览器中预览页面，可以看到背景图像只在水平方向平铺的效果，如图 10-66 所示。

```
body {
    font-family: 微软雅黑;
    font-size: 14px;
    color: #333;
    line-height: 30px;
    background-color: #BDE5E7;
    background-image: url(../images/103302.png);
    background-repeat: repeat-x;
}
```

图 10-65　添加背景平铺属性设置　　　　图 10-66　预览页面效果

06. 转换到外部 CSS 样式表文件，在名为 body 的 CSS 样式代码中修改 background-repeat 属性的属性值，如图 10-67 所示。保存外部样式表文件，在浏览器中预览页面，可以看到背景图像只在垂直方向上平铺的效果，如图 10-68 所示。

```
body {
    font-family: 微软雅黑;
    font-size: 14px;
    color: #333;
    line-height: 30px;
    background-color: #BDE5E7;
    background-image: url(../images/103302.png);
    background-repeat: repeat-y;
}
```

图 10-67　添加背景平铺属性设置　　　　图 10-68　预览页面效果

07. 转换到外部 CSS 样式表文件，在名为 body 的 CSS 样式代码中修改 background-repeat 属性的属性值，如图 10-69 所示。保存外部样式文件，在浏览器中预览页面，可以看到背景图像在水平和垂直方向都平铺的效果，如图 10-70 所示。

```
body {
    font-family: 微软雅黑;
    font-size: 14px;
    color: #333;
    line-height: 30px;
    background-color: #BDE5E7;
    background-image: url(../images/103302.png);
    background-repeat: repeat;
}
```

图 10-69　添加背景平铺属性设置

图 10-70　预览页面效果

　为背景图像设置重复方式，背景图像就会沿 X 或 Y 轴进行平铺。在网页设计中，这是一种很常见的方式。该方法一般用于设置渐变类背景图像，通过这种方法，可以使渐变图像沿设定的方向进行平铺，形成渐变背景、渐变网格等效果，从而达到减小背景图片大小，加快网页下载速度的目的。

10.3.4　background-position 属性——背景图像位置

在传统的网页布局方式中，还没有办法实现精确到像素单位的背景图像定位。CSS 样式打破了这种局限，通过 CSS 样式中的 background-position 属性，能够在页面中精确定位背景图像，更改初始背景图像的位置。该属性值可以分为 4 种类型：绝对定义位置（length）、百分比定义位置（percentage）、垂直对齐值和水平对齐值。background-position 属性的语法格式如下。

```
background-position: length | percentage | top | center | bottom | left | right;
```

background-position 属性的属性值说明如下。
- length：该属性值用于设置背景图像与边距水平和垂直方向的距离长度，长度单位为 cm（厘米）、mm（毫米）和 px（像素）等。
- percentage：该属性值用于根据页面元素的宽度或高度的百分比放置背景图像。
- top：该属性用于设置背景图像顶部显示。
- center：该属性用于设置背景图像居中显示。
- bottom：该属性用于设置背景图像底部显示。
- left：该属性用于设置背景图像居左显示。
- right：该属性用于设置背景图像居右显示。

 练习

定位网页中的背景图像

最终文件：光盘\最终文件\第 10 章\10-3-4.html　　视频：光盘\视频\第 10 章\10-3-4.mp4

01. 执行"文件>打开"命令，打开页面"光盘\源文件\第 10 章\10-3-4.html"，可以看到页面效果，如图 10-71 所示。转换到外部 CSS 样式表文件，找到名为 body 的 CSS 样式代码，如图 10-72 所示。

图 10-71　打开页面

```
body {
    font-size: 14px;
    line-height: 30px;
    background-color: #F9F4EA;
}
```

图 10-72　CSS 样式代码

02. 在名为 body 的 CSS 样式中添加背景图像和背景图像平铺的设置代码，如图 10-73 所示。保存外部样式表文件，在浏览器中预览页面，可以看到为该网页元素设置背景图像的效果，如图 10-74 所示。

```
body {
    font-size: 14px;
    line-height: 30px;
    background-color: #F9F4EA;
    background-image: url(../images/103401.png);
    background-repeat: no-repeat;
}
```

图 10-73　添加背景图像和背景平铺设置代码

图 10-74　预览页面效果

03. 转换到外部样式表文件，在名为 body 的 CSS 样式中添加 background-position 属性设置代码，如图 10-75 所示。保存外部样式表文件，在浏览器中预览页面，可以看到使用绝对值对背景图像进行定位的效果，如图 10-76 所示。

```
body {
    font-size: 14px;
    line-height: 30px;
    background-color: #F9F4EA;
    background-image: url(../images/103401.png);
    background-repeat: no-repeat;
    background-position: center center;
}
```

图 10-75　添加背景图像定位置代码

图 10-76　预览页面效果

> background-position 属性的默认值为 top left，它与 0% 0%是一样的。与 background-repeat 属性相似，该属性的值不从包含的块继承。background-position 属性可以与 background-repeat 属性一起使用，在页面上水平或者垂直放置重复的图像。

10.3.5 background-attachment 属性——背景图像固定

在页面中设置的背景图像，默认情况下在浏览器中预览时，当拖动滚动条，页面背景会自动跟随滚动条的下拉操作与页面的其余部分一起滚动。在 CSS 样式表中，针对背景元素的控制，提供了 background-attachment 属性，通过对该属性的设置可以使页面的背景不受滚动条的限制，始终保持在固定位置。background-attachment 属性的语法格式如下。

```
background-attachment: scroll | fixed;
```

background-attachment 属性的属性值说明如下。

➢ scroll：该属性是默认值，当页面滚动时，页面背景图像会自动跟随滚动条的下拉操作与页面的其余部分一起滚动。

➢ fixed：该属性值用于设置背景图像在页面的可见区域，也就是背景图像固定不动。

 练习

固定网页中的背景图像

最终文件：光盘\最终文件\第 10 章\10-3-5.html   视频：光盘\视频\第 10 章\10-3-5.mp4

01. 执行"文件>打开"命令，打开页面"光盘\源文件\第 10 章\10-3-5.html"，可以看到页面效果，如图 10-77 所示。在浏览器中预览页面，可以看到鼠标拖动滚动条时，背景图像会跟着滚动，如图 10-78 所示。

图 10-77   打开页面 　　　　　　　　　　　　图 10-78   预览页面效果

02. 转换到外部 CSS 样式表文件，在名为 body 的 CSS 样式中添加 background-attachment 属性设置代码，如图 10-79 所示。保存外部样式表文件，在浏览器中预览页面，可以看到无论如何拖动滚动条，背景图像的位置始终是固定的，如图 10-80 所示。

```
body {
    font-family: 微软雅黑;
    font-size: 14px;
    color: #333;
    line-height: 30px;
    background-image: url(../images/103501.png);
    background-repeat: no-repeat;
    background-position: center top;
    background-attachment: fixed;
}
```

图 10-79   添加背景图像定位属性设置 　　　　图 10-80   预览页面效果

10.4　使用 CSS 设置列表样式

通过 CSS 属性控制列表，能够从更多方面控制列表的外观，使列表看起来更加整齐和美观，使网站实用性更强。在 CSS 样式中专门提供了控制列表样式的属性，下面就对不同类型的列表分别进行介绍。

10.4.1　list-style-type 属性——设置列表符号

列表可分为无序项目列表和有序编号列表，两种列表中 list-style-type 属性的属性值有很大区别，下面依次介绍。

无序项目列表是网页中运用得非常多的一种列表形式，用于将一组相关的列表项目排列在一起，并且列表中的项目没有特别的先后顺序。无序列表使用<li>标签罗列各个项目，并且每个项目前面都带有特殊符号。在 CSS 样式中，list-style-type 属性用于控制无序列表项目前面的符号，list-style-type 属性的语法格式如下。

```
list-style-type: disc | circle | square | none;
```

在设置无序列表时，list-style-type 属性的属性值说明如下。

➤ disc：该属性值表示项目列表前的符号为实心圆。

➤ circle：该属性值表示项目列表前的符号为空心圆。

➤ square：该属性值表示项目列表前的符号为实心方块。

➤ none：该属性值表示项目列表前不使用任何符号。

有序列表与无序列表相反，有序列表即具有明确先后顺序的列表，默认情况下，创建的有序列表在每条信息前加上序号 1、2、3…。通过 CSS 样式中的 list-style-type 属性可以对有序列表进行控制。list-style-type 属性的基本语法格式如下。

```
list-style-type: decimal | decimal-leading-zero | lower-roman | upper-roman
| lower-alpha | upper-alpha | none | inherit;
```

在设置有序列表时，list-style-type 属性的属性值说明如下。

➤ decimal：该属性值表示有序列表前使用十进制数字标记（1、2、3……）。

➤ decimal-leading-zero：该属性值表示有序列表前使用有前导零的十进制数字标记（01、02、03……）。

➤ lower-roman：该属性值表示有序列表前使用小写罗马数字标记（i、ii、iii……）。

➤ upper-roman：该属性值表示有序列表前使用大写罗马数字标记（I、II、III……）。

➤ lower-alpha：该属性值表示有序列表前使用小写英文字母标记（a、b、c……）。

➤ upper-alpha：该属性值表示有序列表前使用大写英文字母标记（A、B、C……）。

➤ none：该属性值表示有序列表前不使用任何形式的符号。

➤ inherit：该属性值表示有序列表继承父元素的 list-style-type 属性设置。

 练习

设置新闻列表效果

最终文件：光盘\最终文件\第 10 章\10-4-1.html　　视频：光盘\视频\第 10 章\10-4-1.mp4

01. 执行"文件>打开"命令，打开页面"光盘\源文件\第 10 章\10-4-1.html"，可以看到页面效果，如图 10-81 所示。转换到代码视图，可以看到页面中项目列表的代码，如图 10-82 所示。

图 10-81　打开页面

图 10-82　页面 HTML 代码

02.　转换到该网页所链接的外部 CSS 样式文件，创建名为#news-list li 的 CSS 样式，如图 10-83 所示。保存外部 CSS 样式文件，在浏览器中预览页面，可以看到页面中无序列表的效果，如图 10-84 所示。

```css
#news-list li {
    list-style-type: square;
    list-style-position: inside;
    line-height: 30px;
    border-bottom: dashed 1px #E0E0E0;
}
```

图 10-83　CSS 样式代码

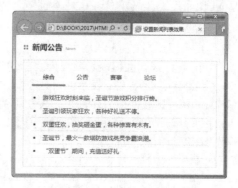

图 10-84　预览新闻列表效果

list-style-position 属性用于设置列表符号的位置，该属性有 3 个属性值。属性值为 inside，则列表符号放置在文本以内，且环绕文本根据标记对齐；属性值为 outside，则列表符号放置在文本以外，且环绕文本不根据标记对齐；属性值为 inherit，则从父元素继承 list-style-position 属性的值。

10.4.2　list-style-image 属性——自定义列表符号

除了可以使用 CSS 样式中的列表符号，还可以使用 list-style-image 属性自定义列表符号，list-style-image 属性的基本语法如下。

```
list-style-image: 图片地址;
```

在 CSS 样式中，list-style-image 属性用于设置图片作为列表样式，只需输入图片的路径作为属性值即可。

 练习

自定义新闻列表符号

最终文件：光盘\最终文件\第 10 章\10-4-2.html　　　视频：光盘\视频\第 10 章\10-4-2.mp4

01.　执行"文件>打开"命令，打开页面"光盘\源文件\第 10 章\10-4-2.html"，可以看到页面效果，如图 10-85 所示。转换到代码视图，页面中项目列表的 HTML 代码如图 10-86 所示。

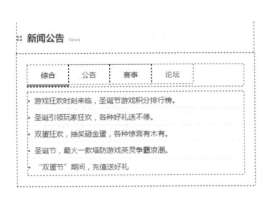

图 10-85　打开页面

```
<body>
<div id="title"><img src="images/104101.jpg" width
="123" height="18"  alt=""/></div>
<div id="news-box">
  <div id="news-title"><span class="font01">综合</
span><span>公告</span><span>赛事</span><span>论坛</
span></div>
  <div id="news-list">
    <ul>
      <li>游戏狂欢时刻来临，圣诞节游戏积分排行榜。</li>
      <li>圣诞引领玩家狂欢，各种好礼送不停。</li>
      <li>双蛋狂欢，抽奖砸金蛋，各种惊喜有木有。</li>
      <li>圣诞节，最火一款塔防游戏英灵争霸浪潮。</li>
      <li>"双蛋节"期间，充值送好礼</li>
    </ul>
  </div>
</div>
</body>
```

图 10-86　页面 HTML 代码

02. 转换到该网页所链接的外部 CSS 样式文件，找到名为#news-list li 的 CSS 样式，修改 list-style-type 属性设置代码，如图 10-87 所示。返回设计视图，可以看到列表前没有任何形式的符号。如图 10-88 所示。

图 10-88　新闻列表效果

```
#news-list li {
    list-style-type: none;
    list-style-position: inside;
    line-height: 30px;
    border-bottom: dashed 1px #E0E0E0;
}
```

图 10-87　CSS 样式代码

03. 转换到外部 CSS 样式文件，在名为#news-list li 的 CSS 样式中添加 list-style-image 属性设置代码，如图 10-89 所示。保存外部 CSS 样式表文件，在浏览器中预览页面，可以看到自定义列表符号的效果，如图 10-90 所示。

```
#news-list li {
    list-style-type: none;
    list-style-image: url(../images/104201.png);
    list-style-position: inside;
    line-height: 30px;
    border-bottom: dashed 1px #E0E0E0;
}
```

图 10-89　CSS 样式代码

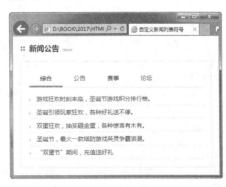

图 10-90　预览新闻列表效果

除了可以使用 CSS 样式中的 list-style-image 属性定义列表符号，还可以使用 background-image 属性来实现，首先在列表项左边添加填充，为图像符号预留出需要占用的空间，然后将图像符号作为背景图像应用于列表项即可。在网页页面中，经常将图片作为列表样式，用来美化网页界面、提升网页整体视觉效果。

10.4.3　设置定义列表

　　定义列表是一种比较特殊的列表形式，相对于有序列表和无序列表来说，应用得比较少。定义列表的<dl>标签是成对出现的，并且需要在"代码"视图手动添加代码。从<dl>开始到</dl>结束，列表中每个元素的标题使用<dt></dt>标签，后跟随<dd></dd>标签，用于描述列表中元素的内容。

 练习

制作复杂新闻列表

最终文件：光盘\最终文件\第 10 章\10-4-3.html　　视频：光盘\视频\第 10 章\10-4-3.mp4

　　01. 执行"文件>打开"命令，打开页面"光盘\源文件\第 10 章\10-4-3.html"，可以看到页面效果，如图 10-91 所示。转换到代码视图，可以看到页面中定义列表的 HTML 代码，如图 10-92 所示。

图 10-91　打开页面　　　　　　　　　图 10-92　定义列表部分代码

　　02. 转换到该网页所链接的外部 CSS 样式文件，创建名为#news-list dt 和#news-list dd 的 CSS 样式，如图 10-93 所示。保存外部 CSS 样式文件，在浏览器中预览页面，可以看到页面中定义列表的效果，如图 10-94 所示。

图 10-93　CSS 样式代码　　　　　　　　图 10-94　预览定义列表效果

　　定义列表是一种比较特殊的列表形式，设计者必须手动添加相关的<dl>、<dt>和<dd>标签来创建定义列表，注意，<dl>、<dt>和<dd>标签都是成对出现的。

10.5　使用 CSS 设置边框样式

通过 HTML 定义的元素边框风格较为单一，只能改变边框的粗细，边框显示的都是黑色，无法设置边框的其他样式。在 CSS 样式中，通过对 border 属性进行定义，可以使网页元素的边框有更丰富的样式，从而使元素的效果更加美观。

border 属性的基本语法格式如下。

```
border: border-style | border-color | border-width;
```

10.5.1　border-width 属性——边框宽度

通过 CSS 样式中的 border-width 设置元素边框的宽度，以增强边框的效果。border-width 的语法格式如下。

```
border-width: medium | thin | thick | length;
```

border-width 属性的相关属性值说明如下。

➢　medium：该值为默认值，中等宽度。

➢　thin：比 medium 细。

➢　thick：比 medium 粗。

➢　length：自定义宽度。

border-top-width、border-right-width、border-bottom-width 和 border-left-width 是 border-width 的综合性属性，同样可以根据设计的需要，利用这几种属性，对边框的 4 条边进行粗细不等的设置。

10.5.2　border-style 属性——边框样式

border-style 属性用于设置元素边框的样式，即定义图片边框的风格。border-style 的语法格式如下。

```
border-style: none | hidden | dotted | dashed | solid | double | groove |
ridge | inset | outset;
```

border-style 属性的相关属性值说明如下。

➢　none：设置元素无边框。

➢　hidden：与 none 相同，对于表格，可以用来解决边框的冲突。

➢　dotted：设置点状边框效果。

➢　dashed：设置虚线边框效果。

➢　solid：设置实线边框效果。

➢　double：设置双线边框效果，双线宽度等于 border-width 的值。

➢　groove：设置 3D 凹槽边框效果，其效果取决于 border-color 的值。

➢　ridge：设置脊线式边框效果。

➢　inset：设置内嵌效果的边框。

➢　outset：设置凸起效果的边框。

以上所介绍的边框样式属性还可以定义在一个元素边框中，它是按照顺时针的方向分别对边框的上、右、下、左进行边框样式定义的，可以形成样式多样化的边框。

例如，下面所定义的边框样式。

```
img{
border-style: dashed solid double dotted;
```

```
}
```

此外，根据网页页面设计的需要，可以通过 border-top-style、border-right-style、border-bottom-style 和 border-left-style 属性，分别单击对某一边的样式进行定义。

10.5.3　border-color 属性——边框颜色

在定义页面元素的边框时，不仅可以对边框的样式进行设置，为了突出显示边框的效果，还可以通过 CSS 样式中的 border-color 属性定义边框的颜色。border-color 的语法格式如下。

```
border-color: 颜色值;
```

border-color 属性的颜色值设置，可以使用十六进制和 RGB 等各种方式进行设置。

border-color 与 border-style 的属性相似，它不仅可以为边框设置同一种颜色，也可以通过 border-top-color、border-right-color、border-bottom-color 和 border-left-color 属性为边框的 4 条边分别设定不同的颜色。

 练习

为网页元素添加边框效果

最终文件：光盘\最终文件\第 10 章\10-5-3.html　　视频：光盘\视频\第 10 章\10-5-3.mp4

01. 执行"文件>打开"命令，打开页面"光盘\源文件\第 10 章\10-5-3.html"，效果如图 10-95 所示，转换到该网页所链接的外部 CSS 样式表文件，创建名为.pic01 的类 CSS 样式，如图 10-96 所示。

```
.pic01 {
    border: solid 10px #FFFFFF;
}
```

图 10-95　打开页面　　　　　　　　　　　图 10-96　CSS 样式代码

02. 返回设计视图，选中相应的图片，为其应用名为 pic01 类 CSS 样式，如图 10-97 所示。保存页面并保存外部 CSS 样式表文件，在浏览器中预览网页，可以看到图片的边框效果，如图 10-98 所示。

图 10-97　应用类 CSS 样式　　　　　　　图 10-98　预览页面效果

03. 转换到外部 CSS 样式表文件，创建名为.pic02 的类 CSS 样式，如图 10-99 所示。返回设计视图，选中相应的图片，为其应用名为 pic02 类 CSS 样式，在浏览器中预览网页，图片的边框效果如图 10-100 所示。

```
.pic02 {
    border-top: solid 10px #999;
    border-right: dashed 10px #333;
    border-bottom: dashed 10px #333;
    border-left: solid 10px #999;
}
```

图 10-99　CSS 样式代码　　　　　　图 10-100　图像边框效果

04. 使用相同的制作方法，为网页中其他图片应用相应的类 CSS 样式，效果如图 10-101 所示。保存页面并保存外部 CSS 样式表文件，在浏览器中预览页面，为图片添加边框的效果如图 10-102 所示。

图 10-101　为图片应用边框效果　　　　　图 10-102　预览页面效果

　图片的边框属性可以不完全定义，仅单独定义宽度与样式，不定义边框的颜色，通过这种方法设置的边框，默认颜色是黑色。如果单独定义宽度与样式，图片边框也会有效果，但是如果单独定义颜色，图片边框不会有任何效果。

10.6　超链接 CSS 样式伪类

对于网页中超链接文本的修饰，通常采用 CSS 样式伪类。伪类是一种特殊的选择符，能被浏览器自动识别。其最大的用处是在不同状态下对超链接定义不同的样式效果，是 CSS 本身定义的一种类。CSS 样式中用于超链接的伪类有如下 4 种。

:link 伪类，用于定义超链接对象在没有访问前的样式。

:hover 伪类，用于定义当鼠标移至超链接对象上时的样式。

:active 伪类，用于定义当鼠标单击超链接对象时的样式。

:visited 伪类，用于定义超链接对象已经被访问后的样式。

10.6.1　:link 伪类

:link 伪类用于设置超链接对象在没有被访问时的样式。在很多的超链接应用中，可能会直接定义<a>标签的 CSS 样式，这种方法与定义 a:link 的 CSS 样式有什么不同呢？

HTML 代码如下。

```
<a>超链接文字样式</a>
<a href="#">超链接文字样式</a>
```

CSS 样式代码如下。

```
a {
  color: black;
}
a:link {
  color: red;
}
```

预览效果中<a>标签的样式表显示为黑色，使用 a:link 显示为红色。也就是说 a:link 只对拥有 href 属性的<a>标签产生影响，即拥有实际链接地址的对象，而对直接使用<a>标签嵌套的内容不会产生实际效果，如图 10-103 所示。

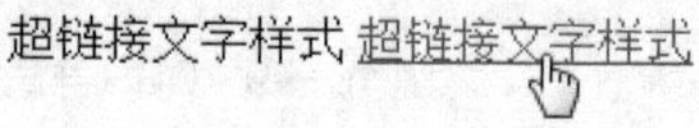

超链接文字样式 超链接文字样式

图 10-103　文字超链接效果

10.6.2　:hover 伪类

:hover 伪类用来设置对象在其鼠标悬停时的样式表属性。该状态是非常实用的状态之一，当鼠标移动到链接对象上时，改变其颜色或是改变下画线状态，这些都可以通过 a:hover 状态控制实现。对于无 href 属性的<a>标签，该伪类不发生作用。在 CSS 样式中该伪类可以应用于任何对象。

CSS 样式代码如下。

```
a {
    color: #ffffff;
    background-color: #CCCCCC;
    text-decoration: none;
    display: block;
    float:left;
    padding: 20px;
    margin-right: 1px;
}
a:hover {
    background-color: #FF9900
}
```

在浏览器中预览，当鼠标没有移至超链接对象上时，初始背景为灰色，当鼠标经过链接区域时，背景色由灰色变成橙色，效果如图 10-104 所示。

图 10-104　测试 hover 状态效果

10.6.3　:active 伪类

:active 伪类用于设置链接对象在被用户激活（在被单击与释放之间发生的事件）时的样

式。 实际应用中，本状态很少使用。对于无 href 属性的<a>标签，该伪类不发生作用。在
CSS 样式中该伪类可以应用于任何对象，并且:active 状态可以和:link 及:visited 状态同时
发生。

CSS 样式代码如下。

```
a:active {
    background-color:#0099FF;
}
```

在浏览器中预览，当鼠标没有移至超链接对象上时，初始背景为灰色，当鼠标单击链接
而且还没有释放之前，链接块呈现出 a:active 中定义的蓝色背景，效果如图 10-105 所示。

图 10-105　测试 active 状态效果

10.6.4　:visited 伪类

　　:visited 伪类用于设置超链接对象在其链接地址已被访问过后的样式属性。页面中每一
个链接被访问过之后在浏览器内部都会做一个特定的标记，这个标记能够被 CSS 所识别，
a:visited 就是针对浏览器检测已经被访问过的链接进行样式设置。通过 a:visited 的样式设
置，能够设置访问过的链接呈现为另外一种颜色，或删除线的效果。定义网页过期时间或用
户清空历史记录将影响该伪类的作用，对于无 href 属性的<a>标签，该伪类不发生作用。

CSS 样式代码如下。

```
a:link {
    color: #FFFFFF;
    text-decoration: none;
}
a:visited {
    color: #FF0000;
}
```

在浏览器中预览，当鼠标没有移至超链接对象上时，初始背景为灰色，当单击设置了超链
接的文本并释放鼠标左键后，被访问过后的链接文本会由白色变为红色，如图 10-106 所示。

图 10-106　visited 状态效果

练习

设置网页中超链接文字效果

　　最终文件：光盘\最终文件\第 10 章\10-6-4.html　　　视频：光盘\视频\第 10 章\10-6-4.mp4

　　01. 执行"文件>打开"命令，打开页面"光盘\源文件\第 10 章\10-6-4.html"，效果
如图 10-107 所示，选中页面中的新闻标题文字，分别为各新闻标题设置空链接，效果如图
10-108 所示。

图 10-107　打开页面

图 10-108　为新闻标题创建空链接

02. 转换到代码视图，可以看到所设置的链接代码，如图 10-109 所示。保存页面，在浏览器中预览页面，可以看到默认的超链接文字效果，如图 10-110 所示。

```
<div id="news-list">
  <ul>
    <li><a href="#">游戏狂欢时刻来临，圣诞节游戏积分排行榜。</a></li>
    <li><a href="#">圣诞引领玩家狂欢，各种好礼送不停。</a></li>
    <li><a href="#">双蛋狂欢，抽奖砸金蛋，各种惊喜有木有。</a></li>
    <li><a href="#">圣诞节，最火一款塔防游戏英灵争霸浪潮。</a></li>
    <li><a href="#">"双蛋节"期间，充值送好礼</a></li>
  </ul>
</div>
```

图 10-109　超链接代码

图 10-110　默认超链接文字效果

03. 转换到该网页所链接的外部 CSS 样式表文件，创建名为.link1 的类 CSS 样式的 4 种伪类 CSS 样式，如图 10-111 所示。返回设计视图，选中第 1 条新闻标题，在"类"下拉列表框中选择刚定义的 CSS 样式 link1 应用，如图 10-112 所示。

```
.link1:link {
    color: #333;
    text-decoration: none;
}
.link1:hover {
    color: #F96515;
    text-decoration: underline;
}
.link1:active {
    color: #336;
    text-decoration: underline;
}
.link1:visited {
    color: #600;
    text-decoration: line-through;
}
```

图 10-111　CSS 样式代码

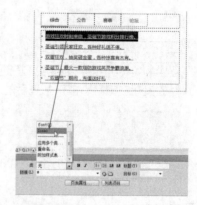

图 10-112　应用 CSS 样式

04. 在页面中可以看到应用超链接文本的效果，如图 10-113 所示。转换到代码视图，可以看到名为 link1 的类 CSS 样式是直接应用在<a>标签中的，如图 10-114 所示。

05. 保存页面，并保存外部 CSS 样式表文件，在浏览器中预览页面，将鼠标移至超链接文本上时，可以看到超链接文本显示为橙色有下画线的效果，如图 10-115 所示。当鼠标单击超链接文本后，可以看到超链接文本显示为深红色的效果，如图 10-116 所示。

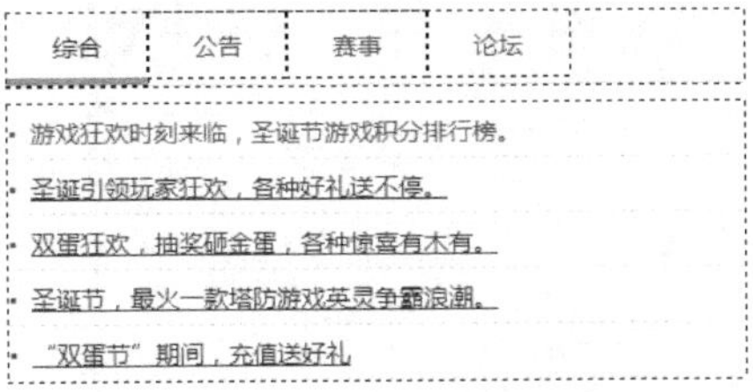

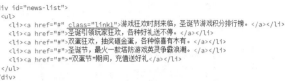

图 10-113　超链接文字效果

图 10-114　应用类 CSS 样式代码

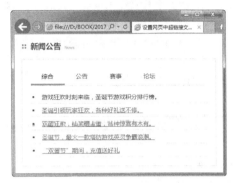

图 10-115　鼠标移至超链接文字上方

图 10-116　超链接文字被单击之后

06. 返回外部 CSS 样式表文件，创建名为.link2 的类 CSS 样式的 4 种伪类 CSS 样式，如图 10-117 所示。返回设计视图，选中第 2 条新闻标题，在"类"下拉列表中选择刚定义的 CSS 样式 link2 应用，采用相同的方法，可以为其他新闻标题应用超链接样式，如图 10-118 所示。

```
.link2:link {
    color: #333;
    text-decoration: underline;
}
.link2:hover {
    color: #F96515;
    text-decoration: none;
    margin-top: 1px;
    margin-left: 1px;
}
.link2:active {
    color: #336;
    text-decoration: none;
    margin-top: 1px;
    margin-left: 1px;
}
.link2:visited {
    color: #999;
    text-decoration: overline;
}
```

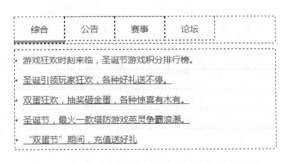

图 10-117　CSS 样式代码

图 10-118　为超链接文字应用 CSS 样式效果

07. 保存页面，并保存外部 CSS 样式表文件，在浏览器中预览页面，可以看到网页中超链接文字的效果，如图 10-119 所示。将光标移至某个超链接文本上，可以看到鼠标经过状态下的超链接文字效果，如图 10-120 所示。

在本实例中，定义了类 CSS 样式的 4 种伪类，再将该类 CSS 样式应用于<a>标签，同样可以实现超链接文本样式的设置。如果直接定义<a>标签的 4 种伪类，则对页面中的所有<a>标签起作用，这样页面中的所有链接文本的样式效果都是一样的。通过定义类 CSS 样式的 4 种伪类，可以在页面中实现多种不同的文本超链接效果。

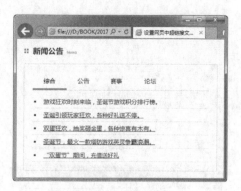 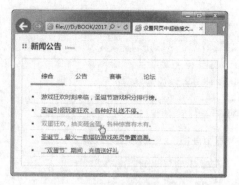

图 10-119　预览页面效果　　　　　　　图 10-120　鼠标移至超链接文字上方

10.6.5　按钮式超链接

在很多网页中，将超链接制作成各种按钮的效果，这些效果大多采用图像的方式实现。通过 CSS 样式的设置，同样可以制作出类似于按钮效果的导航菜单超链接。

练习

制作网站导航菜单

最终文件：光盘\最终文件\第 10 章\10-6-5.html　　　视频：光盘\视频\第 10 章\10-6-5.mp4

01.　执行"文件>打开"命令，打开页面"光盘\源文件\第 10 章\10-6-5.html"，可以看到页面效果，如图 10-121 所示。光标移至名为 menu 的 Div 中，将多余文字删除，输入相应的段落文本，并将段落文本创建为项目列表，如图 10-122 所示。

图 10-121　打开页面　　　　　　　图 10-122　输入文字并创建项目列表

02.　转换到该网页所链接的外部 CSS 样式文件，创建名为#menu li 的 CSS 样式，如图 10-123 所示。返回网页设计视图，可以看到页面的效果，如图 10-124 所示。

```
#menu li{
    font-family: 微软雅黑;
    font-size: 14px;
    list-style-type:none;
    float:left;
}
```

图 10-123　CSS 样式代码　　　　　　图 10-124　页面效果

03. 分别为各导航菜单项设置空链接，可以看到超链接文字效果，如图 10-125 所示。转换到代码视图，可以看到该部分页面代码，如图 10-126 所示。

图 10-125　创建超链接

```
<div id="menu">
    <ul>
        <li><a href="#">航海历险</a></li>
        <li><a href="#">游戏资料</a></li>
        <li><a href="#">视觉盛宴</a></li>
        <li><a href="#">游戏下载</a></li>
        <li><a href="#">玩家社区</a></li>
    </ul>
</div>
```

图 10-126　页面代码

04. 转换到外部 CSS 样式文件，定义名称为#menu li a 的 CSS 样式，如图 10-127 所示。返回设计视图，可以看到所设置的超链接文字效果，如图 10-128 所示。

```
#menu li a{
    width:129px;
    height:45px;
    padding-top:70px;
    margin-left:6px;
    margin-right:5px;
    line-height:25px;
    font-weight: bold;
    text-align:center;
    float:left;
}
```

图 10-127　CSS 样式代码

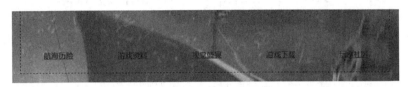

图 10-128　页面效果

05. 转换到外部 CSS 样式表文件，定义名称为#menu li a:link,#menu li a:visited 的 CSS 样式，如图 10-129 所示。返回设计视图，可以看到所设置的超链接文字效果，如图 10-130 所示。

```
#menu li a:link,#menu li a:active,#menu li a:visited{
    background-image:url(../images/106502.gif);
    background-repeat:no-repeat;
    color: #033;
    text-decoration:none;
}
```

图 10-129　CSS 样式代码

图 10-130　页面效果

06. 转换到外部 CSS 样式表文件，定义名称为#menu li a:hover 的 CSS 样式，如图 10-131 所示。返回设计视图，可以看到所设置的超链接文字效果，如图 10-132 所示。

```
#menu li a:hover{
    background-image:url(../images/106503.gif);
    background-repeat:no-repeat;
    color:#FFF;
    text-decoration:none;
}
```

图 10-131　CSS 样式代码

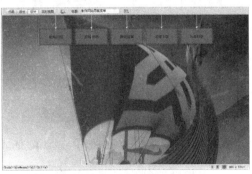

图 10-132　页面效果

07. 完成导航菜单的制作，保存页面，并保存外部 CSS 样式表文件，在浏览器中预览页面，如图 10-133 所示。光标移至导航菜单项上，可以看到使用 CSS 样式实现的按钮式导航菜单效果，如图 10-134 所示。

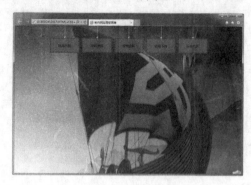

图 10-133　预览页面效果

图 10-134　鼠标移至上方时效果

10.7　cursor 属性——光标指针效果

在浏览网页时，经常看到鼠标指针的形状有箭头、手形和 I 字形，而在 Windows 环境下看到的鼠标指针种类要比这个多得多。CSS 弥补了 HTML 语言在这方面的不足，通过 cursor 属性可以设置各种鼠标指针样式。

cursor 属性包含 17 个属性值，对应光标的 17 种样式，而且还可以通过 url 链接地址自定义光标指针，cursor 属性的相关属性值如表 10-3 所示。

表 10-3　cursor 属性值说明

属性值	说明	属性值	说明
auto	浏览器默认设置	nw-resize	⤡
crosshair	✛	pointer	👆
default	⬉	se-resize	⤡
e-resize	⬌	s-resize	↕
help	⬉?	sw-resize	⤢
inherit	继承	text	I
move	✥	wait	◉
ne-resize	⤢	w-resize	⬌
n-resize	↕		

练习

在网页中实现多种光标指针效果

最终文件：光盘\最终文件\第 10 章\10-7.html　　　视频：光盘\视频\第 10 章\10-7.mp4

01. 执行"文件>打开"命令，打开页面"光盘\源文件\第 10 章\10-7.html"，效果如

图 10-135 所示,转换到该网页所链接的外部 CSS 样式表文件,找到名为 body 的标签 CSS 样式设置代码,如图 10-136 所示。

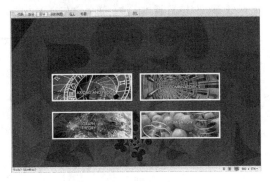

图 10-135 打开页面

```
body {
    font-size: 12px;
    color: #FFF;
    line-height: 30px;
    background-image: url(../images/10701.jpg);
    background-repeat: no-repeat;
    background-position: center top;
}
```

图 10-136 CSS 样式代码

02. 在名为 body 的标签 CSS 样式设置代码中添加 cursor 属性设置,如图 10-137 所示。保存页面,并保存 CSS 样式文件,在浏览器中预览页面,可以看到网页中光标指针效果,如图 10-138 所示。

```
body {
    font-size: 14px;
    color: #FFF;
    line-height: 30px;
    background-image: url(../images/10701.jpg);
    background-repeat: no-repeat;
    background-position: center top;
    cursor: move;
}
```

图 10-137 添加光标指针属性设置

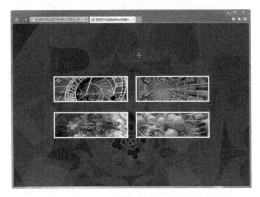

图 10-138 预览光标指针效果

03. 返回外部 CSS 样式表文件,在名为#box img 的 CSS 样式代码中添加 cursor 属性设置,如图 10-139 所示。保存页面,并保存 CSS 样式文件,在浏览器中预览页面,可以看到当光标移至页面左侧相应的图像上方时,光标指针发生变化,如图 10-140 所示。

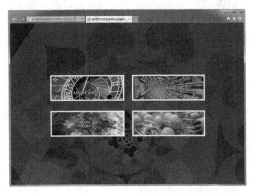

```
#box img {
    margin: 15px;
    border: solid 5px #FFF;
    cursor: help;
}
```

图 10-139 添加光标指针属性设置

图 10-140 预览光标指针效果

CSS 样式不仅能够准确地控制及美化页面，而且还能定义鼠标指针的样式。当鼠标移至不同的 HTML 元素对象上时，鼠标会以不同形状显示。很多时候，浏览器调用的鼠标是操作系统的鼠标效果，因此同一浏览器之间的差别很小，但不同操作系统的用户之间还是存在差异的。

10.8　本章小结

本章介绍了 CSS 样式中几乎所有的常用属性，通过这些属性可以对网页中各种元素的位置和外观等进行设置，从而更好地实现页面内容的表现。本章所介绍的内容较多，需要仔细体会、多练习，以掌握每一种属性的设置与应用方法。

10.9　课后习题

一、选择题

1. font-family 属性是设置文本的哪种属性？（　　）
   A. 颜色　　　　　　B. 大小　　　　　　C. 字体　　　　　　D. 粗细
2. 下列选项中，哪个属性不属于控制文本样式的 CSS 属性？（　　）
   A. font-size　　　B. font-weight　　C. color　　　　　　D. font-color
3. 如果需要设置元素上边框宽为 10px，下边框宽为 5px，左边框宽为 20px，右边框宽为 1px，以下写法正确的是？（　　）
   A. border-width: 10px 1px 5px 20px;
   B. border-width: 10px 5px 20px 1px;
   C. border-width: 5px 20px 10px 1px
   D. border-width: 10px 20px 5px 1px;
4. 下列选项中哪个 CSS 属性是用来设置背景颜色的？（　　）
   A. bgcolor　　　　　　　　　　B. color
   C. background-color　　　　　D. text

二、判断题

1. 通过设置 text-indent 属性，可以实现网页中任意文字的首行缩进效果。（　　）
2. 使用 background-image 属性设置背景图像，背景图像默认在网页中是以左上角为原点显示的，并且背景图像在网页中会重复平铺显示。（　　）

三、简答题

1. 网页中常用的颜色表现方式是什么？
2. background-color 属性与 HTML 中的 bgcolor 属性有什么区别？

CSS3.0 新增属性详解

在上一章中已经全面介绍了 CSS 样式中几乎所有的属性及设置方法，相信读者对 CSS 样式已经有了全面的认识和掌握，本章将向读者全面介绍 CSS3.0 中新增的属性，通过设置这些新增的属性在网页中能够实现许多特殊的效果。

本章知识点：

- 了解 CSS3.0
- 掌握 CSS3.0 新增的颜色设置方式
- 掌握 CSS3.0 新增文字设置属性的使用方法
- 掌握 CSS3.0 新增背景设置属性的使用方法
- 掌握 CSS3.0 新增边框设置属性的使用方法
- 掌握 CSS3.0 新增多列布局属性的使用方法
- 掌握 CSS3.0 新增其他属性的使用方法

11.1　了解 CSS3.0

CSS 样式是控制网页布局的基础，是能够真正做到网页表现与内容分离的一种设计语言。不仅如此，CSS 样式在原有基础上不断完善，CSS3.0 有很多新增属性，如新增的颜色定义方法、阴影、不透明度等，实现了以前无法实现或难以实现的网页效果。

11.1.1　CSS3.0 的发展

由于 CSS3.0 规范尚处于完善之中，因此浏览器的支持程度各有不同。为了让用户能够体验到 CSS3.0 的好处，各主流浏览器都定义了自己的私有属性。

CSS3.0 开始遵循模块化的开发。以前的规范作为一个模块实在是太庞大而且比较复杂，所以，CSS3.0 把它分解为多个小的模块，这样，有助于理清各个模块规范之间的关系。

CSS3.0 的模块化规范，使应用更加灵活。一个 CSS 规范如果要完整地获得浏览器的支持，是非常困难的，但是浏览器选择完整支持某个模块的规范是比较容易实现的。反过来，如果要衡量一个浏览器对 CSS3.0 的支持程度，可以对各个模块分别衡量。

CSS3.0 模块化的发展有利于未来的扩展。当 CSS 需要增加新的规范时，非常不希望其他规范也跟着变动。模块化的发展，使得每个独立的模块都能根据需要进行独立的更新。当增加新的特性或模块时，不会影响已经存在的特性。

11.1.2　浏览器对 CSS3.0 的支持情况

尽管 CSS3.0 的很多新特性很受开发者的欢迎，但并不是所有的浏览器都支持它。各个主流浏览器都定义了各自的私有属性，以便能够使用户体验 CSS3.0 的新特性。

私有属性固然可以避免不同浏览器中解析同一个属性时出现冲突，但是也给设计师们带来诸多不便，需要编写更多的 CSS 代码，而且也没有解决同一页面在不同浏览器中表现不一致的问题。

　　尽管私有属性有很多弊端，但是同时也为设计师们提供了较大的选择空间，至少在 CSS3.0 规范发布以前，能表现一些特定的 CSS3.0 的效果。

　　采用 Webkit 内核浏览器（如 Safari、Chrome）的私有属性的前缀是 -webkit-；采用 Gecko 内核浏览器（如 Firefox）的私有属性的前缀是 -moz-；Opera 浏览器的私有属性的前缀是 -o-；IE 浏览器（限于 IE8+）的私有属性的前缀是 -ms-。

11.1.3　了解 CSS3.0 的全新功能

　　与之前的版本相比，CSS3.0 的改进是非常大的。CSS3.0 不仅进行了修订和完善，更增加了很多新的特性，把样式表的功能发挥得淋漓尽致。之前的很多效果都借助图片和脚本来实现，CSS3.0 只需要几行代码就能搞定了。这样不仅简化了设计师的工作，页面代码也更加简洁和清晰。

　　CSS3.0 的全新功能简介如表 11-1 所示。

表 11-1　CSS3.0 的全新功能简介

功能	说明
功能强大的选择器	CSS3.0 增加了更多的 CSS 选择器，可以实现更简单但是更强大的功能
文字效果	在 CSS3.0 中，可以给文字添加阴影、描边和发光等效果；还可以自定义特殊的字体
边框	在 CSS3.0 中，可以直接给边框设计圆角、阴影、边框背景灯，其中，边框背景会自动把背景图切割显示
背景	背景图片的设计更加灵活；不但可以改变背景图片的大小、裁剪背景图片，还可以设置多重背景
色彩模式	CSS3.0 的色彩模式，除了支持 RGB 颜色外，还支持 HSL（色调、饱和度、亮度），并且针对这两种色彩模式，又增加了可以控制透明度的色彩模式
盒布局和多列布局	这两种布局，可以弥补现有布局中的不足，为页面布局提供更多的手段，并大幅度地缩减了代码
渐变	CSS3.0 已经支持渐变的设计。这样，不但告别切图的时代，而且设计也更加灵活，后期的维护也极为方便
动画	有了 CSS3.0 的动画，设计师们不用编写脚本，可以直接让页面元素动起来，并且不会影响整体的页面布局
媒体查询	CSS3.0 提供了丰富的媒体查询功能，可以根据不同的设备、不同的屏幕尺寸自动调整页面的布局

11.2　CSS3.0 颜色设置方式

　　网页中的颜色搭配可以更好地吸引浏览者的目光，在 CSS3.0 中新增了几种网页中定义颜色的方法，下面依次进行介绍。

11.2.1　RGBA 颜色值

　　RGBA 是在 RGB 的基础上多了控制 Alpha 透明度的参数，RGBA 颜色定义语法如下。

```
rgba (r,g,b,<opacity>);
```

　　R、G 和 B 分别表示红色、绿色和蓝色 3 种原色所占的比重，R、G 和 B 的值可以是正整数或百分数，正整数值的取值范围为 0～255，百分比数值的取值范围为 0%～100%，超出范围的数值将被截至其最近的取值极限。注意，并非所有浏览器都支持百分数值。第 4 个属性值<opacity>表示不透明度，取值范围为 0～1。

练习

使用 RGBA 设置半透明背景颜色

　　最终文件：光盘\最终文件\第 11 章\11-2-1.html　　　视频：光盘\视频\第 11 章\11-2-1.mp4

　　01. 执行"文件>打开"命令，打开页面"光盘\源文件\第 11 章\11-2-1.html"，可以看到页面效果，如图 11-1 所示。转换到该网页所链接的外部 CSS 样式表文件中，找到名为 #main 的 CSS 样式，如图 11-2 所示。

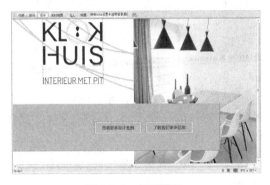

图 11-1　打开页面

```
#main {
    position: absolute;
    width: 85%;
    height: 180px;
    left: 0px;
    bottom: 50px;
    z-index: 5;
    background-color: #6CF;
}
```

图 11-2　CSS 样式代码

　　02. 在名为#main 的 CSS 样式代码中修改背景颜色的设置，并使用 RGBA 颜色定义方法，如图 11-3 所示。保存页面并保存外部样式表文件，在浏览器中预览页面，可以看到元素半透明背景色效果，如图 11-4 所示。

```
#main {
    position: absolute;
    width: 85%;
    height: 180px;
    left: 0px;
    bottom: 50px;
    z-index: 5;
    background-color: rgba(102,204,255,0.4);
}
```

图 11-3　使用 RGBA 方式设置背景颜色

图 11-4　预览半透明背景颜色效果

11.2.2　HSL 和 HSLA 颜色值

　　HSL 是一种工业界广泛使用的颜色标准，通过对色调（H）、饱和度（S）和亮度（L）3 个颜色通道的改变，以及其相互叠加获得各种颜色。CSS3.0 中新增了 HSL 颜色设置方式，在使用 HSL 方法设置颜色时，需要定义 3 个值，分别是色调（H）、饱和度（S）和亮度（L）。HSL 颜色定义语法如下。

```
hsl (<length>,<percentage>,<percentage>);
```

HSL 的相关属性值说明如下。

➢ length：表示 Hue（色调），0（或 360）表示红色，120 表示绿色，240 表示蓝色，当然也可以取其他的数值确定不同颜色。

➢ percentage：表示 Saturation（饱和度），取值为 0%到 100%之间的值。

➢ percentage：表示 Lightness（亮度），取值为 0%到 100%之间的值。

HSLA 是 HSL 颜色定义方法的扩展，在色相、饱和度、亮度三要素的基础上增加了不透明度的设置。使用 HSLA 颜色定义方法，能够灵活地设置各种不同的透明效果。HSLA 颜色定义的语法如下。

```
hsla (<length>,<percentage>,<percentage>,<opacity>);
```

前 3 个属性与 HSL 颜色定义方法的属性相同，第 4 个参数用于设置颜色的不透明度，取值范围为 0~1 之间，如果值为 0，表示颜色完全透明，如果值为 1，则表示颜色完全不透明。

 练习

使用 HSLA 设置半透明背景颜色

最终文件：光盘\最终文件\第 11 章\11-2-2.html　　视频：光盘\视频\第 11 章\11-2-2.mp4

01. 执行"文件>打开"命令，打开页面"光盘\源文件\第 11 章\11-2-2.html"，可以看到页面效果，如图 11-5 所示。转换到该网页所链接的外部 CSS 样式表文件，找到名为 #main 的 CSS 样式，如图 11-6 所示。

图 11-5　打开页面　　　　　　　　　　　图 11-6　CSS 样式代码

02. 在名为#main 的 CSS 样式中修改背景颜色的设置，使用 HSL 颜色定义方法，如图 11-7 所示。保存页面并保存外部样式表文件，在浏览器中预览页面，可以看到所设置的背景色效果，如图 11-8 所示。

```
#main {
    position: absolute;
    width: 85%;
    height: 180px;
    left: 0px;
    bottom: 50px;
    z-index: 5;
    background-color:hsl(75,100%,40%);
}
```

图 11-7　使用 HSL 方式设置背景颜色　　　　图 11-8　预览页面效果

03. 转换到外部样式表文件，在名为#main 的 CSS 样式中修改背景颜色的设置，如图 11-9 所示。保存外部样式表文件，在浏览器中预览页面，可以看到所设置的透明背景色效果，如图 11-10 所示。

```
#main {
    position: absolute;
    width: 85%;
    height: 180px;
    left: 0px;
    bottom: 50px;
    z-index: 5;
    background-color:hsla(75,100%,40%,0.6);
}
```

图 11-9　使用 HSLA 方式设置背景颜色　　　　　图 11-10　预览半透明背景颜色效果

11.2.3　transparent 颜色值

如果在 CSS 样式中设置颜色值为 transparent，会使背景颜色、文字颜色或边框颜色等设置为完全透明。在 CSS1.0 中，只能在 background-color 属性中设置 transparent 属性值。在 CSS2.0 中，可以在 background-color 和 border-color 属性中设置 transparent 属性值。在 CSS3.0 中，可以在一切指定颜色值的属性中设置 transparent 属性值。现在，transparent 属性值已经得到 Firefox、Chrome、Safari、Opera 和 IE 等浏览器的支持。

11.3　CSS3.0 新增文字设置属性

对于网页而言，文字永远都是不可缺少的重要元素，文字也是传递信息的主要手段。在 CSS3.0 中新增加了几种有关网页文字控制的新增属性，下面分别对这几种新增的文字控制属性进行介绍。

11.3.1　text-overflow 属性——文本溢出处理

在网页中显示信息时，如果指定显示信息过长，超过了显示区域的宽度，其结果就是信息撑破指定的信息区域，从而破坏了整个网页布局。如果设置的信息显示区域过长，就会影响整体页面的效果。以前遇到这种情况，需要使用 JavaScript 将超出的信息进行省略。现在，只需要使用 CSS3.0 中新增的 text-overflow 属性，就可以解决这个问题。

text-overflow 属性用于设置是否使用一个省略标记（...）标示对象内文本的溢出。text-overflow 属性仅是注解当文本溢出时是否显示省略标记，并不具备其他的样式属性定义。要实现溢出时产生省略号的效果还需要定义：强制文本在一行内显示（white-space: nowrap）及溢出内容为隐藏（overflow: hidden），只有这样才能实现溢出文本显示省略号的效果。text-overflow 属性的语法格式如下。

```
text-overflow: clip | ellipsis;
```

text-overflow 属性的属性值说明如下。

> clip：不显示省略标记（...），而是简单的裁切。
> ellipsis：当对象内文本溢出时显示省略标记（...）。

练习

设置网页中溢出文本的处理方式

最终文件：光盘\最终文件\第 11 章\11-3-1.html　　视频：光盘\视频\第 11 章\11-3-1.mp4

01.　执行"文件>打开"命令，打开页面"光盘\源文件\第 11 章\11-3-1.html"，可以看到页面效果，如图 11-11 所示。转换到网页 HTML 代码中，可以看到名称为 text1 和 text2 的两个 Div 中的文字内容，如图 11-12 所示。

图 11-11　打开页面

```
<body>
<div id="box">
  <div id="text1">有思想的创造，我们给的远不至您看到的！</div>
  <div id="text2">有思想的创造，我们给的远不至您看到的！</div>
</div>
</body>
```

图 11-12　网页 HTML 代码

02.　转换到该网页链接的外部样式表文件，找到名为#text1 的 CSS 样式，如图 11-13 所示。在名为#text1 的 CSS 样式中添加 white-space 和 text-overflow 属性设置代码，如图 11-14 所示。

```
#text1 {
    font-size: 20px;
    font-weight: bold;
    color: #06BFF7;
    width: 300px;
    height: 40px;
    overflow: hidden;
}
```

图 11-13　CSS 样式代码

```
#text1 {
    font-size: 20px;
    font-weight: bold;
    color: #06BFF7;
    width: 300px;
    height: 40px;
    overflow: hidden;
    white-space: nowrap;
    text-overflow: clip;
}
```

图 11-14　添加属性设置

 提示　在 CSS 样式代码中 white-space: nowrap;是强制文本在一行内显示，overflow: hidden;是设置溢出内容为隐藏，要想通过 text-overflow 属性实现溢出文本裁切或显示为省略号，就必须添加这两个属性定义，否则无法实现。

03.　在名为#text2 的 CSS 样式中添加 white-space 和 text-overflow 属性设置代码，如图 11-15 所示。返回设计视图，保存页面并保存外部样式表文件，在浏览器中预览页面，可以看到通过 text-overflow 属性实现的溢出文本显示为省略号的效果，如图 11-16 所示。

 提示　需要特别说明的是，text-overflow 属性非常特殊，当设置的属性值不同时，其浏览器对 text-overflow 属性支持也不相同。当 text-overflow 属性值为 clip 时，主流的浏览器都能够支持；如果 text-overflow 属性值为 ellipsis 时，除了 Firefox 浏览器不支持，其他主流的浏览器都能够支持。

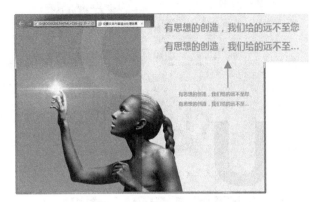

```
#text2 {
    font-size: 20px;
    font-weight: bold;
    color: #06BFF7;
    width: 300px;
    height: 40px;
    overflow: hidden;
    white-space: nowrap;
    text-overflow: ellipsis;
}
```

图 11-15　添加属性设置　　　　　　　　　　图 11-16　预览文本溢出处理效果

11.3.2　word-wrap 和 word-break 属性——控制文本换行

word-wrap 属性用于设置当文本行超过指定容器的边界时是否断开转行，word-wrap 属性的语法格式如下。

```
word-wrap: normal | break-word;
```

word-wrap 属性的属性值说明如下。

➤ normal：控制连续文本换行。

➤ break-word：内容将在边界内换行。如果需要，词内换行（word-break）也会发生。

word-break 属性用于设置指定容器内文本的字内换行行为，在出现多种语言时会经常用到。word-break 属性的语法格式如下。

```
word-break: normal | break-all | keep-all;
```

word-break 属性的属性值与使用的文本语言有关系，属性值说明如下。

➤ normal：根据亚洲语言和非亚洲语言的文本规则，允许在字内换行。

➤ break-all：与亚洲语言的 normal 相同，也允许非亚洲语言文本行的行意字内断开，该值适合包含一些非亚洲文本的亚洲文本。

➤ keep-all：与所有非亚洲语言的 normal 相同，对于中文、韩文、日文，不允许字断开，适合包含少量亚洲文本的非亚洲文本。

 练习

控制英文内容强制换行

最终文件：光盘\最终文件\第 11 章\11-3-2.html　　　视频：光盘\视频\第 11 章\11-3-2.mp4

01. 执行"文件>打开"命令，打开页面"光盘\源文件\第 11 章\11-3-2.html"，可以看到页面效果，如图 11-17 所示。转换到 HTML 代码，可以看到 id 名为 text1 和 text2 中的内容是相同的，不同的是 text1 中的英文单词与单词之间没有空格和标点符号，如图 11-18 所示。

02. 在浏览器中预览，可以看到 id 名为 text1 中的英文内容显示到该 Div 的右边界后，超出部分内容被隐藏了，并没有自动换行显示，而 id 名为 text2 中的英文内容正常显示，如图 11-19 所示。转换到外部样式表文件，可以看到名为#text1 和名为#text2 的 CSS 样式完全一样，如图 11-20 所示。

图 11-17　打开页面

```
<body>
<div id="box">
   <div id="text1">
AFTERTHECASCADIASUBDUCTIONZONERUPTURESANDPORTLANDISREDU
CEDTOTOASTHOWWILLWEKEEPTHEPORTLANDSPIRITALIVEPREPARATIO
NSTOCKTHESEMUSTHAVESNEXTTOYOURWATERANDNUTSTOGETHERWEWIL
LKEEPPORTLANDWEIRD!</div>
   <div id="text2">AFTER THE CASCADIA SUBDUCTION ZONE
RUPTURES AND PORTLAND IS REDUCED TO &quot;TOAST&quot;
HOW WILL WE KEEP THE PORTLAND SPIRIT ALIVE?
PREPARATION. STOCK THESE MUST-HAVES NEXT TO YOUR WATER
AND NUTS. TOGETHER,WE WILL KEEP PORTLAND WEIRD!</div>
</div>
</body>
```

图 11-18　网页 HTML 代码

图 11-19　预览页面效果

```
#text1 {
    background-color: rgba(255,255,255,0.2);
    border: solid 1px #06BFF7;
    margin-top: 10px;
}
#text2 {
    background-color: rgba(255,255,255,0.2);
    border: solid 1px #06BFF7;
    margin-top: 10px;
}
```

图 11-20　CSS 样式代码

03. 在名为#text1 的 CSS 样式中添加 word-wrap 属性设置代码，如图 11-21 所示。保存页面并保存外部 CSS 样式文件，在浏览器中预览页面，可以看到强制换行的效果，如图 11-22 所示。

```
#text1 {
    background-color: rgba(255,255,255,0.2);
    border: solid 1px #06BFF7;
    margin-top: 10px;
    word-wrap: break-word;
}
```

图 11-21　CSS 样式代码

图 11-22　预览页面效果

11.3.3　text-shadow 属性——文本阴影

在显示文字时有时需要制作出文字的阴影效果，从而使文字更加瞩目。通过 CSS3.0 中新增的 text-shadow 属性可以轻松实现为文字添加阴影的效果，text-shadow 属性的语法格式如下。

```
text-shadow: length | length | opacity | color;
```

text-shadow 属性的属性值说明如下。

> ➢ length：由浮点数字和单位标识符组成的长度值，可以为负值，用于指定阴影的水平和垂直距离。
> ➢ opacity：由浮点数字和单位标识符组成的长度值，不可以为负值，用于指定模糊效果的作用距离。如果仅仅需要模糊效果，将前两个 length 属性全部设置为 0。
> ➢ color：指定阴影颜色。

 练习

为网页文本添加阴影效果

最终文件：光盘\最终文件\第 11 章\11-3-3.html　　视频：光盘\视频\第 11 章\11-3-3.mp4

01. 执行"文件>打开"命令，打开页面"光盘\源文件\第 11 章\11-3-3.html"，可以看到页面效果，如图 11-23 所示。在浏览器中预览页面，页面中文字效果如图 11-24 所示。

图 11-23　打开页面

图 11-24　预览页面效果

02. 转换到该网页链接的外部样式表文件，找到名为#title 的 CSS 样式，在该 CSS 样式中添加 text-shadow 属性设置，如图 11-25 所示。保存页面，并保存外部 CSS 样式文件，在浏览器中预览页面，可以看到文字阴影的效果，如图 11-26 所示。

```
#title {
    width: 100%;
    height: auto;
    overflow: hidden;
    font-size: 40px;
    line-height: 100px;
    text-align: center;
    letter-spacing: 10px;
    text-shadow: 3px 3px 0px #0099CC;
}
```

图 11-25　CSS 样式代码

图 11-26　预览页面效果

11.3.4　@font-face 规则——使用服务器端字体

在 CSS 的字体样式中，通常会受到客户端的限制，只有在客户端安装该字体后，样式才能正确显示。如果使用的不是常用的字体，对于没有安装该字体的用户而言，是看不到真正的文字样式的。因此，设计师会避免使用不常用的字体，更不轻易使用艺术字体。

为了弥补这一缺陷，CSS3.0 新增了字体自定义功能，通过@font-face 规则引用互联网任意服务器中存在的字体。这样在设计页面时，就不会因为字体稀缺而受限制。

通过@font-face 规则可以加载服务器端的字体文件，让客户端显示客户端所没有安装的字体，@font-face 规则的语法格式如下。

```
@font-face: {font-family:取值; font-style:取值; font-variant:取值; font-weight:
取值; font-stretch:取值; font-size:取值; src:取值; }
```

@font-face 规则的相关属性说明如下。

➢ font-family：设置文本的字体名称。

➢ font-style：设置文本样式。

➢ font-variant：设置文本是否大小写。

➢ font-weight：设置文本的粗细。

➢ font-stretch：设置文本是否横向拉伸变形。

➢ font-size：设置文本字体大小。

➢ src：设置自定义字体的相对路径或者绝对路径，可以包含 format 信息。注意，此属性只能在@font-face 规则中使用。

提示
　　　对于@font-face 规则的兼容性，主要是字体 format 的问题。因为不同的浏览器对字体格式的支持是不一致的，各种版本的浏览器支持的字体格式有所区别。TrueType（.ttf）格式的字体对应的 format 属性为 truetype；OpenType（.otf）格式的字体对应的 format 属性为 opentype；Embedded Open Type（.eot）格式的字体对应的 format 属性为 eot。

 练习

在网页中使用特殊字体

最终文件：光盘\最终文件\第 11 章\11-3-4.html　　　视频：光盘\视频\第 11 章\11-3-4.mp4

01. 执行"文件>打开"命令，打开页面"光盘\源文件\第 11 章\11-3-4.html"，可以看到页面效果，如图 11-27 所示。在 Chrome 浏览器中预览该页面，可以看到页面中默认的字体显示效果，如图 11-28 所示。

图 11-27　打开页面

图 11-28　预览页面效果

02. 转换到该网页链接的外部样式表文件，创建@font-face 规则和名为.font01 的类 CSS 样式，如图 11-29 所示。返回设计视图中，为相应的文字应用名为 font01 的类 CSS 样式，保存页面，并保存外部 CSS 样式文件，在 Chrome 浏览器中预览页面，可以看到特殊的字体效果，如图 11-30 所示。

```
@font-face {
    font-family: myfont;          /*声明字体名称*/
    src: url(../images/FZJZJW.TTF) format("truetype")
/*指定字体路径*/
}
.font01 {
    font-family: myfont;
}
```

图 11-29　CSS 样式代码　　　　　　　　　　图 11-30　预览特殊字体效果

在@font-face 规则中，通过 font-family 属性声明了字体名称 myfont，并通过 src 属性指定了字体文件的 url 相对地址。在接下来名称为 font01 的类 CSS 样式中，就可以通过名称 myfont 引用字体定义的规则了。

通过@font-face 规则使用服务器字体，不建议应用于中文网站。因为中文的字体文件都是几 MB 到十几 MB，字体文件的容量较大，会严重影响页面的加载速度。如果是少量的特殊字体，还是建议使用图片来代替。而英文的字体文件只有几十 KB，非常适合使用@font-face 规则。

11.4　CSS3.0 新增背景设置属性

通过 CSS3.0 新增的属性不仅可以设置半透明的背景颜色，还可以实现渐变背景颜色，并且还新增了有关网页背景图像设置的属性，在本节将分别介绍 CSS3.0 中新增的有关背景设置的属性。

11.4.1　线性渐变背景颜色

在 CSS3.0 中新增了渐变设置属性 gradients，通过该属性可以在网页中实现渐变颜色填充的效果。在网页中可以实现线性渐变和径向渐变两种方式的渐变填充效果，但由于目前浏览器还没有统一的标准对渐变 gradients 属性提供支持，所以还只能使用浏览器提供的私有化属性实现渐变颜色填充效果。

1. 基于 Webkit 内核的实现

基于 Webkit 内核的线性渐变，语法如下。

```
-webkit-gradient ( linear,<point>,<point>,from(<color>),to(<color>) [ ,
color-stop(<percent>, <color>)]*)
```

基于 Webkit 内核线性渐变属性值说明如下。

➢ linear：表示线性渐变类型。

➢ <point>：定义渐变的起始点和结束点：第一个表示起始点，第二个表示结束点。该坐标点的取值，支持数值、百分比和关键字，如（0.5，0.5）、（50%，50%）、（left，top）等。关键字包括：定义横坐标的 left 和 right，定义纵坐标的 top 和 bottom。

➢ <color>：表示任意 CSS 颜色值。

➢ <percent>：表示百分比值，用于确定起始点和结束点之间的某个位置。

➢ from()：定义起始点的颜色。

> ➤　to()：定义结束点的颜色。
> ➤　color-stop()：可选函数，在渐变中多次添加过滤颜色，可以实现多种颜色的渐变。

2. 基于 Gecko 内核的实现

基于 Gecko 内核的线性渐变，语法如下。

```
-moz-linear-gradient ( [ <point> || <angle>,] ? <color> [, (<color>)
[<percent>]?]*,<color>)
```

基于 Gecko 内核线性渐变属性值说明如下。

> ➤　<point>：定义渐变的起始点，该坐标的取值支持数值、百分比和关键字。关键字包括：定义横坐标的 left、center 和 right，定义纵坐标的 top、center 和 bottom。默认坐标为（top center）。当制定一个值时，另一个值默认为 center。
> ➤　<color>：表示渐变使用的 CSS 颜色值。
> ➤　<angle>：定义线性渐变的角度，单位可以是 deg（角度）、grad（梯度）、rad（弧度）。
> ➤　<percent>：表示百分比值，用于确定起始点和结束点之间的某个位置。

> **提示**　这里没有函数作为参数，可以直接在某个百分比位置添加过渡颜色。第一个颜色值为渐变开始的颜色，最后一个颜色值为渐变结束的颜色。基于 Gecko 内核的线性渐变的实现，比较符合 W3C 语法标准。

为网页设置线性渐变背景颜色

最终文件：光盘\最终文件\第 11 章\11-4-1.html　　视频：光盘\视频\第 11 章\11-4-1.mp4

01. 执行“文件>打开”命令，打开页面“光盘\源文件\第 11 章\11-4-1.html”，可以看到页面效果，如图 11-31 所示。转换到该网页所链接的外部 CSS 样式表文件中，找到名为 body 的 CSS 样式，如图 11-32 所示。

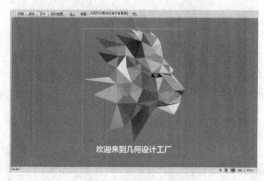

```css
body {
    font-family: 微软雅黑;
    font-size: 14px;
    color: #FFF;
    line-height: 30px;
    background-color: #E04F16;
}
```

图 11-31　打开页面　　　　　　　　　　　　图 11-32　CSS 样式代码

02. 删除 background-color 属性设置代码，并添加线性渐变设置代码，如图 11-33 所示。保存外部 CSS 样式文件，在 Chrome 浏览器中预览页面，可以看到所设置的从上到下的线性渐变背景效果，如图 11-34 所示。

> **提示**　此处是实现了基于 Webkit 和 Gecko 两种内核浏览器的线性渐变，其中基于 Gecko 内核的渐变实现，应用了其默认的设置：当不设置起点和弧度方向时，默认的是从上至下的渐变，IE 浏览器显示不出效果，在 Chrome 或 Firefox 浏览器中可以显示效果。

```
body {
    font-family: 微软雅黑;
    font-size: 14px;
    color: #FFF;
    line-height: 30px;
    /*基于Webkit内核的实现*/
    background:-webkit-gradient(linear,left top,left bottom,
from(#E04f16),to(#E09616));
    /*基于Gecko内核的实现*/
    background:-moz-linear-gradient(top,#E04f16,#E09616);
}
```

图 11-33　添加线性渐变颜色设置代码　　　　图 11-34　预览线性渐变颜色背景

03. 转换到外部样式表文件，修改刚刚设置的渐变颜色代码，如图 11-35 所示。保存外部样式表文件，在 Chrome 浏览器中预览页面，可以看到所设置的从左至右的线性渐变背景效果，如图 11-36 所示。

```
body {
    font-family: 微软雅黑;
    font-size: 14px;
    color: #FFF;
    line-height: 30px;
    /*基于Webkit内核的实现*/
    background:-webkit-gradient(linear,left top,right top,
from(#E04f16),to(#E09616));
    /*基于Gecko内核的实现*/
    background:-moz-linear-gradient(left,#E04f16,#E09616);
}
```

图 11-35　修改线性渐变颜色设置代码　　　　图 11-36　预览线性渐变颜色背景

04. 转换到外部样式表文件，修改刚刚设置的渐变颜色代码，如图 11-37 所示。保存外部 CSS 样式文件，在 Chrome 浏览器中预览页面，所设置的从左上角至右下角的线性渐变背景效果如图 11-38 所示。

```
body {
    font-family: 微软雅黑;
    font-size: 14px;
    color: #FFF;
    line-height: 30px;
    /*基于Webkit内核的实现*/
    background:-webkit-gradient(linear,left top,right bottom,
from(#E04f16),to(#E09616));
    /*基于Gecko内核的实现*/
    background:-moz-linear-gradient(left top,#E04f16,#E09616);
}
```

图 11-37　修改线性渐变颜色设置代码　　　　图 11-38　预览线性渐变颜色背景

05. 转换到外部样式表文件，修改刚刚所设置的渐变颜色代码，如图 11-39 所示。保存外部 CSS 样式文件，在 Chrome 浏览器中预览页面，可以看到所设置的多种颜色的线性渐变背景效果，如图 11-40 所示。

```
body {
    font-family: 微软雅黑;
    font-size: 14px;
    color: #FFF;
    line-height: 30px;
    /*基于Webkit内核的实现*/
    background:-webkit-gradient(linear,left top,right top,
from(#E04f16),to(#E09616),color-stop(50%,yellow));
    /*基于Gecko内核的实现*/
    background:-moz-linear-gradient(left,#E04f16,yellow,#E09616);
}
```

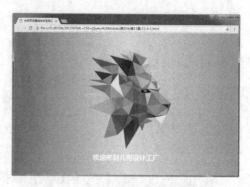

图 11-39　修改线性渐变颜色设置代码　　　　图 11-40　预览线性渐变颜色背景

从此案例可以看出，基于 Gecko 内核的渐变实现比较容易，但不易理解；基于 Webkit 内核的渐变实现代码较长，但逻辑层次比较清晰。

11.4.2　径向渐变背景颜色

1. 基于 Webkit 内核的实现

基于 Webkit 内核的径向渐变，语法如下。

```
-webkit-gradient ( radial [,<point>,<radius>]{2},from(<color>),to(<color>)
[, color-stop(<percent>, <color>)]*)
```

基于 Webkit 内核径向渐变属性值说明如下。

➢　radial：表示径向渐变类型。

➢　<point>：定义渐变的起始圆的圆心坐标和结束圆的圆心坐标。该坐标点的取值，支持数值、百分比和关键字，如（0.5, 0.5）、（50%, 50%）、（left, top）等。关键字包括：定义横坐标的 left 和 right，定义纵坐标的 top 和 bottom。

➢　<radius>：表示圆的半径，定义起始圆的半径和结束圆的半径。默认为元素尺寸的一半。

➢　<color>：表示任意 CSS 颜色值。

➢　<percent>：表示百分比值，用于确定起始点和结束点之间的某个位置。

➢　from()：定义起始圆的颜色。

➢　to()：定义结束圆的颜色。

➢　color-stop()：可选函数，在渐变中多次添加过滤颜色，可以实现多种颜色的渐变。

2. 基于 Gecko 内核的实现

基于 Gecko 内核的径向渐变，语法如下。

```
-moz- radial-gradient ( [ [ <point> || <angle>,] ? <shape> || <radius>] ?
<color> [, (<color>) [<percent>]?]*,<color> )
```

基于 Gecko 内核径向渐变属性值说明如下。

➢　<point>：定义渐变的起始点，该坐标的取值支持数值、百分比和关键字。关键字包括：定义横坐标的 left、center 和 right，定义纵坐标的 top、center 和 bottom。默认坐标为（top center）。当制定一个值时，另一个值默认为 center。

➢　<angle>：定义径向渐变的角度，单位可以是 deg（角度）、grad（梯度）、rad

（弧度）。

> <shape>：定义径向渐变的形状，包括 circle（圆形）和 ellipse（椭圆形）。默认为 ellipse。

> <radius>：定义圆的半径或者椭圆的轴长度。

> <color>：表示渐变使用的 CSS 颜色值。

> <percent>：表示百分比值，用于确定起始点和结束点之间的某个位置。

提示　　这里没有函数作为参数，可以直接在某个百分比位置添加过渡颜色。第一个颜色值为渐变开始的颜色，最后一个颜色值为渐变结束的颜色。基于 Gecko 内核的径向渐变的实现，比较符合 W3C 语法标准。

 练习

为网页设置径向渐变背景颜色

最终文件：光盘\最终文件\第 11 章\11-4-2.html　　　视频：光盘\视频\第 11 章\11-4-2.mp4

01. 执行"文件>打开"命令，打开页面"光盘\源文件\第 11 章\11-4-2.html"，可以看到页面效果，如图 11-41 所示。转换到该网页所链接的外部 CSS 样式表文件中，找到名为 body 的 CSS 样式，如图 11-42 所示。

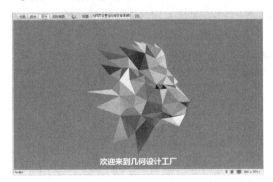

```
body {
    font-family: 微软雅黑;
    font-size: 14px;
    color: #FFF;
    line-height: 30px;
    background-color: #E04F16;
}
```

图 11-41　打开页面　　　　　　　　　　图 11-42　CSS 样式代码

02. 删除 background-color 属性设置代码，并添加径向渐变设置代码，如图 11-43 所示。保存外部 CSS 样式文件，在 Chrome 浏览器中预览页面，可以看到所设置的径向渐变背景效果，如图 11-44 所示。

```
body {
    font-family: 微软雅黑;
    font-size: 14px;
    color: #FFF;
    line-height: 30px;
    background-color: #E04F16;
    /*基于Webkit内核的实现*/
    background:-webkit-gradient(radial,50% 50%,300,50%
50%,600,from(#E04F16),to(#E0DE16));
    /*基于Gecko内核的实现*/
    background:-moz-radial-gradient(50%
50%,circle,#E04F16,#E0DE16);
}
```

图 11-43　添加径向渐变颜色设置代码　　　　　图 11-44　预览径向渐变颜色背景

> 由于基于 Webkit 和 Gecko 的径向渐变实现方法不同，复杂的渐变很难同时实现。例如，使用基于 Webkit 的 -webkit-gradient()，可以轻松实现放射效果；基于 Gecko 的 -moz-radial-gradient()，则可以轻松实现椭圆效果。正因为这些无法统一的问题存在，径向渐变在实际使用过程中比较受限制。

11.4.3　background 属性——设置多背景图像

在 CSS3.0 中可以通过 background 属性为一个元素应用一个或多个图片作为背景。代码和 CSS2 中一样，只需要用逗号来区分各个图片。第一个声明的图片定位在元素顶部，其他的图片依次在其下排列。设置多背景图像的语法如下。

```
background: [background-image] | [background-origin] | [background-clip] |
[background-repeat] | [background-size] | [background-position];
```

设置多背景图像的属性值说明如下。

➢ <background-image>：指定对象的背景图像。

➢ <background-origin>：指定背景的原点位置，属于 CSS3.0 新增的属性。

➢ <background-clip>：指定背景的显示区域，属于 CSS3.0 新增的属性。

➢ <background-repeat>：设置对象的背景图像是否重复铺排，若重复铺排，如何铺排。

➢ <background-size>：指定背景图片的大小，属于 CSS3.0 新增的属性。

➢ <background-position>：设置背景图像位置。

如果定义多重背景图像，则需要使用逗号隔开各个背景图像设置，如果使用子属性直接定义，那么各个子属性也用逗号对应依次隔开。

 练习

为网页设置多个背景图像

最终文件：光盘\最终文件\第 11 章\11-4-3.html　　视频：光盘\视频\第 11 章\11-4-3.mp4

01. 执行"文件>打开"命令，打开页面"光盘\源文件\第 11 章\11-4-3.html"，可以看到页面效果，如图 11-45 所示。转换到该网页所链接的外部 CSS 样式表文件，找到名为 body 的 CSS 样式，如图 11-46 所示。

图 11-45　打开页面

```
body {
    font-family: 微软雅黑;
    font-size: 14px;
    color: #FFF;
    line-height: 30px;
    background-color: #767676;
}
```

图 11-46　CSS 样式代码

02. 添加 background 属性设置代码，设置多个背景图像，如图 11-47 所示。保存外部 CSS 样式表文件，在浏览器中预览页面，可以看到为页面同时设置多个背景图像的效果，如图 11-48 所示。

```
body {
    font-family: 微软雅黑;
    font-size: 14px;
    color: #FFF;
    line-height: 30px;
    background-color: #767676;
    background: url(../images/114303.png) repeat,
                url(../images/114301.jpg) no-repeat center top;
}
```

图 11-47　添加多背景图像设置代码　　　　图 11-48　预览所设置的多背景图像效果

　　此处同时设置了 2 个背景图像，中间使用逗号隔开，设置了不同的平铺方式，写在前面的背景图像会显示在上面，写在后面的背景图像则显示在下面。

11.4.4　background-size 属性——背景图像大小

　　以前在网页中背景图像的大小是无法控制的，如果想让背景图像填充整个页面背景，则需要事先设计一个较大的背景图像，只能让背景图像以平铺的方式填充页面元素。在 CSS3.0 中新增了一个 background-size 属性，通过该属性可以自由控制背景图像的大小。background-size 属性的语法格式如下。

```
background-size: [<length> | <percentage> | auto] {1,2} | cover | contain ;
```

background-size 的相关属性值说明如下。

➢　length：由浮点数字和单位标识符组成的长度值、不可以为负值。

➢　percentage：取值为 0%至 100%之间的值，不可以为负值。

➢　cover：保持背景图像本身的宽高比，将背景图像缩放到正好完全覆盖所定义的背景区域。

➢　contain：保持背景图像本身的宽高比，将图片缩放到宽度和高度正好适应所定义的背景区域。

　　background-size 属性可以使用<length>和<percentage>设置背景图像的宽度和高度，第一个值设置宽度，第二个值设置高度，如果只给出一个值，则第二个值为 auto。

 练习

控制网页背景图像的大小

最终文件：光盘\最终文件\第 11 章\11-4-4.html　　　视频：光盘\视频\第 11 章\11-4-4.mp4

　　01．执行"文件>打开"命令，打开页面"光盘\源文件\第 11 章\11-4-4.html"，可以看到页面效果，如图 11-49 所示。转换到该网页所链接的外部 CSS 样式表文件，找到名为 body 的 CSS 样式，如图 11-50 所示。

　　02．添加背景图像和背景图像平铺方式的设置代码，如图 11-51 所示。保存外部样式表文件，在浏览器中预览页面，可以看到为页面设置背景图像的效果，如图 11-52 所示。

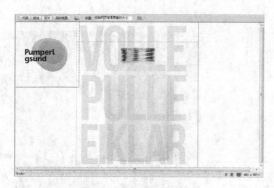

图 11-49　打开页面

```
body {
    font-family: 微软雅黑;
    font-size: 14px;
    color: #333;
    line-height: 30px;
}
```

图 11-50　CSS 样式代码

```
body {
    font-family: 微软雅黑;
    font-size: 14px;
    color: #333;
    line-height: 30px;
    background-image: url(../images/11401.png);
    background-repeat: no-repeat;
}
```

图 11-51　CSS 样式代码

图 11-52　预览页面效果

03. 转换到外部 CSS 样式表文件，在 body 的 CSS 样式代码中进行添加 background-size 属性，如图 11-53 所示。保存外部样式表文件，在浏览器中预览页面，可以看到控制背景图像显示大小的效果，如图 11-54 所示。

```
body {
    font-family: 微软雅黑;
    font-size: 14px;
    color: #333;
    line-height: 30px;
    background-image: url(../images/11401.png);
    background-repeat: no-repeat;
    background-size: 100% auto;
}
```

图 11-53　添加背景图像大小设置

图 11-54　预览页面效果

提示　　使用 background-size 属性设置背景图像的大小时，可以使用像素或百分比的方式指定背景图像的大小。当使用百分比值时，大小由所在区域的宽度和高度所决定。

04. 此处设置背景图像宽度为 100%，高度为自动，当调整浏览器窗口大小时，背景图像会自动进行等比例缩放，如果浏览器宽度较小，则会出现背景图像无法完全覆盖窗口的情况，如图 11-55 所示。返回外部 CSS 样式表文件，修改 background-size 属性设置，并添加背景图像定位属性设置，如图 11-56 所示。

图 11-55   预览页面效果

```css
body {
    font-family: 微软雅黑;
    font-size: 14px;
    color: #333;
    line-height: 30px;
    background-image: url(../images/11401.png);
    background-repeat: no-repeat;
    background-size: cover;
    background-position: center center;
}
```

图 11-56   CSS 样式代码

05. 保存外部样式表文件，在浏览器中预览页面，无论如何调整浏览器窗口大小，背景图像始终能够完全覆盖整个浏览器窗口，如图 11-57 所示。

图 11-57   预览页面效果

注意，如果设置 background-size 属性值为 cove，必须设置 body 和 html 标签的 height 属性为 100%，否则无法实现背景图像完全覆盖浏览器窗口的效果。

11.4.5 background-origin 属性——背景图像原点

默认情况下，background-position 属性总是以元素左上角原点作为背景图像定位，使用 CSS3.0 中新增的 background-origin 属性可以改变这种背景图像定位方式，通过该属性可以大大改善背景图像的定位方式，能够更加灵活地对背景图像进行定位。background-origin 属性的语法格式如下。

```css
background-origin: border-box | padding-box | content-box;
```

background-origin 的相关属性值说明如下。
➢ border-box：从元素的 border 区域开始显示背景图像。
➢ padding-box：从元素的 padding 区域开始显示背景图像。
➢ content-box：从元素的 center 区域开始显示背景图像。

在之前的部分浏览器中，background-origin 属性的取值可以为：border、padding 和 content，但是不建议使用，因为不符合最新的 CSS3.0 规范，而且主流浏览器对符合规范的取值的支持更好。

📖 **练习**

控制背景图像开始显示的原点位置

最终文件：光盘\最终文件\第 11 章\11-4-5.html   视频：光盘\视频\第 11 章\11-4-5.mp4

01. 执行"文件>打开"命令，打开页面"光盘\源文件\第 11 章\11-4-5.html"，可以看到页面效果，如图 11-58 所示。转换到该网页所链接的外部 CSS 样式表文件，找到名为 #bg 的 CSS 样式，如图 11-59 所示。

图 11-58 打开页面

```
#bg {
    width: 858px;
    height: 317px;
    padding: 20px;
    border: dashed 20px #FFF;
    background-image:url(../images/114502.jpg);
    background-repeat:no-repeat;
}
```

图 11-59 CSS 样式代码

02. 添加 background-origin 属性设置代码，如图 11-60 所示。保存外部样式表文件，在浏览器中预览页面，可以看到控制背景图像开始显示的原点位置的效果，如图 11-61 所示。

```
#bg {
    width: 858px;
    height: 317px;
    padding: 20px;
    border: dashed 20px #FFF;
    background-image:url(../images/114502.jpg);
    background-repeat:no-repeat;
    background-origin: content-box;
}
```

图 11-60 CSS 样式代码   图 11-61 预览页面效果

提示

background-origin 属性用于控制背景图像的显示区域，默认情况下，在网页中设置的背景图像都是以元素左上角的原点位置为定位点进行显示，对于背景图像显示区域的控制并不是很灵活，通过 background-origin 属性，可以灵活地控制背景图像是从 border 区域开始显示，还是从 padding 区域开始显示，或者是从 content 区域开始显示。

11.4.6 background-clip 属性——背景图像显示区域

在 CSS3.0 中新增了背景图像裁剪区域属性 background-clip，通过该属性可以定义背景图像的裁剪区域。background-clip 属性与 background-origin 属性类似，background-clip 属性用来判断背景图像是否包含边框区域，而 background-origin 属性用来决定 background-position 属性定位的参考位置。

background-clip 属性的语法格式。

```
background-clip: border-box | padding-box | content-box | no-clip;
```

background-clip 的相关属性值说明如下所示。

➢ border-box：从元素的 border 区域向外裁剪背景图像。

➢ padding-box：从元素的 padding 区域向外裁剪背景图像。

➢ content-box：从元素的 center 区域向外裁剪背景图像。

➢ no-clip：与 border-box 属性值相同，从 border 区域向外裁剪背景图像。

 练习

控制背景图像的显示区域

最终文件：光盘\最终文件\第 11 章\11-4-6.html　　视频：光盘\视频\第 11 章\11-4-6.mp4

01. 执行"文件>打开"命令，打开页面"光盘\源文件\第 11 章\11-4-6.html"，可以看到页面效果，如图 11-62 所示。转换到该网页所链接的外部 CSS 样式 11-4-6.css 文件，找到名为#bg 的 CSS 样式，如图 11-63 所示。

```
#bg {
    width: 858px;
    height: 317px;
    padding: 20px;
    border: dashed 20px #FFF;
    background-image:url(../images/114502.jpg);
    background-repeat:no-repeat;
}
```

图 11-62　打开页面　　　　　　　　图 11-63　CSS 样式代码

02. 添加 background-clip 属性设置代码，如图 11-64 所示。保存外部样式表文件，在浏览器中预览页面，可以看到控制对背景图像进行裁剪的效果，如图 11-65 所示。

```
#bg {
    width: 858px;
    height: 317px;
    padding: 20px;
    border: dashed 20px #FFF;
    background-image:url(../images/114502.jpg);
    background-repeat:no-repeat;
    background-clip: content-box;
}
```

图 11-64　CSS 样式代码　　　　　　　　图 11-65　预览页面效果

　　background-clip 属性的使用方法和 background-origin 属性一样，其值也是根据盒模型的结构来确定的，这两个属性常常会结合起来使用，以达到对背景的灵活控制。

11.5　CSS3.0 新增边框设置属性

在 CSS3.0 之前，页面边框效果比较单调，通过 border 属性只能设置边框的粗细、样式和颜色，如果想实现更加丰富的边框效果，只能事先设计好边框图片，然后通过使用背景或直接插入图片的方式来实现。在 CSS3.0 中新增了 3 个有关边框设置的属性，分别是 border-colors、order-radius 和 border-image，通过这 3 个新增的边框属性能够实现更加丰富的边框效果。

11.5.1　border-colors 属性——多重边框颜色

border-color 属性可以用来设置对象边框的颜色，在 CSS3.0 中增强了该属性的功能。如果设置了 border 的宽度为 Npx，那么就可以在这个 border 上使用 N 种颜色，每种颜色显示 1px 的宽度。如果所设置的 border 的宽度为 10 像素，但只声明了 5 或 6 种颜色，那么最后一个颜色将被添加到剩下的宽度。

border-colors 语法格式如下。

```
border-colors: [<color> | transparent] {1,4}
```

border-colors 属性在设置时遵循 CSS 赋值的方位规则，可以分别为元素的 4 个边框设置颜色。但无法同时为边框指定多种颜色，因为这样会导致歧义。border-colors 属性可以派生出 4 个子属性，分别是 border-top-colors、border-right-colors、border-bottom-colors 和 border-left-colors，用于 4 个边框颜色的设置。

这 4 个子属性可以分别为各个边框指定颜色，且可以指定多种颜色。但是指定多种颜色的功能目前仅有 Firefox 浏览器的私有属性支持，其他浏览器都不支持。

 练习

实现网页元素多色彩边框效果

最终文件：光盘\最终文件\第 11 章\11-5-1.html　　　视频：光盘\视频\第 11 章\11-5-1.mp4

01. 执行"文件>打开"命令，打开页面"光盘\源文件\第 11 章\11-5-1.html"，效果如图 11-66 所示，转换到外部 CSS 样式表文件，找到名为#pic img 的 CSS 样式设置代码，如图 11-67 所示。

```
#pic img {
    border: solid 10px #FFF;
}
```

图 11-66　打开页面　　　　　　　　　　图 11-67　CSS 样式代码

02. 在该 CSS 样式代码中添加 border-colors 属性设置，如图 11-68 所示。保存页面，在 Firefox 浏览器中预览页面，可以看到为元素添加多彩边框的效果，如图 11-69 所示。

```
#pic img {
    border: solid 10px #FFF;
    -moz-border-top-colors: #F30 #690 #F00 #06F #93F
#3C6 #036 #F93 #930 #363;
    -moz-border-right-colors: #F30 #690 #F00 #06F #93F
#3C6 #036 #F93 #930 #363;
    -moz-border-bottom-colors: #F30 #690 #F00 #06F #93F
 #3C6 #036 #F93 #930 #363;
    -moz-border-left-colors: #F30 #690 #F00 #06F #93F
#3C6 #036 #F93 #930 #363;
}
```

图 11-68　CSS 样式代码

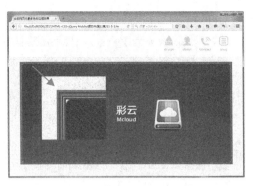

图 11-69　预览多色彩边框效果

　　如果在 CSS 样式设置中，设置边框的宽度为 10 像素，在边框颜色设置中设置了不到 10 个颜色值，颜色从外到内显示，每种颜色只占用 1 像素的宽度，最后一种颜色将被用于剩下的宽度。

11.5.2　border-image 属性——图像边框

　　在 CSS3.0 之前，图像不能直接应用于边框，设计师通常把边框的每个角或每条边单独做成一张图，使用背景图像的方式模拟实现图像边框的效果。为了增强边框效果，CSS3.0 中新增了 border-image 属性，专门用于图像边框的处理，它的强大之处在于它能灵活地分割图像，并应用于边框。

　　border-image 属性的语法格式。

```
border-image: none | <image> [ <number> | <percentage>]{1,4}[ / <border-
width>{1,4} ]? [stretch | repeat | round] {0,2}
```

　　border-image 属性的属性值说明如下。

➢　none：该属性值为默认值，表示无图像。

➢　<image>：用于设置边框图像，可以使用绝对地址或相对地址。

➢　<number>：裁切边框图像大小，该属性值没有单位，默认单位为像素。

➢　<percentage>：裁切边框图像大小，使用百分比表示。

➢　<border-width>：由浮点数字和单位标识符组成的长度值，不可以为负值，用于设置边框宽度。

➢　stretch | repeat | round：分别表示拉伸、重复、平铺，其中 stretch 是默认值。

　　为了能够更加方便灵活地定义边框图像，CSS3.0 允许从 border-image 属性派生出众多子属性，border-image 的派生子属性如下。

➢　border-top-image：定义上边框图像。

➢　border-right-image：定义右边框图像。

➢　border-bottom-image：定义下边框图像。

➢　border-left-image：定义左边框图像。

➢　border-top-left-image：定义边框左上角图像。

➢　border-top-right-image：定义边框右上角图像。

➢　border-bottom-left-image：定义边框左下角图像。

➢　border-bottom-right-image：定义边框右下角图像。

➢　border-image-source：定义边框图像源，即图像的地址，可以使用相对地址或绝对地址。

> border-image-slice：定义边框图像的切片，设置图像的边界向内的偏移长度。
> border-image-repeat：定义边框图像的重复方式，包括拉伸、重复和平铺。
> border-image-width：定义边框图像的宽度，也可能使用 border-width 属性实现相同的功能。
> border-image-outset：定义边框图像的偏移位置。

border-image 属性语法中的<number>或<percentage>都可以用于定义边框图像的切片，也可以使用子属性 border-image-slice 定义边框图像的切片，但子属性 border-image-slice 没有获得任何主流浏览器的支持。

 练习

为网页元素添加图像边框效果

最终文件：光盘\最终文件\第 11 章\11-5-2.html　　视频：光盘\视频\第 11 章\11-5-2.mp4

01. 执行"文件>打开"命令，打开页面"光盘\源文件\第 11 章\11-5-2.html"，可以看到页面效果，如图 11-70 所示。转换到该网页所链接的外部 CSS 样式表文件，找到名为 #title 的 CSS 样式，如图 11-71 所示。

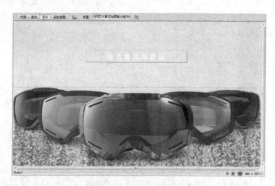

图 11-70　打开页面

```
#title {
    position: absolute;
    width: 400px;
    height: 45px;
    bottom: 400px;
    left: 50%;
    margin-left: -200px;
    font-size: 24px;
    line-height: 45px;
    text-align: center;
    color: #FFF;
    font-weight: bold;
    letter-spacing: 10px;
}
```

图 11-71　CSS 样式代码

02. 在该 CSS 样式代码中添加 border-width 属性和 border-image 属性的设置代码，如图 11-72 所示。在这里所设置的边框图像是一个比较小的图像，效果如图 11-73 所示。

```
#title {
    position: absolute;
    width: 400px;
    height: 45px;
    bottom: 400px;
    left: 50%;
    margin-left: -200px;
    font-size: 24px;
    line-height: 45px;
    text-align: center;
    color: #FFF;
    font-weight: bold;
    letter-spacing: 10px;
    border-width: 0 12px;
    -webkit-border-image: url(../images/115203.gif)
0 12 0 12 stretch stretch;
}
```

图 11-72　CSS 样式代码

图 11-73　边框图像

03. 保存页面，并保存外部 CSS 样式文件，在 Chrome 浏览器中预览页面，可以看到所实现的图像边框效果，如图 11-74 所示。

图 11-74 预览页面效果

11.5.3 border-radius 属性——圆角边框

在 CSS3.0 之前，如果需要在网页中实现圆角边框的效果，通常使用图像来实现，而在 CSS3.0 中新增了圆角边框的定义属性 border-radius，通过该属性，可以轻松地在网页中实现圆角边框效果。

border-radius 属性的语法格式如下。

```
border-radius: none | <length>{1,4} [ / <length>{1,4} ]?
```

border-radius 属性的属性值说明如下。

➤ none：该属性值为默认值，表示不设置圆角效果。

➤ length：用于设置圆角度数值，由浮点数字和单位标识符组成，不可以设置为负值。该值分为两组，每组可以有 1 到 4 个值。第一组为水平半径，第二组为垂直半径，如果第二组省略，则默认等于第一组的值。

border-radius 属性又针对边框的 4 个角，派生出 4 个子属性，分别介绍如下。

➤ border-top-left-radius：该子属性用于设置元素左上角的圆角。

➤ border-top-right-radius：该子属性用于设置元素右上角的圆角。

➤ border-bottom-left-radius：该子属性用于设置元素左下角的圆角。

➤ border-bottom-right-radius：该子属性用于设置元素右下角的圆角。

如果元素边框的 4 个圆角的半径各不相同，使用子属性分别单独设置每个圆角，是一种直接而有效的方法。

练习

在网页中实现圆角边框效果

最终文件：光盘\最终文件\第 11 章\11-5-3.html　　　视频：光盘\视频\第 11 章\11-5-3.mp4

01. 执行"文件>打开"命令，打开页面"光盘\源文件\第 11 章\11-5-3.html"，效果如图 11-75 所示。转换到该网页所链接的外部 CSS 样式表文件，找到名为#text 的 CSS 样式设置代码，如图 11-76 所示。

图 11-75　打开页面

```
#text {
    position: absolute;
    right: 50px;
    bottom: 80px;
    width: 220px;
    height: auto;
    overflow: hidden;
    background-color: #FFF;
    padding: 10px;
    border:2px solid #000;
}
```

图 11-76　CSS 样式代码

02.　在该 CSS 样式代码中添加圆角边框的 CSS 样式设置代码，如图 11-77 所示。保存页面，并保存外部 CSS 样式文件，在浏览器中预览页面，可以看到所实现的圆角边框效果，如图 11-78 所示。

```
#text {
    position: absolute;
    right: 50px;
    bottom: 80px;
    width: 220px;
    height: auto;
    overflow: hidden;
    background-color: #FFF;
    padding: 10px;
    border:2px solid #000;
    border-radius:20px;
}
```

图 11-77　CSS 样式代码

图 11-78　预览页面效果

border-radius 属性本身又包含 4 个子属性，当为该属性赋一组值的时候，将遵循 CSS 的赋值规则。从 border-radius 属性语法可以看出，其值也可以同时包含 2 个值、3 个值或 4 个值，多个值的情况使用空格进行分隔。

03.　返回外部 CSS 样式表文件，对刚刚添加的 border-radius 属性值进行修改，如图 11-79 所示。保存页面，并保存外部 CSS 样式文件，在浏览器中预览页面，可以看到所实现的圆角边框效果，如图 11-80 所示。

```
#text {
    position: absolute;
    right: 50px;
    bottom: 80px;
    width: 220px;
    height: auto;
    overflow: hidden;
    background-color: #FFF;
    padding: 10px;
    border:2px solid #000;
    border-radius:0px 20px 0px 20px;
}
```

图 11-79　CSS 样式代码

图 11-80　预览页面效果

第 1 个值是水平半径值。如果第 2 个值省略，则它等于第 1 个值，这时这个角就是一个 1/4 圆角。如果 4 个角中任意 1 个角的属性值为 0，则该角为矩形，而不会是圆角。该属性所设置的属性值不允许为负值。

11.6　CSS3.0 新增多列布局属性

网页设计者如果要设计多列布局，有两种方法，一种是浮动布局，另一种是定位布局。浮动布局比较灵活，但容易发生错位，需要添加大量的附加代码或无用的换行符，增加了不必要的工作量。定位布局可以精确地确定位置，不会发生错位，但是无法满足模块的适应能力。在 CSS3.0 中新增了多列布局相关属性，可以从多个方面去设置：多列的列数、每列的宽度、列与列之间的距离、列与列之间的分隔线、跨多列设置等。

11.6.1　columns 属性——多列布局

CSS3.0 新增了 columns 属性，该属性用于快速定义多列布局的列数目和每列的宽度。基于 webkit 内核的替代私有属性是 -webkit-columns，gecko 内核的浏览器暂不支持。

columns 属性的语法格式如下。

```
columns: <column-width> || <column-count>;
```

columns 属性的属性值介绍如下。

➢ ＜column-width＞：该属性值用于设置每列的宽度。

➢ ＜column-count＞：该属性值用于设置多列的列数。

 　　在实际布局的时候，所定义的多列的列数是最大列数。当外围宽度不足时，多列的列数会适当减少，而每列的宽度会自适应宽度，填满整个范围区域。

将网页内容分为多列

最终文件：光盘\最终文件\第 11 章\11-6-1.html　　　视频：光盘\视频\第 11 章\11-6-1.mp4

01. 执行"文件>打开"命令，打开页面"光盘\源文件\第 11 章\11-6-1.html"，效果如图 11-81 所示。在浏览器中预览该页面，可以看到页面的默认显示效果，如图 11-82 所示。

图 11-81　打开页面

图 11-82　预览页面效果

02. 转换到该网页所链接的外部 CSS 样式表文件，找到名为 #text 的 CSS 样式设置代码，添加 columns 属性设置代码，如图 11-83 所示。保存页面，并保存外部 CSS 样式文件，在浏览器中预览页面，可以看到页面元素被分为 4 列的显示效果，如图 11-84 所示。

```css
#text {
    width: 780px;
    height: auto;
    overflow: hidden;
    padding: 10px;
    margin: 10px auto 0px auto;
    background-color:rgba(255,255,255,0.4);
    columns: 4;
}
```

图 11-83　CSS 样式代码

图 11-84　预览指定内容分栏效果

11.6.2　column-width 属性——列宽度

CSS3.0 新增 column-width 属性，该属性可以定义多列布局中每列的宽度，可以单独使用，也可以和其他多列布局属性组合使用。基于 webkit 内核的替代私有属性是-webkit-column-width，基于 gecko 内核的替代私有属性是-moz-column-width。

column-width 属性的语法格式如下。

```
column-width: auto | <length>;
```

auto 属性值表示列的宽度由浏览器决定；也可以指定列的宽度，<length>值是由浮点数和单位标识符组成的长度值，不可以为负数。

11.6.3　column-count 属性——列数

CSS3.0 新增 column-count 属性，该属性可以设置多列布局的列数，而不需要通过列宽度自动调整列数。基于 webkit 内核的替代私有属性是-webkit-column-count，基于 gecko 内核的替代私有属性是-moz-column-count。

column-count 属性的语法格式如下。

```
column-count: auto | <number>;
```

auto 属性值表示列的数量由其他属性决定，如 column-width；<number>属性值用于指定列的数量，取值为大于 0 的整数。

11.6.4　column-gap 属性——列间距

CSS3.0 新增 column-gap 属性，通过该属性可以设置列与列之间的间距，从而可以更好地控制多列布局中的内容和版式。基于 webkit 内核的替代私有属性是-webkit-column-gap，基于 gecko 内核的替代私有属性是-moz-column-gap。

column-gap 属性的语法格式如下。

```
column-gap: normal | <length>;
```

normal 属性值为默认值，显示浏览器默认的列间距，通常为 1em；<length>属性值用于指定列与列之间的距离，由浮点数字和单位标识符组成，不可以为负值。

注意，column-gap 属性不能单独设置，只有通过 column-width 或 column-count 属性为元素进行分栏后，才可以使用 column-gap 属性设置列间距。

11.6.5　column-rule 属性——列分隔线

边框是非常重要的 CSS 属性之一，通过边框可以划分不同的区域。CSS3.0 新增 column-rule 属性，在多列布局中，通过该属性设置多列布局的边框，用于区分不同的列。基于 webkit 内核的替代私有属性是-webkit-column-rule，基于 gecko 内核的替代私有属性是-moz-column-rule。

column-rule 属性的语法格式如下。

```
column-rule: [column-rule-width] || [column-rule-style] || [column-rule-color];
```

column-rule 属性的相关属性值说明如下。

➢　<column-rule-width>：该属性值用于设置分隔线的宽度，由浮点数和单位标识符组成的长度值，不可以为负值。

➢　<column-rule-style>：该属性值用于设置分隔线的样式。

➢　<column-rule-color>：该属性值用于设置分隔线的颜色。

　colmumn-rule 属性及其子属性的使用方法与 border 属性及其子属性的相同。对于 webkit 内核的浏览器，column-rule 属性及其子属性前需要增加前缀 "-webkit-"；对于 gecko 内核的浏览器，column-rule 属性及其子属性前需要增加前缀 "-moz-"。

11.6.6　column-span 属性——横跨所有列

CSS3.0 新增 column-span 属性，在多列布局中，该属性用于定义元素跨列显示。基于 webkit 内核的替代私有属性是-webkit-column-span，gecko 内核的浏览器暂不支持该属性。

column-span 属性的语法格式如下。

```
column-span: 1 | all;
```

1 为默认属性值，表示元素在一列中显示；all 属性值表示元素横跨所有列显示。

练习

实现网页内容的分栏显示效果

最终文件：光盘\最终文件\第 11 章\11-6-6.html　　　视频：光盘\视频\第 11 章\11-6-6.mp4

01. 执行 "文件>打开" 命令，打开页面 "光盘\源文件\第 11 章\11-6-6.html"，效果如图 11-85 所示。转换到该网页所链接的外部 CSS 样式表文件，找到名为#text 的 CSS 样式，如图 11-86 所示。

```
#text {
    width: 780px;
    height: auto;
    overflow: hidden;
    padding: 10px;
    margin: 10px auto 0px auto;
    background-color:rgba(255,255,255,0.4);
}
```

图 11-85　打开页面　　　　　　　　　　图 11-86　CSS 样式代码

02. 在该 CSS 样式中添加列宽度 column-width 属性设置代码，如图 11-87 所示。保存页面，并保存外部 CSS 样式表文件，在浏览器中预览页面，可以看到网页元素被分为多栏，并且每一栏的宽度为 150 像素，效果如图 11-88 所示。

```
#text {
    width: 780px;
    height: auto;
    overflow: hidden;
    padding: 10px;
    margin: 10px auto 0px auto;
    background-color:rgba(255,255,255,0.4);
    column-width: 150px;
}
```

图 11-87　CSS 样式代码

图 11-88　预览内容分栏效果

03. 返回外部 CSS 样式表文件，在名为#text 的 CSS 样式中，将刚添加的 column-width 属性设置删除，添加定义栏目列数 column-count 属性设置代码，如图 11-89 所示。保存页面，并保存外部 CSS 样式表文件，在浏览器中预览页面，可以看到网页元素被分为 3 栏，如图 11-90 所示。

```
#text {
    width: 780px;
    height: auto;
    overflow: hidden;
    padding: 10px;
    margin: 10px auto 0px auto;
    background-color:rgba(255,255,255,0.4);
    column-count: 3;
}
```

图 11-89　CSS 样式代码

图 11-90　预览内容分栏效果

04. 返回外部 CSS 样式表文件，在名为#text 的 CSS 样式中添加列间距 column-gap 属性设置代码，如图 11-91 所示。保存页面，并保存外部 CSS 样式表文件，在浏览器中预览页面，可以看到所设置的列间距效果，如图 11-92 所示。

```
#text {
    width: 780px;
    height: auto;
    overflow: hidden;
    padding: 10px;
    margin: 10px auto 0px auto;
    background-color:rgba(255,255,255,0.4);
    column-count: 3;
    column-gap: 30px;
}
```

图 11-91　CSS 样式代码

图 11-92　预览内容分栏效果

05. 返回外部 CSS 样式表文件，在名为#text 的 CSS 样式中添加列分隔线 column-rule 属性设置代码，如图 11-93 所示。保存页面，并保存外部 CSS 样式表文件，在浏览器中预览页面，可以看到所设置的列分隔线效果，如图 11-94 所示。

```
#text {
    width: 780px;
    height: auto;
    overflow: hidden;
    padding: 10px;
    margin: 10px auto 0px auto;
    background-color:rgba(255,255,255,0.4);
    column-count: 3;
    column-gap: 30px;
    column-rule: dashed 1px #F4F4F4;
}
```

图 11-93　CSS 样式代码　　　　　　　　　　图 11-94　预览内容分栏效果

06. 返回外部 CSS 样式表文件，找到名为#text h1 的 CSS 样式，在该 CSS 样式中添加横跨所有列 column-span 属性设置代码，如图 11-95 所示。保存页面，并保存外部 CSS 样式表文件，在浏览器中预览页面，可以看到文章标题横跨所有列的效果，如图 11-96 所示。

```
#text h1 {
    display: block;
    height: 30px;
    font-size: 14px;
    font-weight: bold;
    color: #FFF;
    line-height: 30px;
    text-align: center;
    background-color: #039;
    column-span: all;
}
```

图 11-95　CSS 样式代码　　　　　　　　　　图 11-96　预览内容分栏效果

11.7　CSS3.0 新增其他属性

除了以上针对页面中不同元素的新增属性外，在 CSS3.0 中还新增了一些可应用于多种元素的属性，包括元素的不透明度、元素尺寸大小调节、轮廓外边框、伪装元素、为元素赋予内容等，为网页设计制作带来更多的便利及人性化设计方法。

11.7.1　opaity 属性——元素不透明度

opacity 属性用来设置一个元素的透明度，能够使页面元素呈现透明效果，并且可以通过具体的数值设置透明的程度。opacity 属性的语法格式如下。

```
opacity: <length> | inherit;
```

opacity 属性的属性值说明如下所示。

➤ length：由浮点数字和单位标识符组成的长度值，不可以为负值，默认值为 1。

➤ inherit：默认继承，继承父级元素的 opacity 属性设置。

opacity 属性取值为 1 时，元素完全不透明，反之，取值为 0 时，元素完全透明，1 到 0 之间的任何值都表示该元素的不透明度。

 练习

设置网页元素的半透明效果

最终文件：光盘\最终文件\第 11 章\11-7-1.html 　　　视频：光盘\视频\第 11 章\11-7-1.mp4

01. 执行"文件>打开"命令，打开页面"光盘\源文件\第 11 章\11-7-1.html"，可以看到页面效果，如图 11-97 所示。转换到该网页所链接的外部 CSS 样式表文件，创建名为.pic01 的类 CSS 样式，如图 11-98 所示。

```
.pic01{
    opacity:0.25;
}
```

图 11-97　 打开页面　　　　　　　　图 11-98　 CSS 样式代码

02. 返回设计视图，选中页面中插入的图像，在"属性"面板的 class 下拉列表框中选择刚定义的 pic01 样式应用，如图 11-99 所示。保存页面并保存外部样式表文件，在浏览器中预览页面，可以看到半透明图像的效果，如图 11-100 所示。

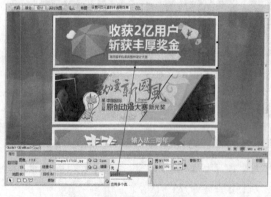

图 11-99　 应用类 CSS 样式　　　　　　图 11-100　 元素半透明效果

03. 返回外部 CSS 样式表文件，创建名为.pic02 和.pic03 的类 CSS 样式，如图 11-101 所示。返回设计视图，为页面中的图像分别应用相应的类 CSS 样式，保存页面并保存外部样式表文件，在浏览器中预览页面，可以看到半透明图像的效果，如图 11-102 所示。

```
.pic02{
    opacity:0.5;
}
.pic03{
    opacity:0.75;
}
```

图 11-101　CSS 样式代码　　　　　　图 11-102　预览元素半透明效果

11.7.2　box-shadow 属性——元素阴影

在 CSS3.0 中新增了为元素添加阴影的新属性 box-shadow，通过该属性可以轻松地实现网页中元素的阴影效果。

box-shadow 属性的语法格式如下。

```
box-shadow: none | [inset]? [<length>]{2,4} [<color>]?;
```

box-shadow 的相关属性值说明如下。

➢　none：默认值，表示没有阴影。

➢　inset：可选值，表示设置阴影的类型为内阴影，默认为外阴影。

➢　length：由浮点数字和单位标识符组成的长度值，可以取负值。4 个 length 分别表示阴影的水平偏移、垂直偏移、模糊距离和阴影大小，其中水平偏移和垂直偏移是必需的值，模糊半径和阴影大小可选。

➢　color：可选值，该属性值用于设置阴影的颜色。

完整的阴影属性值包含 6 个参数值：阴影类型、水平偏移长度、垂直偏移长度、模糊半径、阴影大小和阴影颜色，其中水平偏移长度和垂直偏移长度是必需的，其他的参数都可以有选择地省略。

　　　　元素阴影 box-shadow 属性和文本阴影 text-shadow 属性看起来很相像，但是它们的语法是有区别的，元素阴影主要应用于页面元素，而文本阴影则应用于文字。

练习

为网页元素添加阴影效果

最终文件：光盘\最终文件\第 11 章\11-7-2.html　　　视频：光盘\视频\第 11 章\11-7-2.mp4

01.　执行"文件>打开"命令，打开页面"光盘\源文件\第 11 章\11-7-2.html"，效果如图 11-103 所示。转换到外部 CSS 样式表文件，找到名为#box img 的 CSS 样式设置代码，如图 11-104 所示。

02.　在该样式代码中添加定义元素阴影的 box-shadow 属性设置代码，如图 11-105 所示。保存页面，并保存外部 CSS 样式表文件，在浏览器中预览页面，可以看到页面中元素阴影的效果，如图 11-106 所示。

图 11-103　打开页面

```
#box img {
    border: solid 10px #FFF;
    margin-bottom: 10px;
}
```

图 11-104　CSS 样式代码

```
#box img {
    border: solid 10px #FFF;
    margin-bottom: 10px;
    box-shadow: 5px 5px 0px #CCC;
}
```

图 11-105　CSS 样式代码

图 11-106　预览元素阴影效果

提示　此处在 box-shadow 属性中设置了阴影的水平偏移值、垂直偏移值、模糊半径和阴影颜色，没有设置阴影的类型，所以默认的阴影类型为外部阴影。

03. 返回外部 CSS 样式表文件，修改刚刚添加的 box-shadow 属性设置，如图 11-107 所示。保存页面，并保存外部 CSS 样式表文件，在浏览器中预览页面，可以看到页面中元素阴影的效果，如图 11-108 所示。

```
#box img {
    border: solid 10px #FFF;
    margin-bottom: 10px;
    box-shadow: 0px 0px 20px #000;
}
```

图 11-107　CSS 样式代码

图 11-108　预览元素阴影效果

11.7.3　resize 属性——改变元素尺寸

在 CSS3.0 中新增了区域缩放调节的功能设置，通过新增的 resize 属性，可以实现页面中元素的区域缩放操作，以调节元素的尺寸大小。

resize 属性的语法格式如下。

```
resize: none | both | horizontal | vertical | inherit;
```

resize 的相关属性值说明如下。

> none：不提供元素尺寸调整机制，用户不能操纵调节元素的尺寸。
> both：提供元素尺寸的双向调整机制，让用户可以调节元素的宽度和高度。
> horizontal：提供元素尺寸的单向水平方向调整机制，让用户可以调节元素的宽度。
> vertical：提供元素尺寸的单向垂直方向调整机制，让用户可以调节元素的高度。
> inherit：默认继承。

提示　resize 属性需要和溢出处理属性 overflow 或 overflow-x 或 overflow-y 一起使用，才能把元素定义成可以调整大小的效果，且溢出属性值不能为 visible。

 练习

实现网页元素尺寸任意缩放

最终文件：光盘\最终文件\第 11 章\11-7-3.html　　　视频：光盘\视频\第 11 章\11-7-3.mp4

01. 执行"文件>打开"命令，打开页面"光盘\源文件\第 11 章\11-7-3.html"，效果如图 11-109 所示。转换到该网页所链接的外部 CSS 样式表文件，在名为#text 的 CSS 样式中添加 resize 属性设置，如图 11-110 所示。

```
#text {
    position: absolute;
    width: 400px;
    height: auto;
    overflow: hidden;
    top: 150px;
    left: 50%;
    margin-left: -200px;
    padding: 15px;
    background-color: rgba(0,0,0,0.4);
    resize: both;
}
```

图 11-109　打开页面　　　　　　　　　　图 11-110　CSS 样式代码

02. 保存外部 CSS 样式文件，在 Chrome 浏览器中预览页面，可以看到页面的效果，如图 11-111 所示。在网页中可以使用鼠标拖动 id 名为 text 的 Div，从而调整该 Div 的大小，如图 11-112 所示。

图 11-111　预览页面效果　　　　　　　　图 11-112　拖动调整页面元素大小

提示

在本实例的 CSS 样式中设置 resize 属性为 both，并且设置 overflow 属性为 hidden，这样在浏览器中预览页面时，可以在网页中任意调整该元素的大小。

CSS3.0 中新增的 resize 属性，可以为页面中其他元素应用，同样可以起到调整大小的效果。

11.7.4 outline 属性——轮廓外边框

CSS3.0 中新增的 outline 属性可以为元素添加外轮廓线，以突出显示元素。外轮廓线看起来很像元素边框，而且语法也与边框非常类似，但是外轮廓线不占用元素的尺寸空间，而边框则会占用元素的尺寸空间。

outline 属性的语法格式如下。

```
outline: [outline-color] || [outline-style] || [outline-width] | inherit;
```

outline 的相关属性值说明如下。

➢ outline-color：该属性值用于指定轮廓边框的颜色。

➢ outline-style：该属性值用于指定轮廓边框的样式。

➢ outline-width：该属性值用于指定轮廓边框的宽度。

➢ inherit：默认继承。

outline 属性与 border 属性有很多相似的地方，但也有很多不同之处。outline 属性定义的外轮廓线总是封闭的、完全闭合的；外轮廓线也可能不是矩形，如果元素的 display 属性值为 inline，外轮廓就可能变得不规则。

outline 属性是一个复合属性，它包含了 4 个子属性：outline-width 属性、outline-style 属性、outline-color 属性和 outline-offset 属性。

1. 轮廓宽度属性 outline-width

outline-width 属性用于定义元素轮廓的宽度，语法格式如下。

```
outline-width: thin | medium | thick | <length> | inherit;
```

outline-width 的相关属性值说明如下。

➢ thin：该属性值表示较细的轮廓宽度。

➢ medium：该属性值为默认值，表示中等的轮廓宽度。

➢ thick：该属性值表示较粗的轮廓宽度。

➢ <length>：该属性值用于自定义轮廓的宽度值，宽度值包含长度单位，不允许为负值。

➢ inherit：该属性值表示继承父元素。

2. 轮廓样式属性 outline-style

outline-style 属性用于定义元素轮廓外边框的轮廓样式，语法格式如下。

```
outline-style: none | dotted | dashed | solid | double | groove | ridge |
inset | outset | inherit;
```

outline-style 的相关属性值说明如下。

➢ none：该属性值表示没有轮廓。

➢ dotted：该属性值表示轮廓为点状。

➢ dashed：该属性值表示轮廓为虚线。

➢ solid：该属性值表示轮廓为实线。

➢ double：该属性值表示轮廓为双线条，双线条的宽度等于 outline-width 属性的值。

➢ groove：该属性值表示轮廓为 3D 凹槽，显示效果取决于 outline-color 属性的值。

➢ ridge：该属性值表示轮廓为 3D 凸槽，显示效果取决于 outline-color 属性的值。

➢ inset：该属性值表示轮廓为 3D 凹边，显示效果取决于 outline-color 属性的值。

➢ outset：该属性值表示轮廓为 3D 凸边，显示效果取决于 outline-color 属性的值。

➢ inherit：该属性值表示继承父元素。

3. 轮廓颜色 outline-color

outline-color 属性用于定义元素外轮廓边框的颜色，语法格式如下。

```
outline-color: <color> | invert | inherit;
```

outline-color 的相关属性值说明如下。

➢ <color>：该属性值用于自定义颜色值，CSS 中可以使用任何颜色，也可以是半透明颜色。

➢ invert：该属性值为默认值，执行颜色反转，以保证轮廓在任何背景下都是可见的。

➢ inherit：该属性值表示继承父元素。

4. 轮廓偏移 outline-offset

outline-offset 属性用于定义元素外轮廓边框与元素边界的距离，语法格式如下。

outline-offset: <length> | inherit;

outline-offset 的相关属性值说明如下。

➢ <length>：该属性值用于自定义轮廓偏移的距离值，包含长度单位，可以为负值。

➢ inherit：该属性值表示继承父元素。

提示　在复合 outline 的语法中没有包含 outline-offset 子属性，因为这样会造成长度值指定不明确，无法正确解析。

练习

为网页元素添加轮廓外边框

最终文件：光盘\最终文件\第 11 章\11-7-4.html　　　视频：光盘\视频\第 11 章\11-7-4.mp4

01. 执行"文件>打开"命令，打开页面"光盘\源文件\第 11 章\11-7-4.html"，效果如图 11-113 所示。转换到该网页所链接的外部 CSS 样式表文件，找到名为#pic img 的 CSS 样式设置代码，如图 11-114 所示。

```
#pic img {
    width: 941px;
    height: 428px;
}
```

图 11-113　打开页面　　　　　　　　　　图 11-114　CSS 样式代码

02. 在该 CSS 样式代码中添加 outline-width、outline-style 和 outline-color 属性设置代码，如图 11-115 所示。保存页面，保存外部 CSS 样式表文件，在 Chrome 浏览器中预览页面，可以看到为网页元素所添加的轮廓外边框的效果，如图 11-116 所示。

```
#pic img {
    width: 941px;
    height: 428px;
    outline-color: #F90;
    outline-style: groove;
    outline-width: 10px;
}
```

图 11-115　CSS 样式代码 　　　　　　　　图 11-116　预览页面效果

03．返回外部 CSS 样式表文件，在名为#pic img 的 CSS 样式中添加轮廓偏移 outline-offset 属性设置代码，如图 11-117 所示。保存页面，保存外部 CSS 样式表文件，在 Chrome 浏览器中预览页面，可以看到为网页元素添加的轮廓外边框的效果，如图 11-118 所示。

```
#pic img {
    width: 941px;
    height: 428px;
    outline-color: #F90;
    outline-style: groove;
    outline-width: 10px;
    outline-offset: 10px; /*IE不支持该属性*/
}
```

图 11-117　CSS 样式代码 　　　　　　　　图 11-118　预览页面效果

11.7.5　appearance 属性——伪装的元素

CSS3.0 中新增了 appearance 属性，通过该属性可以方便地把元素伪装成其他类型的元素，给网页界面设计带来极大的灵活性。基于 webkit 内核的替代私有属性是-webkit-appearance，基于 gecko 内核的替代私有属性是-moz-appearance。

appearance 属性的语法格式如下。

```
appearance: normal | icon | window | button | menu | field;
```

appearance 的相关属性值说明如下。

➢ normal：该属性值表示正常的修饰元素。
➢ icon：该属性值表示把元素修饰得像一个图标。
➢ window：该属性值表示把元素修饰得像一个视窗。
➢ button：该属性值表示把元素修饰得像一个按钮。
➢ menu：该属性值表示把元素修饰得像菜单。
➢ field：该属性值表示把元素修饰得像一个输入框。

　　　　需要说明的是，使用 appearance 属性定义的元素，仍然保留元素的功能，仅在外观上做了改变。由于受到元素本身功能的限制，不是每一个元素都可以任意被修饰，但是恰当地修饰大部分是可行的。

练习

将超链接文字伪装成按钮

最终文件：光盘\最终文件\第 11 章\11-7-5.html　　　视频：光盘\视频\第 11 章\11-7-5.mp4

01. 执行"文件>打开"命令，打开页面"光盘\源文件\第 11 章\11-7-5.html"，效果如图 11-119 所示。为页面中相应的文字创建空链接，默认的文字超链接效果如图 11-120 所示。

图 11-119　打开页面

图 11-120　为文字创建超链接

02. 转换到该网页所链接的外部 CSS 样式表文件，创建名为#text a 的 CSS 样式，如图 11-121 所示。保存页面，并保存外部 CSS 样式表文件，在 Chrome 浏览器中预览页面，可以看到超链接文字的效果，如图 11-122 所示。

```
#text a {
    padding: 0px 30px;
    line-height: 50px;
    font-size: 16px;
    text-decoration: none;
    color: #F60;
}
```

图 11-121　CSS 样式代码

图 11-122　预览页面效果

03. 返回外部 CSS 样式表文件，在名为#text a 的 CSS 样式中添加伪装元素 appearance 属性的设置，如图 11-123 所示。保存页面，并保存外部 CSS 样式表文件，在 Chrome 浏览器中预览页面，可以看到超链接文字显示为按钮的外观，效果如图 11-124 所示。

```
#text a {
    padding: 0px 30px;
    line-height: 50px;
    font-size: 16px;
    text-decoration: none;
    color: #F60;
    appearance: button;/*设置为按钮风格*/
    -webkit-appearance: button;
    -moz-appearance: button;
}
```

图 11-123　添加伪装元素属性设置

图 11-124　将超链接文字伪装成按钮效果

11.7.6　content 属性——为元素赋予内容

如果需要为网页中的元素插入内容，很少有人会想到使用 CSS 样式来实现。在 CSS 样式中，可以使用 content 属性为元素添加内容，通过该属性替代 JavaScript 的部分功能。content 属性与:before 及:after 伪元素配合使用，可以将生成的内容放在一个元素内容的前面或后面。

content 属性的语法格式如下。

```
content: none | normal | <string> | counter(<counter>) | attr(<attribute>) |
url(<url>) | inherit;
```

content 属性的各属性值介绍如下。

➢　none：如果有指定的添加内容，则设置为空。

➢　normal：默认值，表示不赋予内容。

➢　string：该属性值用于赋予指定的文本内容。

➢　counter(<counter>)：该属性值用于指定一个计数器作为添加内容。

➢　attr(<attribute>)：把所选择元素的属性值作为添加内容，<attribute>为元素的属性。

➢　url(<url>)：指定一个外部资源（图像、声音、视频或浏览器支持的其他任何资源）作为添加内容，<url>为一个网络地址。

➢　inherit：该属性值表示继承父元素。

 练习

为网页元素赋予文字内容

最终文件：光盘\最终文件\第 11 章\11-7-6.html　　视频：光盘\视频\第 11 章\11-7-6.mp4

01. 执行"文件>打开"命令，打开页面"光盘\源文件\第 11 章\11-7-6.html"，效果如图 11-125 所示。光标移至名为 title 的 Div 中，将多余的文字删除，转换到该网页所链接的外部 CSS 样式表文件，创建名为#title:before 的 CSS 样式，如图 11-126 所示。

图 11-125　打开页面

```
#title:before {
    content: "我的摄影作品展";
}
```

图 11-126　CSS 样式代码

02. 返回设计视图，可以看到名为 title 的 Div 中没有任何内容，如图 11-127 所示。保存页面，并保存外部 CSS 样式文件，在浏览器中预览页面，可以看到通过 content 属性为 id 名为 title 的 Div 赋予文字内容效果，如图 11-128 所示。

 可以使用 content 属性为网页中的容器赋予相应的内容，但是 content 属性必须与:after 或者:before 伪类元素结合使用。

图 11-127　页面效果　　　　　图 11-128　预览页面效果

11.8　本章小结

通过对本章内容的学习，可以发现通过使用 CSS3.0 新增的属性，无论对文字、背景、边框等都能够起到突出效果的作用。掌握 CSS3.0 中新增的各种属性的设置和使用方法，使得在制作网页的过程中更加得心应手。

11.9　课后习题

一、选择题

1. 以下选项中，哪一项是用于设置文字阴影的？（　　　）
   A. text-overflow　　　　　　　B. text-shadow
   C. box-shadow　　　　　　　　D. word-wrap
2. 能够同时为元素设置多个背景图像的属性是哪项？（　　　）
   A. background　　　　　　　　B. background-image
   C. background-origin　　　　　D. background-clip
3. 用于实现圆角边框的 CSS3.0 新增属性是什么？（　　　）
   A. border-style　　　　　　　　B. border-colors
   C. border-radius　　　　　　　D. border-image
4. 通过 CSS3.0 新增的哪种属性可以将超链接文字伪装成其他元素？（　　　）
   A. appearance　B. outline　　　C. resize　　　　D. opacity

二、判断题

1. 使用 background-size 属性设置背景图像的大小，可以使用像素以百分比的方式指定背景图像有大小。当使用百分比值时，大小会由所在区域的宽度和高度所决定。（　　　）
2. opacity 属性取值为 1 时，元素完全透明；反之，取值为 0 时，元素完全不透明，1 到 0 之间的任何值都表示该元素的不透明度。（　　　）

三、简答题

1. 简单介绍 RGBA 颜色设置方式的取值？
2. 简单介绍 box-shadow 属性与 text-shadow 属性的区别？

使用 CSS3.0 实现动画效果

在网页中适当地使用动画效果，可以使页面更加生动和友好。CSS3.0 为设计师带来了革命性的改变，不但可以实现元素的变形操作，还能够在网页中实现动画效果。在本章中将详细介绍 CSS3.0 中新增的 2D 和 3D 变形动画属性，从而掌握通过 CSS 样式实现动画的方法。

本章知识点：

- 理解 transform 属性
- 掌握 transform 属性中各种变换函数的设置和使用方法
- 掌握定义变形中心点 transform-origin 的设置
- 掌握元素过渡效果 transition 属性的设置和使用方法

12.1 实现元素变形

如果在网页中需要使一些元素产生倾斜等变形效果，则需要通过将图像制作成倾斜的效果来实现，而在 CSS3.0 中，新增了 transform 属性，通过该属性的设置可以使网页中的元素产生各种常见的变形效果。

12.1.1 transform 属性

CSS3.0 新增的 transform 属性可以在网页中实现元素的旋转、缩放、移动、倾斜等变形效果。transform 属性的语法如下。

```
transform: none | <transform-function>;
```

transform 属性的属性值说明如下。

➢ none：默认值，不设置元素变换效果。

➢ <transform-function>：设置一个或多个变形函数。变形函数包括旋转 rotate()、缩放 scale()、移动 translate()、倾斜 skew()、矩阵变形 matrix()等。设置多个变形函数时，使用空格进行分隔。

　　基于 webkit 内核的替代私有属性是-webkit-transform；基于 gecko 内核的替代私有属性是-moz-transform；基于 presto 内核的替代私有属性是-o-transform；IE 浏览器的替代私有属性是-ms-transform。

　　元素在变换过程中，仅元素的显示效果变换，实际尺寸并不会因为变换而改变。所以元素变换后，可能会超出原有的限定边界，但不会影响自身尺寸及其他元素的布局。

12.1.2 使用 rotate()函数实现元素旋转

设置 transform 属性值为 rotate()函数，即可实现网页元素的旋转变换。rotate()函数用于定义网页元素在二维空间中的旋转变换效果。rotate()函数的语法如下。

```
transform: rotate(<angle>);
```

<angle>参数表示元素旋转角度，为带有角度单位标识符的数值，角度单位是 deg。该值为正数时，表示顺时针旋转；该值为负数时，表示逆时针旋转。

 练习

实现网页元素的旋转变形效果

最终文件：光盘\最终文件\第 12 章\12-1-2.html　　　视频：光盘\视频\第 12 章\12-1-2.mp4

01. 打开页面"光盘\源文件\第 12 章\12-1-2.html"，页面效果如图 12-1 所示。转换到代码视图，可以看到该网页的 HTML 代码，如图 12-2 所示。

图 12-1　打开页面

```
<!doctype html>
<html>
<head>
<meta charset="utf-8">
<title>实现网页元素的旋转变形效果</title>
<link href="style/12-1-2.css" rel="stylesheet" type=
"text/css">
</head>

<body>
<div id="text">欢迎进入欢乐儿童乐园</div>
<div id="pic"><img src="images/121202.png" width="425"
 height="544" alt=""/></div>
</body>
</html>
```

图 12-2　页面 HTML 代码

02. 转换到该网页所链接的外部 CSS 样式表文件，创建名为#pic:hover 的 CSS 样式，如图 12-3 所示。保存外部 CSS 样式表文件，在浏览器中预览页面，效果如图 12-4 所示。

```
#pic:hover {
    cursor: pointer;
    transform: rotate(-90deg);          /*标准写法*/
    -webkit-transform: rotate(-90deg);  /*标准webkit内核写法*/
    -moz-transform: rotate(-90deg);     /*标准gecko内核写法*/
    -o-transform: rotate(-90deg);       /*标准presto内核写法*/
    -ms-transform: rotate(-90deg);      /*标准IE9写法*/
}
```

图 12-3　CSS 样式代码

图 12-4　预览页面效果

03. 当光标移至页面中 id 名称为 pic 的元素上方时，可以看到该元素产生了旋转，如图 12-5 所示。

　在 id 名称为 pic 的元素的鼠标经过状态中，设置 transform 属性值为旋转变形函数 rotate()，旋转角度为-90deg，实现当鼠标经过该元素时，元素逆时针旋转 90 度。

图 12-5　元素旋转效果

12.1.3　使用 scale()函数实现元素缩放和翻转变形

设置 transform 属性值为 scale()函数，即可实现网页元素的缩放和翻转效果。scale()函数用于定义网页元素在二维空间的缩放和翻转效果。scale()函数的语法如下。

```
transform: scale(<x>,<y>);
```

scale()函数的参数说明如下。

➢ <x>：表示元素在水平方向上的缩放倍数。

➢ <y>：表示元素在垂直方向上的缩放倍数。

<x>和<y>参数的值可以为整数、负数和小数。当取值的绝对值大于 1 时，表示放大；绝对值小于 1 时，表示缩小。当取值为负数时，元素会被翻转。如果<y>参数值省略，则说明垂直方向上的缩放倍数与水平方向上的缩放倍数相同。

练习

实现网页元素的缩放和翻转效果

最终文件：光盘\最终文件\第 12 章\12-1-3.html　　　视频：光盘\视频\第 12 章\12-1-3.mp4

01.　打开页面“光盘\源文件\第 12 章\12-1-3.html”，页面效果如图 12-6 所示。转换到代码视图中，可以看到该网页的 HTML 代码，如图 12-7 所示。

```
<!doctype html>
<html>
<head>
<meta charset="utf-8">
<title>实现网页元素的旋转变形效果</title>
<link href="style/12-1-3.css" rel="stylesheet" type=
"text/css">
</head>

<body>
<div id="text">欢迎进入欢乐儿童乐园</div>
<div id="pic"><img src="images/121301.png" width="544"
 height="425"  alt=""/></div>
</body>
</html>
```

图 12-6　打开页面　　　　　　　　　　　　　图 12-7　页面 HTML 代码

02.　转换到该网页所链接的外部 CSS 样式表文件，创建名为#pic:hover 的 CSS 样式，如图 12-8 所示。保存页面并保存外部 CSS 样式表文件，在浏览器中预览页面，当鼠标移至页面中 id 名称为 pic 的元素上方时，可以看到该元素实现了缩小并翻转的效果，如图 12-9 所示。

```
#pic:hover {
    cursor: pointer;
    transform: scale(-0.8);          /*标准写法*/
    -webkit-transform: scale(-0,8);  /*标准webkit内核写法*/
    -moz-transform: scale(-0.8);     /*标准gecko内核写法*/
    -o-transform: scale(-0.8);       /*标准presto内核写法*/
    -ms-transform: scale(-0.8);      /*标准IE9写法*/
}
```

图 12-8　CSS 样式代码　　　　　　　　图 12-9　预览元素翻转并缩小效果

03. 返回外部 CSS 样式表文件，创建名为#text:hover 的 CSS 样式，如图 12-10 所示。保存页面并保存 CSS 样式表文件，在浏览器中预览页面，当光标移至页面中 id 名称为 text 的元素上方时，可以看到该元素产生放大效果，如图 12-11 所示。

```
#text:hover {
    cursor: pointer;
    transform: scale(1.5);
    -webkit-transform: scale(1.5);
    -moz-transform: scale(1.5);
    -o-transform: scale(1.5);
    -ms-transform: scale(1.5);
}
```

图 12-10　CSS 样式代码　　　　　　　　图 12-11　预览元素放大效果

　　　　在 id 名为 text 的元素的鼠标经过状态中，设置 transform 属性值为缩放变形函数 scale()，缩放值为 1.5，实现当鼠标经过该元素时，元素放大至 1.5 倍。

12.1.4　使用 translate()函数实现元素移动

设置 transform 属性值为 translate()函数，即可实现网页元素的移动。translate()函数用于定义网页元素在二维空间的偏移效果。translate()函数的语法如下。

```
transform: translate(<x>,<y>);
```

translate()函数的参数说明如下。
➢ <x>：表示网页元素在水平方向上的偏移距离。
➢ <y>：表示网页元素在垂直方向上的偏移距离。
<x>和<y>参数的值是带有长度单位标识符的数值，可以为负数和带有小数的值。如果取值大于 0，则表示元素向右或向下偏移；如果取值小于 0，则表示元素向左或向上偏移。如果<y>值省略，则说明垂直方向上偏移距离默认为 0。

练习

实现网页元素的移动效果

最终文件：光盘\最终文件\第 12 章\12-1-4.html　　　视频：光盘\视频\第 12 章\12-1-4.mp4

01. 打开页面"光盘\源文件\第 12 章\12-1-4.html"，页面效果如图 12-12 所示。转换到代码视图，可以看到该网页的 HTML 代码，如图 12-13 所示。

```
<!doctype html>
<html>
<head>
<meta charset="utf-8">
<title>实现网页元素的移动效果</title>
<link href="style/12-1-4.css" rel="stylesheet" type=
"text/css">
</head>

<body>
<div id="text">欢迎进入欢乐儿童乐园</div>
<div id="pic"><img src="images/121301.png" width="544"
height="425" alt=""/></div>
<div id="help"><img src="images/121401.png" width=
"210" height="69" alt=""/></div>
</body>
</html>
```

图 12-12　 打开页面　　　　　　　　　　图 12-13　 页面 HTML 代码

02. 转换到该网页所链接的外部 CSS 样式表文件，创建名为#help:hover 的 CSS 样式，如图 12-14 所示。保存外部 CSS 样式表文件，在浏览器中预览页面，效果如图 12-15 所示。

```
#help:hover {
    cursor: pointer;
    transform: translate(-130px);          /*标准写法*/
    -webkit-transform: translate(-130px); /*标准webkit内核写法*/
    -moz-transform: translate(-130px);    /*标准gecko内核写法*/
    -o-transform: translate(-130px);      /*标准presto内核写法*/
    -ms-transform: translate(-130px);     /*标准IE9写法*/
}
```

图 12-14　 CSS 样式代码　　　　　　　　图 12-15　 预览页面效果

在 id 名为 help 的元素的鼠标经过状态中，设置 transform 属性值为移动变形函数 translate()，仅设置了一个负值参数，表示元素在水平方向上向左偏移，垂直方向上没有设置参数，则默认为 0，即不在垂直方向上发生偏移。

03. 当光标移至页面右上角 id 名称为 help 的元素上方时，可以看到该元素产生水平向左移动的效果，如图 12-16 所示。

图 12-16　 元素产生水平移动效果

12.1.5 使用 skew() 函数实现元素倾斜

设置 transform 属性值为 skew() 函数，即可实现网页元素的倾斜效果。skew() 函数用于定义网页元素在二维空间中的倾斜变换，skew() 函数的语法如下。

```
transform: skew(<angleX>,<angleY>);
```

skew() 函数的参数说明如下。

➢ <angleX>：表示网页元素在空间 X 轴上的倾斜角度。

➢ <angleY>：表示网页元素在空间 Y 轴上的倾斜角度。

<angleX>和<angleY>参数的值是带有角度单位标识符的数值，角度单位是 deg。取值为正数时，表示顺时针旋转；值取为负数时，表示逆时针旋转。如果<angleY>参数值省略，则说明垂直方向上的倾斜角度默认为 0deg。

 练习

实现网页元素的倾斜效果

最终文件：光盘\最终文件\第 12 章\12-1-5.html　　　视频：光盘\视频\第 12 章\12-1-5.mp4

01. 打开页面"光盘\源文件\第 12 章\12-1-5.html"，页面效果如图 12-17 所示。转换到代码视图，可以看到该网页的 HTML 代码，如图 12-18 所示。

```
<!doctype html>
<html>
<head>
<meta charset="utf-8">
<title>实现网页元素的倾斜效果</title>
<link href="style/12-1-5.css" rel="stylesheet"
type="text/css">
</head>

<body>
<div id="box"><img src="images/121502.png" width=
"800" height="447"  alt=""/>
  <div id="btn">浏览我们的作品</div>
</div>
</body>
</html>
```

图 12-17　打开页面　　　　　　　　　　图 12-18　页面 HTML 代码

02. 转换到该网页所链接的外部 CSS 样式表文件，创建名为#btn:hover 的 CSS 样式，如图 12-19 所示。保存外部 CSS 样式表文件，在浏览器中预览页面，效果如图 12-20 所示。

```
#btn:hover {
    cursor: pointer;
    transform: skew(-30deg);        /*标准写法*/
    -webkit-transform: skew(-30deg); /*标准webkit内核写法*/
    -moz-transform: skew(-30deg);    /*标准gecko内核写法*/
    -o-transform: skew(-30deg);      /*标准presto内核写法*/
    -ms-transform: skew(-30deg);     /*标准IE9写法*/
}
```

图 12-19　CSS 样式代码　　　　　　　　图 12-20　预览页面效果

03. 当光标移至页面中 id 名称为 btn 的元素上方时，可以看到该元素产生的倾斜效果，如图 12-21 所示。

在 id 名称为 btn 的元素的鼠标经过状态中，设置 transform 属性值为倾斜变形函数 skew()，仅设置了水平方向倾斜角度为 30deg，没有设置垂直方向上的倾斜角度，则默认垂直方向上的倾斜角度为 0deg。

图 12-21　元素产生倾斜效果

12.1.6　使用 matrix() 函数实现元素矩阵变形

设置 transform 属性值为 matrix() 函数，即可实现网页元素的矩阵变形。matrix() 函数用于定义网页元素在二维空间的矩阵变形效果，matrix() 函数的语法如下。

```
transform: matrix(<m11>,<m12>,<m21>,<m22>,<x>,<y>);
```

matrix() 函数中的 6 个参数均为可计算的数值，组成一个变形矩阵，与当前网页元素旧的参数组成的矩阵进行乘法运算，形成新的矩阵，元素的参数被改变。该变形矩阵的形式如下。

```
| m11    m21    x |
| m12    m22    y |
| 0      0      1 |
```

关于详细的矩阵变形原理，需要掌握矩阵的相关知识，具体可以参考数学及图形学的相关资料，这里不做过多的说明。不过，这里可以先通过几个特例了解其大概的使用方法。前面已经讲解了移动、缩放和旋转这些变换操作，其实都可以看作是矩阵变形的特例。

旋转 rotate(A)，相当于矩阵变形 matrix(cosA, sinA, −sinA, cosA, 0, 0)。

缩放 scale(sx, sy)，相当于矩阵变形 matrix(sx, 0, 0, sy, 0, 0)。

移动 translate(dx, dy)，相当于矩阵变形 translate(1, 0, 0, 1, dx, dy)。

可见，通过矩形变形可以使网页元素的变形更加灵活。

　练习

实现网页元素的矩阵变形效果

最终文件：光盘\最终文件\第 12 章\12-1-6.html　　　视频：光盘\视频\第 12 章\12-1-6.mp4

01. 打开页面"光盘\源文件\第 12 章\12-1-6.html"，页面效果如图 12-22 所示。转换到代码视图中，可以看到该网页的 HTML 代码，如图 12-23 所示。

02. 转换到该网页所链接的外部 CSS 样式表文件，创建名为 #logo:hover 的 CSS 样式，如图 12-24 所示。

图 12-22　打开页面

```
<!doctype html>
<html>
<head>
<meta charset="utf-8">
<title>实现网页元素的矩阵变形效果</title>
<link href="style/12-1-6.css" rel="stylesheet"
type="text/css">
</head>

<body>
<div id="box">
    <div id="logo"><img src="images/121502.png"
width="800" height="447" alt=""/></div>
    <div id="btn">浏览我们的作品</div>
</div>
</body>
</html>
```

图 12-23　页面 HTML 代码

```
#logo:hover {
    cursor: pointer;
    transform: matrix(0.86,0.5,0.5,-0.86,10,10);        /*标准写法*/
    -webkit-transform: matrix(0.86,0.5,0.5,-0.86,10,10); /*标准webkit内核写法*/
    -moz-transform: matrix(0.86,0.5,0.5,-0.86,10,10);    /*标准gecko内核写法*/
    -o-transform: matrix(0.86,0.5,0.5,-0.86,10,10);      /*标准presto内核写法*/
    -ms-transform: matrix(0.45,0.8,0.8,-0.45,20,20);     /*标准IE9写法*/
}
```

图 12-24　CSS 样式代码

03. 保存外部 CSS 样式表文件，在浏览器中预览页面，效果如图 12-25 所示。当光标移至页面中 id 名称为 logo 的元素上方时，可以看到该元素产生的矩阵变形效果，如图 12-26 所示。

图 12-25　预览页面效果

图 12-26　元素矩阵变形效果

提示
　　在 id 名为 logo 的元素的鼠标经过状态中，设置 transform 属性值为矩阵变形函数 matrix()，其变形效果中包含了旋转、移动和缩放等。

12.1.7　定义变形中心点

transform 属性可以实现对网页元素的变换，默认的变换原点是元素对象的中心点。在 CSS3.0 中新增了 transform-origin 属性，通过该属性可以设置元素变换的中心点位置，这个位置可以是元素对象的中心点以外的任意位置，这样，使用 transform 属性对网页元素进行变换操作时更加灵活。

transform-origin 属性的语法如下。

```
transform-origin: <x-axis> <y-axis>;
```

transform-origin 属性的属性值说明如下。

➤ **<x-axis>**：定义变形原点的横坐标位置，默认值为 50%，取值包括 left、center、right、百分比值、长度值。

➤ **<y-axis>**：定义变形原点的纵坐标位置，默认值为 50%，取值包括 top、middle、bottom、百分比值、长度值。

基于 webkit 内核的替代私有属性是-webkit-transform-origin；基于 gecko 内核的替代私有属性是-moz-transform-origin；基于 presto 内核的替代私有属性是-o-transform-origin；IE 浏览器的替代私有属性是-ms-transform-origin。

 练习

设置网页元素的变形中心点

最终文件：光盘\最终文件\第 12 章\12-1-7.html　　视频：光盘\视频\第 12 章\12-1-7.mp4

01. 打开页面"光盘\源文件\第 12 章\12-1-7.html"，页面效果如图 12-27 所示。转换到该网页所链接的外部样式表文件，找到名为#pic 的 CSS 样式设置代码，如图 12-28 所示。

```
#pic {
    width: 100%;
    height: auto;
    overflow: hidden;
    text-align: center;
    padding-top: 70px;
}
```

图 12-27　打开页面　　　　　　　　　　图 12-28　CSS 样式代码

02. 在该 CSS 样式代码中添加 transform 属性设置，对该网页元素进行旋转操作，如图 12-29 所示。保存页面并保存外部 CSS 样式表文件，在浏览器中预览页面，可以看到网页元素旋转的效果，默认情况下，以元素的中心点位置进行旋转，效果如图 12-30 所示。

```
#pic {
    width: 100%;
    height: auto;
    overflow: hidden;
    text-align: center;
    padding-top: 70px;
    transform: rotate(-10deg);
    -webkit-transform: rotate(-10deg);
    -moz-transform: rotate(-10deg);
    -o-transform: rotate(-10deg);
    -ms-transform: rotate(-10deg);
}
```

图 12-29　添加旋转设置代码　　　　　　图 12-30　预览页面效果

03. 返回到外部 CSS 样式表，在名为#pic 的 CSS 样式中添加 transform-origin 属性设

置，如图 12-31 所示。保存页面并保存外部 CSS 样式表文件，在浏览器中预览页面，可以看到设置变换中心点后，元素旋转变形效果，如图 12-32 所示。

```
#pic {
    width: 100%;
    height: auto;
    overflow: hidden;
    text-align: center;
    padding-top: 70px;
    transform: rotate(-10deg);
    -webkit-transform: rotate(-10deg);
    -moz-transform: rotate(-10deg);
    -o-transform: rotate(-10deg);
    -ms-transform: rotate(-10deg);
    transform-origin: 0% 0%;
    -webkit-transform-origin: 0% 0%;
    -moz-transform-origin: 0% 0%;
    -o-transform-origin: 0% 0%;
    -ms-transform-origin: 0% 0%;
}
```

图 12-31　添加变换中心点设置代码　　　　图 12-32　预览页面效果

> 设置 transform-origin 属性的值为 0% 和 0%，即将元素的变形原点设置为元素的左上角。将变形原点设置为元素的左上角，还可以将 CSS 样式写为 transform-origin: 0 0;和 transform-origin: left top;的形式。

12.1.8　同时使用多个变形函数

矩阵变形虽然非常灵活，但是并不容易理解，也不是很直观。transform 属性允许同时设置多个变形函数，这使得元素变形可以更加灵活。在为 transform 属性设置多个函数时，各函数之间使用空格进行分隔，表现形式如下所示。

```
transform: rotate(<angle>) scale(<x>,<y>) translate(<x>,<y>) skew(<angleX>,
<angleY>) matrix(<m11>,<m12>,<m21>,<m22>,<x>,<y>);
```

 练习

为网页元素同时应用多个变形效果

最终文件：光盘\最终文件\第 12 章\12-1-8.html　　　视频：光盘\视频\第 12 章\12-1-8.mp4

01. 打开页面"光盘\源文件\第 12 章\12-1-8.html"，页面效果如图 12-33 所示。转换到该网页所链接的外部样式表文件，找到名为#pic 的 CSS 样式设置代码，如图 12-34 所示。

```
#pic {
    width: 100%;
    height: auto;
    overflow: hidden;
    text-align: center;
    padding-top: 70px;
}
```

图 12-33　打开页面　　　　　　　　　　图 12-34　CSS 样式代码

02. 在该 CSS 样式代码中添加 transform 属性设置，对该网页元素同时进行移动、旋转和缩放操作，如图 12-35 所示。保存页面并保存外部 CSS 样式表文件，在浏览器中预览页面，可以看到元素同时应用多种变形的效果，如图 12-36 所示。

```
#pic {
    width: 100%;
    height: auto;
    overflow: hidden;
    text-align: center;
    padding-top: 70px;
    transform: translate(40px,30px) rotate(-10deg) scale(1.2);
    -webkit-transform: translate(40px,30px) rotate(-10deg) scale(1.2);
    -moz-transform: translate(40px,30px) rotate(-10deg) scale(1.2);
    -o-transform: translate(40px,30px) rotate(-10deg) scale(1.2);
    -ms-transform: translate(40px,30px) rotate(-10deg) scale(1.2);
}
```

图 12-35　CSS 样式代码

图 12-36　预览页面效果

 设置 transform 属性值为移动 translate()函数、旋转 rotate()函数和缩放 scale()函数，各函数之间以空格分隔，在执行 CSS 样式代码时，按顺序对该元素进行多个变换操作。

03. 返回外部 CSS 样式表文件，对刚刚添加的 transform 属性中多个变形函数的顺序进行调整，如图 12-37 所示。保存页面并保存外部 CSS 样式表文件，在浏览器中预览页面，可以看到元素的效果，如图 12-38 所示。

```
#pic {
    width: 100%;
    height: auto;
    overflow: hidden;
    text-align: center;
    padding-top: 70px;
    transform: rotate(-10deg) translate(40px,30px) scale(1.2);
    -webkit-transform: rotate(-10deg) translate(40px,30px) scale(1.2);
    -moz-transform: rotate(-10deg) translate(40px,30px) scale(1.2);
    -o-transform: rotate(-10deg) translate(40px,30px) scale(1.2);
    -ms-transform: rotate(-10deg) translate(40px,30px) scale(1.2);
}
```

图 12-37　CSS 样式代码

图 12-38　预览页面效果

 当为元素同时应用多个变形函数进行变形操作时，其执行的顺序是按照排列的先后顺序进行的，如果调整了函数的先后顺序，则得到的变形效果也会有所不同。

12.2　CSS3.0 实现过渡动画效果

在上一节介绍的 transform 属性，实现的是网页元素的变形效果，仅仅呈现的是元素变形的结果。在 CSS3.0 中还新增了 transition 属性，通过该属性可以设置元素的变换过渡效果，可以让元素的变形过程看起来更加平滑。

12.2.1　transition 属性

CSS3.0 新增了 transition 属性，通过该属性可以实现网页元素变换过程中的过渡效果，即在网页中实现了基本的动画效果。与实现元素变换的 transform 属性一起使用，可以展现网页元素的变形过程，丰富动画的效果。

transition 属性的语法如下。

```
transition: transition-property || transition-duration || transition-timing-
function || transition-delay;
```

transition 属性是一个复合属性，可以同时定义过渡效果所需要的参数信息。其中包含 4 个方面的信息，就是 4 个子属性：transition-property、transition-duration、transition-timing-function 和 transition-delay。

transition 属性所包含的子属性说明如下。

➢ transition-property：用于设置过渡效果。
➢ transition-duration：用于设置过渡过程的时间长度。
➢ transition-timing-function：用于设置过渡方式。
➢ transition-delay：用于设置开始过渡的延迟时间。

　　基于 webkit 内核的浏览器需要在属性名称前增加前缀 "-webkit-"，基于 gecko 内核的浏览器需要在属性名称前增加前缀 "-moz-"，基于 presto 内核的浏览器需要在属性名称前增加前缀 "-o-"，以使用各种内核的私有属性。

　　transition 属性可以同时定义两组或两组以上的过渡效果，每组之间使用逗号进行分隔。

12.2.2　transition-property 属性——实现过渡效果

transition-property 属性用于设置元素的动画过渡效果，该属性的语法如下。

```
transition-property: none | all | <property>;
```

transition-property 属性的属性值说明如下。

➢ none：表示没有任何 CSS 属性有过渡效果。
➢ all：该属性值为默认值，表示所有的 CSS 属性都有过渡效果。
➢ <property>：指定一个用逗号分隔的多个属性，针对指定的这些属性有过渡效果。

 练习

实现网页元素旋转并放大动画

最终文件：光盘\最终文件\第 12 章\12-2-2.html　　视频：光盘\视频\第 12 章\12-2-2.mp4

01. 打开页面 "光盘\源文件\第 12 章\12-2-2.html"，页面效果如图 12-39 所示。转换到该网页所链接的外部样式表文件，找到名为#box 的 CSS 样式设置代码，如图 12-40 所示。

图 12-39　打开页面

```
#box {
    position: absolute;
    width: 350px;
    height: 320px;
    background-color: rgba(0,0,0,0.5);
    left: 50%;
    margin-left: -175px;
    bottom: 20%;
    z-index: 2;
}
```

图 12-40　CSS 样式代码

02. 在该 CSS 样式代码中添加 transition-property 属性和 transition-duration 属性设置，设置元素过渡效果和过渡时间，如图 12-41 所示。创建名为 #box:hover 的 CSS 样式，在该 CSS 样式中设置元素在鼠标经过状态下的变形效果，如图 12-42 所示。

```
#box {
    position: absolute;
    width: 350px;
    height: 320px;
    background-color: rgba(0,0,0,0.5);
    left: 50%;
    margin-left: -175px;
    bottom: 20%;
    z-index: 2;
    transition-property: all;/*实现过渡*/
    -moz-transition-property: -moz-transform;
    -webkit-transition-property: -webkit-transform;
    -o-transition-property: -o-transform;
    transition-duration: 1s;/*设置过渡时间*/
    -moz-transition-duration: 1s;
    -webkit-transition-duration: 1s;
    -o-transition-duration: 1s;
}
```

图 12-41　CSS 样式代码

```
#box:hover {
    cursor: pointer;
    background-color: rgba(255,255,255,0.3);
    transform: rotate(45deg) scale(1.2);/*设置元素旋转和缩放变形*/
    -moz-transform: rotate(45deg) scale(1.2);
    -webkit-transform: rotate(45deg) scale(1.2);
    -o-transform: rotate(45deg) scale(1.2);
}
```

图 12-42　CSS 样式代码

 通过设置 transition-property 属性值为 all，指定 id 名称为 box 的元素的所有属性均实现过渡效果，所以在元素变换过程中不仅有旋转和缩放的变形过度，还包括元素背景颜色变化的过渡效果。

03. 保存页面并保存外部 CSS 样式表文件，在浏览器中预览页面，效果如图 12-43 所示。当光标移至页面中 id 名称为 box 的元素上方时，可以看到该元素的旋转过渡效果，如图 12-44 所示。

图 12-43　预览页面效果

图 12-44　元素的变形动画效果

12.2.3　transition-duration 属性——设置过渡时间

transition-duration 属性用于设置动画过渡过程中需要的时间，该属性的语法如下。

```
transition-duration: <time>;
```

<time>参数用于指定一个用逗号分隔的多个时间值，时间的单位可以是 s（秒）或 ms（毫秒）。默认情况下为 0，即看不到过渡效果，看到的直接是变换后的结果。

 练习

设置网页元素变形动画持续时间

最终文件：光盘\最终文件\第 12 章\12-2-3.html　　　视频：光盘\视频\第 12 章\12-2-3.mp4

01. 打开页面 "光盘\源文件\第 12 章\12-2-3.html"，页面效果如图 12-45 所示。转换到该网页所链接的外部样式表文件，找到名为#box 的 CSS 样式设置代码，如图 12-46 所示。

图 12-45　打开页面

```
#box {
    position: absolute;
    width: 350px;
    height: 320px;
    background-color: rgba(0,0,0,0.5);
    left: 50%;
    margin-left: -175px;
    bottom: 20%;
    z-index: 2;
    transition-property: all;/*实现过渡*/
    -moz-transition-property: -moz-transform;
    -webkit-transition-property: -webkit-transform;
    -o-transition-property: -o-transform;
    transition-duration: 1s;/*设置过渡时间*/
    -moz-transition-duration: 1s;
    -webkit-transition-duration: 1s;
    -o-transition-duration: 1s;
}
```

图 12-46　CSS 样式代码

02. 在该 CSS 样式代码中，修改 transition-property 属性设置并修改变形过渡时间为 3 秒，如图 12-47 所示。保存页面并保存外部 CSS 样式表文件，在浏览器中预览页面，当光标移至页面中 id 名称为 box 的元素上方时，可以看到元素变形过渡效果，过渡持续时间为 3 秒，如图 12-48 所示。

```
#box {
    position: absolute;
    width: 350px;
    height: 320px;
    background-color: rgba(0,0,0,0.5);
    left: 50%;
    margin-left: -175px;
    bottom: 20%;
    z-index: 2;
    transition-property: background-color,transform;/*实现过渡*/
    -moz-transition-property: background-color,-moz-transform;
    -webkit-transition-property: background-color,-webkit-transform;
    -o-transition-property: background-color,-o-transform;
    transition-duration: 3s;/*设置过渡时间*/
    -moz-transition-duration: 3s;
    -webkit-transition-duration: 3s;
    -o-transition-duration: 3s;
}
```

图 12-47　CSS 样式代码

图 12-48　预览动画过渡效果

03. 返回外部 CSS 样式表文件，在名为#box 的 CSS 样式中修改两种过渡效果分别为不同的持续时间，如图 12-49 所示。保存页面并保存外部 CSS 样式表文件，在浏览器中预览页面，当光标移至页面中 id 名称为 box 的元素上方时，可以看到元素两种属性不同过渡持续时间的效果，如图 12-50 所示。

```
#box {
    position: absolute;
    width: 350px;
    height: 320px;
    background-color: rgba(0,0,0,0.5);
    left: 50%;
    margin-left: -175px;
    bottom: 20%;
    z-index: 2;
    transition-property: background-color,transform;/*实现过渡*/
    -moz-transition-property: background-color,-moz-transform;
    -webkit-transition-property: background-color,-webkit-transform;
    -o-transition-property: background-color,-o-transform;
    transition-duration: 1s,3s;/*设置过渡时间*/
    -moz-transition-duration: 1s,3s;
    -webkit-transition-duration: 1s,3s;
    -o-transition-duration: 1s,3s;
}
```

图 12-49　CSS 样式代码

图 12-50　预览动画过渡效果

通过 transition-duration 属性设置两个过渡持续时间 1s 和 3s，分别应用于背景颜色和变形属性。在预览过程中可以发现，背景颜色过渡效果已经结束了，变形的过渡效果还在持续，直至变形的过渡完成。

12.2.4　transition-delay 属性——实现过渡延迟效果

transition-delay 属性用于设置动画过渡的延迟时间，该属性的语法如下。

```
transition-delay: <time>;
```

<time>参数用于指定一个用逗号分隔的多个时间值，时间的单位可以是 s（秒）或 ms（毫秒）。默认情况下为 0，即没有时间延迟，立即开始过渡效果。

<time>参数的取值可以为负值，但过渡的效果会从该时间点开始，之前的过渡效果将会被截断。

 练习

设置网页元素变形动画延迟时间

最终文件：光盘\最终文件\第 12 章\12-2-4.html　　　视频：光盘\视频\第 12 章\12-2-4.mp4

01. 打开页面“光盘\源文件\第 12 章\12-2-4.html”，页面效果如图 12-51 所示。转换到该网页所链接的外部样式表文件，找到名为#box 的 CSS 样式设置代码，如图 12-52 所示。

图 12-51　打开页面

```
#box {
    position: absolute;
    width: 350px;
    height: 320px;
    background-color: rgba(0,0,0,0.5);
    left: 50%;
    margin-left: -175px;
    bottom: 20%;
    z-index: 2;
    transition-property: background-color,transform;/*实现过渡*/
    -moz-transition-property: background-color,-moz-transform;
    -webkit-transition-property: background-color,-webkit-transform;
    -o-transition-property: background-color,-o-transform;
    transition-duration: 3s;/*设置过渡时间*/
    -moz-transition-duration: 3s;
    -webkit-transition-duration: 3s;
    -o-transition-duration: 3s;
}
```

图 12-52　CSS 样式代码

02. 在该 CSS 样式代码中添加 transition-delay 属性设置，如图 12-53 所示。保存页面并保存外部 CSS 样式表文件，在浏览器中预览页面，当光标移至页面中 id 名称为 box 的元素上方时，需要等待延迟时间后才开始显示过渡效果，如图 12-54 所示。

```
#box {
    position: absolute;
    width: 350px;
    height: 320px;
    background-color: rgba(0,0,0,0.5);
    left: 50%;
    margin-left: -175px;
    bottom: 20%;
    z-index: 2;
    transition-property: background-color,transform;/*实现过渡*/
    -moz-transition-property: background-color,-moz-transform;
    -webkit-transition-property: background-color,-webkit-transform;
    -o-transition-property: background-color,-o-transform;
    transition-duration: 3s;/*设置过渡时间*/
    -moz-transition-duration: 3s;
    -webkit-transition-duration: 3s;
    -o-transition-duration: 3s;
    transition-delay: 500ms;/*设置过渡延迟时间*/
    -moz-transition-delay: 500ms;
    -webkit-transition-delay: 500ms;
    -o-transition-delay: 500ms;
}
```

图 12-53　CSS 样式代码

图 12-54　预览动画过渡效果

此处设置延迟过渡时间 transition-delay 属性为 500ms，表示当鼠标经过该元素时，需要等待 500ms 后才产生过渡效果。

12.2.5 transition-timing-function 属性——设置过渡方式

transition-timing-function 属性用于设置动画过渡的速度曲线，即过渡方式。该属性的语法如下。

```
transition-timing-function: linear | ease | ease-in | ease-out | ease-in-out | cubic-bezier(n,n,n,n);
```

transition-timing-function 属性的属性值说明如下。

➢ linear：表示过渡动画一直保持同一速度，相当于 cubic-bezier(0,0,1,1)。

➢ ease：该属性值为 transition-timing-function 属性的默认值，表示过渡先慢、再快、最后非常慢，相当于 cubic-bezier(0.25,0.1,0.25,1)。

➢ ease-in：表示过渡先慢，后来越来越快，直到动画过渡结束，相当于 cubic-bezier(0.42,0,1,1)。

➢ ease-out：表示过渡先快，后来越来越慢，直到动画过渡结束，相当于 cubic-bezier(0,0,0.58,1)。

➢ ease-in-out：表示过渡在开始和结束的时候都比较慢，相当于 cubic-bezier(0.42,0,0.58,1)。

➢ cubic-bezier(n,n,n,n)：自定义贝赛尔曲线效果，其中的 4 个参数为从 0 到 1 的数字。

练习

设置网页元素变形动画过渡方式

最终文件：光盘\最终文件\第 12 章\12-2-5.html　　视频：光盘\视频\第 12 章\12-2-5.mp4

01. 打开页面"光盘\源文件\第 12 章\12-2-5.html"，页面效果如图 12-55 所示。转换到该网页所链接的外部样式表文件，找到名为#box 的 CSS 样式设置代码，如图 12-56 所示。

```
#box {
    position: absolute;
    width: 350px;
    height: 320px;
    background-color: rgba(0,0,0,0.5);
    left: 50%;
    margin-left: -175px;
    bottom: 20%;
    z-index: 2;
    transition-property: all;/*实现过渡*/
    -moz-transition-property: all;
    -webkit-transition-property: all;
    -o-transition-property: all;
    transition-duration: 3s;/*设置过渡时间*/
    -moz-transition-duration: 3s;
    -webkit-transition-duration: 3s;
    -o-transition-duration: 3s;
}
```

图 12-55　打开页面　　　　　　　图 12-56　CSS 样式代码

02. 在该 CSS 样式代码中添加 transition-timing-function 属性设置，如图 12-57 所示。保存页面并保存外部 CSS 样式表文件，在浏览器中预览页面，当光标移至页面中 id 名称为 box 的元素上方时，可以看到元素的变形过渡方式，如图 12-58 所示。

```
#box {
    position: absolute;
    width: 350px;
    height: 320px;
    background-color: rgba(0,0,0,0.5);
    left: 50%;
    margin-left: -175px;
    bottom: 20%;
    z-index: 2;
    transition-property: all;/*实现过渡*/
    -moz-transition-property: all;
    -webkit-transition-property: all;
    -o-transition-property: all;
    transition-duration: 3s;/*设置过渡时间*/
    -moz-transition-duration: 3s;
    -webkit-transition-duration: 3s;
    -o-transition-duration: 3s;
    transition-timing-function: ease-out;/*设置过渡方式*/
    -moz-transition-timing-function: ease-out;
    -webkit-transition-timing-function: ease-out;
    -o-transition-timing-function: ease-out;
}
```

图 12-57　CSS 样式代码

图 12-58　预览动画过渡效果

　　设置 transition-timing-function 属性为 ease-out，表示过渡效果的速度越来越慢。当鼠标经过该元素时，快速产生过渡效果，然后缓慢地结束。

12.3　本章小结

　　本章介绍了实现元素变形的 transform 属性和实现元素动画过渡的 transition 属性，掌握元素的各种变形方法和动画过渡效果的实现，能够在网页中实现简单的动画效果。

12.4　课后习题

一、选择题

1. 实现网页元素的旋转变形，以下写法正确的是？（　　）

　　A. transform: skew(角度);　　　　B. transform: scale(角度);

　　C. transform: translate(角度);　　D. transform: rotate(角度);

2. 如果需要将元素在垂直方向上进行翻转，正确的写法是？（　　）

　　A. transform: scale(-1,1);　　　　B. transform: scale(1,-1);

　　C. transform: translate(1,-1);　　D. transform: translate(-1,1);

3. 以下哪个属性用于设置元素的动画过渡效果？（　　）

　　A. transition-property　　　　　　B. transition-duration

　　C. transition-delay　　　　　　　　D. transition-timing-function

二、判断题

1. 当为网页元素同时应用多个变形函数进行变形操作时，各变形函数的先后顺序不会影响到最终的变形效果。（　　）

2. 将 transition 属性与实现元素变形的 transform 属性一起使用，可以展现出网页元素的变形过程，丰富动画的效果。（　　）

三、简答题

1. 简单介绍 transform 属性与 transition 属性的不同？

2. 通过 transform 属性能够实现网页元素的哪些变形效果？

jQuery Mobile 页面

第 13 章

初识 jQuery Mobile

jQuery Mobile 是专门针对移动终端设备的浏览器开发的 Web 脚本框架，它是基于强悍的 jQuery 和 jQuery UI 基础之上，统一用户系统接口，能够无缝运行于所有流行的移动平台。本章将介绍有关 jQuery Mobile 的基础知识，使读者对 jQuery Mobile 有全面的认识和了解。

本章知识点：

- 了解什么是 jQuery 及在网页中引用 jQuery 函数库的方法
- 理解 jQuery 基础语法及选择器的使用
- 了解 jQuery Mobile 及 jQuery Mobile 的优势
- 了解 jQuery Mobile 页面开发前的准备工作
- 掌握创建 jQuery Mobile 页面的方法
- 掌握 jQuery Mobile 页面中超链接的设置方法
- 理解预加载和缓存 jQuery Mobile 页面的方法

13.1 jQuery 入门

jQuery 是一套开放原始代码的 JavaScript 函数库，可以说是目前最受欢迎的 JS 函数库，最让人津津乐道的就是它简化了 DOM 文件的操作，使用户能够轻松选择对象，并以简洁的程序完成想做的事情。除此之外，还可以通过 jQuery 指定 CSS 属性值，达到想要的特效与动画效果。另外，jQuery 还强化异步传输，以及事件功能，轻松访问远程数据。

13.1.1 什么是 jQuery

jQuery 是一个兼容多浏览器的 JavaScript 库，核心理念是"写得更少，做得更多"。jQuery 是免费的、开源的，使用 MIT 许可协议。jQuery 的语法设计可以使开发者更加便捷，例如，操作文档对象、选择 DOM 元素、制作动画效果、事件处理、使用 AJAX，以及其他功能。除此之外，jQuery 提供 API 让开发者编写插件。其模块化的使用方式使开发者可以很轻松地开发出功能强大的静态或动态网页。

jQuery 是继 prototype 之后又一个优秀的 JavaScript 函数库，它兼容 CSS3.0，还兼容各种浏览器，jQuery 2.0 及后续版本不再支持 IE8 以下版本浏览器。jQuery 使用户能更方便地处理 HTML、events 和实现动画效果，并且方便地为网站提供 AJAX 交互。jQuery 还有一个比较大的优势是，它的文档说明很全，而且各种应用的介绍很详细，同时还有许多成熟的插件可供选择。jQuery 能够使用户的 HTML 页面保持代码和 HTML 内容分离，也就是说，不需要在 HTML 代码中插入一堆的 JavaScript 代码来调用命令了，只需要定义 id 名称即可。

13.1.2 如何引用 jQuery 函数库

在网页中引用 jQuery 函数库的方法有两种，一种是直接下载 js 文件引用，另一种是使用 CDN（Content Delivery Network）加载链接库。

1. 下载 jQuery 函数库

jQuery 的官方网址是 http://jquery.com，jQuery 的版本为 V3.2.1，如图 13-1 所示。单击页面中的 Download jQuery 按钮，进入 jQuery 下载页面，网页中两种格式可以下载，一种是 Download the compressed, production jQuery 3.2.1，即程序代码已经压缩过的版本，文件比较小，下载后的文件名为 jquery-3.2.1.min.js；另一种是 Download the uncompressed, development jQuery 3.2.1，即程序代码未压缩的开发版本，文件比较大，适合程序开发人员使用，下载后的文件名为 jquery-3.2.1.js，如图 13-2 所示。

图 13-1　jQuery 官方网站

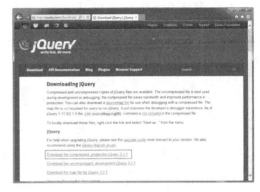

图 13-2　jQuery 库文件下载链接

下载完成后，就可以在网页中链接刚刚下载的 jQuery 函数库文件了，链接方法与链接外部 JavaScript 脚本文件相同，在<head>与</head>标签之间通过<script>标签进行链接，代码如下。

```
<script type="text/javascript" src="jQuery库文件路径"></script>
```

2. 使用 CDN 加载 jQuery 库函数

CDN（Content Delivery Network）是内容分发服务网络，也就是将要加载的内容通过这个网络系统进行分发。如果浏览者在浏览到网页之前已经在同一个 CDN 下载过 jQuery，也就是浏览器已经缓存过这个文件，此时就不需要再重新下载，浏览速度会快很多。Google、微软等都提供 CDN 服务。

如果需要使用 CDN 加载 jQuery 库函数，只需要将网址加入到 HTML 页面的<head>与</head>标签之间即可，代码如下。

```
<script        type="text/javascript"        src="https://code.jquery.com/jquery-
3.2.1.min .js"></script>
```

　　　　jQuery V2.x 之后的版本不再支持 IE6、IE7 和 IE8，如果考虑到用户使用的是低版本的浏览器，建议下载或使用 CDN 加载 V1.10.2 版本的 jQuery 函数库。

13.1.3 jQuery 基本语法

jQuery 必须等浏览器加载 HTML 的 DOM 对象之后才能执行，可以通过.ready()方法确认 DOM 对象是否已经全部加载，代码如下所示。

```
jQuery (document).ready(function() {
    //程序代码
});
```

上述 jQuery 程序代码由 "jQuery" 开始，也可以使用 "$" 代替，代码如下所示。

```
$(document).ready(function() {
    //程序代码
});
```

$()函数括号内的参数是指定想要选用哪一个对象，接着是想要 jQuery 执行什么方法或者处理什么事件，例如，ready()方法。ready()方法括号内是事件处理的函数程序代码，多数情况下，会把事件处理函数定义为匿名函数，也就是上述程序代码中的 function(){}。

由于 document ready 是很常用的方法，jQuery 提供了简洁的写法便于用户使用，简洁的代码写法如下所示。

```
$(function() {
    //程序代码
});
```

jQuery 的使用非常简单，只需要指定作用的 DOM 对象及执行什么样的操作即可，其基本语法如下。

```
$(选择器).操作();
```

例如，需要将 HTML 页面中所有的<p>标签中的对象全部隐藏，代码可以写为如下的形式。

```
$("p").hide();
```

13.1.4　jQuery 选择器

jQuery 选择器用来选择 HTML 中的元素，可以通过 HTML 标签名称、id 属性，以及 class 属性等来选择网页中的元素。

1. 标签选择器

标签选择器顾名思义是直接使用 HTML 标签，例如，想要选择 HTML 页面中的所有<div>标签，可以写为如下的形式。

```
$("div")
```

2. id 选择器（#）

id 选择器通过元素的 id 属性来选择对象，只要在 id 属性前加 "#" 号即可。例如，想要选择 HTML 页面中 id 属性为 box 的对象，可以写为如下的形式。

```
$("#box")
```

注意，在一个 HTML 页面中元素的 id 属性名称尽可能不要重复，这样，通过 id 选择器适用于找出 HTML 页面中唯一的对象。

3. class 选择器（.）

class 选择器通过元素的 class 属性获取对象，只需在 class 属性前加上 "." 号即可。例如，想要选择 HTML 页面中 class 属性为 font01 的对象，可以写为如下的形式。

```
$(".font01")
```

还可以将上述 3 种选择器组合使用，例如，需要选择 HTML 页面中所有<p>标签中

class 属性为 font01 的对象，可以写为如下的形式。

```
$("p.font01")
```

如表 13-1 所示，列出 jQuery 中常用的选择及搜索方法，供读者参考。

表 13-1　jQuery 常用的选择和搜索方法

表示方法	说明
$("*")	选择 HTML 页面中的所有元素
$(this)	选择 HTML 页面中当前正在作用中的元素
$("p:first")	选择 HTML 页面中第一个<p>元素
$("[href]")	选择 HTML 页面中包含 href 属性的元素
$("tr:even")	选择 HTML 页面中偶数<tr>元素
$("tr:odd")	选择 HTML 页面中奇数<tr>元素
$("div p")	选择 HTML 页面中<div>标签中所包含的<p>元素
$("div").find("p")	在 HTML 页面中搜索<div>标签中所包含的<p>元素
$("div").next("p")	在 HTML 页面中搜索<div>标签之后的第一个<p>元素
$("li").eq(2)	在 HTML 页面中搜索第 3 个<li>元素。在 eq()中输入元素的位置，只能输入整数，最小值为 0

13.1.5　使用 jQuery 设置 CSS 样式属性

掌握了 jQuery 选择器的用法之后，除了可以操控 HTML 元素外，还可以使用 css()方法改变网页元素的 CSS 样式。例如，设置 HTML 页面中所有<p>标签中的文字颜色为红色，可以写为如下的代码。

```
$("p").css("color","red");
```

练习

使用 jQuery 改变 CSS 样式效果

最终文件：光盘\最终文件\第 13 章\13-1-5.html　　视频：光盘\视频\第 13 章\13-1-5.mp4

01. 打开页面"光盘\源文件\第 13 章\13-1-5.html"，效果如图 13-3 所示。转换到 HTML 代码，在<head>与</head>标签之间加入链接 jQuery 函数库文件代码，如图 13-4 所示。

```
<head>
<meta charset="utf-8">
<title>使用jQuery改变CSS样式效果</title>
<link href="style/13-1-5.css" rel="stylesheet" type="text/css">
<script type="text/javascript" src="js/jquery-3.2.1.min.js">
</script>
</head>
```

图 13-3　打开页面　　　　　　　　　　图 13-4　链接 jQuery 库文件

02. 在<head>与</head>标签之间添加相应的 jQuery 脚本代码，如图 13-5 所示。保存页面，在浏览器中预览页面，可以看到页面中列表第一行的项目列表文字被修改为红橙色，如图 13-6 所示。

```
<head>
<meta charset="utf-8">
<title>使用jQuery改变css样式效果</title>
<link href="style/13-1-5.css" rel="stylesheet" type="text/css">
<script type="text/javascript" src="js/jquery-3.2.1.min.js">
</script>
<script type="text/javascript">
$(function() {
    $("li").eq(0).css("color","#F60");
})
</script>
</head>
```

图 13-5　编写 jQuery 脚本代码　　　　　　　　　图 13-6　预览页面效果

在 jQuery 中还有许多比较复杂的应用，对于页面交互效果的实现非常具有帮助，此处只是对 jQuery 进行简单的介绍，感兴趣的读者可以学习 jQuery 相关的书籍。

13.2　jQuery Mobile 基础

jQuery Mobile 是 jQuery 在手机和平板电脑等移动设备上应用的版本。jQuery Mobile 不仅给主流移动平台带来 jQuery Mobile 核心库，而且会发布一个完整统一的 jQuery 移动 UI 框架。

13.2.1　什么是 jQuery Mobile

随着移动互联网的快速发展，适用于移动设备的网页非常需要一个跨浏览器的框架，让开发人员开发出真正的移动 Web 应用。jQuery Mobile 支持全球主流的移动应用平台。

目前，网站中的动态交互效果越来越多，其中大多数都是通过 jQuery 实现的。随着智能手机和平板电脑的流行，主流移动平面上的浏览器功能已经与传统的桌面浏览器功能相差无几，因此 jQuery 团队开发了 jQuery Mobile。jQuery Mobile 的使命是向所有主流移动设备浏览器提供一种统一的交互体验，使整个因特网上的内容更加丰富。

jQuery Mobile 是一个基于 HTML5，拥有响应式网站特性，兼容所有主流移动设备平台的统一 UI 接口系统与前端开发框架，可以运行在所有智能手机、平板电脑和桌面设备上。不需要为每一个移动设备或者操作系统单独开发应用，设计者可以通过 jQuery Mobile 框架设计一个高度响应式的网站或应用，运行于所有流行的智能手机、平板电脑和桌面系统。

jQuery Mobile 是创建移动 Web 应用程序的框架。

jQuery Mobile 适用于所有流行的智能手机和平板电脑。

jQuery Mobile 使用 HTML5 和 CSS3.0 通过尽可能少的脚本对页面进行布局。

jQuery Mobile 的工作原理是：提供可触摸的 UI 小部件和 AJAX 导航系统，使页面支持动画式切换效果。以页面中的元素标签为事件驱动对象，当触摸或单击时进行触发，最后在移动终端的浏览器中实现一个个应用程序的动画展示效果。

AJAX 即 "Asynchronous JavaScript And XML"（异步 JavaScript 和 XML），是指一种创建交互式网页应用的网页开发技术。通过在后台与服务器进行少量数据交换，AJAX 可以使网页实现异步更新。这意味着可以在不重新加载整个网页的情况下，对网页的某部分进行更新。

13.2.2　jQuery Mobile 的优势

jQuery Mobile 是一套以 jQuery 和 jQuery UI 为基础，提供移动设备跨平台的用户界面函数库。通过它制作出来的网页能够支持大多数移动设备的浏览器，并且在浏览网页时，能够拥有与操作应用软件一样的触碰及滑动效果。

jQuery Mobile 具有以下几个特点。

➢ 强大的 AJAX 驱动导航

无论页面数据的调用还是页面之间的切换，都是采用 AJAX 进行驱动的，从而保持了动画转换页面的干净与优雅。

➢ 以 jQuery 和 jQuery UI 为框架核心

jQuery Mobile 的核心框架是建立在 jQuery 基础之上的，并且利用了 jQuery UI 的代码与运用模式，使熟悉 jQuery 语法的开发者能通过最少量的学习迅速掌握。

➢ 强大的浏览器兼容性

jQuery Mobile 继承了 jQuery 的兼容性优势，目前所开发的应用兼容于所有主要的移动终端浏览器，使用开发人员可以集中精力做功能开发，而不需要考虑复杂的浏览器兼容性问题。

➢ 丰富的主题和 ThemeRoller 工具

jQuery UI 的 ThemeRoller 在线工具，只要通过下拉菜单进行设置，就能够自制出相当有特色的网页风格，并且可以将代码下载下来应用。另外，jQuery Mobile 还提供了丰富的主题，轻轻松松就能够快速创建高质感的网页。

➢ 支持触摸与其他鼠标事件

jQuery Mobile 提供了一些自定义的事件，用来侦测用户的移动触摸动作，如 tap（单击）、tap-and-hold（单击并按住）、swipe（滑动）等事件，极大提高了代码开发的效率。

13.3　jQuery Mobile 页面开发前的准备工作

jQuery Mobile 的操作流程与编写 HTML 页面相似，编写和开发 jQuery Mobile 页面的工具也与 HTML 页面的工具相同，可以通过记事本或专业的 Dreamweaver 编辑制作 jQuery Mobile 页面，完成 jQuery Mobile 页面的制作后，将其保存为.html 或.htm 文件，就可以在浏览器或模拟器中浏览了。jQuery Mobile 的操作流程大致有以下几个步骤。

（1）新建 HTML5 页面。

（2）载入 jQuery、jQuery Mobile 函数库和 jQuery Mobile CSS。

（3）使用 jQuery Mobile 定义的 HTML 标准编写网页架构及内容。

13.3.1　如何测试所制作的移动页面

jQuery Mobile 页面主要是用于智能手机等移动设备浏览的，所以需要使用能够产生移动设备屏幕大小的模拟器预览所制作 jQuery Mobile 页面效果。在互联网中提供了多种移动设备模拟器，包括为 Chrome 浏览器或 Firefox 浏览器安装相应的插件等方法。

　　在本节中将向大家介绍 Opera Mobile Emulator 移动设备模拟器，后面将使用该移动端浏览器预览 jQuery Mobile 页面效果。

　　打开 PC 端浏览器，在地址栏中输入 Opera Mobile Emulator 模拟器的官方网址 http://www.opera.com/zh-cn/developer/mobile-emulator，打开网站页面，如图 13-7 所示。单击页面中的 Opera Mobile Classic Emulator 12.1 for Windows 链接，下载该模拟器，如图 13-8 所示。

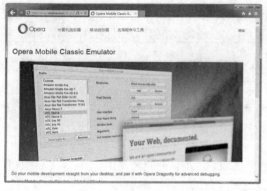

图 13-7　 打开模拟器官方网站

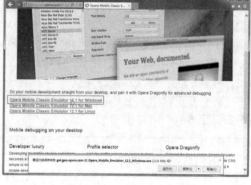

图 13-8　 下载模拟器

　　完成模拟器安装程序的下载后安装该模拟器，然后启动模拟器，弹出"选择语言"对话框，在下拉列表中选择"简体中文"选项，单击"确定"按钮，如图 13-9 所示。显示软件界面，可以从中选择需要模拟的移动设备，如图 13-10 所示。

图 13-9　 "选择语言"对话框

图 13-10　 模拟器界面

　　例如，从"资料"列表中选择某一个预设的手机型号，单击"启动"按钮，如图 13-11 所示。就会弹出手机模拟窗口，在地址栏中输入需要访问的地址，即可查看该网站在移动端界面中的显示效果，如图 13-12 所示。

　　虽然 Opera Mobile Emulator 模拟器没有呈现真实手机外观，但是窗口尺寸与手机屏幕是一样的，它的好处是可以任意调整窗口大小。如果需要浏览 jQuery Mobile 页面在不同屏幕尺寸的效果，这款模拟器就非常方便。

　　如果无法安装模拟器也没有关系，可以直接使用现有的浏览器代替模拟器，只需要调整浏览窗口的大小尺寸，同样可以预览 jQuery Mobile 页面的运行结果。

图 13-11　选择预设手机型号　　　　图 13-12　浏览移动端界面效果

13.3.2　加载 jQuery Mobile 函数库文件

要开发 jQuery Mobile 页面，必须引用 jQuery Mobile 函数库（.js）、CSS 样式表（.css）和配套的 jQuery 函数库文件。引用方式有两种，一种是到 jQuery Mobile 官方网站上下载文件进行引用，另一种是直接通过 URL 链接到 jQuery Mobile 的 CDN-hosted 引用，不需要下载文件。

在浏览器窗口中打开 jQuery Mobile 官方网站页面 http://jquerymobile.com/download，进入网站后找到"Latest Stable Version"字样，官网上直接提供引用代码，如图 13-13 所示。只需要将其复制并粘贴到 HTML 文档的<head>与</head>标签之间即可。

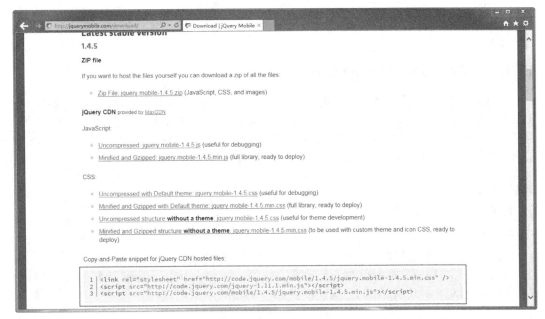

图 13-13　官网上提供的引用代码

由于 jQuery Mobile 函数库仍然在开发过程中，因此用户看到的版本号可能会与本书有所不同，请使用官网提供的最新版本，只需要将代码复制到 HTML 文档的<head>与</head>标签之间即可。

将引用代码复制到 HTML 文档的<head>与</head>标签之间，其位置如下所示。

```
<head>
<meta charset="utf-8">
<title>创建 jQuery Mobile 页面</title>
<link    rel="stylesheet"    href="http://code.jquery.com/mobile/1.4.5/jquery.
mobile-1.4.5.min.css" />
<script src="http://code.jquery.com/jquery-1.11.1.min.js"></script>
<script  src="http://code.jquery.com/mobile/1.4.5/jquery.mobile-1.4.5.min.js">
</script>
</head>
```

通过 URL 加载 jQuery Mobile 函数库的方式使版本的更新更加及时，但由于是通过 jQuery CDN 服务器请求的方式进行加载，在执行页面时必须保证网络畅通，否则，不能实现 jQuery Mobile 移动页面的效果。

 　CDN 的全称是 Content Delivery Network，用于快速下载跨 Internet 常用的文件，只要在页面的<head>与</head>标签之间加入引用代码，同样可以执行 jQuery Mobile 移动应用页面。

13.4　认识 jQuery Mobile 页面结构

jQuery Mobile 页面的许多功能效果都需要借助于 HTML5 的新增标签和属性，因此，所创建的 HTML 页面必须符合 HTML5 文档规范，并且在文档的<head>与</head>标签之间需要依次加载 jQuery Mobile 的 CSS 样式表文件、jQuery 基本框架文件和 jQuery Mobile 插件文件。

13.4.1　创建 jQuery Mobile 页面

与开发和制作普通的网站页面相似，创建一个 jQuery Mobile 页面也非常简单。在 jQuery Mobile 页面中通过<div>标签来组织页面结构，通过在标签中设置 data-role 属性设置该标签的作用。每一个设置了 data-role 属性的<div>标签就是一个容器，可以在该容器中放置其他的页面元素。接下来一起来制作第一个 jQuery Mobile 页面。

 练习

创建 jQuery Mobile 页面

最终文件：光盘\最终文件\第 13 章\13-4-1.html　　视频：光盘\视频\第 13 章\13-4-1.mp4

01. 执行"文件>新建"命令，弹出"新建文档"对话框，新建一个 HTML5 页面，如图 13-14 所示，将该文档保存为"光盘\源文件\第 13 章\13-4-1.html"。转换到代码视图中，可以看到该 HTML5 文档的代码，如图 13-15 所示。

 　本书使用 Dreamweaver CC 作为编码和制作软件，在 Dreamweaver CC 中新建的 HTML 页面默认为基于 HTML5 标准的页面。如果用户使用的是其他版本编码和制作软件，值得注意的是，需要创建 HTML5 标准的页面。

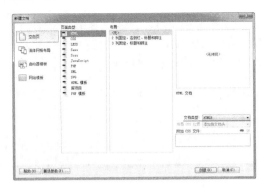

图 13-14　"新建文档"对话框

```
<!doctype html>
<html>
<head>
<meta charset="utf-8">
<title>无标题文档</title>
</head>

<body>
</body>
</html>
```

图 13-15　HTML5 页面代码

02.　在<head>与</head>标签之间添加<meta>标签设置和加载 jQuery Mobile 函数库代码。

```
<head>
<meta charset="utf-8">
<title>jQuery Mobile 页面</title>
<meta name="viewport" content="width=device-width,initial-scale=1">
<link   rel="stylesheet"   href="http://code.jquery.com/mobile/1.4.5/jquery.
mobile-1.4.5.min.css" />
<script src="http://code.jquery.com/jquery-1.11.1.min.js"></script>
<script src="http://code.jquery.com/mobile/1.4.5/jquery.mobile-1.4.5.min.js">
</script>
</head>
```

提示　　　添加<meta>标签，在该标签中添加 content 属性设置页面的宽度与模拟器的宽度一致，以保证页面可以在浏览器中完全填充。接下来使用 URL 方式加载 jQuery Mobile 函数库文件，注意这 3 个 jQuery Mobile 函数库文件的加载顺序。

03.　接下来在<body>与</body>标签之间编写 jQuery Mobile 页面的正文内容。

```
<body>
<div id="page1" data-role="page">
 <div data-role="header">
 <h1>页面标题</h1>
 </div>
 <div data-role="content">
 jQuery Mobile 页面的正文内容部分
 </div>
 <div data-role="footer">
 <h1>页脚</h1>
 </div>
</div>
</body>
```

在<body>与</body>标签之间，通过多个<div>标签对 jQuery Mobile 页面的层次进行划分。因为 jQuery Mobile 中每个<div>标签都是一个容器，根据每个<div>标签中所设置的

data-role 属性值，从而确定该元素的身份。如设置 data-role 属性值为 header，则表示该 <div>元素为头部区域；设置 data-role 属性值为 content，则表示该<div>元素为内容区域；设置 data-role 属性值为 footer，则表示该<div>元素为页脚区域。

> 提示　data-role 属性是 HTML5 中新增的属性，通过设置该属性，jQuery Mobile 页面就可以很快地定位到指定的元素，并对内容进行相应的处理。

04. 完成第一个 jQuery Mobile 页面的制作，保存页面，打开 Opera Mobile 模拟器，直接将所制作的 jQuery Mobile 页面文件拖入 Opera Mobile 模拟器中，即可看到 jQuery Mobile 页面的效果，如图 13-16 所示。

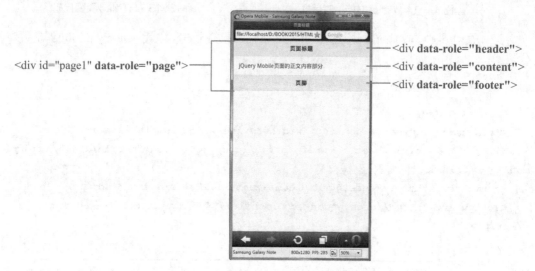

图 13-16　预览 jQuery Mobile 页面效果

13.4.2　jQuery Mobile 页面的基本架构

根据上一节所制作的最基础的 jQuery Mobile 页面，可以看出 jQuery Mobile 页面拥有一个基本的架构，就是在 HTML 页面中通过将在<div>标签中添加 data-role 属性，设置该属性的值为 page，使该 Div 形成一个容器，而在该容器中包含 3 个子容器，分别在各子容器的<div>标签中设置 data-role 属性值分别为 header、content、footer，这样就形成了"标题"、"内容"、"结构" 3 部分组成的标准页面架构。

如下所示的 HTML 代码就是一个 jQuery Mobile 页面的基本架构。

```
<!doctype html>
<html>
<head>
<meta charset="utf-8">
<title>jQuery Mobile 页面基本架构</title>
<meta name="viewport" content="width=device-width,initial-scale=1">
<link rel="stylesheet" href="http://code.jquery.com/mobile/1.4.5/jquery.mobile-1.4.5.min.css" />
<script src="http://code.jquery.com/jquery-1.11.1.min.js"></script>
```

```
<script src="http://code.jquery.com/mobile/1.4.5/jquery.mobile-1.4.5.min.js">
</script>
  </head>
  <body>
  <div id="page1" data-role="page">
   <div data-role="header"><h1>标题</h1></div>
   <div data-role="content">内容</div>
   <div data-role="footer"><h4>页脚</h4></div>
  </div>
  </body>
  </html>
```

在该 HTML 代码中，第一行以 HTML5 的文档声明开始，声明该 HTML 文档是一个基于 HTML5 标准的文档。

在<head>与</head>标签之间添加<meta>标签，在该标签中设置 name 属性为 viewport，并设置该标签的 content 属性，代码如下。

```
<meta name="viewport" content="width=device-width,initial-scale=1">
```

添加这行代码的功能是：设置移动设备中浏览器缩放的宽度与等级。通常情况下，移动设备的浏览器都会以默认的宽度显示页面，默认宽度会导致屏幕缩小，页面放大，不适合浏览。如果在页面中添加该行代码，可以使页面的宽度与移动设备的屏幕宽度相同，更加适合用户浏览。

在页面的<body>与</body>标签之间，在第一个<div>标签中设置 data-role 属性为 page，形成一个页面容器，在该页面容器中分别添加 3 个<div>标签，依次设置 data-role 属性为 header、content 和 footer，从而形成一个标准的 jQuery Mobile 页面架构。

13.4.3　多容器 jQuery Mobile 页面

在一个供 jQuery Mobile 使用的 HTML 页面中，可以包含一个元素 data-role 属性值为 page 的容器，也允许包含多个，从而形成多容器的 jQuery Mobile 页面结构。容器之间各自独立，并且每个容器需要拥有唯一的 id 名称。

当浏览器在加载多容器的 jQuery Mobile 页面时，以堆栈的方式同时加载。同一页面中的不同容器之间跳转时，设置超链接<a>标签的 href 属性值为#号加容器的 id 名称。单击超链接时，jQuery Mobile 将在当前页面中寻找相应 id 名称的容器，以动画效果切换至该容器中，实现容器间内容的访问。

关于 jQuery Mobile 页面中多容器之间的链接跳转将在第 13.5.4 节中进行详细介绍。

13.5　jQuery Mobile 页面的基本操作

jQuery Mobile 页面的许多功能效果都需要借助 HTML5 的新增标签和属性，因此，所创建的 HTML 页面必须符合 HTML5 文档规范，并且在文档的<head>与</head>标签之间需要依次加载 jQuery Mobile 的 CSS 样式表文件、jQuery 基本框架文件和 jQuery Mobile 插件文件。

13.5.1　jQuery Mobile 页面中多容器之间的链接

在 jQuery Mobile 页面中，如果将页面元素的 data-role 属性值设置为 page，则该元素成为一个容器，即页面中的某块区域。在一个 jQuery Mobile 页面中，可以设置多个元素成为容器，虽然元素的 data-role 属性值都是 page，但是它们对应的 id 名称不允许相同。

1. 内链接

在 jQuery Mobile 页面中，将一个页面中的多个容器当作多个不同的页面，它们之间的跳转是通过<a>标签来实现的，通过在<a>标签中设置 href 属性值为#加对应页面的 id 名称来实现，这种链接形式也称为内链接，例如，如下的链接形式。

```
<a href="#page1">第 1 页</a>
```

2. 外链接

在 jQuery Mobile 页面中除了可以创建内链接外，还可以创建外链接。所谓外链接是指通过单击页面中的某个链接，跳转到另外一个 jQuery Mobile 页面，而不是在同一个页面中的不同区域之间跳转。其实现的方式与内链接相似，只需要在<a>标签中添加 rel 属性设置，设置该属性的属性值为 external，即可表示该链接是一个外链接，例如，如下的链接形式。

```
<a href="x.html" rel="external">详细页面</a>
```

3. 页面跳转过渡效果

在 jQuery Mobile 页面中无论是创建内链接还是外链接，都支持页面跳转过渡的动画效果，只需要在<a>标签中添加 data-transition 属性设置，格式如下。

```
<a href="链接地址" data-transition="slide | pop | slideup | slidedown | fade |
flip">对象</a>
```

data-transition 属性的属性值说明如下。

➢ slide：该属性值为默认值，表示从右至左的滑动动画效果。
➢ pop：表示以弹出的效果打开链接页面。
➢ slideup：表示向上滑动的动画效果。
➢ slidedown：表示向下滑动的动画效果。
➢ fade：表示渐变退色的动画效果。
➢ flip：表示当前页面飞出，链接页面飞入的动画效果。

 练习

创建 jQuery Mobile 页面多容器之间链接

最终文件：光盘\最终文件\第 13 章\13-5-1.html   视频：光盘\视频\第 13 章\13-5-1.mp4

01. 新建一个 HTML5 页面，将该文档保存为 "光盘\源文件\第 13 章\13-5-1.html"。在<head>与</head>标签之间添加<meta>标签设置和加载 jQuery Mobile 函数库代码，代码如下所示。

```
<!doctype html>
<html>
<head>
<meta charset="utf-8">
<title>创建 jQuery Mobile 页面多容器之间链接</title>
<meta name="viewport" content="width=device-width,initial-scale=1">
<link    rel="stylesheet"    href="http://code.jquery.com/mobile/1.4.5/jquery.
mobile-1.4.5.min.css" />
<script src="http://code.jquery.com/jquery-1.11.1.min.js"></script>
<script src="http://code.jquery.com/mobile/1.4.5/jquery.mobile-1.4.5.min.js">
```

```
</script>
  </head>
  <body>
  </body>
  </html>
```

　02.　在<body>与</body>标签之间编写 jQuery Mobile 第 1 个页面容器代码。

```
<body>
<!--第 1 个页面开始-->
<div id="page1" data-role="page">
  <div data-role="header">
  <h1>第 1 个页面标题</h1>
  </div>
  <div data-role="content">
  <p>第 1 个页面的正文内容</p>
  <p><a href="#page2">第 2 页</a></p>
  </div>
  <div data-role="footer">
  <h1>第 1 个页面页脚</h1>
  </div>
</div>
<!--第 1 个页面结束-->
<body>
```

　03.　接着编写 jQuery Mobile 第 2 个页面容器代码。

```
<!--第 2 个页面开始-->
<div id="page2" data-role="page">
  <div data-role="header">
  <h1>第 2 个页面标题</h1>
  </div>
  <div data-role="content">
  <p>第 2 个页面的正文内容</p>
  <p><a href="#page1">返回第 1 页</a></p>
  </div>
  <div data-role="footer">
  <h1>第 2 个页面页脚</h1>
  </div>
</div>
<!--第 2 个页面结束-->
```

　　　　在 jQuery Mobile 页面中，一个页面中有多个 page 区域，在 page 区域之间的跳转称为内链接，其链接方式是在<a>标签中设置 href 属性为#所链接的 page 区域的 id 名称。

　04.　保存页面，在 Opera Mobile 模拟器中预览该 jQuery Mobile 页面，效果如图 13-17 所示。单击页面中的"第 2 页"链接文字，将跳转到第 2 页显示，并显示链接跳转的过渡动画效果，如图 13-18 所示。

图 13-17　预览页面效果　　　　　图 13-18　跳转到另一个容器并显示

当页面进行跳转时，跳转前的页面将自动隐藏，链接的区域或页面自动展示在当前页面中。如果是内链接，则在当前屏幕中只显示指定 id 名称的区域，其他的区域都会被隐藏。

13.5.2　链接外部 jQuery Mobile 页面

虽然在一个页面中，可以借助容器的框架实现多种页面的显示，但是，把全部代码写在一个页面中会延缓页面被加载的时间，使代码冗余，且不利于功能的分工与维护的安全性。因此，在 jQuery Mobile 中，可以采用开发多个页面并通过外部链接的方式，实现页面相互切换的效果。

练习

链接外部 jQuery Mobile 页面

最终文件：光盘\最终文件\第 13 章\13-5-2.html　　　视频：光盘\视频\第 13 章\13-5-2.mp4

01. 新建一个 HTML5 页面，将该文档保存为 "光盘\源文件\第 13 章\13-5-2.html"。在<head>与</head>标签之间添加<meta>标签设置和加载 jQuery Mobile 函数库代码，代码如下。

```
<head>
<meta charset="utf-8">
<title>链接外部 jQuery Mobile 页面</title>
<meta name="viewport" content="width=device-width,initial-scale=1">
<link   rel="stylesheet"   href="http://code.jquery.com/mobile/1.4.5/jquery.
mobile-1.4.5.min.css" />
<script src="http://code.jquery.com/jquery-1.11.1.min.js"></script>
<script  src="http://code.jquery.com/mobile/1.4.5/jquery.mobile-1.4.5.min.js">
</script>
</head>
```

02.　在`<body>`与`</body>`标签之间编写 jQuery Mobile 页面代码。

```
<body>
<div id="page1" data-role="page">
  <div data-role="header"><h1>网页标题</h1></div>
  <div data-role="content">
    <p><a href="about.html" rel="external">关于我们</a><p>
    <p>我们的作品</p>
    <p>服务范围</p>
    <p>联系我们</p>
  </div>
  <div data-role="footer"><h4>页脚</h4></div>
</div>
</body>
```

03.　新建一个 HTML5 页面，将该文档保存为"光盘\源文件\第 13 章\about.html"。在`<head>`与`</head>`标签之间添加`<meta>`标签设置和加载 jQuery Mobile 函数库代码。

04.　在`<body>`与`</body>`标签之间编写 jQuery Mobile 页面代码。

```
<body>
<div id="page1" data-role="page">
  <div data-role="header"><h1>关于我们</h1></div>
  <div data-role="content">
    <p>　　工作室成立于 2014 年初，在互动设计和互动营销领域有着独特理解。我们一直专注于互
联网整合营销传播服务，以客户品牌形象为重，提供精确的策划方案与视觉设计方案，团队整体有着国际化
意识与前瞻思想；以视觉设计创意带动客户品牌提升，洞察互联网发展趋势。<p>
    <p><em><a href="13-5-2.html" rel="external">返回首页</a></em></p>
  </div>
  <div data-role="footer"><h4>页脚</h4></div>
</div>
</body>
```

05.　保存页面，在 Opera Mobile 模拟器中预览该 13-5-2.html 页面，效果如图 13-19 所示。单击页面中的"关于我们"链接文字，将跳转到 about.html 页面显示，如图 13-20 所示。

图 13-19　预览页面效果

图 13-20　跳转到链接的外部页面

在 jQuery Mobile 页面中，如果单击一个指向外部页面的超链接，jQuery Mobile 将自动分析该 URL 地址，自动产生一个 AJAX 请求。在请求过程中，会弹出一个显示进度的提示框，如果请求成功，jQuery Mobile 将自动构建页面结构，载入主页面的内容，同时初始化全部的 jQuery Mobile 组件，将新添加的页面内容显示在浏览器中；如果请求失败，jQuery Mobile 将弹出一个错误信息提示框，数秒后该提示框自动消失，页面也不会刷新。

如果不想采用 AJAX 请求的方式打开一个外部链接页面，只需要在<a>标签加 rel 属性，设置该属性的值为 external，该页面将脱离整个 jQuery Mobile 的主页环境，以独自打开的页面效果在浏览器中显示。

13.5.3 预加载 jQuery Mobile 页面

通常情况下，移动终端设备的系统配置低于 PC 终端，因此，在开发移动应用程序时，更要注意页面在移动终端浏览器中加载时的速度。如果速度过慢，用户的体检将会大打折扣。为了加快页面移动终端访问的速度，在 jQuery Mobile 中，使用预加载和页面缓存都是十分有效的方法。

当一个链接的页面设置成预加载方式时，在当前页面加载完成之后，目标页面也被自动加载到当前文档中，用户单击就可以马上打开，大大加快了页面访问的速度。

在 jQuery Mobile 中，想要实现页面的预加载，有以下两种方法。

（1）在需要预加载的元素超链接标签<a>中添加 data-prefetch 属性，设置该属性的属性值为 true 或不设置属性值均可。添加该属性的设置后，jQuery Mobile 将在加载完成当前页面以后，自动加载该链接元素所指的目标页面，即 href 属性所链接的页面。其使用格式如下：

```
<a href="链接地址" data-prefetch="true">链接对象</a>
```

（2）调用 JavaScript 代码中的全局性方法$.mobile.loadPage()预加载指定的目标 HTML 页面，其最终的效果与在超链接标签<a>中设置 data-prefetch 属性一样。

无论是在超链接标签<a>中添加 data-prefetch 属性设置，还是使用全局性方法 $.mobile.loadPage()实现页面的预加载功能，都允许同时加载多个页面。但在进行预加载的过程中需要加大页面 HTTP 的访问请求，这样可能会延缓页面访问的速度，因此，该功能需要有选择性地使用。

13.5.4 页面缓存

使用页面缓存的方法，可以将访问过的 page 容器都缓存到当前的页面文档中，下次再访问时，将可以直接从缓存中读取，而无需再重新加载页面。

一般来说，如果需要将页面的内容写入文档缓存中，有以下两种方法。

（1）在需要被缓存的元素属性中添加 data-dom-cache 属性，设置该属性的属性值为 true 或不设置属性值均可。该属性的功能是将对应的元素内容写入缓存中。其使用格式如下：

```
<div id="page1" data-role="page" data-dom-cache="true">…</div>
```

（2）通过 JavaScript 代码设置一个全局性的 jQuery Mobile 属性值为 true，即添加代码 $.mobile.page.prototype.options.domCache=true，可以将当前文档写入缓存中。

练习

在 jQuery Mobile 页面中实现预加载和缓存

最终文件：光盘\最终文件\第 13 章\13-5-4.html   视频：光盘\视频\第 13 章\13-5-4.mp4

01. 新建一个 HTML5 页面，将该文档保存为"光盘\源文件\第 13 章\13-5-4.html"。在<head>与</head>标签之间添加<meta>标签设置和加载 jQuery Mobile 函数库代码，与前面案例相同。

02. 在<body>与</body>标签之间编写 jQuery Mobile 页面代码。

```html
<div id="page1" data-role="page" data-dom-cache="true">
  <div data-role="header"><h1>网页标题</h1></div>
  <div data-role="content">
    <p><a href="about.html" rel="external" data-prefetch="true">关于我们（已预
加载）</a><p>
    <p>我们的作品</p>
    <p>服务范围</p>
    <p>联系我们</p>
  </div>
  <div data-role="footer"><h4>页脚</h4></div>
</div>
```

03. 保存页面，在 Opera Mobile 模拟器中预览该页面，效果如图 13-21 所示。当打开该页面时会自动缓存该页面，并预加载所链接的 about.html 页面，单击"关于我们（已预加载）"链接文字，将会快速显示已经预加载的 about.html 页面，如图 13-22 所示。

图 13-21　预览页面效果

图 13-22　链接到已经预加载的页面

使用页面缓存的功能将会使 DOM 内容变大，可能导致某些浏览器打开的速度变得缓慢，因此，一旦选择了开启使用缓存功能，就要管理好缓存的内容，并做到及时清理。

13.5.5　在 jQuery Mobile 页面中实现后退功能

在手机 APP 或移动网页中常常可以看到"返回"按钮，单击该按钮即可后退到上一页面中。在 jQuery Mobile 页面中有两种方法实现后退功能。一种是在容器的标签中设置 data-add-back-btn 属性值为 true，例如，下面的代码。

```
<div data-role="header" data-add-back-btn="true"> </div>
```

另一种是为后退链接对象添加超链接<a>标签，在该标签中设置 data-rel 属性值为 back，例如，以下的代码。

```
<a href="链接地址" data-rel="back">返回</a>
```

通过在超链接<a>标签中设置 data-rel 属性值为 back，实现后退功能时，单击该超链接将被视为后退行为，并且将忽视 href 属性的 URL 值，直接退回至浏览器历史的上一页面。

练习

在 jQuery Mobile 页面中实现后退功能

最终文件：光盘\最终文件\第 13 章\13-5-5.html　　　视频：光盘\视频\第 13 章\13-5-5.mp4

01. 新建一个 HTML5 页面，将该文档保存为“光盘\源文件\第 13 章\13-5-5.html”。在<head>与</head>标签之间添加<meta>标签设置和加载 jQuery Mobile 函数库代码，与前面案例相同。

02. 在<body>与</body>标签之间编写 jQuery Mobile 页面代码。

```
<body>
<!--第 1 个容器开始-->
<div id="page1" data-role="page">
  <div data-role="header"><h1>网页标题</h1></div>
  <div data-role="content">
    <p><a href="#page2">关于我们</a><p>
    <p>我们的作品</p>
    <p>服务范围</p>
    <p>联系我们</p>
  </div>
  <div data-role="footer"><h4>页脚</h4></div>
</div>
<!--第 1 个容器结束-->
<!--第 2 个容器开始-->
<div id="page2" data-role="page" >
  <div data-role="header" data-add-back-btn="true"><h1>关于我们</h1></div>
  <div data-role="content">
    <p>      工作室成立于 2014 年初，在互动设计和互动营销领域有着独特理解。我们一直专注于互
联网整合营销传播服务，以客户品牌形象为重，提供精确的策划方案与视觉设计方案，团队整体有着国际化
意识与前瞻思想；以视觉设计创意带动客户品牌提升，洞察互联网发展趋势。<p>
    <p><em><a href="" data-rel="back">返回上一页</a></em></p>
  </div>
  <div data-role="footer"><h4>页脚</h4></div>
</div>
<!--第 2 个容器结束-->
</body>
```

此处在一个 jQuery Mobile 页面中添加了两个容器，当单击第一个容器中的“关于我们”链接时跳转到第二个容器显示。在第二个容器中通过两种方式实现 jQuery Mobile 页面

的后退功能，一种是在页头的<div>标签中添加 data-add-back-btn 属性设置，属性值为 true。另一种是为"返回上一页"文字添加超链接标签<a>，并在该标签中添加 data-rel 属性设置，属性值为 back。

03. 保存页面，在 Opera Mobile 模拟器中预览该 13-5-5.html 页面，显示第一个容器内容，效果如图 13-23 所示。单击页面中的"关于我们"链接文字，将跳转并显示页面中第二个容器内容，如图 13-24 所示。单击标题栏上的返回按钮或"返回上一页"链接，都可以返回到第一个容器中。

data-add-back-btn="true"

data-rel="back"

图 13-23 预览页面效果   图 13-24 提供了两种返回上一页的方式

 在超链接<a>标签中设置 data-rel 属性为 back，表示任何单击该超链接的操作都被视为后退动作，并且忽视 href 属性所设置的 URL 地址，只是直接回退到上一个历史记录页面，这种页面切换的效果可用于关闭一个打开的对话框或页面。

 在设置回退链接属性时，除了将 data-rel 属性设置为 back 外，还应该为 href 属性设置一个可以访问的正确 URL 地址，从而确保一些不支持 data-rel 属性的浏览器可以单击该超链接。

13.5.6 弹出对话框

jQuery Mobile 中创建对话框的方式十分方便，只需要在指向页面的链接元素中添加 data-rel 属性，并设置该属性值为 dialog。单击该链接时，打开的页面将以一个对话框的形式展示在浏览器中。单击对话框中的任意链接时，打开的对话框将自动关闭，并以"回退"的形式切换至上一页。

将链接元素的 data-rel 属性值设置为 true，打开的对话框实际上是一个标准的 page 容器。因此，在打开时，也可以通过设置 data-transition 属性值，选择打开对话框时切换页面的动画效果。

练习

以弹出窗口方式显示链接内容

最终文件：光盘\最终文件\第 13 章\13-5-6.html   视频：光盘\视频\第 13 章\13-5-6.mp4

01. 新建一个 HTML5 页面，将该文档保存为"光盘\源文件\第 13 章\13-5-6.html"。在<head>与</head>标签之间添加<meta>标签设置和加载 jQuery Mobile 函数库代码，与前面案例相同。

02.　在\<body>与\</body>标签之间编写 jQuery Mobile 页面代码。

```html
<!--第1个容器开始-->
<div id="page1" data-role="page">
  <div data-role="header"><h1>网页标题</h1></div>
  <div data-role="content">
    <p><a href="#page2" data-rel="dialog" data-transition="pop">关于我们
</a><p>
    <p>我们的作品</p>
    <p>服务范围</p>
    <p>联系我们</p>
  </div>
  <div data-role="footer"><h4>页脚</h4></div>
</div>
<!--第1个容器结束-->
<!--第2个容器开始-->
<div id="page2" data-role="page">
  <div data-role="header"><h1>关于我们</h1></div>
  <div data-role="content">
    <p>    工作室成立于 2014 年初，在互动设计和互动营销领域有着独特理解。我们一直专注于互
联网整合营销传播服务，以客户品牌形象为重，提供精确的策划方案与视觉设计方案，团队整体有着国际化
意识与前瞻思想；以视觉设计创意带动客户品牌提升，洞察互联网发展趋势。<p>
  </div>
  <div data-role="footer"><h4>页脚</h4></div>
</div>
<!--第2个容器结束-->
```

03.　保存页面，在 Opera Mobile 模拟器中预览该 13-5-6.html 页面，显示第一个容器
内容，效果如图 13-25 所示。单击页面中的"关于我们"链接文字，将以弹出窗口的方式显
示第 2 个容器内容，如图 13-26 所示。

图 13-25　预览页面效果　　　图 13-26　以弹出窗口方式显示内容

设置链接的 data-rel 属性值为 dialog，通过该链接打开的页面将以对话框的形式展示在当前页面中，对话框左上角自带一个"X"关闭按钮，单击该按钮，可以关闭对话框。此外，在对话框内添加其他链接按钮，设置该链接按钮的 data-rel 属性值为 back，单击该链接按钮同样可以实现关闭对话框的功能。

13.6　本章小结

本章介绍了有关 jQuery 和 jQuery Mobile 的基础知识，使读者对 jQuery 和 jQuery Mobile 有所了解。重点介绍了 jQuery Mobile 页面的创建及 jQuery Mobile 页面链接的设置方法，使读者能够更加轻松地认识和理解 jQuery Mobile 页面的结构，为后续学习 jQuery Mobile 页面打下坚实的基础。

13.7　课后习题

一、选择题

1. 关于 jQuery 中标签选择器，以下写法正确的是？（　　　）
   A. $("#标签名称")　　　　　　　　B. $(".标签名称")
   C. $("标签名称")　　　　　　　　　D. $("*")

2. 在 jQuery Mobile 页面中表现内容区域，正确的写法是？（　　　）
   A. <div data-role="page">　　　　B. <div data-role="header">
   C. <div data-role="footer">　　　　D. <div data-role="content">

3. 在 jQuery Mobile 页面中创建超链接时，可以在<a>标签中添加 data-transition 属性设置页面切换的过渡动画效果，以下哪种属性设置能够实现页面从右至左滑动切换？（　　　）
   A. data-transition="slide"　　　　B. data-transition="slideup"
   C. data-transition="fade"　　　　 D. data-transition="flip"

4. 在多容器的 jQuery Mobile 页面中，如何链接到 jQuery MObile 中不同的页面容器？（　　　）
   A. <a href="容器名称">　　　　　　B. <a href="页面名称">
   C. <a href="#容器名称">　　　　　　D. <a href=".容器名称">

二、判断题

1. 在一个 jQuery Mobile 页面中只能包含一个 jQuery Mobile 页面容器。（　　　）

2. 在 jQuery Mobile 页面中，一个页面中有多个 page 区域，在 page 区域之间的跳转称为内链接，其链接方式是在<a>标签中设置 href 属性为#所链接的 page 区域的 id 名称。（　　　）

三、简答题

1. 简单介绍 jQuery 与 jQuery Mobile 的不同之处。

2. 简单介绍开发 jQuery Mobile 页面的操作步骤。

第 14 章

jQuery Mobile 页面详解

上一章中已经了解了 jQuery Mobile 页面的工作原理和执行流程，并且了解了 jQuery Mobile 页面的创建方法及链接设置方法，在本章将详细介绍 jQuery Mobile 页面中的各组成部分，使读者进一步了解 jQuery Mobile 页面的结构，掌握各部分的设置方法。

本章知识点：

- 理解并掌握 jQuery Mobile 页面中头部栏、导航栏和尾部栏的设置方法
- 掌握 jQuery Mobile 页面中网格布局的方法
- 掌握 jQuery Mobile 页面中可折叠区块的创建和使用方法

14.1 头部栏

头部栏是移动应用中工具栏的组成部分，用来说明该页面的主体内容。头部栏是 page 容器中的第一个元素，放置的位置十分重要。头部栏由页面标题和按钮（最多两个）组成，其中的按钮可以使用"后退"按钮，也可以添加表单元素中的按钮，还可以通过设置相关属性控制头部按钮的相对位置。

14.1.1 头部栏的基本结构

头部栏由标题文字和左右两边的按钮构成，标题文字通常使用<h1>至<h6>标签进行标记，常用<h1>标签，无论取值是多少，在同一个移动应用项目中都要保持一致。标题文字左右两边可以分别放置一或两个按钮，用于标题中的导航操作。

例如，如下的 jQuery Mobile 页面结构。

```
<div id="page1" data-role="page">
  <div data-role="header">
    <h1>头部栏标题</h1>
  </div>
  <div data-role="content">
    <p>内容<p>
  </div>
  <div data-role="footer"><h4>页脚</h4></div>
</div>
```

在 jQuery Mobile 页面中，在<div>标签中设置 data-role 属性为 header，即可将该元素设置为 jQuery Mobile 页面的头部栏。

提示　　由于移动设备的浏览器分辨率不尽相同，如果尺寸过小，而头部栏的标题内容又很长时，jQuery Mobile 会自动调整需要显示的标题内容，隐藏的内容以"…"的形式显示在头部栏中。

> 头部栏默认的主题样式为 a，如果需要修改主题样式，只需要在头部栏标签中添加 data-theme 属性设置，将其属性值设置为对应的主题样式即可。关于 jQuery Mobile 中的主题将在第 15 章中进行介绍。

14.1.2　设置后退按钮的文字

在头部栏标签中添加 data-add-back-btn 属性，可以在头部栏的左侧增加一个默认名为 back 的后退按钮。此外，还可以通过在头部栏标签中添加 data-back-btn-text 属性设置，从而设置后退按钮中显示的文字。

例如，如下的 jQuery Mobile 页面代码。

```
<!--第 1 个容器开始-->
<div id="page1" data-role="page">
  <div data-role="header" data-add-back-btn="true">
    <h1>第 1 页标题</h1>
  </div>
  <div data-role="content">
    <p>第 1 页正文内容<p>
    <p><em><a href="#page2">第 2 页</a></em></p>
  </div>
    <div data-role="footer"><h4>页脚</h4></div>
</div>
<!--第 1 个容器结束-->
<!--第 2 个容器开始-->
<div id="page2" data-role="page">
  <div data-role="header" data-add-back-btn="true">
    <h1>第 2 页标题</h1>
  </div>
  <div data-role="content">
    <p>第 2 页正文内容<p>
    <p><em><a href="#page3">第 3 页</a></em></p>
  </div>
    <div data-role="footer"><h4>页脚</h4></div>
</div>
<!--第 2 个容器结束-->
<!--第 3 个容器开始-->
<div id="page3" data-role="page">
  <div data-role="header" data-add-back-btn="true" data-back-btn-text="上一页">
    <h1>第 3 页标题</h1>
  </div>
  <div data-role="content">
    <p>第 3 页正文内容<p>
    <p><em><a href="#page1">返回第 1 页</a></em></p>
  </div>
```

```
    <div data-role="footer"><h4>页脚</h4></div>
</div>
```
<!--第 3 个容器结束-->

在以上的 jQuery Mobile 页面代码中创建了 3 个容器，并且分别在 3 个容器的头部栏标签中添加了 data-add-back-btn="true"属性设置，用于在头部栏左侧显示后退按钮。在 Opera Mobile 模拟器中预览该页面，可以看到 3 个容器页面的显示效果，如图 14-1 所示。

图 14-1　3 个页面头部栏中所添加的按钮效果

第 1 个容器页面，虽然在头部栏中添加了 data-add-back-btn="true"属性设置，但是该页面并没有可以后退的页面，所以不显示后退按钮。单击第 1 个页面中的链接，跳转到第 2 个容器页面，在头部栏中添加了 data-add-back-btn="true"属性设置，所以在头部栏左侧显示默认的后退按钮。单击第 2 个页面的链接跳转到第 3 个容器页面，在头部栏中添加了 data-add-back-btn="true"属性设置，并且还添加了 data-back-btn-text 属性设置，可以看到修改后退按钮文字的效果。

14.1.3　添加按钮

在头部栏中，还可以手动编写代码添加按钮，通常使用<a>标签来实现其他按钮的效果。由于头部栏空间的局限性，所添加按钮都是内联类型的，即按钮宽度只允许放置图标与文字这两个部分。

练习

在 jQuery Mobile 页面头部栏中添加按钮

最终文件：光盘\最终文件\第 14 章\14-1-3.html　　　视频：光盘\视频\第 14 章\14-1-3.mp4

01. 新建一个 HTML5 页面，将该文档保存为"光盘\源文件\第 14 章\14-1-3.html"。在<head>与</head>标签之间添加<meta>标签设置和加载 jQuery Mobile 函数库代码，与前面案例相同。

02. 在<body>与</body>标签之间编写 jQuery Mobile 页面代码。

```
<!--第 1 个容器开始-->
<div id="page1" data-role="page">
  <div data-role="header" data-position="inline">
```

```
      <a href="#" data-icon="arrow-l">上一张</a>
      <h1>第 1 张图片</h1>
      <a href="#page2" data-icon="arrow-r">下一张</a>
    </div>
    <div data-role="content">
      <img src="images/1401.jpg">
    </div>
    <div data-role="footer"><h4>页脚</h4></div>
  </div>
<!--第 1 个容器结束-->
<!--第 2 个容器开始-->
<div id="page2" data-role="page">
    <div data-role="header" data-position="inline">
      <a href="#page1" data-icon="arrow-l">上一张</a>
      <h1>第 2 张图片</h1>
      <a href="#page3" data-icon="arrow-r">下一张</a>
    </div>
    <div data-role="content">
      <img src="images/1402.jpg">
    </div>
    <div data-role="footer"><h4>页脚</h4></div>
  </div>
<!--第 2 个容器结束-->
<!--第 3 个容器开始-->
<div id="page3" data-role="page">
    <div data-role="header" data-position="inline">
      <a href="#page2" data-icon="arrow-l">上一张</a>
      <h1>第 3 张图片</h1>
      <a href="#" data-icon="arrow-r">下一张</a>
    </div>
    <div data-role="content">
      <img src="images/1403.jpg">
    </div>
    <div data-role="footer"><h4>页脚</h4></div>
  </div>
<!--第 3 个容器结束-->
```

　　在 3 个容器的头部栏中分别添加两个按钮，左侧为"上一张"，右侧为"下一张"。单击第 1 个容器的"下一张"按钮时，切换到第 2 个容器显示；单击第 2 个容器的"上一张"按钮时，切换到第 1 个容器显示，单击第 2 个容器的"下一张"按钮时，切换到第 3 个容器显示；单击第 3 个容器的"上一张"按钮时，切换到第 2 个容器显示。

　　在按钮所在的容器元素头部栏中添加 data-position="inline"属性设置，对容器元素进行定位。使用这种定位模式，无需编写其他 JavaScript 或 CSS 样式代码便可以确保头部栏在更多的浏览器中显示。

03. 保存页面，在 Opera Mobile 模拟器中预览该 14-1-3.html 页面，显示第 1 个容器内容，可以通过头部栏中的"上一张"和"下一张"按钮来切换所需要显示的容器，如图14-2 所示。

图 14-2　预览页面效果

通过观察可以发现，页面内容栏 content 元素的填充值并不为 0，所以 4 边会出现空隙，并且 content 元素中的图片显示为原始大小，没有 100%显示，接下来可以通过 CSS 样式进行显示效果的设置。

04. 新建一个外部 CSS 样式表文件，将其保存为"光盘\源文件\第 14 章\style\14-1-3.css"。在该 CSS 样式表文件中创建名为.ui-content 和.ui-content img 的 CSS 样式，如图14-3 所示。返回 14-1-3.html 页面中，链接刚创建的外部 CSS 样式表文件 14-1-3.css，如图 14-4 所示。

```
.ui-content {
    margin: 0px;
    padding: 0px;
}
.ui-content img {
    width: 100%;
    height: auto;
}
```

```
<head>
<meta charset="utf-8">
<title>在jQuery Mobile页面头部栏中添加按钮</title>
<meta name="viewport" content="width=device-width,initial-scale=1">
<link rel="stylesheet" href=
"http://code.jquery.com/mobile/1.4.5/jquery.mobile-1.4.5.min.css" />
<link href="style/14-1-3.css" rel="stylesheet" type="text/css">
<script src="http://code.jquery.com/jquery-1.11.1.min.js"></script>
<script src=
"http://code.jquery.com/mobile/1.4.5/jquery.mobile-1.4.5.min.js">
</script>
</head>
```

图 14-3　CSS 样式代码　　　　　　　图 14-4　链接外部 CSS 样式表文件

05. 保存页面，在 Opera Mobile 模拟器中预览该 14-1-3.html 页面，测试通过头部栏的按钮对页面容器内容进行切换的效果，如图 14-5 所示。

　　　　头部栏中的按钮链接元素是头部栏的首个元素，默认位置是在标题的左侧，默认按钮个数只有一个。当在标题左侧添加两个链接按钮时，左侧链接按钮会按排列顺序保留第一个，第二个按钮会自动放置在标题的右侧。因此，在头部栏中放置链接按钮时，鉴于内容长度的限制，尽量在标题栏的左右两侧分别放置一个链接按钮。

图 14-5　测试头部栏按钮效果

14.1.4　设置按钮位置

在头部栏中，如果只放置一个链接按钮，不论位置在标题的左侧还是右侧，其最终都会显示在标题的左侧。如果想改变位置，需要添加新的类别属性 ui-btn-left 和 ui-btn-right，ui-btn-left 表示按钮居标题左侧（默认值），ui-btn-right 表示按钮居标题右侧。

例如，如下的 jQuery Mobile 页面代码。

```
<!--第 1 个容器开始-->
<div id="page1" data-role="page">
  <div data-role="header" data-position="inline">
   <h1>第 1 张图片</h1>
   <a href="#page2" data-icon="arrow-r" class="ui-btn-right">下一张</a>
  </div>
  <div data-role="content">
   <img src="images/1401.jpg">
  </div>
  <div data-role="footer"><h4>页脚</h4></div>
</div>
<!--第 1 个容器结束-->
<!--第 2 个容器开始-->
<div id="page2" data-role="page">
  <div data-role="header" data-position="inline">
   <a href="#page1" data-icon="arrow-l" class="ui-btn-left">上一张</a>
   <h1>第 2 张图片</h1>
   <a href="#page3" data-icon="arrow-r" class="ui-btn-right">下一张</a>
  </div>
  <div data-role="content">
   <img src="images/1402.jpg">
```

```
  </div>
  <div data-role="footer"><h4>页脚</h4></div>
</div>
<!--第 2 个容器结束-->
<!--第 3 个容器开始-->
<div id="page3" data-role="page">
  <div data-role="header" data-position="inline">
    <a href="#page2" data-icon="arrow-l" class="ui-btn-left">上一张</a>
    <h1>第 3 张图片</h1>
  </div>
  <div data-role="content">
    <img src="images/1403.jpg">
  </div>
  <div data-role="footer"><h4>页脚</h4></div>
</div>
<!--第 3 个容器结束-->
```

保存页面，在 Opera Mobile 模拟器中预览页面，可以看到各容器页面中头部栏中按钮所显示的位置，如图 14-6 所示。

图 14-6　设置头部栏按钮位置效果

在头部栏中对需要定位的链接按钮添加 ui-btn-left 和 ui-btn-right 两个类别属性，用来设置头部栏中标题两侧的按钮位置，该类别属性在只有一个按钮并且想放置在标题右侧时非常有用。另外，通常情况下，需要将链接按钮的 data-add-back-btn 属性设置为 false，从而确保容器切换时不会出现"后退"按钮，影响标题左侧按钮的显示效果。

14.2　导航栏

jQuery Mobile 为导航栏提供了专门的组件，使用时只需要在<div>标签中添加 data-role="navbar"属性设置，即可将该 Div 设置为一个导航栏容器。在该容器内，通过<ul>标签设置导航栏的各子类导航按钮，每一行最多可以放置 5 个按钮，超出个数的按钮自动显示在下一行；另外，导航栏中的按钮可以引用系统的图标，也可以自定义图标。

14.2.1 导航栏的基本结构

jQuery Mobile 中的导航栏是一个被<div>元素包裹的容器，常常放置在页面的头部或尾部。在容器内，如果需要设置某个子类导航按钮为选中状态，只需在按钮的元素中添加 ui-btn-active 类别属性即可。

练习

在 jQuery Mobile 页面中创建导航栏

最终文件：光盘\最终文件\第 14 章\14-2-1.html   *视频：光盘\视频\第 14 章\14-2-1.mp4*

01. 新建一个 HTML5 页面，将该文档保存为"光盘\源文件\第 14 章\14-2-1.html"。在<head>与</head>标签之间添加<meta>标签设置和加载 jQuery Mobile 函数库代码，与前面案例相同。

02. 在<body>与</body>标签之间编写 jQuery Mobile 页面代码。

```html
<!--第 1 个容器开始-->
<div id="page1" data-role="page">
  <div data-role="header">
    <h1>金景设计工作室</h1>
    <div data-role="navbar">
     <ul>
      <li><a href="#page1" class="ui-btn-active">首页</a></li>
      <li><a href="#page2">关于我们</a></li>
      <li><a href="#page3">设计作品</a></li>
     </ul>
    </div>
  </div>
  <div data-role="content">
    <p>这里显示的是首页相关图书内容</p>
  </div>
  <div data-role="footer"><h4>页脚</h4></div>
</div>
<!--第 1 个容器结束-->
<!--第 2 个容器开始-->
<div id="page2" data-role="page">
  <div data-role="header">
    <h1>金景设计工作室</h1>
    <div data-role="navbar">
     <ul>
      <li><a href="#page1">首页</a></li>
      <li><a href="#page2" class="ui-btn-active">关于我们</a></li>
      <li><a href="#page3">设计作品</a></li>
     </ul>
```

```
    </div>
  </div>
  <div data-role="content">
    <p>这里显示的是关于我们的相关内容</p>
  </div>
  <div data-role="footer"><h4>页脚</h4></div>
</div>
<!--第 2 个容器结束-->
<!--第 3 个容器开始-->
<div id="page3" data-role="page">
  <div data-role="header">
    <h1>金景设计工作室</h1>
    <div data-role="navbar">
      <ul>
        <li><a href="#page1">首页</a></li>
        <li><a href="#page2">关于我们</a></li>
        <li><a href="#page3" class="ui-btn-active">设计作品</a></li>
      </ul>
    </div>
  </div>
  <div data-role="content">
    <p>这里显示的是设计作品的相关内容</p>
  </div>
  <div data-role="footer"><h4>页脚</h4></div>
</div>
<!--第 3 个容器结束-->
```

03. 保存页面，在 Opera Mobile 模拟器中预览该 14-2-1.html 页面，显示第一个容器内容，可以看到头部栏下方的导航栏效果。单击导航栏中的其他栏目链接，可以切换到相应的容器显示，导航栏效果如图 14-7 所示。

图 14-7　测试 jQuery Mobile 页面导航栏效果

导航栏不仅可以放置在 jQuery Mobile 页面的头部栏中，还可以放置在 jQuery Mobile 页面的底部栏 footer 中。

在导航栏的内部容器中，每个子类导航按钮的宽度都是一致的，因此，每增加一个子类按钮，都会将原先按钮的宽度按照等比例的方式进行均分。即如果原来有 2 个按钮，它们的宽度各为浏览器宽度的 1/2，再增加 1 个按钮时，原先的 2 个按钮宽度又变成了 1/3，以此类推。

14.2.2　导航栏的图标

在导航栏中，各子类导航链接按钮是通过<a>标签实现的，如果想要给导航栏中的子类链接按钮添加图标，只需要在对应的<a>标签中添加 data-icon 属性，并在 jQuery Mobile 自带的系统图标集合中选择一个图标名作为该属性的值，如 info 表示显示 ⓘ 图标，图标的默认位置在按钮链接文字的上方。

data-icon 属性值对应的图标效果如表 14-1 所示。

表 14-1　data-icon 属性值对应的图标效果

属性值	图标效果	属性值	图标效果
arrow-l	◀	refresh	↻
arrow-r	▶	forward	↻
arrow-u	▲	search	🔍
arrow-d	▼	back	↩
delete	✕	grid	▦
plus	＋	star	★
minus	－	alert	⚠
check	✔	info	ⓘ
gear	⚙	home	⌂

表 14-1 中 data-icon 属性值所对应的图标效果，不仅用于导航栏中的子类链接按钮，也适用于 jQuery Mobile 页面中各类按钮型元素增加图标。

例如，如下的 jQuery Mobile 页面代码，为导航链接按钮添加图标效果。

```
<!--第 1 个容器开始-->
……
    <div data-role="navbar">
      <ul>
        <li><a  href="#page1"  class="ui-btn-active"  data-icon="home"> 首 页
</a></li>
        <li><a href="#page2" data-icon="info">关于我们</a></li>
        <li><a href="#page3" data-icon="grid">设计作品</a></li>
      </ul>
    </div>
……
```

```
<!--第 1 个容器结束-->
<!--第 2 个容器开始-->
……
    <div data-role="navbar">
      <ul>
        <li><a href="#page1" data-icon="home">首页</a></li>
        <li><a href="#page2" class="ui-btn-active" data-icon="info">关于我们
</a></li>
        <li><a href="#page3" data-icon="grid">设计作品</a></li>
      </ul>
    </div>
……
<!--第 2 个容器结束-->
<!--第 3 个容器开始-->
……
    <div data-role="navbar">
      <ul>
        <li><a href="#page1" data-icon="home">首页</a></li>
        <li><a href="#page2" data-icon="info">关于我们</a></li>
        <li><a href="#page3" class="ui-btn-active" data-icon="grid">设计作品
</a></li>
      </ul>
    </div>
……
<!--第 3 个容器结束-->
```

保存页面，在 Opera Mobile 模拟器中预览该页面，可以看到在各导航链接文字上方添加的图标效果，如图 14-8 所示。

图 14-8　为导航栏链接添加图标效果

14.2.3　设置导航栏图标位置

导航栏中的图标默认放置在按钮文字的上方，如果需要调整图标的位置，只需要在该导航栏容器元素中添加 data-iconpos 属性。该属性用于控制整个导航栏容器中图标的位置，默认值为 top，表示图标在按钮文字的上方，此外，还可以选择 left、right 和 bottom，分别表示图标在文字的左边、右边和下方。

例如，如下的 jQuery Mobile 页面代码，设置导航图标的位置。

```
<!--第 1 个容器开始-->
……
    <div data-role="navbar" data-iconpos="left">
      <ul>
        <li><a href="#page1" class="ui-btn-active" data-icon="home"> 首 页
</a></li>
        <li><a href="#page2" data-icon="info">关于我们</a></li>
        <li><a href="#page3" data-icon="grid">设计作品</a></li>
      </ul>
    </div>
……
<!--第 1 个容器结束-->
<!--第 2 个容器开始-->
……
    <div data-role="navbar" data-iconpos="right">
      <ul>
        <li><a href="#page1" data-icon="home">首页</a></li>
        <li><a href="#page2" class="ui-btn-active" data-icon="info">关于我们
</a></li>
        <li><a href="#page3" data-icon="grid">设计作品</a></li>
      </ul>
    </div>
……
<!--第 2 个容器结束-->
<!--第 3 个容器开始-->
……
    <div data-role="navbar" data-iconpos="right">
      <ul>
        <li><a href="#page1" data-icon="home">首页</a></li>
        <li><a href="#page2" data-icon="info">关于我们</a></li>
        <li><a href="#page3" class="ui-btn-active" data-icon="grid">设计作品
</a></li>
      </ul>
    </div>
……
<!--第 3 个容器结束-->
```

保存页面，在 Opera Mobile 模拟器中预览该页面，可以看到在第一个容器页面中导航栏中各链接按钮中的图标显示在左侧，而另外两个容器页面中导航栏中各链接按钮图标显示在右侧，如图 14-9 所示。

图 14-9　设置导航栏链接中图标的位置

　　　　data-iconpos 属性对应的是整个导航栏容器，而不是导航栏内某个导航链接按钮图标的位置。因此，data-iconpos 属性是一个全局性的属性，针对的是整个导航栏内全部的链接按钮。

14.3　尾部栏

其实，尾部栏与头部栏的结构差不多，区别是设置的 data-role 属性值不同。相对头部栏来说，尾部栏的代码更加简洁，在尾部栏中可以添加按钮组和各种表单元素，同时还可以对某个尾部栏进行定位处理。

14.3.1　添加按钮

在 jQuery Mobile 页面的尾部栏中添加按钮时，为了减少各按钮的间距，通常需要在按钮的外围添加一个 data-role 属性值为 controlgroup 的容器，形成一个按钮组显示在尾部栏中。同时，在该容器中添加 data-type 属性，并将该属性的值设置为 horizontal，表示容器中的按钮按水平顺序排列。

 练习

在 jQuery Mobile 页面尾部栏中添加按钮

最终文件：光盘\最终文件\第 14 章\14-3-1.html　　　视频：光盘\视频\第 14 章\14-3-1.mp4

01. 新建一个 HTML5 页面，将该文档保存为“光盘\源文件\第 14 章\14-3-1.html”。在<head>与</head>标签之间添加<meta>标签设置和加载 jQuery Mobile 函数库代码，与前面案例相同。

02. 在<body>与</body>标签之间编写 jQuery Mobile 页面代码。

```
<div id="page1" data-role="page">
  <div data-role="header"><h1>金景设计工作室</h1></div>
  <div data-role="content">
```

```
    <p>页面的正文内容部分</p>
  </div>
  <div data-role="footer" class="ui-bar">
    <a href="#" data-role="button" data-icon="home">首页</a>
    <a href="#" data-role="button" data-icon="info">关于我们</a>
    <a href="#" data-role="button" data-icon="grid">联系我们</a>
  </div>
</div>
```

03. 保存页面，在 Opera Mobile 模拟器中预览该页面，可以看到在该页面底部栏中添加按钮的效果，如图 14-10 所示。

04. 默认情况下，底部栏中的按钮之间有一定的空隙，如果不希望按钮之间有空隙，可以使用<div>标签将一组按钮包含，并且在该<div>标签中添加 data-role 属性，设置其属性值为 controlgroup，代码如下。

```
......
  <div data-role="footer" class="ui-bar">
    <div data-role="controlgroup" data-type="horizontal">
      <a href="#" data-role="button" data-icon="home">首页</a>
      <a href="#" data-role="button" data-icon="info">关于我们</a>
      <a href="#" data-role="button" data-icon="grid">联系我们</a>
    </div>
  </div>
......
```

05. 保存页面，在 Opera Mobile 模拟器中预览该页面，可以看到在该页面底部栏中添加按钮的效果，如图 14-11 所示。

图 14-10　没有对按钮进行编组的效果　　图 14-11　对按钮进行编组的效果

14.3.2　添加表单元素

在底部栏中，可以添加按钮组，也可以向容器内增加表单中的元素，如<select>、<text>等。为了确保表单元素在底部栏的正常显示，需要在底部栏容器中添加 ui-bar 类别属性，使新增加的表单元素间保持一定的间距，此外，将 data-position 属性值设置为 inline，用于统一设定各表单元素的显示位置。

练习

在 jQuery Mobile 页面尾部栏中添加下拉列表

最终文件：光盘\最终文件\第 14 章\14-3-2.html　　视频：光盘\视频\第 14 章\14-3-2.mp4

01. 新建一个 HTML5 页面，将该文档保存为"光盘\源文件\第 14 章\14-3-2.html"。在<head>与</head>标签之间添加<meta>标签设置和加载 jQuery Mobile 函数库代码，与前面案例相同。

02. 在<body>与</body>标签之间编写 jQuery Mobile 页面代码。

```
<div id="page1" data-role="page">
 <div data-role="header"><h1>金景设计工作室</h1></div>
 <div data-role="content">
   <p>页面的正文内容部分</p>
 </div>
 <div data-role="footer" class="ui-bar" data-position="inline">
     <label for="link1">友情链接：</label>
     <select name="link1" id="link1">
     <option value="0">请选择</option>
     <option value="1">链接选项 1</option>
     <option value="2">链接选项 2</option>
     <option value="3">链接选项 3</option>
     <option value="4">链接选项 4</option>
     <option value="5">链接选项 5</option>
   </select>
 </div>
</div>
```

03. 保存页面，在 Opera Mobile 模拟器中预览该页面，可以看到在该页面底部栏中添加表单元素的默认效果，如图 14-12 所示。单击该表单元素可以选择相应的选项，如图 14-13 所示。

　　图 14-12　预览页面效果　　　　图 14-13　在列表中选择相应的选项

移动终端与 PC 端的浏览器在显示表单元素时，存在一些细微的差别，例如，<select>元素，在 PC 端的浏览器中是以下拉列表框的形式展示，而在移动终端，则是以弹出框的形式展示全部的列表内容。

14.4　jQuery Mobile 页面正文内容处理

jQuery Mobile 中提供了许多非常实用的工具与组件，例如，多列的网格布局、折叠的面板控制等，使用这些工作和组件可以帮助设计者快速对 jQuery Mobile 页面的正文区域进行格式化处理。

14.4.1　jQuery Mobile 布局网格

使用 jQuery Mobile 中提供的名为 ui-grid 的 CSS 样式可以实现 jQuery Mobile 页面中内容的网格布局。该 CSS 样式有 4 种预设的布局设置：ui-grid-a、ui-grid-b、ui-grid-c 和 ui-grid-d，分别对应两列、三列、四列和五列的网格布局形式，可以最大范围满足页面多列布局的需求。

在 jQuery Mobile 页面中使用网格布局时，整个宽度为 100%，由于没有任何的边距（margin）、填充（padding）和背景色设置，因此不会影响元素在网格中的显示位置。

 练习

创建布局网格

最终文件：光盘\最终文件\第 14 章\14-4-1.html　　　视频：光盘\视频\第 14 章\14-4-1.mp4

01．新建一个 HTML5 页面，将该文档保存为"光盘\源文件\第 14 章\14-4-1.html"。在<head>与</head>标签之间添加<meta>标签设置和加载 jQuery Mobile 函数库代码，与前面案例相同。

02．在<body>与</body>标签之间编写 jQuery Mobile 页面代码。

```
<div id="page1" data-role="page">
 <div data-role="header"><h1>创建多列布局网格</h1></div>
 <div data-role="content">
  <div class="ui-grid-a"><!--创建两列布局-->
   <div class="ui-block-a">
    <div class="ui-bar ui-bar-a" style="height:60px;">第 1 列</div>
   </div>
   <div class="ui-block-b">
    <div class="ui-bar ui-bar-a" style="height:60px;">第 2 列</div>
   </div>
  </div>
  <div class="ui-grid-b"><!--创建三列布局-->
   <div class="ui-block-a">
    <div class="ui-bar ui-bar-b" style="height:60px;">第 1 列</div>
   </div>
   <div class="ui-block-b">
    <div class="ui-bar ui-bar-b" style="height:60px;">第 2 列</div>
```

```
      </div>
      <div class="ui-block-c">
        <div class="ui-bar ui-bar-b" style="height:60px;">局第 3 列</div>
      </div>
    </div>
    <div class="ui-grid-c"><!--创建四列布局-->
      <div class="ui-block-a">
        <div class="ui-bar ui-bar-a" style="height:60px;">第 1 列</div>
      </div>
      <div class="ui-block-b">
        <div class="ui-bar ui-bar-a" style="height:60px;">第 2 列</div>
      </div>
      <div class="ui-block-c">
        <div class="ui-bar ui-bar-a" style="height:60px;">第 3 列</div>
      </div>
      <div class="ui-block-d">
        <div class="ui-bar ui-bar-a" style="height:60px;">第 4 列</div>
      </div>
    </div>
    <div class="ui-grid-d"><!--创建五列布局-->
      <div class="ui-block-a">
        <div class="ui-bar ui-bar-b" style="height:60px;">第 1 列</div>
      </div>
      <div class="ui-block-b">
        <div class="ui-bar ui-bar-b" style="height:60px;">第 2 列</div>
      </div>
      <div class="ui-block-c">
        <div class="ui-bar ui-bar-b" style="height:60px;">第 3 列</div>
      </div>
      <div class="ui-block-d">
        <div class="ui-bar ui-bar-b" style="height:60px;">第 4 列</div>
      </div>
      <div class="ui-block-e">
        <div class="ui-bar ui-bar-b" style="height:60px;">第 5 列</div>
      </div>
    </div>
  </div>
  <div data-role="footer"><h4>页脚</h4></div>
</div>
```

　　需要增加一个多列的网格区域，首先通过<div>标签构建一个容器，如果是两列，则为该容器添加 class 属性值为 ui-grid-a；如果是三列，则为该容器添加 class 属性值为 ui-grid-b，依次类推。

　　在已构建的容器中添加子容器，如果是两列，则给两个子容器分别添加 ui-block-a 和

ui-block-b 的类样式；如果是三列，则给三个子容器分别添加 ui-block-a、ui-block-b 和 ui-block-c 的类样式，其他多列以此类推。

最后，在子容器中放置需要显示的内容。在本实例中，每个子容器都分别放置了一个 <div>标签，代码如下。

```
<div class="ui-bar ui-bar-a" style="height:60px;">两列布局第 1 列</div>
```

在上述代码中，在<div>标签中通过 class 属性应用名称为 ui-bar 和 ui-bar-a 的 CSS 样式，这两个都是 jQuery Mobile 自带的样式，ui-bar 用于控制各子容器的间距，ui-bar-a 用于设置各子容器的主题样式。在该<div>标签中还通过 style 属性设置了内联样式，用于设置该子容器的高度。

03. 保存页面，在 Opera Mobile 模拟器中预览该页面，可以看到在该页面内容区域创建的多种类型网格布局，效果如图 14-14 所示。

图 14-14　预览布局网格效果

如果容器选择样式为两列，即 class 属性值为 ui-grid-a，而在它的子容器中添加了 3 个子容器，即 class 属性值为 ui-block-c，那么第 3 列将自动被放置在下一行中。

14.4.2　可折叠区块

在 jQuery Mobile 页面中除了可以创建出布局网格，还可以创建可折叠区块。在 jQuery Mobile 页面中创建可折叠区域需要通过以下 3 个步骤。

（1）创建一个<div>容器，将该容器的 data-role 属性值设置为 collapsible，表示该容器是一个可折叠区块，代码如下。

```
<div data-role="collapsible">…</div>
```

（2）在容器中添加一个<h3>标题标签，该标签以按钮的形式展示。按钮的左侧有一个"+"号，表示该标题可以展开。代码如下。

```
<div data-role="collapsible">
  <h3>折叠标题</h3>
</div>
```

（3）在标题的下方放置需要折叠显示的内容，通常使用<p>段落标签。当用户单击标题中的"+"号时，显示<p>标签中的内容，标题左侧的"+"号变成"-"号；再次单击时，隐藏<p>标签中的内容，标签左侧的"-"号变为"+"号。

```
<div data-role="collapsible">
  <h3>折叠标题</h3>
```

```
   <p>折叠内容</p>
   </div>
```

 练习

创建可折叠内容

最终文件：光盘\最终文件\第 14 章\14-4-2.html   视频：光盘\视频\第 14 章\14-4-2.mp4

01. 新建一个 HTML5 页面，将该文档保存为"光盘\源文件\第 14 章\14-4-2.html"。在<head>与</head>标签之间添加<meta>标签设置和加载 jQuery Mobile 函数库代码，与前面案例相同。

02. 在<body>与</body>标签之间编写 jQuery Mobile 页面代码。

```
<div id="page1" data-role="page">
  <div data-role="header"><h1>工作室简介</h1></div>
  <div data-role="content">
    <div data-role="collapsible">
      <h3>关于我们</h3>
      <p>    工作室成立于 2014 年初，在互动设计和互动营销领域有着独特理解。我们一直专注于
互联网整合营销传播服务，以客户品牌形象为重，提供精确的策划方案与视觉设计方案，团队整体有着国际
化意识与前瞻思想；以视觉设计创意带动客户品牌提升，洞察互联网发展趋势。</p>
    </div>
  </div>
  <div data-role="footer"><h4>页脚</h4></div>
</div>
```

03. 保存页面，在 Opera Mobile 模拟器中预览该页面，可以看到在该页面内容区域创建的可折叠区块的效果，如图 14-15 所示。单击可折叠区域的标题，展开显示可折叠区域中的内容，如图 14-16 所示。

图 14-15　预览页面效果

图 14-16　展开折叠内容

 可折叠容器内的标题字体可以在<h1>至<h6>标签之间选择，根据需要进行设置。另外，在可折叠容器中还可以设置可折叠容器的默认折叠状态。在可折叠容器中设置 data-collapsed

属性值为 true，表示标题下的内容是隐藏的，这也是可折叠区块的默认显示效果；设置 data-collapsed 属性值为 false，表示标题下的内容是显示的，即可折叠区块是展开的。

14.4.3　嵌套可折叠区块

在 jQuery Mobile 页面中允许对可折叠区块进行嵌套显示，即在一个折叠区块的内容中再添加一个折叠区块，以此类推。但建议这种嵌套最多不要超过 3 层，否则用户体验和页面性能都比较差。

对上一节案例中的选择菜单代码进行相应的修改，代码如下。

```
......
<div data-role="content">
  <div data-role="collapsible">
    <h3>关于我们</h3>
    <p>　　工作室成立于 2014 年初，在互动设计和互动营销领域有着独特理解。我们一直专注于互联网整合营销传播服务，以客户品牌形象为重，提供精确的策划方案与视觉设计方案，团队整体有着国际化意识与前瞻思想；以视觉设计创意带动客户品牌提升，洞察互联网发展趋势。</p>
    <div data-role="collapsible">
      <h4>我们的荣誉</h4>
      <p>　　工作室作为互动设计和互动营销领域的领军人物，曾多次获得国内外多个设计大奖，并在国内各大设计网站中开辟有设计专栏，向广大设计爱好者传授设计理念和经验。</p>
    </div>
  </div>
</div>
......
```

保存页面，在 Opera Mobile 模拟器中预览该页面，单击"关于我们"标题，展开可折叠区块，效果如图 14-17 所示。单击"我们的荣誉"标题，展开嵌套的可折叠区块，效果如图 14-18 所示。

图 14-17　展开外侧可折叠内容　　　　图 14-18　展开嵌套的可折叠内容

在 jQuery Mobile 中，可折叠区块中的内容区域可以放置任何的 HTML 标签，当然，也允许再添加一个可折叠区块，从而形成嵌套的可折叠区块。虽然是嵌套的可折叠区块，但各自的 data-collapsed 属性是独立的，即每层都可以单独控制自己的内容是展开的还是隐藏的。

14.4.4　可折叠区块组

可折叠区块不但可以嵌套，还可以形成可折叠区块组。在可折叠区块组中可以包含多个可折叠区块，在同一时间内，可折叠区块组中只有一个折叠区块是展开的，当展开组中一个可折叠区块时，其中的其他可折叠区块将自动关闭。

实现可折叠区块组的方法是将多个折叠区块放置在一个<div>容器中，并且在该<div>标签中添加 data-role="collapsible-set"属性设置。

练习

创建可折叠区块组

最终文件：光盘\最终文件\第 14 章\14-4-4.html　　　视频：光盘\视频\第 14 章\14-4-4.mp4

01. 新建一个 HTML5 页面，将该文档保存为 "光盘\源文件\第 14 章\14-4-4.html"。在<head>与</head>标签之间添加<meta>标签设置和加载 jQuery Mobile 函数库代码，与前面案例相同。

02. 在<body>与</body>标签之间编写 jQuery Mobile 页面代码。

```html
<div id="page1" data-role="page">
  <div data-role="header"><h1>设计软件分类</h1></div>
  <div data-role="content">
    <div data-role="collapsible-set">
     <div data-role="collapsible" data-collapsed="false" >
       <h3>网页设计</h3>
       <p><a href="#">Dreamweaver</a></p>
       <p><a href="#">Div+CSS</a></p>
       <p><a href="#">jQuery Mobile</a></p>
     </div>
     <div data-role="collapsible">
       <h3>平面设计</h3>
       <p><a href="#">Photoshop</a></p>
       <p><a href="#">Illustrator</a></p>
       <p><a href="#">CorelDRAW</a></p>
     </div>
     <div data-role="collapsible">
       <h3>三维动画设计</h3>
       <p><a href="#">3D Max</a></p>
       <p><a href="#">Maya</a></p>
     </div>
    </div>
  </div>
  <div data-role="footer"><h4>页脚</h4></div>
```

```
</div>
```

03. 保存页面，在 Opera Mobile 模拟器中预览该页面，可以看到在可折叠区块组中标题为"网页设计"的可折叠区块默认为展开的，效果如图 14-19 所示。单击组中其他可折叠区块标题时，将展开该区块并自动隐藏其他可折叠区块内容，如图 14-20 所示。

图 14-19　预览页面效果　　　　　　图 14-20　展开其他折叠选项效果

 可折叠区块组中所有的可折叠区块的默认状态都是收缩的，如果想在默认状态下使某个折叠区块为展开状态，只需要将该折叠区块的 data-collapsed 属性值设置为 false，例如，在本实例中，将标题为"网页设计"的折叠区块的 data-collapsed 属性值设置为 false。需要注意的是，由于同处于一个可折叠区块组中，展开状态的可折叠区块在同一时间只允许有一个。

14.5　本章小结

在本章中重点介绍了有关 jQuery Mobile 页面的相关知识，一是 jQuery Mobile 页面的工具栏，包括头部栏、导航栏和尾部栏的创建和使用方法；二是对 jQuery Mobile 页面正文部分进行格式化处理的方法，包括网格布局、可折叠区块等内容。通过对本章内容的学习，读者能够熟悉 jQuery Mobile 页面的基本架构，以及各部分内容的设置和处理方法。

14.6　课后习题

一、选择题

1. 在 jQuery Mobile 页面中的头部栏标签中添加以下哪种属性设置，可以在头部栏中添加后退按钮？（　　　）

    A．data-add-back-btn　　　　　　B．data-position

    C．data-back-btn-text　　　　　　D．data-icon

2. 在 jQuery Mobile 页面中如何将一个容器设置为可折叠区块？（　　　）

    A．<div data-role="collapsible-set">

    B．<div data-role="content ">

    C．<div data-role=" controlgroup ">

    D．<div data-role="collapsible ">

3. 在 jQuery Mobile 页面中如何将一个容器设置为尾部栏？（　　　）

A. <div data-role="page">
B. <div data-role="header">
C. <div data-role="footer">
D. <div data-role="content">

二、判断题

1. 导航栏只可以放置在 jQuery Mobile 页面的头部栏中。（　　　）

2. 在 jQuery Mobile 页面的头部栏中，如果只放置一个链接按钮，不论位置在标题的左侧还是右侧，其默认都会显示在标题的左侧。（　　　）

三、简答题

1. 简单介绍 jQuery Mobile 页面中的导航栏。

2. 在 jQuery Mobile 页面中创建可折叠区块的基本代码结构是怎样的？

使用 jQuery Mobile 页面组件和主题

在 jQuery Mobile 中提供了许多常用的组件，例如，通过超链接<a>标签衍生出的按钮组件、专门针对表单提供的各种类型的表单组件，以及使用列表方式展示更多内容的列表组件等。在 jQuery Mobile 移动应用开发设计中，灵活运用这些组件能够设计开发出更加丰富的页面效果，并且还可以通过对页面主题的设置，使得所开发的 jQuery Mobile 页面更加美观。

本章知识点：

- 掌握各种设置 jQuery Mobile 列表的方法和技巧
- 理解并掌握 jQuery Mobile 按钮组件的创建和使用方法
- 掌握各种表单组件的使用和设置方法
- 了解 jQuery Mobile 主题的特点
- 掌握应用 jQuery Mobile 默认主题的方法
- 掌握自定义 jQuery Mobile 页面主题的方法

15.1 列表组件

在 jQuery Mobile 中，如果在<ul>标签中设置 data-role 属性值为 listview，便可以创建一个无序列表，并且将会使用 jQuery Mobile 的默认样式对列表进行渲染显示。默认情况下，jQuery Mobile 页面中的列表宽度与屏幕进行等比例缩放，在列表选项的最右侧会显示一个带箭头的图标。另外，列表还有许多种类，如基本列表、嵌套列表、编号列表等，同时，还可以对列表中选项的内容进行分割与格式化。

15.1.1 无序列表

在 jQuery Mobile 页面中，一个<ul>元素一旦被定义为列表，jQuery Mobile 将会使用默认的样式对该列表进行渲染显示，列表中的选项非常易于触摸。如果单击列表选项，将会通过 AJAX 的方式异步请求一个对应的 URL 地址，并在 DOM 中创建一个新的页面，借助默认的切换效果进入该页面中。

 练习

在 jQuery Mobile 页面中创建列表

最终文件：光盘\最终文件\第 15 章\15-1-1.html   *视频：光盘\视频\第 15 章\15-1-1.mp4*

01．新建 HTML5 页面，将其保存为"光盘\源文件\第 15 章\15-1-1.html"。在<head>与</head>标签之间添加<meta>标签设置和加载 jQuery Mobile 函数库代码，与前面案例相同。

02．在<body>与</body>标签之间编写 jQuery Mobile 页面代码。

```
<div id="page1" data-role="page">
```

```
<div data-role="header"><h1>我们的作品</h1></div>
<div data-role="content">
  <p>作品列表</p>
  <ul data-role="listview">
    <li><a href="#">平面设计</a></li>
    <li><a href="#">网页设计</a></li>
    <li><a href="#">交互设计</a></li>
    <li><a href="#">UI 设计</a></li>
  </ul>
</div>
<div data-role="footer"><h4>页脚</h4></div>
</div>
```

03. 保存页面，在 Opera Mobile 模拟器中预览该页面，可以看到 jQuery Mobile 页面中默认的基本列表效果，如图 15-1 所示。

　　jQuery Mobile 通过自带的样式对<ul>元素进行渲染，使列表中的各选项拉长，更加容易触摸。选项右侧的圆形带箭头的图标提示用户该选项有链接。单击时，通过切换页面的方式，跳转到各选项<a>标签中 href 属性所设置的链接页面中。

图 15-1　预览无序列表效果

15.1.2　有序列表

与<ul>无序列表元素相对应，使用<ol>标签可以创建一个有序的列表。在有序列表中，借助排列的编号顺序可以展现一种有序的列表效果。

在有序列表显示时，jQuery Mobile 会优先使用 CSS 样式给列表添加编号。如果浏览器不支持这种 CSS 样式，jQuery Mobile 将会调用 JavaScript 中的方法向列表写入编号，以确保有序列表的效果可以兼容各种浏览器。

例如，对上一节案例中的选择菜单代码进行相应修改，代码如下。

```
<ol data-role="listview">
  <li><a href="#">平面设计</a></li>
  <li><a href="#">网页设计</a></li>
  <li><a href="#">交互设计</a></li>
  <li><a href="#">UI 设计</a></li>
</ol>
```

保存页面，在 Opera Mobile 模拟器中预览该页面，可以看到 jQuery Mobile 页面中默认的有序列表效果，如图 15-2 所示。

　jQuery Mobile 全面支持 HTML5 的新特征和属性，原则上在<ol>标签中可以使用 start 属性设置有序列表的起始数字，但是 jQuery Mobile 考虑到浏览器的兼容性，对该属性暂不支持。此外，<ol>标签中的 type 和 compact 属性在 HTML5 中不建议使用，且 jQuery Mobile 对这两个属性也不支持，但是可以通过 CSS 样式来对列表进行设置。

图 15-2　预览有序列表效果

15.1.3　分割列表选项

在 jQuery Mobile 的列表中，有时需要对选项内容做两个不同的操作，这时，需要对选项中的链接按钮进行分割。实现分割的方法非常简单，只需要在<li>标签中再添加一个<a>标签，便可以在页面中实现分割的效果。

分割后的两部分之间通常有一条竖直的分割线，分割线左侧为缩短长度后的选项链接按钮，右侧为后来增加的<a>元素。该元素的显示效果只是一个带图标的按钮，可以通过设置<ul>标签中 data-split-icon 属性的值，来改变该按钮中的图标。

练习

分割 jQuery Mobile 页面中的列表选项

最终文件：光盘\最终文件\第 15 章\15-1-3.html　　　视频：光盘\视频\第 15 章\15-1-3.mp4

01. 新建 HTML5 页面，将其保存为"光盘\源文件\第 15 章\15-1-3.html"。在<head>与</head>标签之间添加<meta>标签设置和加载 jQuery Mobile 函数库代码，与前面案例相同。

02. 在<body>与</body>标签之间编写 jQuery Mobile 页面代码。

```
<div id="page1" data-role="page">
 <div data-role="header"><h1>我们的作品</h1></div>
 <div data-role="content">
  <p>作品列表</p>
  <ul data-role="listview" data-split-icon="gear" data-split-theme="d">
   <li>
    <a href="#">
     <img src="images/151301.jpg">
     <h3>平面设计</h3>
     <p>各种类型平面设计作品精选</p>
    </a>
    <a href="#" data-rel="dialog" data-transition="slideup">平面设计简介</a>
   </li>
   <li>
    <a href="#">
```

```
            <img src="images/151302.jpg">
            <h3>网页设计</h3>
            <p>PC 与移动端网页设计作品精选</p>
          </a>
          <a href="#" data-rel="dialog" data-transition="slideup">网页设计简介
</a>
        </li>
        <li>
          <a href="#">
            <img src="images/151303.jpg">
            <h3>交互设计</h3>
            <p>各种类型交互设计作品精选</p>
          </a>
          <a href="#" data-rel="dialog" data-transition="slideup">交互设计简介
</a>
        </li>
        <li>
          <a href="#">
            <img src="images/151304.jpg">
            <h3>UI 设计</h3>
            <p>软件、游戏、移动 APP 各类 UI 设计作品精选</p>
          </a>
          <a href="#" data-rel="dialog" data-transition="slideup">UI 设计简介</a>
        </li>
      </ul>
    </div>
    <div data-role="footer"><h4>页脚</h4></div>
  </div>
```

03. 保存页面，在 Opera Mobile 模拟器中预览该页面，可以看到分割列表选项的效果，如图 15-3 所示。默认情况下，图片在元素中居左居顶显示，新建一个外部的 CSS 样式表文件，将其保存为"光盘\源文件\第 15 章\style\15-1-3.css"，在该 CSS 样式表文件中创建名为.pic01 的类 CSS 样式，如图 15-4 所示。

图 15-3　预览列表效果

```
.pic01 {
    margin-top: 15px;
    margin-left: 20px;
}
```

图 15-4　CSS 样式代码

向<li>标签中多添加一个<a>标签后，便可以通过一条分割线将列表选项中的链接按钮分割成两个部分。其中，分割线左侧区域的宽度可以随着移动终端设备分辨率的不同进行等比例缩放；而右侧区域仅是一个只有图标的链接按钮，它的宽度是自动适应且固定不变的。

04. 返回 15-1-3.html 页面中，在页面顶部的<head>与</head>标签之间添加链接外部 CSS 样式表文件的代码，如图 15-5 所示。为列表中各图片的<img>标签添加 class 属性应用名为 pic01 的类 CSS 样式，如图 15-6 所示。

```
<head>
<meta charset="utf-8">
<title>分割jQuery Mobile页面中的列表选项</title>
<meta name="viewport" content="width=device-width,initial-scale=1">
<link rel="stylesheet" href=
"http://code.jquery.com/mobile/1.4.5/jquery.mobile-1.4.5.min.css">
<link href="style/15-1-3.css" rel="stylesheet" type="text/css">
<script src="http://code.jquery.com/jquery-1.11.1.min.js"></script>
<script src=
"http://code.jquery.com/mobile/1.4.5/jquery.mobile-1.4.5.min.js">
</script>
</head>
```

图 15-5　链接外部 CSS 样式表文件

```
<ul data-role="listview" data-split-icon="gear" data-split-theme="d">
    <li>
        <a href="#">
            <img src="images/151301.jpg" class="pic01">
            <h3>平面设计</h3>
            <p>各种类型平面设计作品精选</p>
        </a>
        <a href="#" data-rel="dialog" data-transition="slideup">平面设计简介</a>
    </li>
```

图 15-6　应用类 CSS 样式

05. 保存页面，在 Opera Mobile 模拟器中预览该页面，可以看到分割列表选项的效果，如图 15-7 所示。

图 15-7　预览列表效果

目前在 jQuery Mobile 中，列表中的分割只支持分割成两部分，即在<li>元素中，只允许有两个<a>标签出现，如果添加两个以上的<a>标签，会将最后一个元素作为分割线右侧部分。

15.1.4　列表选项分组

在 jQuery Mobile 中，除了可以分割列表项外，还可以对列表选项进行分组，即在列表中，通过分割项将各类的列表组织起来，形成相互独立的同类列表组，组的下面是一个个列表项。

实现列表项分组的方法很简单，只需要在分组的位置增加一个<li>元素，并在该标签中添加 data-role="list-divider"属性设置，表示该<li>标签是一个分组列表项。默认情况下，普通列表项的主题色为"浅灰色"，分组列表项的主题色为"灰色"，两者通过主题颜色的区别，形成层次上的包含效果。

练习

实现列表选项的分组

最终文件：光盘\最终文件\第 15 章\15-1-4.html　　视频：光盘\视频\第 15 章\15-1-4.mp4

01. 新建 HTML5 页面，将其保存为"光盘\源文件\第 15 章\15-1-4.html"。在 <head>与</head>标签之间添加<meta>标签设置和加载 jQuery Mobile 函数库代码，与前面案例相同。

02. 在<body>与</body>标签之间编写 jQuery Mobile 页面代码。

```html
<div id="page1" data-role="page">
  <div data-role="header"><h1>我们的作品</h1></div>
  <div data-role="content">
    <p>作品列表</p>
    <ul data-role="listview">
      <li data-role="list-divider">平面设计</li>
        <li><a href="#">海报设计</a></li>
        <li><a href="#">宣传广告设计</a></li>
        <li><a href="#">产品包装设计</a></li>
        <li><a href="#">其他平面设计</a></li>
      <li data-role="list-divider">网页设计</li>
        <li><a href="#">PC 端网页设计</a></li>
        <li><a href="#">移动端网页设计</a></li>
      <li data-role="list-divider">交互设计</li>
        <li><a href="#">Flex 交互设计</a></li>
        <li><a href="#">Sketch 交互设计</a></li>
      <li data-role="list-divider">UI 设计</li>
        <li><a href="#">软件 UI 设计</a></li>
        <li><a href="#">游戏 UI 设计</a></li>
    </ul>
  </div>
  <div data-role="footer"><h4>页脚</h4></div>
</div>
```

03. 保存页面，在 Opera Mobile 模拟器中预览该页面，可以看到列表选项分组的效果，如图 15-8 所示。如果在<ul>标签中添加 data-divider-theme="b"属性设置，可以改变默认的分组列表项的主题颜色，如图 15-9 所示。

图 15-8　预览列表分组效果

图 15-9　修改默认主题效果

对列表项进行分组的作用只是将列表中的选项内容进行分类归纳，因此不要滥用；且在一个列表中不宜过多使用列表项分组，每一个列表项分组中的列表数量不要太少。

15.1.5　开启或禁用列表项中的图标

在 jQuery Mobile 中，<ul>列表的使用十分频繁，几乎所有需要加载大量格式化数据的时候都会考虑使用该元素。为了单击列表选项时链接某个页面，在列表的<li>选项元素中，常常会增加一个<a>元素，用于实现单击列表项进行链接的功能。一旦添加<a>标签后，jQuery Mobile 默认会在列表项的最右侧自动增加一个圆形背景的小箭头图标，用来表示列表中的项是一个超链接。

当然，在实际的开发过程中，开发者可以通过修改数据集中的图标属性 data-icon，实现该小箭头图标开启与禁用的功能。

练习

开启或禁用列表项中的图标

最终文件：光盘\最终文件\第 15 章\15-1-5.html　　　视频：光盘\视频\第 15 章\15-1-5.mp4

01. 新建 HTML5 页面，将其保存为"光盘\源文件\第 15 章\15-1-5.html"。在<head>与</head>标签之间添加<meta>标签设置和加载 jQuery Mobile 函数库代码，与前面案例相同。

02. 在<body>与</body>标签之间编写 jQuery Mobile 页面代码。

```
<div id="page1" data-role="page">
 <div data-role="header">
  <div data-role="navbar">
   <ul>
    <li><a href="#page1" class="ui-btn-active">启用</a></li>
    <li><a href="#page2">禁用</a></li>
   </ul>
  </div>
 </div>
 <div data-role="content">
  <ul data-role="listview" data-divider-theme="b">
   <li data-role="list-divider">平面设计</li>
   <li><a href="#">海报设计</a></li>
   <li><a href="#">宣传广告设计</a></li>
   <li><a href="#">产品包装设计</a></li>
   <li><a href="#">其他平面设计</a></li>
   <li data-role="list-divider">网页设计</li>
   <li><a href="#">PC 端网页设计</a></li>
   <li><a href="#">移动端网页设计</a></li>
  </ul>
 </div>
 <div data-role="footer"><h4>CopyRight &copy; 2017 金景盛意</h4></div>
```

```
    </div>
<div id="page2" data-role="page">
  <div data-role="header">
    <div data-role="navbar">
      <ul>
        <li><a href="#page1">启用</a></li>
        <li><a href="#page2" class="ui-btn-active">禁用</a></li>
      </ul>
    </div>
  </div>
  <div data-role="content">
    <ul data-role="listview" data-divider-theme="b">
      <li data-role="list-divider">平面设计</li>
      <li data-icon="false"><a href="#">海报设计</a></li>
      <li data-icon="false"><a href="#">宣传广告设计</a></li>
      <li data-icon="false"><a href="#">产品包装设计</a></li>
      <li data-icon="false"><a href="#">其他平面设计</a></li>
      <li data-role="list-divider">网页设计</li>
      <li data-icon="false"><a href="#">PC 端网页设计</a></li>
      <li data-icon="false"><a href="#">移动端网页设计</a></li>
    </ul>
  </div>
  <div data-role="footer"><h4>CopyRight &copy; 2017 金景盛意</h4></div>
</div>
```

技巧　通过在列表项<li>标签中添加 data-icon 属性设置，可以开启或禁用列表项右侧的图标显示状态，该属性的默认值为 true，表示显示，如果设置为 false，则为禁用。

03. 保存页面，在 Opera Mobile 模拟器中预览该页面，默认情况下，列表元素中添加了<a>标签的元素都会在右侧显示图标效果，如图 15-10 所示。单击导航栏中的"禁用"链接，切换到 page2 页面中，可以看到禁用右侧图标的效果，如图 15-11 所示。

| 图 15-10　显示列表右侧图标效果 | 图 15-11　禁用列表右侧图标效果 |

如果在 data-role 属性值为 button 的<a>标签中，data-icon 属性值为按钮中的图标名称，例如，设置 data-icon 属性值为 delete，则该超链接显示为一个"删除"按钮图标。也可以将该属性值设置为 true 或 false，用来开启或禁用按钮中图标的显示状态。

15.1.6　图标与计数器

　　在 jQuery Mobile 的列表<ul>或<ol>标签中，如果将一个图片作为<li>元素中的第一个子元素，那么，该图片元素将自动缩放成一个宽度和高度均为 80 像素的正方形作为图片的缩略图。

　　但是，如果将图片作为列表项的图标使用，则需要为该元素添加类别属性 ui-li-icon，才能在列表的最左侧正常显示该图标。另外，如果想在列表项中的最右侧显示一个计数器，只需要添加一个<span>标签，并在该标签中添加类别属性 ui-li-count 即可。

 练习

为列表项添加图标和计数器

最终文件：光盘\最终文件\第 15 章\15-1-6.html　　　视频：光盘\视频\第 15 章\15-1-6.mp4

　　01．新建 HTML5 页面，将其保存为"光盘\源文件\第 15 章\15-1-6.html"。在<head>与</head>标签之间添加<meta>标签设置和加载 jQuery Mobile 函数库代码，与前面案例相同。

　　02．在<body>与</body>标签之间编写 jQuery Mobile 页面代码。

```html
<div id="page1" data-role="page">
 <div data-role="header"><h1>会员中心</h1></div>
 <div data-role="content">
  <h2>个人信息资料</h2>
  <ul data-role="listview">
   <li>
    <a href="#">
     <img src="images/151501.png" class="ui-li-icon">
     基本资料修改
    </a>
   </li>
   <li>
    <a href="#">
     <img src="images/151502.png" class="ui-li-icon">
     基本密码
    </a>
   </li>
   <li>
    <a href="#">
     <img src="images/151503.png" class="ui-li-icon">
     我关注的课程
     <span class="ui-li-count">5</span>
    </a>
```

```
      </li>
      <li>
        <a href="#">
          <img src="images/151504.png" class="ui-li-icon">
          我预订的课程
          <span class="ui-li-count">2</span>
        </a>
      </li>
      <li>
        <a href="#">
          <img src="images/151505.png" class="ui-li-icon">
          我的消息
          <span class="ui-li-count">18</span>
        </a>
      </li>
    </ul>
  </div>
  <div data-role="footer"><h4>页脚</h4></div>
</div>
```

03．保存页面，在 Opera Mobile 模拟器中预览该页面，可以看到为列表选项添加图标和计数器的效果，如图 15-12 所示。

图 15-12　预览列表效果

 在使用图片作为列表项的图标时尽量选择尺寸较小的图片，如果图标尺寸过大，虽然也会进行缩放，但将会与图标右侧的标题部分不协调，从而影响用户的体验。另外，如果计数器<span>标签中显示的内容过长，该元素将会自动向左侧进行拉伸，直到完全显示为止。

15.1.7　列表项内容格式化处理

jQuery Mobile 支持以 HTML 语义化的元素（如<span>、<h>、<p>）显示列表中所需的内容格式。通常情况下，使用<h1>至<h6>标签来突显列表项中显示的内容，使用<p>标签减弱列表项中显示的内容，两者结合，可以使列表项中显示的内容具有层次关系。如果要增加补充信息，例如，日期，可以在显示的<p>标签中添加类别属性 ui-li-aside。

练习

列表项内容的格式化处理

最终文件：光盘\最终文件\第 15 章\15-1-7.html　　　视频：光盘\视频\第 15 章\15-1-7.mp4

01．新建 HTML5 页面，将其保存为"光盘\源文件\第 15 章\15-1-7.html"。在 <head>与</head>标签之间添加<meta>标签设置和加载 jQuery Mobile 函数库代码，与前面案例相同。

02．在<body>与</body>标签之间编写 jQuery Mobile 页面代码。

```html
<div id="page1" data-role="page">
 <div data-role="header"><h1>设计作品列表</h1></div>
 <div data-role="content">
  <ul data-role="listview" data-divider-theme="b">
   <li data-role="list-divider">
     平面设计作品
     <span class="ui-li-count">2</span>
   </li>
   <li>
    <a href="#">
     <img src="images/151601.jpg">
     <h3>果汁宣传海报</h3>
     <p>喷溅的果汁与人物过完美结合，表现出欢乐、缤纷的印象</p>
     <p class="ui-li-aside">2017.10 更新</p>
    </a>
   </li>
   <li>
    <a href="#">
     <img src="images/151602.jpg">
     <h3>功能饮料宣传广告</h3>
     <p>运用拟人化的手法，将功能性饮料的特点表现得淋漓尽致</p>
     <p class="ui-li-aside">2015.9 更新</p>
    </a>
   </li>
   <li data-role="list-divider">
     网页设计作品
     <span class="ui-li-count">3</span>
   </li>
   <li>
    <a href="#">
     <img src="images/151603.jpg">
     <h3>纯净水宣传网站</h3>
     <p>将纯净水产品与自然景观相结合，体现出产品的自然、健康</p>
     <p class="ui-li-aside">2017.2 更新</p>
    </a>
```

```
        </li>
        <li>
          <a href="#">
            <img src="images/151604.jpg">
            <h3>生活类网站</h3>
            <p>运用扁平化的设计风格，大色块的选项，简洁、易操作</p>
            <p class="ui-li-aside">2017.10 更新</p>
          </a>
        </li>
        <li>
          <a href="#">
            <img src="images/151605.jpg">
            <h3>设计工作室网站</h3>
            <p>使用绚丽的对比色进行搭配，突出时尚感和设计感的表现</p>
            <p class="ui-li-aside">2017.12 更新</p>
          </a>
        </li>
      </ul>
    </div>
    <div data-role="footer"><h4>页脚</h4></div>
  </div>
```

　　03. 保存页面，在 Opera Mobile 模拟器中预览该页面，可以看到对列表项内容进行格式化处理的效果，如图 15-13 所示。如果想使用搜索方式过滤列表项中的标题内容，可以在 <ul>标签中添加 data-filter 属性设置，设置该属性的属性值为 true，如图 15-14 所示。

```
<div id="page1" data-role="page">
  <div data-role="header"><h1>设计作品列表</h1></div>
  <div data-role="content">
    <ul data-role="listview" data-divider-theme="b" data-filter="true">
      <li data-role="list-divider">
        平面设计作品
        <span class="ui-li-count">2</span>
      </li>
      <li>
        <a href="#">
          <img src="images/151601.jpg">
          <h3>果汁宣传海报</h3>
          <p>喷溅的果汁与人物过完美结合，表现出欢乐、缤纷的印象</p>
          <p class="ui-li-aside">2017.10 更新</p>
        </a>
      </li>
```

图 15-13　预览列表效果　　　　　　　图 15-14　添加属性设置

提示　　通过对 jQuery Mobile 页面列表项中的内容进行格式化处理，可以将大量的信息层次清晰地显示在 jQuery Mobile 页面中。

　　04. 在<ul>标签中添加 data-filter 属性设置后，将会在列表的上方自动添加一个搜索框，保存页面，在 Opera Mobile 模拟器中预览该页面，效果如图 15-15 所示。当用户在搜索框中输入相应的内容后，jQuery Mobile 将会自动过滤掉不包含搜索字符内容的列表项，如图 15-16 所示。

图 15-15　预览列表效果　　　　　图 15-16　通过搜索栏对列表选项进行筛选

15.2　按钮组件

jQuery Mobile 中的按钮由两类元素形成：一类是超链接<a>标签元素，在<a>标签中添加 data-role="button"属性设置，jQuery Mobile 便会自动为该元素添加相应的样式外观，形成可单击的按钮形状；另一类是在表单中，在<input>标签中设置 type 属性为 sumbit、reset、button 或 image，都会形成相应的按钮表单元素。

15.2.1　使用按钮组件

在 jQuery Mobile 中，被样式化的按钮元素默认都是块状，并且自动填充页面宽度。如果要取消默认效果，只需要在按钮的元素中添加 data-inline 属性，将该属性值设置为 true，该按钮将会根据其内容中文字和图片的宽度自动进行缩放，形成一个紧凑型的按钮。

如果想要将缩放后的按钮在同一行显示，可以在多个按钮的外层增加一个<div>容器，在该容器中将 data-inline 属性值设置为 true，这样就可以使容器中的按钮样式自动缩放至最小宽度，并且以浮动效果在一行中显示。

在内联按钮中，如果想使两个以上的按钮显示在同一行，且自动均分页面宽度，可以使用网格分栏的方式，将多个按钮放置在分栏后的同一行中。

练习

在 jQuery Mobile 页面中添加按钮

最终文件：光盘\最终文件\第 15 章\15-2-1.html　　　视频：光盘\视频\第 15 章\15-2-1.mp4

01. 新建一个 HTML5 页面，将该文档保存为"光盘\源文件\第 15 章\15-2-1.html"。在<head>与</head>标签之间添加<meta>标签设置和加载 jQuery Mobile 函数库代码，与前面案例相同。

02. 在<body>与</body>标签之间编写 jQuery Mobile 页面代码。

```html
<div id="page1" data-role="page">
  <div data-role="header">
    <h1>提示</h1>
  </div>
  <div data-role="content">
    <p>是否继续查看正文内容？<p>
    <div class="ui-grid-a">
      <div class="ui-block-a">
        <a href="#" data-role="button" class="ui-btn-active">确定</a>
      </div>
      <div class="ui-block-b">
      <input type="button" value="取消">
      </div>
    </div>
  </div>
  <div data-role="footer"><h4>页脚</h4></div>
</div>
```

03. 保存页面，在 Opera Mobile 模拟器中预览该页面，可以看到使用分栏容器使两个按钮显示在同一行上的效果，如图 15-17 所示。两个按钮的宽度可以与移动终端浏览器的宽度进行自动等比例缩放，因此适应移动终端不同分辨率的浏览器。

04. 如果页面中的按钮不与浏览器等比例缩放，且多个按钮也需要在同一行中显示，可以在按钮元素中添加 data-inline 属性设置，设置其属性值为 true，代码如下。

```html
……
      <div class="ui-block-a">
        <a href="#" data-role="button" data-inline="true" class="ui-btn-active">确定</a>
      </div>
      <div class="ui-block-b">
      <input type="button" value="取消" data-inline="true">
      </div>
……
```

05. 保存页面，在 Opera Mobile 模拟器中预览该页面，同样可以使两个按钮以内联的方式在同一行中显示，只是由于固定了宽度，导致不能与浏览器的宽度进行等比例缩放，如图 15-18 所示。

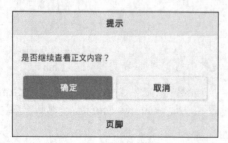

图 15-17　预览按钮效果

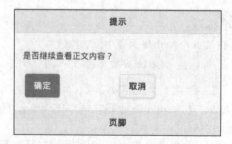

图 15-18　预览按钮效果

15.2.2　使用按钮组

在 jQuery Mobile 中，多个按钮不但能够以内联的形式显示，还可以全部放入按钮组，即 controlgroup 容器中，按照垂直或水平方向展现按钮列表。默认情况下，按钮组是以垂直方向展示一组按钮列表，可以通过给按钮组容器添加 data-type 属性来修改按钮组默认的显示方式。

 练习

在 jQuery Mobile 页面中使用按钮组

最终文件：光盘\最终文件\第 15 章\15-2-2.html　　视频：光盘\视频\第 15 章\15-2-2.mp4

01. 新建一个 HTML5 页面，将该文档保存为"光盘\源文件\第 15 章\15-2-2.html"。在<head>与</head>标签之间添加<meta>标签设置和加载 jQuery Mobile 函数库代码，与前面案例相同。

02. 在<body>与</body>标签之间编写 jQuery Mobile 页面代码。

```html
<div id="page1" data-role="page">
  <div data-role="header">
    <h1>头部标题</h1>
  </div>
  <div data-role="content">
    <p>是否继续查看正文内容？<p>
    <div data-role="controlgroup">
      <a href="#" data-role="button" data-icon="check" class="ui-btn-active">确定</a>
      <input type="button" data-icon="delete" value="取消">
    </div>
    <p>是否继续查看正文内容？<p>
    <div data-role="controlgroup" data-type="horizontal">
      <a href="#" data-role="button" data-icon="check" class="ui-btn-active">确定</a>
      <input type="button" data-icon="delete" value="取消">
    </div>
  </div>
  <div data-role="footer"><h4>页脚</h4></div>
</div>
```

在该页面代码中，创建了两种排列方式的按钮组，一种以垂直方向的形式展示两个按钮，另一种以水平方向的形式展示两个按钮。

03. 保存页面，在 Opera Mobile 模拟器中预览该页面，可以看到页面中两种形式按钮组的效果，如图 15-19 所示。

图 15-19　两种排列方式按钮组效果

如果按钮组以水平方式显示按钮列表，默认情况下，所有按钮向左靠拢，自动缩放到各自适合的宽度。如果在按钮组中仅放置一个按钮，那么，该按钮仍是以正常的圆角效果显示在页面中。

15.3　表单组件

在 HTML 中表单占有十分重要的地位。针对表单，jQuery Mobile 提供了一套完全基于 HTML 原始代码且适合触摸操作的框架。在该框架下，所有的表单元素先由原始的代码升级为 jQuery Mobile 组件，然后调用各自组件提供的方法与属性，实现在 jQuery Mobile 下表单元素的各种操作。

需要说明的是，在表单中各元素通过原始 HTML 代码升级为 jQuery Mobile 是自动完成的，当然，也可以阻止这种升级行为，只要将该表单元素的 data-role 属性值设置为 none 即可。另外，由于在单个页面中可能会出现多个 page 容器，为了保证表单在提交数据时的唯一性，必须确保同一个 jQuery Mobile 页面中每一个表单元素的 id 名称是唯一的。

15.3.1　文本输入框

在 jQuery Mobile 中，文本输入组件包括文本域和 HTML5 中新增的输入类型。文本输入组件使用标准的 HTML 原始元素，借助 jQuery Mobile 的渲染效果，使其更适于触摸使用。另外，HTML5 中新增的输入类型（如 number 类型），在 jQuery Mobile 中会被显示成数字输入框，还在输入框的最右端有两个可调节大小的"+"和"-"号按钮，方便移动终端用户修改输入框中的数字。

练习

在 jQuery Mobile 页面添加不同类型输入框

最终文件：光盘\最终文件\第 15 章\15-3-1.html　　视频：光盘\视频\第 15 章\15-3-1.mp4

01. 新建 HTML5 页面，将其保存为"光盘\源文件\第 15 章\15-3-1.html"。在 \<head\>与\</head\>标签之间添加\<meta\>标签设置和加载 jQuery Mobile 函数库代码，与前面案例相同。

02. 在\<body\>与\</body\>标签之间编写 jQuery Mobile 页面代码。

```
<div id="page1" data-role="page">
  <div data-role="header"><h1>文本输入组件</h1></div>
  <div data-role="content">
    搜索: <input type="search" id="search" name="search" value="">
    姓名: <input type="text" id="uname" name="uname" value="">
    邮箱: <input type="email" id="uemail" name="uemail" value="">
    电话: <input type="tel" id="utel" name="utel" value="">
    年龄: <input type="number" id="unumber" name="unumber" value="0">
  </div>
  <div data-role="footer"><h4>页脚</h4></div>
</div>
```

03. 保存页面，在 Opera Mobile 模拟器中预览该页面，可以看到页面中文本输入组件的效果，如图 15-20 所示。

type 类型为 search 的搜索表单，在左侧显示搜索图标，当输入内容时，在右侧会出现一个删除图标，单击该图标，可以清空输入框中的内容。

type 类型为 E-mail 和 tel 的电子邮件表单和电话表单，其显示的外观效果与 type 类型为 text 的文本域表单是完全相同的。

type 类型为 number 的数字表单，单击最右端的上下两个调整按钮，可以改变数字输入框中的数值大小。

图 15-20　预览各种输入组件的效果

15.3.2　滑块

如果在<input>标签中设置 type 属性值为 range，则可以在页面中创建一个滑块组件。在 jQuery Mobile 中，滑块组件由两部分组成，一部分是可调整大小的数字输入框，另一部分是可拖动修改输入框数字的滑动条。滑块组件可以通过添加 min 和 max 属性设置滑动条的取值范围，例如，min 属性值为 0，max 属性值为 10，则表示该滑块只能在 0～10 之间取值。

 练习

使用滑块修改页面元素的背景颜色

最终文件：光盘\最终文件\第 15 章\15-3-2.html　　　视频：光盘\视频\第 15 章\15-3-2.mp4

01. 新建 HTML5 页面，将其保存为"光盘\源文件\第 15 章\15-3-2.html"。在<head>与</head>标签之间添加<meta>标签设置和加载 jQuery Mobile 函数库代码，与前面案例相同。

02. 在<body>与</body>标签之间编写 jQuery Mobile 页面代码。

```
<div id="page1" data-role="page">
  <div data-role="header">
    <h1>滑块元素应用</h1>
  </div>
  <div data-role="content" id="content">
    拖动滑块改变背景颜色：
    <input type="range" id="txtR" value="0" min="0" max="255" onChange=
"setColor()">
  </div>
  <div data-role="footer"><h4>页脚</h4></div>
</div>
```

03. 在<head>与</head>标签之间编写相应的 JavaScript 脚本代码。

```
<script type="text/javascript">
function $$(id) {
    return document.getElementById(id);
```

```
}
function setColor() {
    var set1 = "rgb(" + $("#txtR").val() +",233,244)";
    $$("content").style.backgroundColor = set1;
}
</script>
```

04. 保存页面，在 Opera Mobile 模拟器中预览该页面，可以看到页面中滑块组件的效果，如图 15-21 所示。在页面中拖动滑块组件，可以看到页面中相应元素背景颜色变化的效果，如图 15-22 所示。

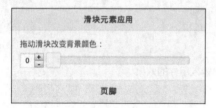
图 15-21　滑块元素效果

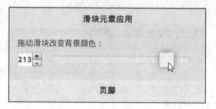
图 15-22　拖动滑块改变元素背景颜色

 拖动滑块时改变的值是数字输入框的值，而 min 与 max 属性的值是指定滑动条的取值范围。拖动滑块或单击数字输入框中的"+"或"−"号可以修改滑块值。

15.3.3　翻转切换开关

在 jQuery Mobile 中，在<select>标签中设置 data-role 属性值为 slider，可以将该下拉列表元素中的两个<option>选项转变为一个翻转切换开关。第一个<option>选项为"开"，取值为 true 或 1；第二个<option>选项为"关"，取值为 false 或 0。它是移动设备上常用的 UI 元素之一，常用于一些系统默认值的设置。

例如，如下的 jQuery Mobile 页面代码。

```
<select id="slider" data-role="slider">
  <option value="1">开</option>
  <option value="0">关</option>
</select>
```

在浏览器中所显示的翻转切换开关效果如图 15-23 所示。

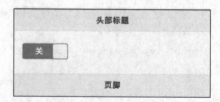
图 15-23　预览翻转切换开关元素的效果

15.3.4　单选按钮

在 jQuery Mobile 中，单选按钮样式化后更加容易被单击和触摸。在通常情况下，使用

<fieldset>标签，并在该标签中设置 data-role 属性值为 controlgroup，使用该标签包含所有的<input>和<label>元素，这样可以以整个组的形式样式化容器中的全部标签；然后，在组成员结构中，在每个<label>标签中添加 for 属性设置，对应一个类型为 radio 的<input>元素。为了便于用户触摸，这些<label>元素将会被拉长。

 练习

制作投票表单

最终文件：光盘\最终文件\第 15 章\15-3-4.html　　　视频：光盘\视频\第 15 章\15-3-4.mp4

01．新建 HTML5 页面，将其保存为"光盘\源文件\第 15 章\15-3-4.html"。在<head>与</head>标签之间添加<meta>标签设置和加载 jQuery Mobile 函数库代码，与前面案例相同。

02．在<body>与</body>标签之间编写 jQuery Mobile 页面代码。

```html
<div id="page1" data-role="page">
 <div data-role="header"><h1>投票表单</h1></div>
 <div data-role="content">
  <p>你最向往的境外旅游目的地是哪里？</p>
  <fieldset data-role="controlgroup">
   <input type="radio" name="radioA" id="radio1" value="1" checked>
   <label for="radio1">东南亚周边</label>
   <input type="radio" name="radioA" id="radio2" value="2">
   <label for="radio2">日韩</label>
   <input type="radio" name="radioA" id="radio3" value="3">
   <label for="radio3">美国</label>
   <input type="radio" name="radioA" id="radio4" value="4">
   <label for="radio4">欧洲国家</label>
   <input type="radio" name="radioA" id="radio5" value="5">
   <label for="radio5">非洲大草原</label>
  </fieldset>
  <div class="ui-grid-a">
   <div class="ui-block-a">
     <input type="submit" value="确定">
   </div>
   <div class="ui-block-b">
    <input type="button" value="取消">
   </div>
  </div>
 </div>
 <div data-role="footer"><h4>页脚</h4></div>
</div>
```

03．保存页面，在 Opera Mobile 模拟器中预览该页面，可以看到使用单选按钮制作的投票表单的效果，如图 15-24 所示。

图 15-24　预览投票表单效果

　　因为在实例中使用<fieldset>标签包含页面中所有的单选按钮选项，所以单选按钮的四周都有圆角的样式，以一个整体组的形式显示在页面中。

　　默认情况下，<fieldset>标签中包含的一组单选按钮选项会以垂直方式显示，如果希望单选按钮组中的各单选按钮选项以水平的方式排列，可以在<fieldset>标签中添加 data-type="horizontal"属性设置。

15.3.5　复选框

与单选按钮相类似，使用<fieldset>标签，并在该标签中添加 data-role="controlgroup"属性设置，包括多个复选框。通常情况下，多个复选框选项组合成的复选框组放置在标题下面，通过 jQuery Mobile 固有的样式自动删除各个复选框选项间的间距，使其看起来更像一个整体。另外，复选框选项组默认是垂直显示，也可以在<fieldset>标签中添加 data-type属性设置，设置该属性的属性值为 horizon，将其改变为水平显示。如果水平显示复选框组中的各选项，将自动隐藏各个复选框的图标，并浮动成一排显示。

 练习

制作调查表单

最终文件：光盘\最终文件\第 15 章\15-3-5.html　　视频：光盘\视频\第 15 章\15-3-5.mp4

01. 新建 HTML5 页面，将其保存为"光盘\源文件\第 15 章\15-3-5.html"。在<head>与</head>标签之间添加<meta>标签设置和加载 jQuery Mobile 函数库代码，与前面案例相同。

02. 在<body>与</body>标签之间编写 jQuery Mobile 页面代码。

```
<div id="page1" data-role="page">
  <div data-role="header"><h1>调查表单</h1></div>
  <div data-role="content">
    <p>你熟练掌握的设计软件有哪些? </p>
    <fieldset data-role="controlgroup">
```

```
    <input type="checkbox" name="chk1" id="chk1" value="1">
    <label for="chk1">Photoshop</label>
    <input type="checkbox" name="chk2" id="chk2" value="2">
    <label for="chk2">Illustrator</label>
    <input type="checkbox" name="chk3" id="chk3" value="3">
    <label for="chk3">CorelDRAW</label>
    <input type="checkbox" name="chk4" id="chk4" value="4">
    <label for="chk4">Dreamweaver</label>
    <input type="checkbox" name="chk5" id="chk5" value="5">
    <label for="chk5">Flash</label>
  </fieldset>
  <div class="ui-grid-a">
    <div class="ui-block-a">
      <input type="submit" value="投票">
    </div>
    <div class="ui-block-b">
    <input type="button" value="查看结果">
    </div>
  </div>
 </div>
  <div data-role="footer"><h4>页脚</h4></div>
</div>
```

　　03. 保存页面，在 Opera Mobile 模拟器中预览该页面，可以看到使用单选按钮制作的调查表单的效果，如图 15-25 所示。

图 15-25　预览调查表单效果

15.3.6　选择菜单

　　与单选按钮和复选框不同，使用<selece>标签形成的选择菜单在 jQuery Mobile 中样式发生了很大的变化。它分为两种类别：一种是原生菜单类型，这种类型继续保持了原来 PC

端浏览器的样式，单击右端的向下箭头出现一个下拉列表，选择其中的某一选项。另一种类型是自定义菜单类型，该类型专用于移动设备的浏览器显示，使用该类型时，jQuery Mobile 中提供的自定义菜单样式将取代原始选择菜单的样式，使选择菜单在显示时发生变化。

需要创建自定义菜单类型非常简单，只需要在<select>标签中添加 data-native-menu 属性设置，设置该属性的属性值为 false，即可将该选择菜单转换成为自定义菜单类型。

例如，在 jQuery Mobile 页面中添加如下的选择菜单元素代码。

```
<fieldset data-role="controlgroup">
  <select name="selY" id="selY" data-native-menu="false">
    <option>选择年份</option>
    <option value="2017">2016 年</option>
    <option value="2017">2017 年</option>
    <option value="2018">2018 年</option>
  </select>
  <select name="selM" id="selM" data-native-menu="false">
    <option>选择月份</option>
    <option value="1">1 月</option>
    <option value="2">2 月</option>
    <option value="3">3 月</option>
    <option value="4">4 月</option>
    <option value="5">5 月</option>
    <option value="6">6 月</option>
    <option value="7">7 月</option>
    <option value="8">8 月</option>
    <option value="9">9 月</option>
    <option value="10">10 月</option>
    <option value="11">11 月</option>
    <option value="12">12 月</option>
  </select>
</fieldset>
```

将两个选择菜单使用<fieldset>标签所包含，并且在<fieldset>标签中添加 data-role="controlgroup"属性设置，因此，两个选择菜单以一个整体组的形式显示在页面中。在选择菜单<select>标签中添加 data-native-menu 属性设置，设置该属性值为 false，即可将选择菜单转变成一个自定义类型的选择菜单。

保存页面，在 Opera Mobile 模拟器中预览该页面，可以看到默认垂直排列的自定义选择菜单的效果，如图 15-26 所示。如果希望水平排列自定义选择菜单，可以在<fieldset>标签中添加 data-type="horizontal"属性设置，效果如图 15-27 所示。单击自定义选择菜单元素，可以在弹出的窗口中选择需要的选项，如图 15-28 所示。

自定义类型的菜单由按钮和菜单两部分组成，当用户单击按钮时，对应的菜单选择器将会自动打开，选其中某一选项后，菜单自动关闭。

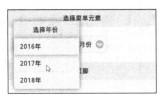

图 15-26　选择菜单元素效果　　图 15-27　水平排列效果　　图 15-28　弹出相应的选项

15.3.7　多项选择菜单

与原生页面中的选择菜单不同，jQuery Mobile 中的选择菜单可以通过设置 multiple 属性，实现菜单的多项选择。如果将某个选择菜单的 multiple 属性值设置为 true，单击该按钮弹出的菜单对话框，全部菜单选项的右侧将会出现一个可勾选的复选框，用户通过单击该复选框，可以选中任意多个选项。选择完成后，单击左上角的"关闭"按钮，已弹出的对话框关闭，对应的按钮自动更新为用户所选择的多项内容值。

例如，对上一节案例中的选择菜单代码进行相应的修改，代码如下。

```
<fieldset data-role="controlgroup">
 <select name="selY" id="selY" data-native-menu="false" multiple="true">
  <option>选择年份</option>
  <option value="2017">2016 年</option>
  <option value="2017">2017 年</option>
  <option value="2018">2018 年</option>
 </select>
 <select name="selM" id="selM" data-native-menu="false" multiple="true">
  <option>选择月份</option>
  <option value="1">1 月</option>
  <option value="2">2 月</option>
  <option value="3">3 月</option>
  <option value="4">4 月</option>
  <option value="5">5 月</option>
  <option value="6">6 月</option>
  <option value="7">7 月</option>
  <option value="8">8 月</option>
  <option value="9">9 月</option>
  <option value="10">10 月</option>
  <option value="11">11 月</option>
  <option value="12">12 月</option>
 </select>
</fieldset>
```

保存页面，在 Opera Mobile 模拟器中预览该页面，单击页面中的选择菜单，在弹出的选项对话框中可以选择多个选项，如图 15-29 所示。

在用户选择后，多项选择菜单对应的按钮中不仅会显示所选择的内容值，而且当选择超过两个选项时，在下拉图标的左侧还会显示一个圆角矩形框，在该圆角矩形框中显示用户所选择的选项总数。另外，在弹出的选项对话框中，选择某一个选项后，对话框不会自动关闭，必须单击左上角的"关闭"按钮，才算完成一次菜单的选择。

图 15-29　多项选择菜单元素效果

15.4　关于 jQuery Mobile 页面主题

主题是指一个 Web 站点或应用程序的外观，是最直接面对用户的操作界面，由于关系到用户的最终体验，其重要性不言而喻。在 jQuery Mobile 中为用户提供了多种不同风格的主题预设，可以使用户轻松地创建出不同主题的 jQuery Mobile 页面。

15.4.1　什么是 jQuery Mobile 页面主题

在 jQuery Mobile 中，由于每一个页面中的布局和组件都被设计成一个全新的面向对象的 CSS 框架，整个站点或应用的视觉风格可以通过这个框架得到统一。统一后的视觉设计主题称为 jQuery Mobile 主题样式系统。

在 jQuery Mobile 中，组件和页面布局的主题定义是通过使用一套完整的 CSS 样式来实现的，在这套 CSS 样式中包括两个重要组成部分。

- 结构

用于控制元素在屏幕中显示的位置、填充效果、内外边距等。

- 主题

用于控制元素的颜色、渐变、字体、圆角、阴影等视觉效果，并包含多套色板，每套色板中都定义了列表项、按钮、表单、工具栏、内容块、页面的全部视觉效果。

jQuery Mobile 中，CSS 样式中的结构和主题是分离的，因此只要定义一套 CSS 样式就可以反复与一套或多套主题配合或混合使用，从而实现页面布局和组件主题多样化的效果。

15.4.2　jQuery Mobile 页面主题的特点

jQuery Mobile 页面的主题主要有以下几个特点。

- 轻量级的文件

在 jQuery Mobile 中全面支持 CSS3.0 和 HTML5，页面中的圆角、阴影、渐变颜色和动画过渡效果等都是通过 CSS3.0 和 HTML5 实现的，而没有使用图片，大大减轻了服务器的负担。

- 轻量级的图标

在整个 jQuery Mobile 主题框架中，使用了一套简化的图标集，它包含了绝大部分在移动设备中使用的图标，极大减轻了服务器对图标处理的负荷。

- 灵活的主题

jQuery Mobile 主题框架系统提供了多套可供选择的主题和色调，并且每套主题之间都可以混搭，丰富 jQuery Mobile 页面的视觉设计效果。

- 便捷的自定义主题

在 jQuery Mobile 页面中除了可以使用系统框架提供的主题外，还允许开发者自定义主题框架，从而实现 jQuery Mobile 页面设计的多样性。

从以上 jQuery Mobile 页面的主题特点不难看出，jQuery Mobile 中每个应用程序或组件都提供了文件轻巧、样式丰富、处理便捷的样式主题，极大方便了开发人员的使用。

15.4.3　默认的 jQuery Mobile 页面主题

根据 jQuery Mobile 版本的不同，jQuery Mobile 所提供的默认页面主题也有所不同，目前提供的最新的 jQuery Mobile 1.4.5 版本中提供了两套主题样式，分别使用字母 a 和 b 进行引用。而在 jQuery Mobile 1.1.1 版本中提供了 5 套主题样式，分别使用字母 a、b、c、d 和 e 进行引用。

除了可以使用系统提供的主题样式外，开发者还可以很方便地修改系统主题中的各类属性值，并快捷地自定义属于自己的主题。

在默认情况下，jQuery Mobile 中头部栏与尾部栏的主题是 a 字母，因为 a 字母代表最高的视觉效果。如果需要改变某组件或容器当前的主题，只需要将它的 data-theme 属性值设置成主题对应的样式字母即可。

练习

应用 jQuery Mobile 页面的默认主题

最终文件：光盘\最终文件\第 15 章\15-4-3.html　　　*视频：光盘\视频\第 15 章\15-4-3.mp4*

01. 新建 HTML5 页面，将其保存为 "光盘\源文件\第 15 章\15-4-3.html"。在 <head>与</head>标签之间添加<meta>标签设置和加载 jQuery Mobile 1.4.5 函数库代码。

```
<head>
<meta charset="utf-8">
<title>应用 jQuery Mobile 页面的默认主题</title>
<meta name="viewport" content="width=device-width,initial-scale=1">
<link   rel="stylesheet"   href="http://code.jquery.com/mobile/1.4.5/jquery.
mobile-1.4.5.min.css" />
<script src="http://code.jquery.com/jquery-1.11.1.min.js"></script>
<script  src="http://code.jquery.com/mobile/1.4.5/jquery.mobile-1.4.5.min.js">
</script>
</head>
```

02. 在<body>与</body>标签之间编写 jQuery Mobile 页面代码。

```
<div id="page1" data-role="page" data-theme="a">
  <div data-role="header"><h1>默认主题a</h1></div>
  <div data-role="content">
    <p>正文内容</p>
    <a href="#" data-role="button">按钮</a>
    <p><a href="#page1">查看主题 a 效果</a></p>
    <p><a href="#page2">查看主题 b 效果</a></p>
  </div>
  <div data-role="footer"><h4>页脚</h4></div>
</div>
<div id="page2" data-role="page" data-theme="b">
```

```
<div data-role="header"><h1>默认主题b</h1></div>
<div data-role="content">
  <p>正文内容</p>
  <a href="#" data-role="button">按钮</a>
  <p><a href="#page1">查看主题 a 效果</a></p>
  <p><a href="#page2">查看主题 b 效果</a></p>
</div>
<div data-role="footer"><h4>页脚</h4></div>
</div>
```

03.　保存页面，在 Opera Mobile 模拟器中预览该页面，可以看到默认主题 a 的效果，如图 15-30 所示。单击页面中"查看主题 b 效果"文字链接，跳转到默认主题 b 的效果页面，可以看到默认主题 b 的效果，如图 15-31 所示。

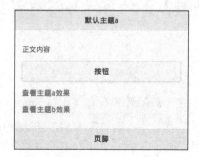

图 15-30　 默认 a 主题效果　　　　　　　图 15-31　 默认 b 主题效果

15.4.4　如何修改默认的 jQuery Mobile 页面主题

　　虽然 jQuery Mobile 中提供了系统自带的主题，但大部分开发人员还是希望可以根据应用的需求，修改相应的主题结构和色调。实现的方法也很简单，只要打开定义主题的 CSS 样式表文件，找到需要修改的元素，调整对应的属性值，然后保存文件即可。

　　需要注意的是，在前面讲解 jQuery Mobile 的过程中，都是使用链接 URL 地址的 jQuery Mobile 函数库文件的方法制作 jQuery Mobile 页面的，代码如下。

```
<link   rel="stylesheet"   href="http://code.jquery.com/mobile/1.4.5/jquery.
mobile-1.4.5.min.css" />
<script src="http://code.jquery.com/jquery-1.11.1.min.js"></script>
<script src="http://code.jquery.com/mobile/1.4.5/jquery.mobile-1.4.5.min.js">
</script>
```

　　这种方式所使用的 jQuery Mobile 函数库文件放置在远程服务器中，而并非本地机算机中，所以只能查看而不能修改。如果需要修改 jQuery Mobile 系统主题样式，则需要将 jQuery Mobile 函数库文件下载到本地计算机中，链接本地 jQuery Mobile 函数库文件才可以修改。

练习

修改 jQuery Mobile 页面的默认效果

最终文件：光盘\最终文件\第 15 章\15-4-4.html　　　视频：光盘\视频\第 15 章\15-4-4.mp4

01.　新建 HTML5 页面，将其保存为"光盘\源文件\第 15 章\15-4-4.html"。在

<head>与</head>标签之间添加<meta>标签设置和加载 jQuery Mobile 1.4.5 函数库代码。

```
<head>
<meta charset="utf-8">
<title>修改 jQuery Mobile 页面的默认效果</title>
<meta name="viewport" content="width=device-width,initial-scale=1">
<link href="js/jquery.mobile-1.4.5.css" rel="stylesheet" type="text/css">
<script src="js/jquery-1.11.1.min.js"></script>
<script src="js/jquery.mobile-1.4.5.min.js"></script>
</head>
```

提示　　　注意，此处链接的 jQuery Mobile 函数库文件是本地计算机中的文件，并非 URL 服务器上的文件。可以从 jQuery 官方网站中下载到相应的函数库文件。

02. 在<body>与</body>标签之间编写 jQuery Mobile 页面代码。

```
<div id="page1" data-role="page">
  <div data-role="header"><h1>头部标题</h1></div>
  <div data-role="content">
   <p>正文内容</p>
   <a href="#" data-role="button">按钮</a>
  </div>
  <div data-role="footer"><h4>页脚</h4></div>
</div>
```

03. 保存页面，在 Opera Mobile 模拟器中预览该页面，可以看到页面默认的外观效果，如图 15-32 所示。转换到 jQuery Mobile 默认的 CSS 样式表文件 jquery.mobile-1.4.5.css 文件中，找到名为.ui-bar-a 的类 CSS 样式设置代码，如图 15-33 所示。

图 15-32　默认主题效果

```
.ui-bar-a,
.ui-page-theme-a .ui-bar-inherit,
html .ui-bar-a .ui-bar-inherit,
html .ui-body-a .ui-bar-inherit,
html body .ui-group-theme-a .ui-bar-inherit {
    background-color: #e9e9e9 /*{a-bar-background-color}*/;
    border-color: #ddd /*{a-bar-border}*/;
    color: #333 /*{a-bar-color}*/;
    text-shadow: 0 1px 0 #eee;
    font-weight: bold;
}
```

图 15-33　CSS 样式代码

04. 对相应的 CSS 样式设置代码进行修改，例如，这里修改背景颜色和文字颜色，如图 15-34 所示。保存 jquery.mobile-1.4.5.css 样式表文件，在 Opera Mobile 模拟器中预览该页面，可以看到修改后的头部栏和尾部栏效果，如图 15-35 所示。

```
.ui-bar-a,
.ui-page-theme-a .ui-bar-inherit,
html .ui-bar-a .ui-bar-inherit,
html .ui-body-a .ui-bar-inherit,
html body .ui-group-theme-a .ui-bar-inherit {
    background-color: #69F /*{a-bar-background-color}*/;
    border-color: #ddd /*{a-bar-border}*/;
    color: #FFF /*{a-bar-color}*/;
    text-shadow: 0 1px 0 #eee;
    font-weight: bold;
}
```

图 15-34　修改 CSS 样式设置

图 15-35　预览修改后的效果

在本实例中，被修改的系统主题类 CSS 样式.ui-bar-a 有着特定的结构，其中，字符"-bar"表示该类别是用于控制 header 和 footer 容器显示的；字符"-a"表示该类别属于系统主题 a 级别。

除了可以通过修改默认的主题 CSS 样式表文件中的 CSS 样式设置来改变页面主题效果外，还可以通过自定义 jQuery Mobile 页面主题和定义 CSS 样式对元素的默认样式进行覆盖的方法修改页面的主题效果。

15.5 自定义 jQuery Mobile 页面主题

前面介绍了如何修改系统自带的主题，实现的方法十分简单。但由于是对源 CSS 样式文件进行的修改，每次当版本更新后，都需要对新版本的文件重新覆盖修改后的代码，操作不是很方便。为此，可以重新编写一个单独的 CSS 文件，专门用于定义页面与组件的主题样式。该文件与系统文件同时并存，实现用户自定义主题的功能。

jQuery Mobile 中可以自定义主题类，可以定义到字母 z，如表 15-1 所示，列出了 jQuery Mobile 页面中可以定义的主题类，字母（a~z）表示 CSS 样式可以指定 a 到 z。例如，ui-bar-a 或 ui-bar-b 等。

表 15-1　jQuery Mobile 中的主题类

类样式名称	说明
ui-page-theme-(a-z)	用于设置页面整体
ui-bar-(a-z)	用户设置页面头部栏和尾部栏及其他栏目
ui-body-(a-z)	用于设置页面内容块，包括列表视图、弹窗、侧栏、面板、加载、折叠。在 jQuery Mobile 1.4.0 以上版本中已经废弃
ui-btn-(a-z)	用于设置按钮
ui-group-theme-(a-z)	用于设置控制组的演示 listviews 和 collapsible 集合
ui-overlay-(a-z)	用于设置页面背景颜色，包括对话框、弹出窗口和其他出现在最顶层的页面容器

15.5.1 自定义 jQuery Mobile 页面背景

页面主题由包含了整个页面的样式化了的 HTML 元素构成。jQuery Mobile 推荐的页面结构由一个< div>组成，该元素包含了一个值为 page 的 data-role 属性。如果要样式化这一元素，在其之上应用一个 data-theme 属性，并为其指定一个唯一的且是未用过的主题值，这样就可以为该页面写一个自定义的 CSS。

 练习

自定义 jQuery Mobile 页面背景

最终文件：光盘\最终文件\第 15 章\15-5-1.html　　视频：光盘\视频\第 15 章\15-5-1.mp4

01．新建 HTML5 页面，将其保存为"光盘\源文件\第 15 章\15-5-1.html"。在

<head>与</head>标签之间添加<meta>标签设置和加载 jQuery Mobile 函数库代码。与前面案例相同。

```
<head>
<meta charset="utf-8">
<title>自定义 jQuery Mobile 页面背景</title>
<meta name="viewport" content="width=device-width,initial-scale=1">
<link   rel="stylesheet"   href="http://code.jquery.com/mobile/1.4.5/jquery.
mobile-1.4.5.min.css" />
<script src="http://code.jquery.com/jquery-1.11.1.min.js"></script>
<script              src="http://code.jquery.com/mobile/1.4.5/jquery.mobile-
1.4.5.min.js"></script>
</head>
```

02. 在<body>与</body>标签之间编写 jQuery Mobile 页面代码。

```
<div id="page1" data-role="page">
  <div data-role="header"><h1>Endeka 工作室</h1></div>
  <div data-role="content">
    <div id="logo">
    <img src="images/155102.png"/>
    </div>
  </div>
  <div data-role="footer"><h4>CopyRight &copy; 2017 Endeka</h4></div>
</div>
```

03. 保存页面，在 Opera Mobile 模拟器中预览该页面，可以看到页面默认的效果，如图 15-36 所示。新建外部 CSS 样式表文件，将其保存为 "光盘\源文件\第 15 章\style\15-5-1.css"。在<head>与</head>标签之间添加<link>标签链接刚创建的外部 CSS 样式表文件，如图 15-37 所示。

图 15-36　预览页面效果

```
<head>
<meta charset="utf-8">
<title>自定义jQuery Mobile页面背景</title>
<meta name="viewport" content="width=device-width,initial-scale=1">
<link rel="stylesheet" href=
"http://code.jquery.com/mobile/1.4.5/jquery.mobile-1.4.5.min.css" />
<link href="style/15-5-1.css" rel="stylesheet" type="text/css">
<script src="http://code.jquery.com/jquery-1.11.1.min.js"></script>
<script src=
"http://code.jquery.com/mobile/1.4.5/jquery.mobile-1.4.5.min.js">
</script>
</head>
```

图 15-37　链接外部 CSS 样式表文件

04. 在外部 CSS 样式表文件中创建名为.ui-page-theme-d 的 CSS 样式，如图 15-38 所示。返回 jQuery Mobile 页面中，在 page 容器标签中添加 data-theme 属性设置，引用刚创建主题 d，如图 15-39 所示。

```css
.ui-page-theme-d {
    background-image: url(../images/155101.jpg);
    background-repeat: no-repeat;
    background-position: center top;
    background-size: cover;
}
```

图 15-38　CSS 样式代码

```html
<div id="page1" data-role="page" data-theme="d">
  <div data-role="header"><h1>Endeka工作室</h1></div>
  <div data-role="content">
    <div id="logo">
    <img src="images/155102.png"/>
    </div>
  </div>
  <div data-role="footer"><h4>CopyRight &copy; 2017
Endeka</h4></div>
</div>
```

图 15-39　应用刚创建的主题

05. 保存页面，在 Opera Mobile 模拟器中预览该页面，可以看到页面的效果，如图 15-40 所示。在外部 CSS 样式表文件中创建相应的 CSS 样式，对 jQuery Mobile 页面中内容区域的元素进行控制，如图 15-41 所示。

图 15-40　预览页面效果

```css
#logo {
    width: 100%;
    height: 100%;
    text-align: center;
}
#logo img {
    position: absolute;
    width: 80%;
    height: auto;
    left: 50%;
    margin-left: -40%;
    top: 35%;
}
```

图 15-41　CSS 样式代码

06. 保存页面，在 Opera Mobile 模拟器中预览该页面，可以看到页面的效果，如图 15-42 所示。返回页面中，在底部的 footer 元素中添加 data-position 属性设置，将其固定显示在页面的底部，如图 15-43 所示。

图 15-42　预览页面效果

```html
<div id="page1" data-role="page" data-theme="d">
  <div data-role="header"><h1>Endeka工作室</h1></div>
  <div data-role="content">
    <div id="logo">
    <img src="images/155102.png"/>
    </div>
  </div>
  <div data-role="footer" data-position="fixed"><h4>
CopyRight &copy; 2017 Endeka</h4></div>
</div>
```

图 15-43　添加属性设置

07. 保存页面，在 Opera Mobile 模拟器中预览该页面，可以看到页面的效果，如图 15-44 所示。

在本案例中创建了一个名称为 d 的页面整体主题样式，但是并没有创建该主题样式中关于工具栏的相关样式，所以页面中的工具栏显示为默认的效果，在下一节中将介绍如何自定义 jQuery Mobile 页面工具栏样式。

图 15-44　预览页面效果

15.5.2　自定义 jQuery Mobile 页面工具栏

在 jQuery Mobile 中，工具栏所包含的头部栏与尾部栏默认的主题是 a，也可以直接在工具栏容器标签中添加 data-theme 属性来指定其所需要使用的主题。

如果需要自定义工具栏主题样式，则可以创建.ui-bar-(a-z)类 CSS 样式，再通过 data-theme 属性来调整所定义的主题样式即可。

 练习

自定义 jQuery Mobile 页面工具栏

最终文件：光盘\最终文件\第 15 章\15-5-2.html　　　视频：光盘\视频\第 15 章\15-5-2.mp4

01. 新建 HTML5 页面，将其保存为"光盘\源文件\第 15 章\15-5-2.html"。根据 15.5.1 节中案例的制作方法，制作该页面，页面的 HTML 代码如下。

```
<!doctype html>
<html>
<head>
<meta charset="utf-8">
<title>自定义 jQuery Mobile 页面工具栏</title>
<meta name="viewport" content="width=device-width,initial-scale=1">
<link rel="stylesheet" href="http://code.jquery.com/mobile/1.4.5/jquery.
mobile-1.4.5.min.css" />
<link href="style/15-5-2.css" rel="stylesheet" type="text/css">
<script src="http://code.jquery.com/jquery-1.11.1.min.js"></script>
<script src="http://code.jquery.com/mobile/1.4.5/jquery.mobile-1.4.5.min.js">
</script>
</head>
<body>
```

```
<div id="page1" data-role="page" data-theme="d">
  <div data-role="header"><h1>Endeka 工作室</h1></div>
  <div data-role="content">
    <div id="logo">
    <img src="images/155102.png"/>
    </div>
  </div>
  <div data-role="footer" data-position="fixed"><h4>CopyRight &copy; 2017
Endeka</h4></div>
  </div>
  </body>
  </html>
```

02. 该页面所链接的外部 CSS 样式表文件 15-5-2.css 中的代码如图 15-45 所示。在 Opera Mobile 模拟器中预览该页面，可以看到页面中头部栏和尾部栏的效果，如图 15-46 所示。

```
#logo {
    width: 100%;
    height: 100%;
    text-align: center;
}
#logo img {
    position: absolute;
    width: 80%;
    height: auto;
    left: 50%;
    margin-left: -40%;
    top: 35%;
}
.ui-page-theme-d {
    background-image: url(../images/155101.jpg);
    background-repeat: no-repeat;
    background-position: center top;
    background-size: cover;
}
```

图 15-45　CSS 样式代码　　　　　　　图 15-46　预览页面效果

03. 在外部 CSS 样式表文件中创建名为.ui-bar-d 的 CSS 样式，如图 15-47 所示。返回 jQuery Mobile 页面中，在头部栏和尾部栏的<div>标签中修改 data-theme 属性的值为 d，应用刚定义的 d 主题，如图 15-48 所示。

```
.ui-bar-d {
    background-color: rgba(0,0,0,0.4);
    border-bottom: solid 1px #000;
    border-top: none;
    color: #FFF;
    font-family: 微软雅黑;
    font-size: 1em;
    font-weight: normal;
    text-shadow: none;
}
```

```
<div id="page1" data-role="page" data-theme="d">
  <div data-role="header" data-theme="d"><h1>Endeka工
作室</h1></div>
  <div data-role="content">
    <div id="logo">
    <img src="images/155102.png"/>
    </div>
  </div>
  <div data-role="footer" data-position="fixed"
data-theme="d"><h4>CopyRight &copy; 2017 Endeka</h4>
  </div>
  </div>
```

图 15-47　CSS 样式代码　　　　　　　图 15-48　应用创建的主题样式

04. 保存外部 CSS 样式表文件，在 Opera Mobile 模拟器中预览该页面，可以看到页面中自定义的头部栏和尾部栏的效果，如图 15-49 所示。如果希望头部栏和尾部栏的效果不同，可以再创建一个工具栏样式。在外部 CSS 样式表文件中创建名为.ui-bar-e 的 CSS 样式，如图 15-50 所示。

```css
.ui-bar-e {
    background-color: #333;
    border: none;
    color: #FFF;
    font-family: arial;
    font-size: 0.8em;
    font-weight: 100;
    text-shadow: none;
}
```

图 15-49　预览页面效果　　　　　　　　图 15-50　CSS 样式代码

05. 返回 jQuery Mobile 页面中，在尾部栏的<div>标签中修改 data-theme 属性的值为 e，应用刚定义的 e 主题，如图 15-51 所示。保存外部 CSS 样式表文件，在 Opera Mobile 模拟器中预览该页面，可以看到页面中自定义的头部栏和尾部栏的效果，如图 15-52 所示。

```html
<div id="page1" data-role="page" data-theme="d">
  <div data-role="header" data-theme="d"><h1>Endeka工
作室</h1></div>
  <div data-role="content">
    <div id="logo">
      <img src="images/155102.png"/>
    </div>
  </div>
  <div data-role="footer" data-position="fixed"
data-theme="e"><h4>CopyRight &copy; 2017 Endeka</h4>
  </div>
</div>
```

图 15-51　应用创建的主题样式　　　　　　图 15-52　预览页面效果

15.5.3　自定义 jQuery Mobile 页面内容区域

与页面主题相比，内容主题所影响的范围小一些。内容主题所针对的范围仅局限于页面的 content 容器，该容器之外的元素不受影响。

此外，在内容区域 content 容器中，还可以通过 data-content-theme 属性设置可折叠区块中显示区域的主题，而这一主题是独立的、自定义的，不受限于内容区域 content 容器的主题。

练习

自定义可折叠区块主题

最终文件：光盘\最终文件\第 15 章\15-5-3.html　　　视频：光盘\视频\第 15 章\15-5-3.mp4

01. 新建 HTML5 页面，将其保存为"光盘\源文件\第 15 章\15-5-3.html"。在 <head>与</head>标签之间添加<meta>标签设置和加载 jQuery Mobile 函数库代码，与前面案例相同。

02. 在<body>与</body>标签之间编写 jQuery Mobile 页面代码。

```
<div id="page1" data-role="page">
 <div data-role="header" data-theme="b"><h1>天气详情</h1></div>
 <div data-role="content">
   <div data-role="collapsible" data-theme="b" data-content-theme="a">
     <h3 data-role="none">今日天气</h3>
     <p>晴，气温：<code>37～24</code>度，西风<em>1-2</em>级</p>
   </div>
   <div data-role="collapsible" data-theme="a" data-content-theme="b">
     <h3>明日天气</h3>
     <p>晴，气温：<code>38～26</code>度，东风<em>2-3</em>级</p>
   </div>
 </div>
 <div data-role="footer" data-theme="b"><h4>页脚</h4></div>
</div>
```

03. 保存页面，在 Opera Mobile 模拟器中预览该页面，可以看到页面中可折叠区块的效果，如图 15-53 所示。将可折叠区块展示，可以看到为可折叠区块应用的主题效果，如图 15-54 所示。

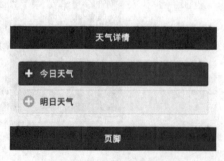

图 15-53　预览页面效果

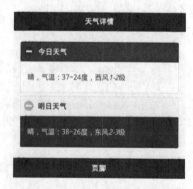

图 15-54　可折叠区块主题效果

　　　　在 collapsible 可折叠区块容器中，设置 data-theme 和 data-content-theme 属性的值，可以修改可折叠区块的主题。前者针对的是可折叠区块的标题部分，后者针对的是可折叠区块的内容显示区域部分。如果两个属性都不设置，将自动继承 content 内容容器所使用或默认的主题。

15.6　本章小结

本章重点介绍了 jQuery Mobile 页面中的列表组件、按钮组件和表单组件的创建和设置方法，并且还介绍了 jQuery Mobiel 页面中主题的应用和自定义主题的方法，结合实例的制作，使读者能够更加轻松地掌握 jQuery Mobile 页面中组件和主题的应用和设置，从而制作出更加精美的 jQuery Mobile 页面。

15.7　课后习题

一、选择题

1. 在 jQuery Mobile 页面中创建无序列表，正确的标签写法是?（　　　）
   A. `<ul></ul>`
   B. `<ol></ol>`
   C. `<ul data-role="listview"></ul>`
   D. `<ol data-role="listview"></ol>`

2. 以下哪一项是 jQuery Mobile 页面中的搜索表单组件代码?（　　　）
   A. `<input type="text" value="">`
   B. `<input type="search" value="">`
   C. `<input type="tel" value="">`
   D. `<input type="number" value="">`

3. 在 jQuery Mobile 1.4.5 版本中提供了几套主题样式?（　　　）
   A. 1 套　　　　　B. 2 套　　　　　C. 3 套　　　　　D. 5 套

4. 以下哪个类 CSS 样式用于设置 jQuery Mobile 页面整体的主题样式?（　　　）
   A. .ui-body-(a-z)　　　　　　　　　　B. .ui-bar-(a-z)
   C. .ui-page-theme-(a-z)　　　　　　　D. .ui-group-theme-(a-z)

二、判断题

1. 前在 jQuery Mobile 中，列表中的分割只支持分割成两部分，即在`<li>`元素中，只允许有两个`<a>`标签出现，如果添加两个以上的`<a>`标签，会将最后一个元素作为分割线右侧部分。（　　　）

2. jQuery Mobile 页面选择菜单组件与 PC 端的选择菜单元素完全相同，用户只能在下拉列表中选择一个选项。（　　　）

三、简答题

1. 如何对 jQuery Mobile 页面中的列表选项进行分割?
2. 简单介绍什么是 jQuery Mobile 页面的主题。

第 16 章

使用 jQuery Mobile 页面事件

jQuery Mobile 完全使用 HTML5 和 CSS3.0 特性开发移动项目的页面功能，为开发者提供了大量实用、可供扩展的 API 接口。借助 jQuery Mobile API 拓展事件，可以在页面触摸、滚动、加载、显示与隐藏的事件中，编写特定的代码，实现事件触发时需要完成的功能。本章将介绍 jQuery Mobile 常用事件的使用方法和技巧。

本章知识点：
- 掌握 jQuery Moible 页面相关事件的使用方法
- 掌握 jQuery Mobile 触摸事件的使用方法
- 掌握 jQuery Mobile 屏幕滚动事件的使用方法
- 掌握 jQuery Mobile 屏幕翻转事件的使用方法
- 理解并掌握 jQuery Mobile 页面的设置技巧

16.1 应用 jQuery Mobile 事件

在移动终端设备中，有一类事件无法触发（如鼠标事件或窗口事件），但它们又客观存在。因此，在 jQuery Mobile 中，借助框架的 API 将这种类型的事件扩展为专门用于移动终端设备的事件，如触摸、设备翻转、页面切换等，开发人员可以使用 live() 或 bind() 进行绑定。

16.1.1 页面显示/隐藏事件

在 jQuery Mobile 中，当不同页面间或同一个页面不同容器间相互切换时，将触发页面中的显示或隐藏事件。具体的事件类型有 4 个，说明如表 16-1 所示。

表 16-1　页面显示/隐藏事件

事件	说明
pagebeforeshow（页面显示前事件）	当页面在显示之前，实际切换正在进行时触发，该事件回调函数传回的数据对象中有一个 prevPage 属性，该属性是一个 jquery 集合对象，它可以获取正在切换远离页面的全部 DOM 元素
pagebeforehide（页面隐藏前事件）	当页面在隐藏之前，实际切换正在进行时触发，此事件回调函数传回的数据对象中有一个 nextPage 属性，该属性是一个 jquery 集合对象，它可以获取正在切换目标页面的全部 DOM 元素
pageshow（页面显示完成事件）	当页面切换完成时触发，该事件回调函数传回的数据对象中有一个 prevPage 属性，该属性是一个 jquery 集合对象，它可以获取正在切换之前上一页面的全部 DOM 元素
pagehide（页面隐藏完成事件）	当页面隐藏完成时触发，该事件回调函数传回的数据对象中有一个 nextPage 属性，该属性是一个 jquery 集合对象，它可以获取切换之后当前页面的全部 DOM 元素

16.1.2　加载外部页面事件

外部页面加载时会触发两个事件，一个是 pagebeforeload，另一个是当页面载入成功时会触发 pageload 事件，载入失败时会触发 pageloadfailed 事件，说明如表 16-2 所示。

表 16-2　加载外部页面事件

事件	说明
pageload 事件	pageload 事件的使用方法如下。 ```\n$(document).on("pageload",function(event,data){\n alert("URL: "+data.url);\n})\n``` pageload 事件的处理函数包括 event 和 data，说明如下。 ➢ event：任何 jQuery 的事件属性，例如，event.target、event.type、event.pageX 等。 ➢ data：包括 6 个属性，分别是 url 属性，字符串（string）类型，页面的 URL 地址；absUrl 属性，字符串（string）类型，绝对路径；dataUrl 属性，字符串（string）类型，地址栏的 URL；options(object)属性，对象（object）类型，$.mobile.loadpage()指定的选项；xhr 属性，对象（object）类型，XMLHttpRequest 对象；textStatus 属性，对象（object）状态或空值（null），返回状态
pageloadfailed 事件	如果页面加载失败，就会触发 pageloadfailed 事件，默认会出现 Error Loading Page 字样，该事件的使用方法如下。 ```\n$(document).on("pageloadfailed",function(){\n alert("页面加载失败! ");\n})\n```

16.1.3　页面切换事件

在 jQuery Mobile 页面中，各页面之间相互切换会显示相应的动画过渡效果，这样的页面切换效果使 jQuery Mobile 页面的切换更加自然。

jQuery Mobile 中切换页面的语法格式如下。

```
$(":mobile-pagecontainer").pagecontainer("change",to[,options]);
```

to 属性用于设置想要切换的目标页面，其值必须是字符串或者 DOM 对象，内部页面可以直接指定 DOM 对象 id 名称。例如，要切换到 id 名称为 page2 的页面，可以写为 #page2；要链接外部页面，必须以字符串方式表示，例如，home.html。

option 属性可以省略不写，其属性取值如表 16-3 所示。

表 16-3　页面切换事件的属性

属性	说明
allowSamePageTransition	是否允许切换到当前页面，默认值为 false
changeHash	是否更新浏览记录。如果将该属性设置为 false，则当前页面浏览记录会被清除，用户无法通过"上一页"按钮返回。默认值为 true
dataUrl	更新地址栏的 url

续表

属性	说明
loadMsgDelay	加载画面延迟秒数，单位为 ms（毫秒），默认值为 50，如果页面在此秒数这前加载完成，就不会显示正在加载中的信息画面
reload	当页面已经在 DOM 中，是否要将页面重新加载。默认值为 false
reverse	页面切换效果是否需要反向，如果设置为 true，就要模拟返回上一页的效果。默认值为 false
showLoadMsg	是否要显示加载中的信息画面，默认值为 true
transition	切换页面时使用的转场动画效果
type	当 to 属性的目标页面是 URL 时，指定 HTTP Method 使用 get 或 post，默认值为 get

其中，transition 属性用来指定页面过渡动画效果，如飞入、弹出或淡入淡出效果等共 6 种，如表 16-4 所示。

表 16-4　transition 属性的过渡动画效果

属性值	说明
slide	从右到左过渡
slideup	从下至上过渡
slidedown	从上到下过渡
pop	从小点到全屏幕过渡
fade	淡入淡出过渡
flip	2D 或 3D 旋转动画过渡，只有支持 3D 效果的设备才能使用

 练习

设置 jQuery Mobile 页面切换过渡动画效果

最终文件：光盘\最终文件\第 16 章\16-1-3.html　　　视频：光盘\视频\第 16 章\16-1-3.mp4

01. 新建 HTML5 页面，将其保存为"光盘\源文件\第 16 章\16-1-3.html"。在 \<head\>与\</head\>标签之间添加\<meta\>标签设置和加载 jQuery Mobile 函数库代码，与前面案例相同。

02. 在\<body\>与\</body\>标签之间编写 jQuery Mobile 页面代码。

```
<div id="page1" data-role="page" data-theme="a" class="demo_page">
  <div data-role="header">
    <h1>菜单选项</h1>
  </div>
  <div data-role="content">
    <ul data-role="listview">
      <li><a href="#page2" id="goSecond">关于我们</a></li>
      <li><a href="#">我们的作品</a></li>
      <li><a href="#">服务范围</a></li>
      <li><a href="#">联系我们</a></li>
    </ul>
```

```
    </div>
    <div data-role="footer"><h4>页脚</h4></div>
  </div>
  <div id="page2" data-role="page" data-theme="b" class="demo_page">
    <div data-role="header">
      <a href="#page1" data-transition="pop">返回</a>
      <a href="#page1" id"goFirst">第一页</a>
      <h1>关于我们</h1>
    </div>
    <div data-role="content">
      <p>    工作室成立于 2014 年初，在互动设计和互动营销领域有着独特理解。我们一直专注于互
联网整合营销传播服务，以客户品牌形象为重，提供精确的策划方案与视觉设计方案，团队整体有着国际化
意识与前瞻思想；以视觉设计创意带动客户品牌提升，洞察互联网发展趋势。<p>
    </div>
    <div data-role="footer"><h4>页脚</h4></div>
  </div>
```

03. 在页面头部<head>与</head>标签之间添加相应的 JavaScript 脚本代码。

```
<script type="text/javascript">
$(document).one("pagecreate",".demo_page",function(){
    $("#goSecond").on("click",function(){
        $(":mobile-pagecontainer").pagecontainer("change","#page2",{
            transition:"slideup"
        });
    });
    $("#goFirst").on("click",function(){
        $(":mobile-pagecontainer").pagecontainer("change","#page1",{
            transition:"slidedown"
        });
    });
})
</script>
```

在该部分 JavaScript 代码中，设置单击 id 名称为 goSecond 的超链接时，页面切换的动
画过渡效果为 slideup；单击 id 名称为 goFirst 的超链接时，页面切换的动画过渡效果为
slidedown。该设置不会对页面中其他的超链接所产生的页面切换动画过渡效果产生影响。

04. 保存页面，在 Opera Mobile 模拟器中预览该页面，可以看到页面的效果，如图
16-1 所示。单击第一个页面中的"关于我们"链接文字时，会显示由下往上滑入切换过渡到
第二页，如图 16-2 所示。单击第二个页面中的"第一页"按钮时，会显示由上往下滑入切
换过渡到第一页。

　　除了可以使用 JavaScript 代码的方式改变页面切换的动画效果外，还可以直接在超链接
标签<a>中添加 data-transition 属性设置，该属性用于设置超链接所产生的页面跳转动画过渡
效果。

图 16-1　第一页效果

图 16-2　第二页效果

16.1.4　触摸事件

在 jQuery Mobile 中，触摸事件包括 5 种类型。

* tap（轻击）事件

用户完成一次快速完整的轻击页面屏幕时触发，使用方法如下。

```
$("div").on("tap",function(){
  $(this).hide();
})
```

以上代码表示当在屏幕中单击了 div 对象后，就会在页面中隐藏该 div 对象。

* taphold（轻击不放）事件

用户完成一次轻击页面屏幕且保持不放（大约 1 秒）时触发，使用方法如下。

```
$("div").on("taphold",function(){
  $(this).hide();
})
```

以上代码表示，当在屏幕中单击某个 div 对象不放，大约 1 秒之后，就会在页面中隐藏该 div 对象。

* swipe（滑动）事件

用户在 1 秒内水平拖曳屏幕距离大于 30px 或垂直拖曳屏幕距离小于 20px 时触发。swipe 事件的使用方法如下。

```
$("div").on("swipe",function(){
  $("span").text("正在滑动屏幕");
})
```

以上代码表示，当在屏幕中某个 div 对象中滑动屏幕时，在页面中的<span>标签中显示相应的信息。

触发 swipe 事件时相关属性说明如表 16-5 所示。

表 16-5　触发 swipe 事件时相关属性说明

属性	说明
scrollSupressionThreshold	该属性默认值为 10px，水平拖曳大于该值则停止

续表

属性	说明
durationThrehold	该属性默认值为 1000ms，划动时超过该值则停止
horizontalDistanceThreshold	该属性默认值为 30px，水平拖曳超出该值时才能滑动
verticalDistanceThreshold	该属性默认值为 75px，垂直拖曳小于该值时才能滑动

- swipeleft（向左滑动）事件

用户向左侧滑动屏幕时触发该事件，其使用方法如下。

```
$("div").on("swipeleft",function(){
  $("span").text("正在向左滑动屏幕");
})
```

以上代码表示，当在屏幕中某个 div 对象中向左滑动屏幕时，在页面中的<span>标签中显示相应的信息。

- swiperight（向右划动）事件

用户向右侧滑动屏幕时触发该事件，其使用方法如下。

```
$("div").on("swiperight",function(){
  $("span").text("正在向右滑动屏幕");
})
```

以上代码表示，当在屏幕中某个 div 对象中向右滑动屏幕时，在页面中的<span>标签中显示相应的信息。

swipeleft 与 swiperight 事件常用于移动项目中的页面元素向左或向右的滑动查看，如相册中的图片浏览。

 练习

使用触摸事件实现滑动屏幕浏览图片

最终文件：光盘\最终文件\第 16 章\16-1-4.html　　视频：光盘\视频\第 16 章\16-1-4.mp4

01. 新建 HTML5 页面，将其保存为"光盘\源文件\第 16 章\16-1-4.html"。在<head>与</head>标签之间添加<meta>标签设置和加载 jQuery Mobile 函数库代码，与前面案例相同。

02. 在<body>与</body>标签之间编写 jQuery Mobile 页面代码。

```
<div id="page1" data-role="page" data-theme="b">
  <div data-role="header">
    <h1>平面设计作品欣赏</h1>
  </div>
  <div data-role="content">
    <div class="ifrswipt">
      <ul id="ifrswipt">
        <li><img src="images/161401.jpg" alt="" class="imgswipt"></li>
        <li><img src="images/161402.jpg" alt="" class="imgswipt"></li>
        <li><img src="images/161403.jpg" alt="" class="imgswipt"></li>
        <li><img src="images/161404.jpg" alt="" class="imgswipt"></li>
        <li><img src="images/161405.jpg" alt="" class="imgswipt"></li>
        <li><img src="images/161406.jpg" alt="" class="imgswipt"></li>
```

```
        </ul>
      </div>
   </div>
   <div data-role="footer" data-position="fixed"><h4>CopyRight &copy; 2017 金
景盛意</h4></div>
   </div>
```

03. 保存页面，在 Opera Mobile 模拟器中预览该页面，可以看到页面的效果，如图
16-3 所示。新建外部 CSS 样式表文件，将其保存为"光盘\源文件\第 16 章\style\16-1-
4.css"。在<head>与</head>标签之间添加<link>标签链接刚创建的外部 CSS 样式表文件，
如图 16-4 所示。

```
<head>
<meta charset="utf-8">
<title>使用触摸事件实现滑动屏幕浏览图片</title>
<meta name="viewport" content="width=device-width,initial-scale=1">
<link rel="stylesheet" href=
"http://code.jquery.com/mobile/1.4.5/jquery.mobile-1.4.5.min.css" />
<link href="style/16-1-4.css" rel="stylesheet" type="text/css">
<script src="http://code.jquery.com/jquery-1.11.1.min.js"></script>
<script src=
"http://code.jquery.com/mobile/1.4.5/jquery.mobile-1.4.5.min.js">
</script>
</head>
```

图 16-3　预览页面效果　　　　　　　图 16-4　链接外部 CSS 样式表文件

04. 在外部 CSS 样式表文件中创建相应的 CSS 样式，对 jQuery Mobile 页面中内容区
域的元素进行控制，如图 16-5 所示。保存页面，在 Opera Mobile 模拟器中预览该页面，页
面效果如图 16-6 所示。

```
* {
    margin: 0px;
    padding: 0px;
}
.ifrswipt {
    position: relative;
    height: 470px;
    margin: 0 auto;
}
.ifrswipt ul {
    position: absolute;
    width: 3000px;
    overflow: hidden;
    top: 0px;
    left: 0px;
}

.ifrswipt li {
    list-style-type: none;
    display: inline-block;
    float: left;
    position: relative;
    margin: 0px 8px 0px 7px;
}
.imgswipt{
    cursor: pointer;
    border: solid 5px #FFF;
}
```

图 16-5　CSS 样式代码　　　　　　　　　　图 16-6　预览页面效果

> 此处添加的 CSS 样式主要是使页面中多个 li 标签中的图像能够在同一行中显示，并且对图像添加了边框效果。

05. 接下来需要添加 JavaScript 代码，通过 swipeleft 与 swiperight 事件实现在屏幕中左右滑动浏览图像的效果。转换到页面的 HTML 代码，在 jQuery Mobile 页面的结束标签之后添加相应的 JavaScript 脚本代码。

```html
<script type="text/javascript">
// 全局命名空间
var swiptimg = {
    $index: 0,
    $width: 352,
    $swipt: 0,
    $legth: 6
}
var $imgul = $("#ifrswipt");
$(".imgswipt").each(function() {
    $(this).swipeleft(function() {
        if (swiptimg.$index < swiptimg.$legth) {
            swiptimg.$index++;
            swiptimg.$swipt = -swiptimg.$index * swiptimg.$width;
            $imgul.animate({ left: swiptimg.$swipt }, "slow");
        }
    }).swiperight(function() {
        if (swiptimg.$index > 0) {
            swiptimg.$index--;
            swiptimg.$swipt = -swiptimg.$index * swiptimg.$width;
            $imgul.animate({ left: swiptimg.$swipt }, "slow");
        }
    })
})
</script>
```

在 JavaScript 脚本代码中首先定义了一个全局性对象 swiptimg，在该对象中设置需要使用的变量，并将获取的图片加载框架元素保存在$imgul 变量中。

无论是将图片绑定 swipeleft 事件还是 swiperight 事件，都需要调用 each()方法遍历全部图片。在遍历时，通过$(this)对象获取当前的图片元素，并将它与 swipeleft 和 swiperight 事件绑定。

在 swipeleft 事件中，先判断当前图片的索引变量 swiptimg.$index 值是否小于图片总量值$swiptimg.$legth，如果成立，索引变量自动增加 1，然后将需要滑动的长度值保存到变量 swiptimg.$swipt 中。然后，通过前面保存元素的$imgul 变量调用 jQuery 的 animate()方法，以动画的方式向左边移动指定的长度。

在 swiperight 事件中，由于是向右滑动，因此，先判断当前图片的索引变量 swiptimg.$index 的值是否大于 0，如果成立，说明整个图片框架已向左边滑动过，索引变量自动减少 1。然后，获取滑动时的长度值并保存到变量 swiptimg.$swipt 中。最后，通过前面保存元素的$imgul 变量调用 jQuery 的 animate()方法，以动画的方式向右边移动指定的长度。

06. 保存页面，在 Opera Mobile 模拟器中预览该页面，在页面中可以向左或向右滑动屏幕来浏览图片，如图 16-7 所示。

图 16-7　在预览页面中向左或向右滑动可以切换图片

　　每次滑动的长度值都与当前图片的索引变量相连，因此，每次的滑动长度都会不一样；另外，图片加载完成后，根据滑动的条件，必须按照先从右侧滑动至左侧，然后再从左侧滑动至右侧的顺序进行，其中，每次滑动时的长度和图片总数变量可以自行修改。

16.1.5　滚动屏幕事件

在 jQuery Mobile 中，屏幕滚动事件包含两种类型，一种为开始滚动事件 scrollstart，另一种为结束滚动事件 scrollstop。这两种类型的事件主要区别在于触发时间不同，前者是用户开始滚动屏幕中页面时触发，而后者是用户停止滚动屏幕中页面时触发。

练习

使用滚动屏幕事件改变元素的背景颜色

最终文件：光盘\最终文件\第 16 章\16-1-5.html　　视频：光盘\视频\第 16 章\16-1-5.mp4

01. 新建 HTML5 页面，将其保存为"光盘\源文件\第 16 章\16-1-5.html"。在<head>与</head>标签之间添加<meta>标签设置和加载 jQuery Mobile 函数库代码，与前面案例相同。

02. 在<body>与</body>标签之间编写 jQuery Mobile 页面代码。

```
<div id="page1" data-role="page" data-theme="b">
  <div data-role="header"><h1>关于我们</h1></div>
  <div data-role="content">
    <div id="main">
      <h2><img src="images/161501.png" alt=""></h2>
      <p>金景盛意文化传播有限公司是专业从事互联网相关业务开发的公司。专门提供全方位的优质
```
服务和最专业的网站建设方案为企业打造全新电子商务平台。七彩光年工作室成立于 1999 年，已经成为国

内著名的网站建设提供商。八年的风雨历程已成功的为中国教育部、中国文化部、国有资监督管理委员会……**</p>**

       <h3>我们的团队**</h3>**

       <p>成员都具有多年的实际设计工作经验，可以更好地满足客户的国际化需求。设计师由正规美院毕业，具有创意的思维模式、高超的设计技能，为您提供最适合您的设计方案。**</p>**

       <h3>我们的承诺**</h3>**

       <p>本工作室设计与制作的网站均属原创、不套用网上的任何模板，根据每个公司的行点，设计出属于客户……**</p>**

       <p><em>更多>>**</em></p>**

       </div>

    </div>

    <div data-role="footer"><h4>CopyRight © 2017 金景盛意**</h4></div>**

    </div>

    在所创建的 jQuery Mobile 页面的内容区域中添加<div>标签，并为该 div 元素设置 id 名称为 main，后面将通过 JavaScript 脚本代码对该 id 名称的 div 元素进行设置和操作。

    03．保存页面，在 Opera Mobile 模拟器中预览该页面，可以看到页面的效果，如图 16-8 所示。新建外部 CSS 样式表文件，将其保存为"光盘\源文件\第 16 章\style\16-1-5.css"。在<head>与</head>标签之间添加<link>标签，链接刚创建的外部 CSS 样式表文件，如图 16-9 所示。

```
<head>
<meta charset="utf-8">
<title>使用滚动屏幕事件改变元素的背景颜色</title>
<meta name="viewport" content="width=device-width,initial-scale=1">
<link rel="stylesheet" href=
"http://code.jquery.com/mobile/1.4.5/jquery.mobile-1.4.5.min.css" />
<link href="style/16-1-5.css" rel="stylesheet" type="text/css">
<script src="http://code.jquery.com/jquery-1.11.1.min.js"></script>
<script src=
"http://code.jquery.com/mobile/1.4.5/jquery.mobile-1.4.5.min.js">
</script>
</head>
```

图 16-8　预览页面效果　　　　图 16-9　链接外部 CSS 样式表文件

    04．在外部 CSS 样式表文件中创建名称为*的通配 CSS 样式和名称为.ui-content 的类 CSS 样式，如图 16-10 所示。保存外部 CSS 样式表文件，在 Opera Mobile 模拟器中预览该页面，可以看到将 content 区域中的填充去除后的效果，如图 16-11 所示。

    05．转换到外部 CSS 样式表文件，分别创建名为#main、#main h2、#main p 和#main h3 的 CSS 样式，对 jQuery Mobile 页面中内容区域的元素进行控制，如图 16-12 所示。保存外部 CSS 样式表文件，在 Opera Mobile 模拟器中预览该页面，可以看到页面的效果，如图 16-13 所示。

```
*  {
    margin: 0px;
    padding: 0px;
}
.ui-content {
    margin: 0px;
    padding: 0px;
}
```

图 16-10　CSS 样式代码

图 16-11　预览页面效果

```
#main {
    padding: 0px 1em 1em 1em;
    height: auto;
    overflow: hidden;
    font-family: 微软雅黑;
    font-size: 1em;
}
#main h2 {
    display: block;
    text-align: center;
}
#main p {
    text-indent: 2em;
    padding: 1em 0 1em 0;
}
#main h3 {
    font-size: 1.2em;
}
```

图 16-12　CSS 样式代码

图 16-13　预览页面效果

 　通过创建相应的 CSS 样式，对页面中 id 名为 main 的 div 中的内容进行设置，设置内容的外观表现效果。

06. 接下来需要添加 JavaScript 代码，通过 scrollstart 与 scrollstop 事件实现在页面中相应的区域开始滚动和停止滚动时，改变元素的背景颜色和文字颜色。转换到页面的 HTML 代码中，在<head>与</head>标签之间添加相应的 JavaScript 脚本代码。

```
<script type="text/javascript">
$(function(){
    $("#main").on("scrollstart",function(){          //触发开始滚动事件
        $("#main").css("background-color","#660066");//改变元素背景颜色
        $("#main").css("color","#FFFFFF");           //改变元素文本颜色
        alert("触发滚动事件! ");                       //弹出提示框
    });
    $("#main").on("scrollstop",function(){           //触发结束滚动事件
```

```
        $("#main").css("background-color","#333366");//改变元素背景颜色
        $("#main").css("color","#99ffff");          //改变元素文本颜色
        });
    })
</script>
```

在该部分 JavaScript 脚本代码中，当页面中 id 名称为 main 的元素开始滚动时，触发 scrollstart 事件，在该事件中将 id 名称为 main 的元素的背景颜色和文字颜色进行重新设置，并弹出提示信息窗口。

当页面中 id 名称为 main 的元素停止滚动时，触发 scrollstop 事件，在该事件中将 id 名称为 main 的元素的背景颜色和文字颜色进行重新设置。

07. 保存页面，在 Opera Mobile 模拟器中预览该页面，可以看到页面内容区域默认的效果，如图 16-14 所示。在内容区域进行滚动操作，可以看到触发滚动开始事件时内容区域的背景颜色和文字颜色发生改变，并且弹出提示对话框，如图 16-15 所示。单击提示对话框上的"确定"按钮，停止滚动操作，可以看到触发滚动停止事件时内容区域的背景颜色和文字颜色，并且在相应的元素中显示文字内容，如图 16-16 所示。

图 16-14　页面的默认效果　　图 16-15　触发开始滚动事件效果　　图 16-16　触发滚动停止事件效果

　　　　在 iOS 系统中的屏幕在滚动时将停止 DOM 的操作，停止滚动后再按队列执行已终止的 DOM 操作，因此，在这样的系统中，屏幕的滚动事件将无效。

16.1.6　屏幕翻转事件

在 jQuery Mobile 事件中，当用户使用移动终端设备浏览页面时，如果手持设备的方向发生变化，即横向或纵向手持时，将触发 orientationchange 事件。在该事件中，通过获取回调函数中返回对象的 orientation 属性，可以判断用户手持设备的当前方向。该属性有两个值，分别为 portrait 和 landscape，前者表示纵向垂直，后者表示横向水平。

 练习

通过屏幕翻转事件判断移动设备方向

最终文件：光盘\最终文件\第 16 章\16-1-6.html　　　视频：光盘\视频\第 16 章\16-1-6.mp4

01．新建 HTML5 页面，将其保存为"光盘\源文件\第 16 章\16-1-6.html"。在 <head>与</head>标签之间添加<meta>标签设置和加载 jQuery Mobile 函数库代码，与前面案例相同。

02．在<body>与</body>标签之间编写 jQuery Mobile 页面代码。

```
<div id="page1" data-role="page" data-theme="b">
  <div data-role="header"><h1>关于我们</h1></div>
  <div data-role="content">
    <div id="main">
      <div id="logo"><img src="images/161501.png" alt=""></div>
      <span id="orientation"></span>
      <h2><img src="images/161601.png" alt=""></h2>
      <p>金景盛意文化传播有限公司是专业从事互联网相关业务开发的公司。专门提供全方位的优质
服务和最专业的网站建设方案为企业打造全新电子商务平台。七彩光年工作室成立于 1999 年，已经成为国
内著名的网站建设提供商。八年的风雨历程已成功的为中国教育部、中国文化部、国有资监督管理委员
会……</p>
      <h3>我们的团队</h3>
      <p>成员都具有多年的实际设计工作经验，可以更好地满足客户的国际化需求。设计师由正规美
院毕业，具有创意的思维模式、高超的设计技能，为您提供最适合您的设计方案。</p>
      <h3>我们的承诺</h3>
      <p>本工作室设计与制作的网站均属原创、不套用网上的任何模板，根据每个公司的行点，设计
出属于客户……</p>
      <p><em>更多>></em></p>
    </div>
  </div>
  <div data-role="footer"><h4>CopyRight &copy; 2017 金景盛意</h4></div>
</div>
```

03．保存页面，在 Opera Mobile 模拟器中预览该页面，可以看到页面的效果，如图 16-17 所示。新建外部 CSS 样式表文件，将其保存为"光盘\源文件\第 16 章\style\16-1-6.css"。在<head>与</head>标签之间添加<link>标签，链接刚创建的外部 CSS 样式表文件，如图 16-18 所示。

```
<head>
<meta charset="utf-8">
<title>通过屏幕翻转事件判断移动设备方向</title>
<meta name="viewport" content="width=device-width,initial-scale=1">
<link rel="stylesheet" href=
"http://code.jquery.com/mobile/1.4.5/jquery.mobile-1.4.5.min.css" />
<link href="style/16-1-6.css" rel="stylesheet" type="text/css">
<script src="http://code.jquery.com/jquery-1.11.1.min.js"></script>
<script src=
"http://code.jquery.com/mobile/1.4.5/jquery.mobile-1.4.5.min.js">
</script>
</head>
```

图 16-17　预览页面效果　　　　　　　图 16-18　链接外部 CSS 样式表文件

04. 在外部 CSS 样式表文件中分别创建名称为*的通配 CSS 样式、名称为.ui-content 的类 CSS 样式、名为#logo 和名为#main 的 CSS 样式，如图 16-19 所示。保存外部 CSS 样式表文件，在 Opera Mobile 模拟器中预览该页面，可以看到页面的效果，如图 16-20 所示。

```
* {
    margin: 0px;
    padding: 0px;
}
.ui-content {
    margin: 0px;
    padding: 0px;
}
#logo {
    width: 100%;
    text-align: center;
    margin-bottom: 1em;
}
#main {
    padding: 0px 1em 1em 1em;
    height: auto;
    overflow: hidden;
    font-family: 微软雅黑;
    font-size: 1em;
}
```

图 16-19　CSS 样式代码

图 16-20　预览页面效果

05. 转换到外部 CSS 样式表文件中，分别创建 id 名称为 main 的 Div 中相关元素的 CSS 样式，如图 16-21 所示。保存外部 CSS 样式表文件，在 Opera Mobile 模拟器中预览该页面，可以看到页面的效果，如图 16-22 所示。

```
#main h2 img {
    width: 100%;
    height: auto;
}
#main p {
    text-indent: 2em;
    padding: 1em 0 1em 0;
}
#main h3 {
    font-size: 1.2em;
}
#main #orientation {
    display: block;
    text-align: center;
    background-color: rgba(255,255,255,0.4);
    font-size: 1em;
    margin: 1em 0;
}
```

图 16-21　CSS 样式代码

图 16-22　预览页面效果

06. 接下来需要添加 JavaScript 代码，通过 orientationchange 事件实现判断移动设备的手持方向，并根据方向对页面元素的相关属性进行设置。转换到页面的 HTML 代码，在 <head>与</head>标签之间添加相应的 JavaScript 脚本代码。

```
<script type="text/javascript">
$(document).on("pageinit",function(event){
    $(window).on("orientationchange",function(event){
        if(event.orientation=="landscape") {      //判断当前屏幕方向是否是水平方向
            $("#orientation").text("现在是水平模式! ");      //为元素赋予文本内容
            $("#main").css("background-color","#333366"); //改变元素背景颜色
            $("#main").css("color","#99FFFF");      //改变元素文本颜色
            }
        if(event.orientation=="portrait") {      //判断当前屏幕方向是否是垂直方向
            $("#orientation").text("现在是垂直模式! ");      //为元素赋予文本内容
            $("#main").css("background-color","#252525"); //改变元素背景颜色
            $("#main").css("color","#FFFFFF");      //改变元素文本颜色
            }
        });
    })
</script>
```

　　在以上的 JavaScript 代码中，实现在页面加载时，将 window 元素绑定 orientationchage 事件，window 元素是指整个屏幕窗口。在该事件的回调函数中，通过传回的 orientation 属性值检测用户移动设备的手持方向。如果为 landscape，则为 id 名称为 orientation 的元素设置文本内容"现在是水平模式!"，并改变 id 名称为 main 的元素的背景颜色和文字颜色。

　　如果为 portrait，则为 id 名称为 orientation 的元素设置文本内容"现在是垂直模式!"，并改变 id 名称为 main 的元素的背景颜色和文字颜色。

　　07. 保存页面，在 Opera Mobile 模拟器中预览该页面，默认情况下设备屏幕是以垂直方向显示的，效果如图 16-23 所示。单击 Opera Mobile 模拟器下方的"旋转设备屏幕"按钮 ，可以看到当设备屏幕为水平方向时的页面效果，如图 16-24 所示。再次单击该按钮，可以将设备屏幕转换为垂直方向，效果如图 16-25 所示。

图 16-23　预览页面效果

图 16-24　水平方向手持时效果

图 16-25　垂直方向手持时效果

如果设备的屏幕方向发生改变时，需要获取设备屏幕的宽度和高度，可以绑定 resize 事件。resize 事件在页面大小发生改变时就会被触发。

16.2　jQuery Mobile 页面的设置技巧

jQuery Mobile 作为 jQuery 插件库的附属成员，其轻量级的 UI 框架、相对其他语言的低学习成本，都是受到青睐的原因。但是作为一个新型的移动框架，在使用它开发项目的过程中，还有许多需要注意的地方。本节介绍一些 jQuery Mobile 的常用技巧。

16.2.1　固定页面头部栏与尾部栏

在移动设备的浏览器中查看页面时，默认页面滑动是以从上到下，或从下到上的方式。如果加载内容的页面比较长时，要从尾部栏返回头部栏中导航条再单击链接地址，以这种方式就会比较麻烦。

在头部栏或尾部栏的容器元素中增加 data-position 属性，设置该属性的属性值为 fixed，可以将滚动屏幕时隐藏的头部栏或尾部栏在停止滚动或单击时重新出现；再次滚动屏幕时，又自动隐藏，由此实现将头部栏或尾部栏以悬浮的形式固定在原有位置上。

固定 jQuery Mobile 页面中头部栏和尾部栏的位置

最终文件：光盘\最终文件\第 16 章\16-2-1.html　　视频：光盘\视频\第 16 章\16-2-1.mp4

01. 新建 HTML5 页面，将其保存为"光盘\源文件\第 16 章\16-2-1.html"。在 <head> 与 </head> 标签之间添加 <meta> 标签设置和加载 jQuery Mobile 函数库代码，与前面案例相同。

02. 在 <body> 与 </body> 标签之间编写 jQuery Mobile 页面代码。

```html
<div id="page1" data-role="page">
  <div data-role="header" data-position="fixed">
    <h1>关于我们</h1>
  </div>
  <div data-role="content">
    <div id="main">
      <img src="images/183201.png" alt="">
      <p> …….</p><!--内容省略-->
    </div>
  </div>
  <div data-role="footer" data-position="fixed">
    <h4>CopyRight &copy; 2017 金景盛意</h4>
  </div>
</div>
```

03. 保存页面，在 Opera Mobile 模拟器中预览该页面，可以看到头部栏显示在页面顶部，尾部栏显示在页面尾部，如图 16-26 所示。向下滚动页面，当停止滚动时，在页面顶部和底部始终显示头部栏和底部栏，如图 16-27 所示。

图 16-26　预览页面效果　　　　　　图 16-27　头部栏与尾部栏始终固定位置

　在工具栏中还可以增加全屏显示属性 data-fullscreen，如果将该属性的值设置为 true，那么当以全屏方式浏览图片或其他信息时，工具栏仍然以悬浮的形式显示在全屏的页面上。与 data-position 属性不同，data-fullscreen 属性并不是在原有位置上的隐藏与显示切换，而是在屏幕中完全消失，当出现全屏幕页面时，又重新返回页面中。

16.2.2　随机显示页面背景

　　在 jQuery Mobile 中，页面的加载过程与在 jQuery 中并不一样，它可以很容易地捕捉到一些非常有用的事件，例如，pagecreate 事件，该事件是页面初始化事件，该事件中所有请求的 DOM 元素已经完成创建，正在开始加载，此时，用户可以自定义部件元素，实现一些自定义样式效果，如显示加载进度条或随机显示页面背景图片等。

 练习

随机显示 jQuery Mobile 页面的背景图片

最终文件：光盘\最终文件\第 16 章\16-2-2.html　　　视频：光盘\视频\第 16 章\16-2-2.mp4

　　01．新建 HTML5 页面，将其保存为“光盘\源文件\第 16 章\16-2-2.html”。在 <head>与</head>标签之间添加<meta>标签设置和加载 jQuery Mobile 函数库代码，与前面案例相同。

　　02．在<body>与</body>标签之间编写 jQuery Mobile 页面代码。

```
<div data-role="page" id="page1">
  <div data-role="header" data-position="fixed">
    <h1>摄影空间</h1>
  </div>
  <div data-role="content">
    <div id="logo">
      <img src="images/162205.png" alt="logo">
    </div>
```

```
    </div>
    <div data-role="footer" data-position="fixed">
      <h4>CopyRight &copy; 2017 摄影空间</h4>
    </div>
  </div>
```

编写一个基本的 jQuery Mobile 页面，分别在头部栏和尾部栏中添加 data-position="fixed"属性设置，固定头部栏和尾部栏的位置。

03. 保存页面，在 Opera Mobile 模拟器中预览该页面，可以看到页面的效果，如图 16-28 所示。新建外部 CSS 样式表文件，将其保存为"光盘\源文件\第 16 章\style\16-2-2.css"。在<head>与</head>标签之间添加<link>标签，链接刚创建的外部 CSS 样式表文件，如图 16-29 所示。

```
<head>
<meta charset="utf-8">
<title>随机显示jQuery Mobile页面的背景图片</title>
<meta name="viewport" content="width=device-width,initial-scale=1">
<link rel="stylesheet" href=
"http://code.jquery.com/mobile/1.4.5/jquery.mobile-1.4.5.min.css" />
<link href="style/16-2-2.css" rel="stylesheet" type="text/css">
<script src="http://code.jquery.com/jquery-1.11.1.min.js"></script>
<script src=
"http://code.jquery.com/mobile/1.4.5/jquery.mobile-1.4.5.min.js">
</script>
</head>
```

图 16-28　预览页面效果　　　　　图 16-29　链接外部 CSS 样式表文件

04. 在外部 CSS 样式表文件中创建名为.ui-bar-d 和名为.ui-bar-d h4 的 CSS 样式，如图 16-30 所示。返回 jQuery Mobile 页面，在头部栏和尾部栏的<div>标签中修改 data-theme 属性的值为 d，应用刚定义的 d 主题，如图 16-31 所示。

```
.ui-bar-d {
    background-color: rgba(0,0,0,0.4);
    border-bottom: solid 1px #000;
    border-top: none;
    color: #FFF;
    font-family: 微软雅黑;
    font-size: 1em;
    text-shadow: none;
}
.ui-bar-d h4 {
    font-size: 0.8em !important;
    font-weight: normal;
}
```

```
<div data-role="page" id="page1">
    <div data-role="header" data-position="fixed" data-theme="d">
        <h1>摄影空间</h1>
    </div>
    <div data-role="content">
        <div id="logo">
            <img src="images/162205.png" alt="logo">
        </div>
    </div>
    <div data-role="footer" data-position="fixed" data-theme="d">
        <h4>CopyRight &copy; 2017 摄影空间</h4>
    </div>
</div>
```

图 16-30　CSS 样式代码　　　　　图 16-31　应用刚定义的主题样式

05. 保存外部 CSS 样式表文件，在 Opera Mobile 模拟器中预览该页面，可以看到页面中头部栏和尾部栏的效果，如图 16-32 所示。在外部 CSS 样式表文件中，创建名称为.ui-

content 和名为#logo img 的 CSS 样式，如图 16-33 所示。

06. 保存外部 CSS 样式表文件，在 Opera Mobile 模拟器中预览该页面，可以看到页面中头部栏和尾部栏的效果，如图 16-34 所示。在外部 CSS 样式表文件中创建名称为.bg0、.bg1、.bg2 和.bg3 的 CSS 样式，如图 16-35 所示。

图 16-32　预览页面效果

```css
.ui-content {
    margin: 0px;
    padding: 0px;
}
#logo img {
    position: absolute;
    width: 80%;
    height: auto;
    left: 50%;
    margin-left: -40%;
    top: 40%;
}
```

图 16-33　CSS 样式代码

图 16-34　预览页面效果

```css
.bg0 {
    background-image: url(../images/162201.jpg);
    background-repeat: no-repeat;
    background-position: center top;
    background-size: cover;
}
.bg1 {
    background-image: url(../images/162202.jpg);
    background-repeat: no-repeat;
    background-position: center top;
    background-size: cover;
}
.bg2 {
    background-image: url(../images/162203.jpg);
    background-repeat: no-repeat;
    background-position: center top;
    background-size: cover;
}
.bg3 {
    background-image: url(../images/162204.jpg);
    background-repeat: no-repeat;
    background-position: center top;
    background-size: cover;
}
```

图 16-35　CSS 样式代码

提示　　.bg0 至.bg3 是定义的 4 个背景图像的类 CSS 样式，后面将通过 JavaScript 脚本代码为页面随机应用这 4 个类 CSS 样式中的一个。

07. 返回 jQuery Mobile 页面的代码，在 id 名称为 page1 的元素中添加 class 属性应用名为 bg0 的类 CSS 样式，如图 16-36 所示。保存页面，在 Opera Mobile 模拟器中预览该页面，可以看到页面的效果，如图 16-37 所示，此时的页面背景是固定的，不会随机显示不同的背景。

```
<div data-role="page" id="page1" class="bg0">
  <div data-role="header" data-position="fixed" data-theme="d">
    <h1>摄影空间</h1>
  </div>
  <div data-role="content">
    <div id="logo">
      <img src="images/162205.png" alt="logo">
    </div>
  </div>
  <div data-role="footer" data-position="fixed" data-theme="d">
    <h4>CopyRight &copy; 2017 摄影空间</h4>
  </div>
</div>
```

图 16-36　应用类 CSS 样式　　　　　　　　图 16-37　预览页面效果

08. 在页面的<head>与</head>标签之间添加相应的 JavaScript 脚本代码。

```
<script type="text/javascript">
$(document).on("pagecreate", function() {
    var $randombg = Math.floor(Math.random() * 4); // 0 to 3
    var $p = $("#page1");
    $p.removeClass("bg0").addClass('bg'+$randombg);
})
</script>
```

在 JavaScript 代码中，先将 0~3 之间的随机数保存在变量$randombg 中，然后通过 jQuery 中的 removeClass 方法移除页面中相应元素原先的类 CSS 样式，并调用 addClass 方法将随机数组合的样式应用到相应的元素中，从而实现页面背景图像随机显示的功能。

09. 保存页面，在 Opera Mobile 模拟器中预览该页面，可以看到随机显示的页面背景效果，每刷新一次页面，都可能会显示不同的页面背景，如图 16-38 所示。

图 16-38　随机显示不同的页面背景效果

> 　　　如果 jQuery Mobile 页面以动态方式加载的内容较多时，可以在 pagecreate 事件中定义一个进度条图片，在数据开始加载时显示该图片，加载完成后自动隐藏该图片，从而提升用户体验。

16.3　本章小结

本章介绍了 jQuery Mobile 中一些常用事件的使用方法，使读者能够掌握在 jQuery Mobile 页面中绑定事件的处理技巧。完成本章内容的学习，读者需要掌握常用的 jQuery Mobile 事件方法，为全面掌握 jQuery Mobile 提供的 API 使用方法打下扎实的基础。

16.4　课后习题

一、选择题

1. 在 jQuery Mobile 页面显示之前所触发的事件是什么？（　　　）

　　A. pagebeforeshow　　　　　　　　B. pageshow

　　C. pagehide　　　　　　　　　　　D. pagebeforehide

2. 以下哪一项 jQuery Mobile 中的触摸事件？（　　　）

　　A. tap 事件　　　　　　　　　　　B. taphold 事件

　　C. orientationchange 事件　　　　　D. swipe 事件

3. 在 jQuery Mobile 页面中，各页面之间相互切换会显示相应的动画过渡效果，可以通过 transition 属性用来指定页面过渡动画效果，如果需要设置从下至上的过渡效果，则需要将 transition 属性的属性值设置为什么？（　　　）

　　A. slide　　　　　B. slideup　　　　　C. slidedown　　　D. pop

二、判断题

1. 除了可以使用 JavaScript 代码的方式改变页面切换的动画效果外，还可以直接在超链接标签<a>中添加 data-transition 属性设置，该属性用于设置超链接所产生的页面跳转动画过渡效果。（　　　）

2. swipeleft 与 swiperight 事件常用于移动项目中的页面元素向左或向右的滑动查看，如相册中的图片浏览。（　　　）

三、简答题

如何固定 jQuery Mobile 页面中头部栏和尾部栏的位置？

移动端应用开发实战

通过前面内容的学习，读者已经对 jQuery Mobile 的相关知识有所了解。在使用 jQuery Mobile 开发移动应用的过程中，需要熟练地综合应用 HTML5 和 CSS 样式的知识，并结合 jQuery Mobile 的知识，才能制作出各种需求的移动应用界面。在本章将通过多个移动应用中常见的案例效果，介绍如何综合运用 HTML5、CSS3 和 jQuery Mobile 开发制作移动应用界面。

本章知识点：

- 掌握移动 APP 引导页面的制作方法
- 掌握电商 APP 页面及侧边导航菜单的制作方法
- 掌握可滑动操作移动界面的实现方法

17.1　移动 APP 引导页面

很多移动端的 APP 软件启动时，在正式进入 APP 界面之前，会通过几个引导面向用户介绍该款 APP 软件的主要功能与特色，第一印象的好坏会极大影响后续对产品的使用体验。

17.1.1　功能分析

根据 APP 引导页的目的、出发点不同，可以将其分为功能介绍类、使用说明类、推广类、问题解决类，一般引导页不会超过 5 个页面。

本案例制作的 APP 引导主要是通过添加相应的 JavaScript 脚本代码，使用户可以通过滑动屏幕的方式在多个引导页之间进行切换，在最后一个引导页中添加超链接按钮，通过单击该超链接按钮可以进入该 APP 应用的首页，这也是移动应用中常见的效果，本实例所制作的移动 APP 引导页最终效果如图 17-1 所示。

图 17-1　APP 引导页面最终效果

17.1.2   制作步骤

在本案例的制作过程中，每个引导页面都是一个不同的图片，通过创建 jQuery Mobile 页面，并且在页面的内容区域顺序插入 3 张不同的图片，通过 CSS 样式控制 3 张图片的显示效果，最后通过添加相应的 JavaScript 脚本代码实现在各 APP 引导页之间的滑动效果。

 练习

制作移动 APP 引导页面

最终文件：光盘\最终文件\第 17 章\17-1-2.html   视频：光盘\视频\第 17 章\17-1-2.mp4

01. 新建 HTML5 页面，将其保存为"光盘\源文件\第 17 章\17-1-2.html"。在 <head> 与 </head> 标签之间添加 <meta> 标签，设置和加载 jQuery Mobile 函数库代码，与前面案例相同。

02. 在 <body> 与 </body> 标签之间编写 jQuery Mobile 页面代码。

```
<div data-role="page" id="page1">
 <div data-role="content">
  <!--引导页图片开始-->
  <div id="wrapper">
   <div id="scroller">
    <div><img src="images/17101.jpg" alt=""></div>
    <div><img src="images/17102.jpg" alt=""></div>
    <div><img    src="images/17103.jpg"    alt=""><a    href="index.html"
rel="external" id="goto">立即体验</a></div>
   </div>
  </div>
  <!--引导页图片结束-->
  <!--翻页小圆点开始-->
  <div id="nav">
   <ul id="indicator">
    <li class="active">1</li>
    <li>2</li>
    <li>3</li>
   </ul>
  </div>
  <!--翻页小圆点结束-->
 </div>
</div>
```

在该 jQuery Mobile 页面中并没有设置页头和页尾，只是创建一个 jQuery Mobile 页面框架，在该页面框架中创建一个内容区域，并将页面中所有内容的代码都放置在 jQuery Mobile 页面内容区域中。

content 容器主要分为两部分，一部分是引导页图片，每个图片都单独放置在一个 <div> 标签中。另一部分是用于实现翻页小圆点的图标，在这里使用项目列表标签来实现。在本实例中共有 3 张引导图片，对应 3 个小圆点图标，所以在项目列表中编写了 3 个 <li> 标签。

在最后一张引导图片之后添加了超链接标签，用于链接到该 APP 应用的首页面，代码如下。

```
<div><img src="images/17103.jpg" alt=""><a href="index.html" rel="external" id="goto">立即体验</a></div>
```

在该超链接<a>标签中通过设置 rel="external"属性，禁用该超链接的 AJAX。设置 id 名称是为了方便使用 CSS 样式控制该超链接的外观和位置。

03. 保存页面，在 Opera Mobile 模拟器中预览该页面，可以看到页面默认效果，如图 17-2 所示。接下来需要通过 CSS 样式对页面中元素的显示效果进行控制。新建外部 CSS 样式表文件，将其保存为"光盘\源文件\第 17 章\style\17-1-2.css"。在 17-1-2.html 页面中链接刚创建的外部 CSS 样式表文件，如图 17-3 所示。

```
<head>
<meta charset="utf-8">
<title>移动APP引导页面</title>
<meta name="viewport" content="width=device-width,initial-scale=1">
<link rel="stylesheet" href=
"http://code.jquery.com/mobile/1.4.5/jquery.mobile-1.4.5.min.css" />
<link href="style/17-1.css" rel="stylesheet" type="text/css">
<script src="http://code.jquery.com/jquery-1.11.1.min.js"></script>
<script src=
"http://code.jquery.com/mobile/1.4.5/jquery.mobile-1.4.5.min.js">
</script>
</head>
```

图 17-2　预览页面效果　　　　　图 17-3　链接外部 CSS 样式表文件

在预览页面中可以看出，因为并没有对网页元素的外观样式进行设置，元素在浏览器中表现为默认效果，content 元素具有默认的填充设置，所有引导图片以原始大小顺序排列显示。

04. 在外部 CSS 样式表文件中创建名称为*的通配符 CSS 样式和名称为.ui-content 的类 CSS 样式，如图 17-4 所示。保存外部 CSS 样式表文件，页面效果如图 17-5 所示。

```
* {
    margin: 0px;
    padding: 0px;
}
.ui-content {
    margin: 0px;
    padding: 0px;
}
```

图 17-4　CSS 样式代码　　　　　图 17-5　预览页面效果

名称为*的通配符 CSS 样式主要是针对页面中所有的标签进行设置，而名称为.ui-content 的类 CSS 样式主要是针对页面中 content 容器进行设置，将边距和填充都设置为 0，使得容器中的内容与容器边缘更紧密地贴合在一起。

05. 转换到外部 CSS 样式表文件，创建相应的 CSS 样式，对内容区域中的元素进行控制，如图 17-6 所示。保存外部 CSS 样式表文件，页面效果如图 17-7 所示。

```
#wrapper {
    position: relative;
    width: 100%;
    height: auto;
    overflow: auto;
    z-index: 1;
}
#scroller { width: 300%;}
#scroller div {
    position: relative;
    display: block;
    float: left;
    width: 33.3%;
    overflow: auto;
}
#scroller div img {
    width: 100%;
    height: auto;
}
```

图 17-6　CSS 样式代码

图 17-7　预览页面效果

06. 转换到外部 CSS 样式表文件，创建名称为#goto 的 CSS 样式，对"立即体验"按钮的效果进行设置，如图 17-8 所示。继续创建相应的 CSS 样式，对翻页小圆点相应的样式效果进行设置，如图 17-9 所示。

```
#goto {
    position: absolute;
    display: block;
    width: 50%;
    height: auto;
    padding: 1em 0;
    bottom: 12%;
    left: 50%;
    margin-left: -25%;
    text-align: center;
    font-size: 1.6em;
    line-height: 1.5em;
    color: #fff;
    text-shadow: none;
    z-index: 100;
    background-color: #FF6634;
    border-radius: 2px;
}
```

图 17-8　CSS 样式代码

```
#nav {
    position: absolute;
    width: 60px;
    height: auto;
    bottom: 32%;
    left: 50%;
    margin-left: -30px;
    z-index: 100;
}
#indicator, #indicator li {
    display: block;
    float: left;
}
#indicator li {
    width: 1em;
    height: 1em;
    background-color: #ddd;
    border-radius: 0.5em;
    margin-right: 0.2em;
    text-indent: -2em;
    overflow: hidden;
}
#indicator li.active {
    background-color: #888;
}
```

图 17-9　CSS 样式代码

07. 保存页面，在 Opera Mobile 模拟器中预览该页面，可以看到使用 CSS 样式对页面元素进行控制的效果，如图 17-10 所示，但目前只能够看到第一张引导图片。接下来就需要通过添加 JavaScript 脚本代码实现导航页的切换效果。在页面头部的<head>与</head>标签之间添加代码，链接两个外部的 JavaScript 文件，如图 17-11 所示。

图 17-10　预览页面效果

```
<head>
<meta charset="utf-8">
<title>移动APP引导页面</title>
<meta name="viewport" content="width=device-width,initial-scale=1">
<link rel="stylesheet" href=
"http://code.jquery.com/mobile/1.4.5/jquery.mobile-1.4.5.min.css" />
<link href="style/17-1.css" rel="stylesheet" type="text/css">
<script src="http://code.jquery.com/jquery-1.11.1.min.js"></script>
<script src=
"http://code.jquery.com/mobile/1.4.5/jquery.mobile-1.4.5.min.js">
</script>
<script src="js/iscroll.js"></script>
<script src="js/global.js"></script>
</head>
```

图 17-11　链接外部 javascript 脚本文件

08．接下来需要添加 JavaScript 代码，在<head>与</head>标签之间添加相应的 JavaScript 脚本代码。

```
<script type="text/javascript">
document.onreadystatechange = subSomething;//当页面加载状态改变的时候执行
function subSomething(){
    var setime;
    if (navigator.onLine){
        if(document.readyState == 'complete') //当页面加载状态
            setime=setTimeout(function(){
                callback();
            },10000);
    }
}
window.onload=function(){
    cacheDetect();
    loaded();
}
</script>
<script type="text/javascript">
function loaded() {
    var myScroll;
    var wHeight=$(window).height();
    $("#scroller div").height(wHeight);
    myScroll = new iScroll('wrapper', {
        snap: true,
        momentum: false,
        hScrollbar: false,
        onScrollEnd: function () {
            document.querySelector('#indicator li.active').className = '';
```

```
                document.querySelector('#indicator li:nth-child(' +(this.currPageX+1)
+ ')').className = 'active';
        }
    });
}
</script>
```

第一段 JavaScript 脚本代码用于判断页面的加载状态改变时所执行的操作，并设置引导图片切换的动画过渡时间。第二段 JavaScript 脚本用于判断当前窗口的高度，通过当前窗口高度来调整引导图片所在元素的高度，使得容器在窗口中始终以满屏显示。

09. 该 jQuery Mobile 页面的完整代码如下。

```
<!doctype html>
<html>
<head>
<meta charset="utf-8">
<title>移动 APP 引导页面</title>
<meta name="viewport" content="width=device-width,initial-scale=1">
<link   rel="stylesheet"   href="http://code.jquery.com/mobile/1.4.5/jquery.
mobile-1.4.5.min.css" />
<link href="style/17-1.css" rel="stylesheet" type="text/css">
<script src="http://code.jquery.com/jquery-1.11.1.min.js"></script>
<script  src="http://code.jquery.com/mobile/1.4.5/jquery.mobile-1.4.5.min.js">
</script>
<script src="js/iscroll.js"></script>
<script src="js/global.js"></script>
<script type="text/javascript">
document.onreadystatechange = subSomething;//当页面加载状态改变的时候执行这个方法
function subSomething(){
    var setime;
    if (navigator.onLine){
        if(document.readyState == 'complete') //当页面加载状态
            setime=setTimeout(function(){
                callback();
            },10000);
    }
}
window.onload=function(){
    cacheDetect();
    loaded();
}
</script>
<script type="text/javascript">
function loaded() {
    var myScroll;
```

```
        var wHeight=$(window).height();
        $("#scroller div").height(wHeight);
        myScroll = new iScroll('wrapper', {
            snap: true,
            momentum: false,
            hScrollbar: false,
            onScrollEnd: function () {
                document.querySelector('#indicator li.active').className = '';
                document.querySelector('#indicator  li:nth-child(' + (this.curr
PageX+1) + ')').className = 'active';
            }
        });
    }
    </script>
    </head>
    <body>
    <div data-role="page" id="page1">
     <div data-role="content">
        <!--引导页图片开始-->
        <div id="wrapper">
          <div id="scroller">
            <div><img src="images/17101.jpg" alt=""></div>
            <div><img src="images/17102.jpg" alt=""></div>
            <div><img    src="images/17103.jpg"    alt=""><a    href="index.html"
rel="external" id="goto">立即体验</a></div>
          </div>
        </div>
        <!--引导页图片结束-->
        <!--翻页小圆点开始-->
        <div id="nav">
          <ul id="indicator">
            <li class="active">1</li>
            <li>2</li>
            <li>3</li>
          </ul>
        </div>
        <!--翻页小圆点结束-->
      </div>
    </div>
    </body>
    </html>
```

　　10．保存页面，在 Opera Mobile 模拟器中预览该页面，可以看到所制作的 APP 引导页面效果，在屏幕上滑动查看不同的引导图片，如图 17-12 所示。

图 17-12　预览 APP 引导页面效果

17.2　电商 APP 页面

电商 APP 是手机应用中常见的一种应用类型，虽然大多数电商的 APP 界面设计比较简洁，但是移动端电商 APP 页面的制作却和 PC 端网站页面的制作有很大的区别，在本节中将带领读者一起完成一个移动端电商 APP 页面的制作。

17.2.1　功能分析

电商类 APP 页面需要能够引导用户快速找到需要的商品，所以页面中的导航相对比较多，如何合理地安排导航菜单就显得非常重要。本案例所制作的电商 APP 页面中，在头部栏和尾部栏都制作了相应的功能导航，并且还通过使用 mmenu 插件实现该 APP 应用的侧边导航菜单，这也是移动端 APP 应用中常见的侧滑菜单效果。本实例所制作的移动端电商 APP 页面的最终效果如图 17-13 所示。

图 17-13　电商 APP 页面效果

17.2.2　制作电商 APP 页面

使用 jQuery Mobile 框架作为该电商 APP 页面的基础，在头部栏和尾部栏分别放置相应的导航，并且固定头部栏和尾部栏的位置，在内容区域中则采用两栏布局的方式来展示商品信息，使得整个页面的信息内容显得直观、清晰。

 练习

制作电商 APP 页面

最终文件：光盘\最终文件\第 17 章\17-2-2.html　　　视频：光盘\视频\第 17 章\17-2-2.mp4

01. 新建 HTML5 页面，将其保存为"光盘\源文件\第 17 章\17-2-2.html"。在 <head> 与 </head> 标签之间添加 <meta> 标签设置和加载 jQuery Mobile 函数库代码，与前面案例相同。

02. 在 <body> 与 </body> 标签之间编写 jQuery Mobile 页面头部代码。

```
<div data-role="page" id="page1">
  <div data-role="header" data-position="fixed">
    <div><a href="#"><img src="images/17201.png" alt=""></a></div>
    <h1>推荐商品</h1>
    <div><a href="#"><img src="images/17202.png" alt=""></a></div>
    <div id="top_nav">
      <ul>
        <li><a href="#">全部</a></li>
        <li><a href="#">男士</a></li>
        <li><a href="#">女士</a></li>
      </ul>
    </div>
  </div>
  <div data-role="content">
  </div>
  <div data-role="footer" data-position="fixed">
  </div>
</div>
```

03. 保存页面，在 Opera Mobile 模拟器中预览该页面，可以看到页面头部的默认效果，如图 17-14 所示。新建外部 CSS 样式表文件，将其保存为"光盘\源文件\第 17 章\style\17-2-2.css"，在该 CSS 样式表文件中创建相应的 CSS 样式，如图 17-15 所示。

 提示　　创建通配符的 CSS 样式，是为了将页面中所有元素的边距和填充均设置为 0，这样便于对页面内容的控制；名称为 .ui-bar-d 的类样式是创建一个头部栏的主题样式，从而改变头部栏的显示效果；名称为 .ui-bar-d h1 的 CSS 样式，是为了设置所创建的头部栏主题中 h1 标签的 CSS 样式。

04. 返回 jQuery Mobile 页面中，在 <head> 与 </head> 标签之间添加 <link> 标签，链接刚创建的外部 CSS 样式表文件，如图 17-16 所示。在头部的 <div> 标签中添加 data-theme 属性设置，设置其属性值为 d，应用刚定义的 CSS 样式，如图 17-17 所示。

图 17-14　预页面效果

```
* {
    margin: 0px;
    padding: 0px;
}
.ui-bar-d {
    background-color: #6666CC;
    border: none;
    color: #FFF;
    font-family: 微软雅黑;
    font-size: 1em;
    text-shadow: none;
    box-shadow: 0px 2px 1px #CCC;
}
.ui-bar-d h1 {
    font-size: 1.5em !important;
}
```

图 17-15　CSS 样式代码

```
<head>
<meta charset="utf-8">
<title>制作移动端侧边导航</title>
<meta name="viewport" content="width=device-width,initial-scale=1">
<link rel="stylesheet" href=
"http://code.jquery.com/mobile/1.4.5/jquery.mobile-1.4.5.min.css" />
<link href="style/17-2.css" rel="stylesheet" type="text/css">
<script src="http://code.jquery.com/jquery-1.11.1.min.js"></script>
<script src=
"http://code.jquery.com/mobile/1.4.5/jquery.mobile-1.4.5.min.js">
</script>
</head>
```

图 17-16　链接外部 CSS 样式表文件

```
<div data-role="page" id="page1">
  <div data-role="header" data-position="fixed" data-theme="d">
    <div><a href="#"><img src="images/17201.png" alt=""></a></div>
    <h1>推荐商品</h1>
    <div><a href="#"><img src="images/17202.png" alt=""></a></div>
    <div id="top_nav">
      <ul>
        <li><a href="#">全部</a></li>
        <li><a href="#">男士</a></li>
        <li><a href="#">女士</a></li>
      </ul>
    </div>
  </div>
  <div data-role="content">
  </div>
  <div data-role="footer" data-position="fixed">
  </div>
</div>
```

图 17-17　应用刚定义的主题样式

05. 保存页面，在 Opera Mobile 模拟器中预览该页面，可以看到页面头部的效果，如图 17-18 所示。切换到外部 CSS 样式表文件，分别创建名称为.l_btn 和.r_btn 的类 CSS 样式，如图 17-19 所示。

图 17-18　预页面效果

```
.l_btn {
    position: absolute;
    width: 2em;
    height: 1.25em;
    left: 0.625em;
    top: 1.25em;
}
.r_btn {
    position: absolute;
    width: 1.56em;
    height: 1.56em;
    top: 1.125em;
    right: 0.625em;
}
```

图 17-19　CSS 样式代码

06. 返回 jQuery Mobile 页面，为标题名称两侧图标所在 Div 分别应用相应的类 CSS 样式，如图 17-20 所示。保存页面，在 Opera Mobile 模拟器中预览该页面，可以看到页面头

部的效果，如图 17-21 所示。

```
<div data-role="page" id="page1">
  <div data-role="header" data-position="fixed" data-theme="d">
    <div class="l_btn"><a href="#"><img src="images/17201.png"
alt=""></a></div>
    <h1>推荐商品</h1>
    <div class="r_btn"><a href="#"><img src="images/17202.png"
alt=""></a></div>
    <div id="top_nav">
      <ul>
        <li><a href="#">全部</a></li>
        <li><a href="#">男士</a></li>
        <li><a href="#">女士</a></li>
      </ul>
    </div>
  </div>
```

图 17-20　应用类 CSS 样式　　　　　　　　　　图 17-21　预页面效果

07．切换到外部 CSS 样式表文件，创建相应的 CSS 样式，如图 17-22 所示。返回 jQuery Mobile 页面，为当前页面所显示内容的超链接<a>标签应用名称为 active01 的类 CSS 样式，如图 17-23 所示。

```
#top_nav {
    position: relative;
    margin: 0px auto;
    width: 90%;
    height: auto;
    overflow: hidden;
    padding-bottom: 1em;
}
#top_nav li {
    position: relative;
    width: 6.5em;
    margin: 0px 0.5em;
    list-style-type: none;
    float: left;
}
```

```
#top_nav li a {
    position: relative;
    display: block;
    width: 100%;
    height: 2.5em;
    line-height: 2.5em;
    text-align: center;
    border: solid 1px #FFF;
    border-radius: 1.25em;
    color: #FFF;
    text-shadow: none;
    font-weight: normal;
}
#top_nav li a.active01 {
    background-color: #FFF;
    color: #6666CC;
}
```

```
  <div data-role="header" data-position="fixed" data-theme="d">
    <div class="l_btn"><a href="#"><img src="images/17201.png"
alt=""></a></div>
    <h1>推荐商品</h1>
    <div class="r_btn"><a href="#"><img src="images/17202.png"
alt=""></a></div>
    <div id="top_nav">
      <ul>
        <li><a href="#" class="active01">全部</a></li>
        <li><a href="#">男士</a></li>
        <li><a href="#">女士</a></li>
      </ul>
    </div>
  </div>
```

图 17-22　CSS 样式代码　　　　　　　　　　图 17-23　应用类 CSS 样式

08．保存页面，在 Opera Mobile 模拟器中预览该页面，可以看到页面头部的效果，如图 17-24 所示。返回 jQuery Mobile 页面，编写页面尾部代码，如图 17-25 所示。

图 17-24　预览页面效果

```
  <div data-role="content">
  </div>
  <div data-role="footer" data-position="fixed">
    <div id="bottom_nav">
      <ul>
        <li><a href="#"><img src="images/17203.png" alt=""></a></li>
        <li><a href="#"><img src="images/17204.png" alt=""></a></li>
        <li><a href="#"><img src="images/17205.png" alt=""></a></li>
        <li><a href="#"><img src="images/17206.png" alt=""></a></li>
        <li><a href="#"><img src="images/17207.png" alt=""></a></li>
      </ul>
    </div>
  </div>
</div>
```

图 17-25　编写页面尾部代码

09. 保存页面，在 Opera Mobile 模拟器中预览该页面，可以看到页面尾部的效果，如图 17-26 所示。切换到外部 CSS 样式表文件，创建名称为.ui-bar-e 的类 CSS 样式，如图 17-27 所示。

```
.ui-bar-e {
    background-color: rgba(0,0,0,0.6);
    border: none;
}
```

图 17-26　预览页面尾部效果　　　　　图 17-27　CSS 样式代码

10. 返回 jQuery Mobile 页面，在尾部的<div>标签中添加 data-theme 属性设置，设置其属性值为 e，应用刚定义的 CSS 样式，如图 17-28 所示。保存页面，在 Opera Mobile 模拟器中预览该页面，可以看到页面尾部的效果，如图 17-29 所示。

```
<div data-role="footer" data-position="fixed" data-theme="e">
  <div id="bottom_nav">
    <ul>
      <li><a href="#"><img src="images/17203.png" alt=""></a></li>
      <li><a href="#"><img src="images/17204.png" alt=""></a></li>
      <li><a href="#"><img src="images/17205.png" alt=""></a></li>
      <li><a href="#"><img src="images/17206.png" alt=""></a></li>
      <li><a href="#"><img src="images/17207.png" alt=""></a></li>
    </ul>
  </div>
</div>
```

图 17-28　应用主题样式　　　　　图 17-29　预览页面尾部效果

11. 切换到外部 CSS 样式表文件，创建名称为#bottom_nav li 和名称为#bottom_nav li a 的 CSS 样式，如图 17-30 所示。继续创建名称为#bottom_nav li a img 和名称为#bottom_nav li a.active02 的 CSS 样式，如图 17-31 所示。

12. 返回 jQuery Mobile 页面，为当前页面所在栏目的超链接<a>标签中应用名称为 active02 的类 CSS 样式，如图 17-32 所示。保存页面，在 Opera Mobile 模拟器中预览该页面，可以看到页面尾部的效果，如图 17-33 所示。

```
#bottom_nav li {
    list-style-type: none;
    width: 19.9%;
    border-right: solid 1px #8C8C8C;
    float: left;
}
#bottom_nav li a {
    display: block;
    width: 100%;
    padding: 0.6em 0;
    text-align: center;
}
```

图 17-30　CSS 样式代码

```
#bottom_nav li a img {
    width: 50%;
    height: auto;
}
#bottom_nav li a.active02 {
    background-color: #000;
}
```

图 17-31　CSS 样式代码

```
<div data-role="footer" data-position="fixed" data-theme="e">
  <div id="bottom_nav">
    <ul>
      <li><a href="#" class="active02"><img src="images/17203.png" alt=""></a></li>
      <li><a href="#"><img src="images/17204.png" alt=""></a></li>
      <li><a href="#"><img src="images/17205.png" alt=""></a></li>
      <li><a href="#"><img src="images/17206.png" alt=""></a></li>
      <li><a href="#"><img src="images/17207.png" alt=""></a></li>
    </ul>
  </div>
</div>
```

图 17-32　应用类 CSS 样式

图 17-33　预览页面尾部效果

13. 返回 jQuery Mobile 页面中，编写页面内容部分代码。

```
<div data-role="content">
    <div class="ui-grid-a"><!--创建两列布局-->
        <div class="ui-block-a">
            <div><img  src="images/17208.jpg"   alt=""><h1> 牛 仔 裤 </h1><h4>
￥199</h4></div>
            <div><img  src="images/17209.jpg"   alt=""><h1> 男 士 衬 衫 </h1><h4>
￥249</h4></div>
            <div><img  src="images/17210.jpg"   alt=""><h1>女 士 牛 仔 短 裤 </h1><h4>
￥189</h4></div>
        </div>
        <div class="ui-block-b">
            <div><img  src="images/17211.jpg"   alt=""><h1> 女 士 衬 衫 </h1><h4>
￥349</h4></div>
            <div><img  src="images/17212.jpg"   alt=""><h1> 女 士 牛 仔 衬 衫 </h1><h4>
￥449</h4></div>
            <div><img  src="images/17213.jpg"   alt=""><h1> 牛 仔 裤 </h1><h4>
￥289</h4></div>
```

```
        </div>
      </div>
    </div>
```

14. 保存页面，在 Opera Mobile 模拟器中预览该页面，可以看到页面内容部分的效果，如图 17-34 所示。切换到外部 CSS 样式表文件，创建名称为.ui-content 和名称为.pro01 的 CSS 样式，如图 17-35 所示。

图 17-34　预览页面内容效果

```
.ui-content {
    margin: 0px;
    padding: 0.5em;
}
.pro01 {
    position: relative;
    width: 95%;
    height: auto;
    overflow: hidden;
    margin: 0.5em auto;
    line-height: 2em;
    background-color: #FFF;
    box-shadow: 0px 0px 4px #ccc;
}
```

图 17-35　CSS 样式代码

15. 返回 jQuery Mobile 页面中，为页面中每个商品所在的<div>标签应用名为 pic01 的类 CSS 样式，如图 17-36 所示。保存页面，在 Opera Mobile 模拟器中预览该页面，可以看到页面内容部分的效果，如图 17-37 所示。

```
<div data-role="content">
  <div class="ui-grid-a"><!--创建两列布局-->
    <div class="ui-block-a">
      <div class="pro01"><img src="images/17208.jpg" alt=""><h1>牛仔裤</h1><h4>￥199</h4></div>
      <div class="pro01"><img src="images/17209.jpg" alt=""><h1>男士衬衫</h1><h4>￥249</h4></div>
      <div class="pro01"><img src="images/17210.jpg" alt=""><h1>女士牛仔短裤</h1><h4>￥189</h4></div>
    </div>
    <div class="ui-block-b">
      <div class="pro01"><img src="images/17211.jpg" alt=""><h1>女士衬衫</h1><h4>￥349</h4></div>
      <div class="pro01"><img src="images/17212.jpg" alt=""><h1>女士牛仔衬衫</h1><h4>￥449</h4></div>
      <div class="pro01"><img src="images/17213.jpg" alt=""><h1>牛仔裤</h1><h4>￥289</h4></div>
    </div>
  </div>
</div>
```

图 17-36　应用类 CSS 样式

图 17-37　预览页面内容效果

16. 切换到外部 CSS 样式表文件中，创建名称为.pro01 img、.pro01 h1 和.pro01 h4 的 CSS 样式，如图 17-38 所示。保存页面，在 Opera Mobile 模拟器中预览该页面，可以看到页面内容部分的效果，如图 17-39 所示。

```
.pro01 img {
    width: 100%;
    height: auto;
}
.pro01 h1 {
    display: inline-block;
    font-size: 1em;
    font-weight: normal;
    margin-left: 0.3em;
}
.pro01 h4 {
    float: right;
    color: #F60;
    margin-right: 0.3em;
}
```

图 17-38　CSS 样式代码　　　　　图 17-39　预览页面内容效果

17.2.3　制作侧边导航菜单

在本节将制作该电商 APP 页面的侧边导航菜单，这里使用 mmenu 插件实现 jQuery Mobile 页面的侧边滑动导航菜单效果。

mmenu 插件是一款创建滑动导航菜单的 jQuery Mobile 插件，只需要短短几行 JavaScript 脚本代码，就可以在移动网站中实现与移动 APP 外观类似的、非常炫酷的侧边菜单效果。

mmenu 插件不仅为开发者提供了诸如打开、关闭、切换等常用的菜单功能，还提供了菜单位置（居左和居右）、是否显示菜单项计数器等选项的设置。

mmenu 插件的官方下载地址：

```
http://mmenu.frebsite.nl/download.html
```

在使用该插件之前，需要在页面的<head>与</head>标签之间链接相应的 CSS 样式表和 JavaScript 脚本文件。

```
<link href="js/mmenu.css" rel="stylesheet" type="text/css">
<script src="js/jquery-1.9.1.min.js"></script>
<script src="js/jquery.mmenu.min.js"></script>
```

📖 练习

制作侧边导航菜单

最终文件：光盘\最终文件\第 17 章\17-2-3.html　　　视频：光盘\视频\第 17 章\17-2-3.mp4

01. 打开 17-2-3.html，在页面头部区域中添加侧边导航菜单代码。

```
  <div data-role="header" data-position="fixed" data-theme="d">
    <div      class="l_btn"><a      href="#"><img      src="images/17201.png"
alt=""></a></div>
    <h1>推荐商品</h1>
    <div class="r_btn"><a href="#"><img src="images/17202.png" alt=""></a>
</div>
    <!--侧边菜单开始-->
```

```
<nav id="menu">
  <div><img src="images/17214.png" alt=""><br>用户名</div>
  <ul data-role="listview" data-icon="false">
    <li><a href="#">商品分类</a></li>
    <li><a href="#">今日团购</a></li>
    <li><a href="#">我的订单</a></li>
    <li><a href="#">信息</a></li>
    <li><a href="#">帮助</a></li>
    <li><a href="#">退出</a></li>
  </ul>
</nav>
<!--侧边菜单结束-->
<div id="top_nav">
  <ul>
    <li><a href="#" class="active01">全部</a></li>
    <li><a href="#">男士</a></li>
    <li><a href="#">女士</a></li>
  </ul>
</div>
</div>
```

02. 保存页面，在 Opera Mobile 模拟器中预览该页面，页面效果如图 17-40 所示。切换到外部 CSS 样式表文件，创建相应的 CSS 样式，如图 17-41 所示。

```
nav {
  display: none;
}
.list01 {
  background-image: url(../images/17215.png);
  background-repeat: no-repeat;
  background-position: 0.8em center;
  background-size: 1.5em auto;
}
.list02 {
  background-image: url(../images/17216.png);
  background-repeat: no-repeat;
  background-position: 0.8em center;
  background-size: 1.5em auto;
}
```

```
.list03 {
  background-image: url(../images/17217.png);
  background-repeat: no-repeat;
  background-position: 0.8em center;
  background-size: 1.5em auto;
}
.list04 {
  background-image: url(../images/17218.png);
  background-repeat: no-repeat;
  background-position: 0.8em center;
  background-size: 1.5em auto;
}
.list05 {
  background-image: url(../images/17219.png);
  background-repeat: no-repeat;
  background-position: 0.8em center;
  background-size: 1.5em auto;
}
.list06 {
  background-image: url(../images/17220.png);
  background-repeat: no-repeat;
  background-position: 0.8em center;
  background-size: 1.5em auto;
}
```

图 17-40 预览页面效果   图 17-41 CSS 样式代码

03. 返回 jQuery Mobile 页面，为菜单列表中每一个<li>标签应用相应的类 CSS 样式，如图 17-42 所示。设置切换出侧边菜单的图片链接为#menu，并且为侧边菜单中图片所在的 Div 添加相应的内联 CSS 样式，如图 17-43 所示。

04. 在<head>与</head>标签之间添加代码引用 mmenu 插件的相关 CSS 样式表文件和 javaScript 文件，并编写相应的 javaScript 代码，如图 17-44 所示。

```
<div data-role="header" data-position="fixed" data-theme="d">
<div class="l_btn"><a href="#"><img src="images/17201.png" alt=""></a></div>
<h1>推荐商品</h1>
<div class="r_btn"><a href="#"><img src="images/17202.png" alt=""></a></div>
<!--侧边菜单开始-->
<nav id="menu">
<div><img src="images/17214.png" alt=""><br>用户名</div>
<ul data-role="listview" data-icon="false">
  <li class="list01"><a href="#">商品分类</a></li>
  <li class="list02"><a href="#">今日团购</a></li>
  <li class="list03"><a href="#">我的订单</a></li>
  <li class="list04"><a href="#">信息</a></li>
  <li class="list05"><a href="#">帮助</a></li>
  <li class="list06"><a href="#">退出</a></li>
</ul>
</nav>
<!--侧边菜单结束-->
```

图 17-42   应用类 CSS 样式

```
<div data-role="header" data-position="fixed" data-theme="d">
  <div class="l_btn"><a href="#menu"><img src="images/17201.png"
alt=""></a></div>
    <h1>推荐商品</h1>
    <div class="r_btn"><a href="#"><img src="images/17202.png" alt=
""></a></div>
  <!--侧边菜单开始-->
  <nav id="menu">
      <div style="width:8%; text-align:center; color:#FFF;
padding-top:1em;"><img src="images/17214.png" alt=""><br>用户名</div>
      <ul data-role="listview" data-icon="false">
        <li class="list01"><a href="#">商品分类</a></li>
        <li class="list02"><a href="#">今日团购</a></li>
        <li class="list03"><a href="#">我的订单</a></li>
        <li class="list04"><a href="#">信息</a></li>
        <li class="list05"><a href="#">帮助</a></li>
        <li class="list06"><a href="#">退出</a></li>
      </ul>
  </nav>
  <!--侧边菜单结束-->
```

图 17-43   添加相应的设置

```
<head>
<meta charset="utf-8">
<title>制作移动端侧边导航</title>
<meta name="viewport" content="width=device-width,initial-scale=1">
<link rel="stylesheet" href="http://code.jquery.com/mobile/1.4.5/jquery.mobile-1.4.5.min.css" />
<link href="style/17-2.css" rel="stylesheet" type="text/css">
<script src="http://code.jquery.com/jquery-1.11.1.min.js"></script>
<script src="http://code.jquery.com/mobile/1.4.5/jquery.mobile-1.4.5.min.js"></script>
```

```
<link href="js/mmenu.css" rel="stylesheet" type="text/css">
<script src="js/jquery-1.9.1.min.js"></script>
<script src="js/jquery.mmenu.min.js"></script>
<script type="text/javascript">
$(function() {
    $('nav#menu').mmenu();
});
</script>
</head>
```

图 17-44   链接外部 CSS 样式表和 JavaScript 脚本文件

05. 整个 jQuery Mobile 页面的代码如下。

```
<!doctype html>
<html>
<head>
<meta charset="utf-8">
<title>制作移动端侧边导航</title>
<meta name="viewport" content="width=device-width,initial-scale=1">
<link rel="stylesheet" href="http://code.jquery.com/mobile/1.4.5/jquery.mobile-1.4.5.min.css" />
<link href="style/17-2.css" rel="stylesheet" type="text/css">
<script src="http://code.jquery.com/jquery-1.11.1.min.js"></script>
<script src="http://code.jquery.com/mobile/1.4.5/jquery.mobile-1.4.5.min.js"></script>
<link href="js/mmenu.css" rel="stylesheet" type="text/css">
<script src="js/jquery-1.9.1.min.js"></script>
<script src="js/jquery.mmenu.min.js"></script>
<script type="text/javascript">
$(function() {
$('nav#menu').mmenu();
```

```
    });
    </script>
    </head>
    <body>
    <div data-role="page" id="page1">
      <div data-role="header" data-position="fixed" data-theme="d">
      <div class="l_btn"><a href="#menu"><img src="images/17201.png" alt="">
</a></div>
        <h1>推荐商品</h1>
        <div class="r_btn"><a href="#"><img src="images/17202.png" alt=""> </a>
</div>
        <!--侧边菜单开始-->
        <nav id="menu">
          <div style="width:8%; text-align:center; color:#FFF; padding-top:1em;">
<img src="images/17214.png" alt=""><br>用户名</div>
          <ul data-role="listview" data-icon="false">
          <li class="list01"><a href="#">商品分类</a></li>
          <li class="list02"><a href="#">今日团购</a></li>
          <li class="list03"><a href="#">我的订单</a></li>
          <li class="list04"><a href="#">信息</a></li>
          <li class="list05"><a href="#">帮助</a></li>
          <li class="list06"><a href="#">退出</a></li>
          </ul>
        </nav>
        <!--侧边菜单结束-->
        <div id="top_nav">
          <ul>
          <li><a href="#" class="active01">全部</a></li>
          <li><a href="#">男士</a></li>
          <li><a href="#">女士</a></li>
          </ul>
        </div>
      </div>
      <div data-role="content">
      <div class="ui-grid-a"><!--创建两列布局-->
        <div class="ui-block-a">
          <div class="pro01"><img src="images/17208.jpg" alt=""><h1>牛仔裤
</h1><h4>￥199</h4></div>
          <div class="pro01"><img src="images/17209.jpg" alt=""><h1>男士衬衫
</h1><h4>￥249</h4></div>
          <div class="pro01"><img src="images/17210.jpg" alt=""><h1>女士牛仔短裤
</h1><h4>￥189</h4></div>
        </div>
```

```
    <div class="ui-block-b">
        <div class="pro01"><img src="images/17211.jpg" alt=""><h1>女士衬衫
</h1><h4>¥349</h4></div>
        <div class="pro01"><img src="images/17212.jpg" alt=""><h1>女士牛仔衬衫
</h1><h4>¥449</h4></div>
        <div class="pro01"><img src="images/17213.jpg" alt=""><h1>牛仔裤
</h1><h4>¥289</h4></div>
    </div>
    </div>
    </div>
    <div data-role="footer" data-position="fixed" data-theme="e">
    <div id="bottom_nav">
    <ul>
    <li><a href="#" class="active02"><img src="images/17203.png" alt=""></a></li>
    <li><a href="#"><img src="images/17204.png" alt=""></a></li>
    <li><a href="#"><img src="images/17205.png" alt=""></a></li>
    <li><a href="#"><img src="images/17206.png" alt=""></a></li>
    <li><a href="#"><img src="images/17207.png" alt=""></a></li>
    </ul>
    </div>
    </div>
    </div>
    </body>
    </html>
```

06. 保存页面，在 Opera Mobile 模拟器中预览该页面，页面效果如图 17-45 所示。单击页面左上角的菜单按钮，可以在左侧滑出并显示侧边菜单，效果如图 17-46 所示。

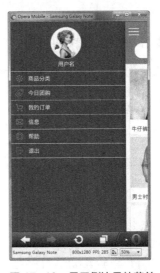

图 17-45　预览页面效果　　　　　　　　　图 17-46　显示侧边导航菜单

17.3　可滑动操作的移动页面

移动应用与网站相似，由多个不同功能的页面构成，其中最重要的就是移动应用的首页面，在该页面中通常会安排导航元素，使用户能够快速进入自己感兴趣的内容中，并且为了方便用户的操作，需要实现流畅的操作体验。

17.3.1　功能分析

本案例所设计的移动应用首页非常简洁，主要由两个部分构成，一个是可滑动切换的页面背景图片，另一个是同样提供滑动切换功能的底部导航栏。

在移动设备中运行的移动应用程序通常都是通过人手进行操作，最常见的操作就是单击和滑动，这一点与在传统桌面浏览器中查看网页有很大不同。本案例使用 jQuery Mobile 与 JavaScript 相结合，实现在移动应用首页面中页面背景图片与页面的导航栏分别可以进行滑动操作，并且相互不受干扰，能够带给用户良好的体验。本案例所制作的移动应用首页最终效果如图 17-47 所示。

图 17-47

17.3.2　制作可滑动切换的背景

本例中所制作的可滑动切换的背景图片使用的实现方法，与 17.1 节中所介绍的 APP 引导页面不同，在页面中使用项目列表的方式放置各背景图片，通过 CSS 样式控制背景图片的显示效果，最后添加相应的 JavaScript 脚本代码实现背景图片的滑动轮换效果。

练习

制作可滑动切换的背景

最终文件：光盘\最终文件\第 17 章\17-3-2.html　　　视频：光盘\视频\第 17 章\17-3-2.mp4

01.　新建 HTML5 页面，将其保存为"光盘\源文件\第 17 章\17-3-2.html"。在 <head>与</head>标签之间添加<meta>标签设置和加载 jQuery Mobile 函数库代码，与前面案例相同。

02.　在<body>与</body>标签之间编写 jQuery Mobile 页面代码。

```
<div data-role="page" id="page1">
```

```
    <div data-role="content">
    <div id="container">
    <!--背景展示图开始-->
     <div class="panels_slider">
       <ul class="slides">
         <li><img src="images/17301.jpg" alt="" /></li>
         <li><img src="images/17302.jpg" alt="" /></li>
         <li><img src="images/17303.jpg" alt="" /></li>
       </ul>
     </div>
    <!--背景展示图结束-->
    </div>
    </div>
</div>
```

在该 jQuery Mobile 页面中没有设置页头和页尾，只是创建一个 jQuery Mobile 页面框架，在该页面框架中创建一个内容区域。在内容区域中通过项目列表放置背景展示图片。

03. 接下来需要通过 CSS 样式对页面中元素的显示效果进行控制。新建外部 CSS 样式表文件，将其保存为"光盘\源文件\第 17 章\style\17-3-2.css"。在 17-3-2.html 页面中链接刚创建的外部 CSS 样式表文件，如图 17-48 所示。

```
<head>
<meta charset="utf-8">
<title>可滑动操作的移动页面</title>
<meta name="viewport" content="width=device-width,initial-scale=1">
<link rel="stylesheet" href="http://code.jquery.com/mobile/1.4.5/jquery.mobile-1.4.5.min.css" />
<link href="style/17-3.css" rel="stylesheet" type="text/css">
<script src="http://code.jquery.com/jquery-1.11.1.min.js"></script>
<script src="http://code.jquery.com/mobile/1.4.5/jquery.mobile-1.4.5.min.js"></script>
</head>
```

图 17-48　链接外部 CSS 样式表文件

04. 在外部 CSS 样式表文件中创建相应的 CSS 样式，对 jQuery Mobile 页面中内容区域的元素进行控制，如图 17-49 所示。

```
* {                        #container {                .panels_slider .slides li {
    margin: 0px;               position:relative;          display: none;
    padding: 0px;              width:640px;            }
}                              height:100%;            .panels_slider .slides img {
.ui-content {                  margin:auto;                max-width: 100%;
    margin: 0px;           }                               display: block;
    padding: 0px;          .panels_slider {            }
}                              width: 100%;            @media screen and (max-width: 640px) {
html,body {                    height:100%;            #container{
    height:100%;               margin: 0;                  width:100%;
}                              padding: 0;                 height:100%;
                           }                           }
                                                       }
```

图 17-49　CSS 样式代码

> 在名为.panels_slider .slides li 的 CSS 样式中设置 display 属性为 none，将页面中的项目列表元素设置为无，默认在页面中不可见。后面将通过 JavaScript 脚本代码来加载项目列表，从而避免项目列表中图像出现跳跃的现象。

05. 在页面头部的<head>与</head>标签之间添加代码链接相应的 JavaScript 文件和 CSS 样式表文件，并编写相应的 JavaScript 脚本代码，从而实现背景图片的轮换效果。

```
<script src="js/jquery.flexslider.js"></script>
<link rel="stylesheet" href="js/flexslider.css">
<script type="text/javascript">
var $ = jQuery.noConflict();
$(window).load(function() {
    $('.panels_slider').flexslider({
        animation: "slide",
        directionNav: false,
        controlNav: true,
        animationLoop: false,
        slideToStart: 1,
        animationDuration: 300,
        slideshow: false
    });
});
</script>
```

所添加的 JavaScript 脚本代码，分别链接用于实现图像滑动轮换的 JavaScript 文件和其相应的 CSS 样式表文件。编写在页面中的 JavaScript 脚本代码，将页面中应用了名为 panels_slider 类 CSS 样式的元素与 flexslider()方法绑定，从而实现该元素中内容的滑动切换，并对相关属性进行设置。

06. 保存页面，在 Opera Mobile 模拟器中预览该页面，可以在屏幕上滑动查看不同的背景图片，如图 17-50 所示。

图 17-50　预览页面可滑动背景

17.3.3　制作可滑动底部导航栏

在页面底部放置导航菜单，每个导航菜单项都采用图标与文字相结合的方式，便于用户理解和操作。导航菜单分为两大部分，分别放置在<li>标签中，这样可以通过与背景图片滑动切换相同的方式实现导航菜单的滑动切换效果。

练习

制作可滑动底部导航栏

最终文件：光盘\最终文件\第 17 章\17-3-3.html　　视频：光盘\视频\第 17 章\17-3-3.mp4

01. 接下来继续制作底部导航栏效果，在页面内容区域中编写底部导航栏部分代码。

```html
<!--底部导航开始-->
  <div id="bottom_nav">
    <div class="icons_nav">
      <ul class="slides">
        <li>
          <a href="#" class="icon"><img src="images/about.png" alt=""/>
<span>关于我们</span></a>
          <a href="#" class="icon"><img src="images/services.png" alt=""/>
<span>服务</span></a>
          <a href="#" class="icon"><img src="images/blog.png" alt=""/><span>
博客</span></a>
          <a href="#" class="icon"><img src="images/portfolio.png" alt=""/>
<span>作品</span></a>
        </li>
        <li>
          <a href="#" class="icon"><img src="images/photos.png" alt=""/>
<span>图片</span></a>
          <a href="#" class="icon"><img src="images/video.png" alt=""/>
<span>视频</span></a>
          <a href="#" class="icon"><img src="images/clients.png" alt=""/>
<span>团队</span></a>
          <a href="#" class="icon"><img src="images/contact.png" alt=""/>
<span>联系我们</span></a>
        </li>
      </ul>
    </div>
  </div>
<!--底部导航结束-->
```

在该部分页面代码中，使用项目列表安排各导航菜单项，将导航菜单项分为两个部分，每个导航菜单项都由一张图片和菜单文字组成，并且为各导航菜单元素应用了相应的类 CSS 样式，接下来需要通过 CSS 样式对各导航菜单项的表现效果进行控制。

02. 转换到所链接的外部 CSS 样式表文件 17-3-3.css，创建相应的 CSS 样式，对

jQuery Mobile 页面中底部导航菜单元素进行控制，如图 17-51 所示。

```
#bottom_nav {
    position: absolute;
    width: 640px;
    height: auto;
    bottom: 0px;
    left: 0px;
    background-image: url(../images/nav_bg.png);
    background-repeat: repeat-x;
}
#pages_nav{
    position: absolute;
    width: 100%;
    height: auto;
    top: -200px;
    left: 0px;
    z-index: 888;
}
```

```
.icons_nav .slides li a{
    float: left;
    margin: 0 0 0 5%;
    padding: 5% 0 0 0;
    font-size: 15px;
    color: #FFF;
    text-align: center;
    line-height: 35px;
    text-shadow: none;
    width: 19.2%;
}
@media screen and (max-width: 640px) {
#bottom_nav{ width:100%;}
.icons_nav .slides li a{
    float:left;
    margin:0 0 0 4.8%;
    padding:5% 0 0 0;
    font-size:12px;
    color:#FFFFFF;
    text-align:center;
    line-height:20px;
    width:19.2%;
}
}
```

图 17-51　CSS 样式代码

此处通过 CSS3.0 新增的 @media 规则，定义了当屏幕的最大宽度小于 640 像素时，部分 CSS 样式的代码。这样做的目的是为了实现当屏幕宽度小于 640 像素时，页面中的各元素不会挤在一起，影响页面的查看效果。

03. 在页面头部的<head>与</head>标签之间添加相应的 JavaScript 脚本代码，从而实现底部导航栏部分的滑动切换效果。

```
$('.icons_nav').flexslider({
    animation: "slide",
    directionNav: false,
    animationLoop: false,
    controlNav: false,
    slideshow: false,
    animationDuration: 300
});
```

将页面中应用了名为 icons_nav 类 CSS 样式的元素与 flexslider()方法绑定，从而实现该元素的滑动切换，并对相关属性进行设置。

04. 完成该可滑动操作移动页面的制作，该 jQuery Mobile 页面的完整代码如下。

```
<!doctype html>
<html>
<head>
<meta charset="utf-8">
<title>可滑动操作的移动页面</title>
<meta name="viewport" content="width=device-width,initial-scale=1">
<link   rel="stylesheet"   href="http://code.jquery.com/mobile/1.4.5/jquery.
mobile-1.4.5.min.css" />
<link href="style/17-3.css" rel="stylesheet" type="text/css">
<script src="http://code.jquery.com/jquery-1.11.1.min.js"></script>
<script    src="http://code.jquery.com/mobile/1.4.5/jquery.mobile-1.4.5.min.
```

```
js"></script>
    <script src="js/jquery.flexslider.js"></script>
    <link rel="stylesheet" href="js/flexslider.css">
    <script type="text/javascript">
    var $ = jQuery.noConflict();
    $(window).load(function() {
        $('.panels_slider').flexslider({
                animation: "slide",
                directionNav: false,
                controlNav: true,
                animationLoop: false,
                slideToStart: 1,
                animationDuration: 300,
                slideshow: false
        });
        $('.icons_nav').flexslider({
                animation: "slide",
                directionNav: false,
                animationLoop: false,
                controlNav: false,
                slideshow: false,
                animationDuration: 300
        });
    });
    </script>
    </head>
    <body>
    <div data-role="page" id="page1">
      <div data-role="content">
      <div id="container">
      <!--背景展示图开始-->
        <div class="panels_slider">
          <ul class="slides">
            <li><img src="images/17301.jpg" alt="" /></li>
            <li><img src="images/17302.jpg" alt="" /></li>
            <li><img src="images/17303.jpg" alt="" /></li>
          </ul>
        </div>
      <!--背景展示图结束-->
      </div>
      <!--底部导航开始-->
        <div id="bottom_nav">
          <div class="icons_nav">
            <ul class="slides">
```

```
            <li>
                <a href="#" class="icon"><img src="images/about.png" alt=""/>
<span>关于我们</span></a>
                <a href="#" class="icon"><img src="images/services.png" alt=""/>
<span>服务</span></a>
                <a href="#" class="icon"><img src="images/blog.png" alt=""/><span>
博客</span></a>
                <a href="#" class="icon"><img src="images/portfolio.png" alt=""/>
<span>作品</span></a>
            </li>
            <li>
                <a href="#" class="icon"><img src="images/photos.png" alt=""/>
<span>图片</span></a>
                <a href="#" class="icon"><img src="images/video.png" alt=""/>
<span>视频</span></a>
                <a href="#" class="icon"><img src="images/clients.png" alt=""/>
<span>团队</span></a>
                <a href="#" class="icon"><img src="images/contact.png" alt=""/>
<span>联系我们</span></a>
            </li>
        </ul>
    </div>
</div>
<!--底部导航结束-->
</div>
</div>
</body>
</html>
```

05. 保存页面，在 Opera Mobile 模拟器中预览该页面，不仅可以在背景上滑动切换不同的背景，还可以在底部的导航菜单上进行滑动，切换不同的导航菜单选项，如图 17-52 所示。

图 17-52 预览页面效果

17.4　本章小结

本章通过介绍具有代表性的移动应用案例的制作过程，向读者讲解了使用 HTML5、CSS3 与 jQuery Mobile 相结合制作移动应用页面的方法。通过本章内容的学习，希望读者掌握移动应用页面的制作方法，并能够开拓读者在移动应用设计制作方面的思路，开发更优秀的移动应用。

17.5　课后习题

一、选择题

1. 下面关于 jQuery Mobile 的说法，错误的是哪一项？（　　）
   A．jQuery Mobile 是创建移动 Web 应用程序的框架。
   B．jQuery Mobile 适用于所有流行的智能手机和平板电脑。
   C．jQuery Mobile 使用 HTML5 和 CSS3.0 通过尽可能少的脚本对页面进行布局。
   D．jQuery Mobile 为移动端页面提供了统一的样式，并且不能修改。
2. 在 jQuery Mobile 页面中主要是通过什么标签组织页面结构？（　　）
   A．<div>标签　B．<p>标签　　C．<page>标签　D．<body>标签
3. 在 jQuery Mobile 页面中创建两列布局的样式是哪一项？（　　）
   A．ui-grid-b　B．ui-grid-c　　C．ui-grid-a　D．ui-grid-d

二、判断题

1. 在页面的<body>与</body>标签之间，在第一个<div>标签中设置 data-role 属性为 page，形成一个页面容器，在该页面容器中分别添加 3 个<div>标签，依次设置 data-role 属性为 header、content 和 footer，从而形成一个标准的 jQuery Mobile 页面架构。（　　）
2. jQuery Mobile 页面中的导航栏必须放置在页面的头部区域内。（　　）

三、制作题

运用本书所学习的 HTML5、CSS3 和 jQuery Mobile 知识，制作移动端 APP 页面。